Physik Methoden

Christian Hettich · Bernd Jödicke · Jürgen Sum

Physik Methoden

Vielseitig anwendbare Konzepte, Techniken
und Lösungsstrategien für Ingenieurwesen
und Wirtschaft

 Springer Spektrum

Christian Hettich
Institut für Naturwissenschaften und Mathematik
(INM)
Hochschule Konstanz HTWG
Konstanz, Deutschland

Bernd Jödicke
Institut für Naturwissenschaften und Mathematik
(INM)
Hochschule Konstanz HTWG
Konstanz, Deutschland

Jürgen Sum
Institut für Naturwissenschaften und Mathematik
(INM)
Hochschule Konstanz HTWG
Konstanz, Deutschland

ISBN 978-3-662-67905-0   ISBN 978-3-662-67906-7   (eBook)
https://doi.org/10.1007/978-3-662-67906-7

Die Deutsche Nationalbibliothek verzeichnet diese Publikation in der Deutschen Nationalbibliografie; detaillierte
bibliografische Daten sind im Internet über http://dnb.d-nb.de abrufbar.

Planung/Lektorat: Caroline Strunz, Lisa Edelhäuser
Springer Spektrum ist ein Imprint der eingetragenen Gesellschaft Springer-Verlag GmbH, DE und ist ein Teil von
Springer Nature.
Die Anschrift der Gesellschaft ist: Heidelberger Platz 3, 14197 Berlin, Germany

Das Papier dieses Produkts ist recyclebar.

Vorwort

Mit dem vorliegenden Buch haben wir den Versuch unternommen, die Physik für Nichtphysiker so aufzubereiten, dass das Erlernen von physikalischen Methoden im Vordergrund steht. Mit diesem Ansatz möchten wir vor allem Menschen ansprechen, die von den Denkweisen der Physik profitieren möchten. Viele Personen aus der Technik und den Ingenieurwissenschaften, aber auch aus der Betriebswirtschaftslehre, der Informatik und den Sozialwissenschaften können aus dieser Einführung in die physikalischen Methoden einen Nutzen ziehen.

In unserer Zeit als Lehrende an der Hochschule Konstanz haben wir verschiedene Typen von Studierenden kennengelernt. Die einen arbeiten lieber mit knappen Regeln, mathematischen Gleichungen und Zusammenfassungen. Andere bevorzugen ausführliche Erklärungen mit anschaulichen Beispielen. Beide Lerntypen kommen ans Ziel, aber eben auf verschiedenen Wegen. Da niemand immer nur zu einem Typ gehört, haben wir für dieses Buch ein neues didaktisches Konzept entwickelt. Das vorliegende Werk beinhaltet im Prinzip zwei verschiedene, aber eng miteinander verwobene Bücher. So ist es möglich, zwischen den knappen Regeln und den anschaulichen Beispieltexten schnell hin und her zu wechseln.

Diese Mischung hat sich in unserer Lehre bewährt. Die einzelnen Abschnitte eignen sich sehr gut als Lerntexte für das Lern-Team-Coaching. Diese Methode und die von uns entwickelte Laborvariante Labor-Team-Coaching verwenden wir selbst in einigen Teilen unserer Lehrveranstaltungen. So entstand auch die Idee zu dem vorliegenden Buch.

Ein Thema liegt uns besonders am Herzen. In den Ingenieurwissenschaften und anderen MINT-Disziplinen ist der Frauenanteil sehr gering. Begleitende Maßnahmen auf sprachlicher Ebene konnten daran kaum etwas ändern. Mit unserem Ansatz, die Methoden in den Vordergrund zu stellen, versuchen wir alle Geschlechter gleichermaßen anzusprechen. Damit hoffen wir einen inhaltlichen Beitrag zur Verbesserung dieser Situation leisten zu können. Sollte uns das nicht immer gelingen, so weisen wir hier darauf hin, dass immer alle Geschlechter gemeint sind, egal ob wir von Ingenieurinnen oder Physikern sprechen.

Wir wollen nicht vergessen, uns für die vielfältige Unterstützung zu bedanken, die zum Gelingen des Buchprojekts beigetragen hat. Wertvoll waren für uns die Gespräche und inhaltlichen Beiträge der Kollegen Irene Lau, Hartmut Gimpel, Volker Friedrich, Wolfgang Dür und Christian Kautz. Ein großes Dankeschön geht an unsere Studierenden, die in den vergangenen Jahren durch wertvolle Fragen und Hinweise geholfen haben, Fehler und Ungereimtheiten zu verbessern. Aber auch all den vielen hundert Studierenden, die durch konstruktives Unverständnis uns immer wieder Stellen gezeigt haben, an denen unsere Argumentationsketten wohl doch noch nicht so schlüssig waren, wie wir dachten. Ganz besonders wollen wir unserer Hochschule HTWG Konstanz und allen Verantwortlichen danken, denn ohne deren Offenheit für neue Ansätze wären wir gar nicht in der Lage gewesen, unsere Gedanken umzusetzen. Wir wurden nicht nur moralisch, sondern auch organisatorisch im bester Weise unterstützt. Nicht vergessen wollen wir die LaTeX-Community. Durch die zahlreichen zur Verfügung stehenden Werkzeuge konnten wir auch ausgefallene Layoutideen umsetzen. Und nicht zuletzt gilt unser Dank unseren Familien dafür, dass sie trotz der vielen „Buchsitzungen" nie (oder selten) ungeduldig wurden.

Konstanz, den 22. Juni 2023

Inhaltsverzeichnis

Liste der Definitionen (D), Wissen (W) und Rezepte (R)

Wie verwendet man dieses Buch?

Sie wollen sich mit der Physik auseinandersetzen. Und das, obwohl Sie möglicherweise gar nicht Physik studieren. Vermutlich steht Physik als Pflichtfach in Ihrem Studienplan. Vielleicht haben Sie aber auch entdeckt, dass man in der Physik mit wenigen Theorien viele Dinge erklären kann und dass Physikerinnen und Physiker in den unterschiedlichsten Berufsfeldern erfolgreich sind. Sie sind neugierig geworden, welche Vorgehensweisen so nutzbringend sind. Sie möchten wissen, was denn diese **Physikalischen Methoden** sind. Genau dafür wurden die unterschiedlichen physikalischen Gebiete nach Methoden durchforstet und diese im vorliegenden Buch neu sortiert aufbereitet.

Dieses Buch richtet sich an Sie, wenn Sie physikalische Methoden und Denkweisen gewinnbringend nutzen wollen. Die Bereitschaft, mit Mathematik umzugehen und technisch zu denken, sollten Sie mitbringen.

Durch die neue Sortierung physikalischer Gebiete und Inhalte kann es vorkommen, dass neue Ideen direkt neben Dingen stehen, die Sie schon kennen. So wurden auch scheinbare Selbstverständlichkeiten aufgenommen, um einen Überblick über die Basismethoden zu erhalten. An vielen Stellen werden Vereinfachungen vorgenommen, um die Übersichtlichkeit nicht zu verlieren.

Buchaufbau und Struktur

Im Prinzip besteht das Buch aus zwei unterschiedlichen, aber eng miteinander verwobenen Teilbüchern.

Das eine Buch bietet Ihnen ausführliche Erklärungen und Beispiele. Dieses finden Sie in der Innenspalte. Hier werden sich die meisten Personen hauptsächlich bewegen. Besonders dann, wenn man sich auf der Reise durch die Physik-Welt noch nicht so wohl fühlt.

Wenn Ihnen die Geschwindigkeit auf dieser Normalspur zu gering ist, können Sie auch auf die Überholspur wechseln. Diese finden Sie in der jeweiligen Außenspalte, der Methodenspalte. Hier findet sich die Essenz. Darin sind Wissen und Definitionen gelistet, sowie Rezepte und kürzere Beispiele beschrieben. Es besteht eine eindeutige Zuordnung zu den daneben stehenden Begleittexten. Im Prinzip genügt diese Methodenspalte, denn sie beinhaltet alle wichtige Information.

In der Methodenspalte finden Sie verschiedene Boxen:

Wissen: Dinge, die man wissen oder schnell finden sollte.

Definition: Festlegung der Bedeutung von Begriffen.

Rezept: Aus Wissen und Definitionen abgeleitete Handlungsvorschläge: Nehmen Sie, schreiben Sie ...

Beispiel: Kurze Beispiele zu darüber liegenden Boxen.

Die Nummerierungen haben folgende Struktur:

$$\underset{\underset{\text{Unterkapitel}}{\nearrow}}{\overset{\overset{\text{Kapitel}}{\downarrow}}{2\,.\,8\,.}}\begin{cases} a, b, c, \dots & \leftarrow \text{Abschnitt} \\ 1, 2, 3, \dots & \leftarrow \text{Definition/Wissen/Rezept} \\ i, ii, iii, \dots & \leftarrow \text{Beispiel} \end{cases}$$

1

Aufgaben und Zusatzmaterial zu diesem Buch finden Sie im Internet unter:

https://sn.pub/LCBCHS

Für wen ist das Buch?

Dieses Buch muss nicht strikt von vorne nach hinten durchgearbeitet werden. Sie können auch einfach irgendwo rein lesen, und sich dann bei Bedarf durch die Querverweise zu den thematisch verbundenen Bereichen treiben lassen.

Um Sie bei dem Einstieg in das Buch zu unterstützen, folgen hier ein paar Vorschläge, wie verschiedene Lesertypen vorgehen könnten:

Lesertyp A: **Die Neugierigen, die Respekt oder gar Angst vor der Physik haben**

Physik und das Erkennen von Zusammenhängen reizt Sie, aber Sie hatten immer das Gefühl „Oh, das verstehe ich alles eh nicht."

Ihnen sei empfohlen, mit dem Eingangskapitel Kapitel 1 „Wissenschaftliche Arbeitsweisen" zu beginnen. Dort gibt es weniger Gleichungen und die verwendeten Begriffe sind nicht weit weg von der Umgangssprache. So können Sie in die Denkweise der Physik hineinfinden. Danach empfiehlt sich das Kapitel 7 „Modellbildung", in dem viele, im Alltag nützliche, Fähigkeiten erworben werden können.

Lesertyp B: **Die Neugierigen, die an den Spezialthemen interessiert sind**

Sie nehmen das Buch wegen der Anwendungen, dem **Besserwissen** (Kapitel 12 „Besserwissen"), zur Hand. Dann beginnen Sie einfach dort zu lesen. Nutzen Sie beide Spalten. Wenn Ihnen Spezialwissen zum Verständnis fehlt, finden Sie viele Verweise auf die im Buch behandelten Grundlagen.

Lesertyp C: **Die Auffrischer**

Sie kennen sich ganz gut in der Physik aus. Allerdings liegt der intensivere Gebrauch schon weiter zurück. Sie möchten schnell ans Ziel kommen und die wichtigsten Punkte kompakt lesen.

Sie können auf der Überholspur arbeiten. Bei Bedarf werden Sie auf die Normalspur wechseln und die vielen Verweise im Buch nutzen. Auch Ihnen seien die Kapitel 1 „Wissenschaftliche Arbeitsweisen" und Kapitel 2 „Größen, Dimensionen und Einheiten" zum Einstieg empfohlen.

Lesertyp D: **Die Teilnehmer am Lern-Team-Coaching**

Für Sie ist der Umgang mit dem Buch am einfachsten. Sie werden in der Lehrveranstaltung Aufgaben und Fragen zu den jeweiligen Kapiteln erhalten. Sie arbeiten die Kapitel durch und lösen die gestellten Aufgaben.

Lesertyp E: **Physik-Lehrende**

Wenn Sie anderen Menschen physikalisches Denken nahebringen möchten und in diesem Buch Ideen suchen, dann sollten Sie nach dieser Anleitung auch das Kapitel 1 „Wissenschaftliche Arbeitsweisen" genau anschauen. Das hilft, die besondere Herangehensweise in diesem Buch zu verstehen. Auf der folgenden Seite finden Sie ein paar Beispiele, wie Sie mit diesem Buch eine Lehrveranstaltung konzipieren können.

Vorschlag für Lehrpläne von Physikveranstaltungen

Für die Konzeption einer Lehrveranstaltung auf Basis dieses Buches, folgen hier vier Vorschläge:

Kurs A: **Anfängerkurs Physik zur Konsolidierung der Grundlagen.** Umfang: 2 ECTS.
Nachholen oder Auffrischen von Schulphysik.

Der Kurs beginnt mit Kapitel „Motivation und Überblick" und Kapitel 1 „Wissenschaftliche Arbeitsweisen". In den folgenden 6 Stunden wird das Kapitel 2 „Größen, Dimensionen und Einheiten" behandelt. Danach eignen sich Kapitel 4 und Kapitel 7, um Rechnen und Modellbildung zu üben, Aufwand hierfür gute 8 Stunden. Als nächster großer Block könnte sich Unterkapitel 12.1 „Kinematik" eignen, da er für die meisten einen klareren Bezug zu der ihnen bekannten Physik herstellt. Zum Schluss empfiehlt sich ein Blick in das Kapitel 9 „Erhaltungsgrößen und Bilanzen" als Hinführung auf die nächsten Physik Themen.

Kurs B: **Reduzierter Kurs mit verlässlichem Vorwissen.** Dauer: 2 ECTS.

Dieser Kurs ist ähnlich strukturiert wie die erste Aufzählung. Da er aber verlässliches Vorwissen aus der Schule voraussetzt, können grundlegende Fähigkeiten, wie Kopfrechnen und physikalische Größen, in einer kürzeren Zeit besprochen werden. Hinzugenommen wird dafür ergänzend Kapitel 5 „Diagramme und Visualisierung von Daten". Mit der Frage „Warum fliegt ein Flugzeug" aus Unterkapitel 12.4 lässt sich das Thema Impuls (Unterkapitel 12.2 „Wie man mit Impuls die Welt beschreibt") gut motivieren.

Kurs C: **Standard-Physikkurs mit Labor.** Dauer: 4 - 6 ECTS.

Die ersten 8 Stunden dienen den Einführungskapiteln, mit Schwerpunkt auf Kapitel 2 „Größen, Dimensionen und Einheiten". Um schnell in die Laborarbeit zu kommen, sollte als nächstes Kapitel 8 „Messungen und Auswertung" in 4 Stunden und Kapitel 5 „Diagramme und Visualisierung von Daten" in 2 Stunden besprochen werden. Danach beginnt das Physik-Labor. Es gibt gute Erfahrungen damit, wenn nun der Kurs zweispurig geführt wird. Ein Pfad beschäftigt sich mit Kinematik, also Unterkapitel 12.1, kombiniert mit Unterkapitel 3.1 „Anwendbarkeit der Mathematik", sowie danach Kapitel 7 „Modellbildung" und Kapitel 4 „Rechnen ohne Rechner". Parallel dazu führt der andere Pfad über die Symmetrien zu den Anwendungen der Erhaltungsgrößen, also Kapitel 6 „Symmetrien", dann Kapitel 9 „Erhaltungsgrößen und Bilanzen", Kapitel 10 „Spezielle mengenartige Größen und Ströme" und als Anwendungen Unterkapitel 12.2 „Wie man mit Impuls die Welt beschreibt" und Unterkapitel 12.4 „Warum fliegt ein Flugzeug?". Die Zeit sollte dann noch reichen für Kapitel 11 „Energie" und Unterkapitel 12.3 „Energieerhaltungssatz in der Punktmechanik".

Kurs D: **Wahlpflichtfach: Denken, bewerten und entscheiden üben - egal welcher Studiengang.** Dauer: 2 ECTS.
Inhaltlicher Schwerpunkt: Nachhaltigkeit und Energie

Auch für Gebiete außerhalb der Physik bieten sich Kursmöglichkeiten an. Die Schwerpunkte wären zu setzen bei der Modellbildung und den Bilanzierungen, die in den allermeisten Wissenschaften wichtig sind. Als Anwendungsbeispiel eignet sich das Thema Energieversorgung der Menschheit. Begonnen wird wieder mit Kapitel 1, für einen Überblick. Zur Vorbereitung für die folgenden Themen wird zunächst Unterkapitel 2.4 „Dimensionsanalyse" behandelt. Danach steigt man direkt ein in Kapitel 7 „Modellbildung". Vermutlich wird dazu Kapitel 4 „Rechnen ohne Rechner" hilfreich sein. Der zweite große Block beginnt mit Kapitel 9 „Erhaltungsgrößen und Bilanzen" und wird mit Kapitel 11 „Energie", insbesondere Unterkapitel 11.1 „Energie Vokabeln" ergänzt. Damit sind sowohl viele inhaltliche Punkte geklärt, als auch Methoden erworben, um selbst komplexe Texte und Diskussionen im Umfeld der Energieversorgung der Zukunft bearbeiten zu können.

Für diesen Kurs eignet sich die Lehrform des Lern-Team-Coachings. Das Buch kann als Lerntext dienen.

Motivation und Überblick

Warum Physik lernen und was sind die physikalischen Methoden?

Vermutlich ist Ihnen einiges von dem, was hier vorgestellt wird, schon in einfacher Weise im Alltag begegnet. Möglicherweise kennen Sie manche der Vorschläge aus anderen Zusammenhängen. Die Physik hat Alltagsfähigkeiten aufgegriffen, systematisch erfasst und erweitert.

Was ist denn überhaupt das Ziel des Anwendens physikalischer Methoden? Oder noch weiter gefasst: Was wollen wir eigentlich im Leben erreichen? Weshalb beschäftigen wir uns mit solchen Dingen?

Wir Menschen wollen die Zukunft antizipieren. Wir möchten uns möglichst gut darauf einstellen, was morgen oder in einem Jahr auf uns zukommt. Entscheidungen, die wir heute treffen, beeinflussen die Zukunft. Lernen können wir aber nur aus der Vergangenheit. Deshalb haben Menschen seit jeher nachgedacht, wie sie etwas über die Zukunft aus der Vergangenheit und dem Jetzt erfahren können. Im Laufe der Zeit hat sich dabei herausgestellt, dass der naturwissenschaftliche Ansatz zu Vorhersagen führt, die von erstaunlicher Präzision sein können. Diese Methoden wurden in der Naturphilosophie aus Alltagserfahrungen hergeleitet und in der Naturwissenschaft, insbesondere der Physik, weiterentwickelt. Da alle drei Autoren Physiker sind, ist der Zugang zu diesen Erkenntnis bringenden Methoden aus dieser Sichtweise beschrieben. Sicherlich ist auch ein anderer Weg denkbar.

Schnellkurs für Ungeduldige

7 Boxen: 1 mal Wissen plus 6 Rezepte

In diesem Buch werden Sie viele Wissensboxen sowie Handlungsempfehlungen in Rezeptform finden. Diese sollen Sie in die Lage versetzen, die beschriebenen Methoden schnell anwenden zu können. Bei der Vielzahl der Rezepte ist es unvermeidbar, dass sich wichtige und zentrale mit einfachen und fast trivialen Rezepten abwechseln.

Um Ihnen einen schnellen Überblick über die Ideen des Buchs geben zu können, werden an dieser Stelle einige ganz wichtige Rezepte aufgelistet. Dies geschieht ganz bewusst im Vorgriff auf die Inhalte des Buchs. Die Grundideen dieser 1+6 Rezepte werden an vielen anderen Stellen im Buch aufgegriffen und gegebenenfalls verfeinert.

W 0.0.1 issen: Realität der Welt

Die Welt ist real.

Das bedeutet, die Welt ist, wie sie ist. Sie entsteht nicht erst durch Beobachten oder durch unser Nachdenken über die Welt. Auch ohne Menschen würde sie existieren.

Diese Annahme ist sehr pragmatisch, aber nicht beweisbar. Sie hilft bei der Beschreibung der Welt ganz wesentlich.[1] Für die meisten Fragen im täglichen Leben und den Ingenieurwissenschaften hilft die Realität beim Finden von Antworten. Es hat sich bewährt die Welt als real anzusehen.

---

[1] In der Quantenmechanik scheint die Welt manchmal nicht real zu sein. Bei genauerem Hinsehen finden sich aber wieder Strukturen, die als real betrachtet werden können. Aus diesen lassen sich dann wieder die Alltagserfahrungen ableiten.

R 0.0.2 ezept: Ausgangspunkt klären

Definieren Sie Ihre Fragestellung.

Klären Sie vor Beginn von Arbeiten und Diskussionen die verwendeten Begriffe, Wertvorstellungen und Ziele.

Ganz viele Missverständnisse rühren daher, dass nur scheinbar klar ist, worüber geredet wird, tatsächlich aber ganz unterschiedliche Grundvorstellungen vorherrschen. In der Physik wird dem dadurch entgegengearbeitet, dass beispielsweise physikalische Begriffe möglichst präzise definiert werden. Hat man sich daran gewöhnt, fällt diese Arbeitsweise auch in anderen Disziplinen leichter.

R 0.0.3 ezept: Perspektivwechsel

Wechseln Sie den Standort.

Wenn ein Problem unübersichtlich oder kompliziert erscheint, versuchen Sie einen Wechsel des Standpunkts. Der Perspektivwechsel kann zu neuen Ansichten und Einsichten führen.

Da die Welt real ist, verändert sie sich durch eine andere Sicht auf die Dinge nicht. Eine neue Perspektive gibt aber den Blick auf andere Aspekte frei. Oft hilft die andere Ansicht, um ein Problem besser zu verstehen und vielleicht sogar bei der Problemlösung.

Die Physik nutzt den Perspektivwechsel an verschiedenen Stellen. Einige davon werden Sie in Kapitel 6 „Symmetrien" kennenlernen. Die Sicht auf Kräfte über die Betrachtung von Impulsaustausch (Unterkapitel 10.4 und Unterkapitel 12.4 „Warum fliegt ein Flugzeug?") ist auch ein solcher Standortwechsel.

R 0.0.4 ezept: Große Brocken zuerst

Zur Lösung einer Aufgabe betrachten Sie die großen Beiträge zuerst. Beachten Sie Kleinigkeiten nur dann, wenn dies erforderlich ist.

Vereinfachen Sie die gestellte Aufgabe zunächst weitmöglichst. Reduzieren Sie deren Komplexität.

Arbeiten Sie die Lösungsschritte von groß nach klein ab und hören Sie auf, wenn Ihr Ergebnis hinreichend gut ist. Verlieren Sie sich nicht in Details.

Das ist allerdings leichter zu verstehen als umzusetzen. In vielen Fällen ist es gar nicht klar, was die großen Brocken sind. Es gibt jedoch analytische Methoden, die zumindest in technischen Disziplinen helfen, die großen Effekte zu finden. Mit dieser Methode setzen sich große Teile von Kapitel 8 „Messungen und Auswertung" auseinander.

Genauso schwer fällt es oft, es „gut sein zu lassen".

In diesem Buch finden Sie an ganz vielen Stellen Beispiele und Aufgaben, die das „rechtzeitige Aufhören" einüben (Kapitel 7 „Modellbildung").

Eine Konsequenz dieses Rezeptes ist es, dass möglichst einfach gerechnet wird. Hier hilft Kopfrechnen. Auch dazu werden Sie viel lesen und lernen (Kapitel 4 „Rechnen ohne Rechner").

R$^{0.0.5}$ezept: Unveränderliches

Suchen Sie das, was konstant bleibt.

Wenn Sie einen Vorgang beschreiben wollen, dann versuchen Sie Dinge und Größen zu finden, die sich während des Vorgangs nicht ändern.

Hier sind wir bei einer Paradedisziplin der Physik. Wenn Sie Physikbücher aufschlagen, finden Sie an vielen Stellen Konstanten: Materialkonstanten, Naturkonstanten, Systemkonstanten. Letztere sind ganz zentral für die Themen Symmetrie und Erhaltungsgrößen. Ein Großteil des vorliegenden Buchs beschäftigt sich damit (Kapitel 6 „Symmetrien", Kapitel 9 „Erhaltungsgrößen und Bilanzen", Kapitel 10 „Spezielle mengenartige Größen und Ströme"). Sie werden über Grenzen der Disziplinen hinweg die Methodik von Erhaltungssätzen kennenlernen.

R$^{0.0.6}$ezept: Zweifeln

Hinterfragen Sie Annahmen und Antworten. Immer. Insbesondere die eigenen.

Suchen Sie Widersprüche in Lösungen und Theorien. Nehmen Sie bewusst die Gegenposition ein.

Eine Lösung und eine Theorie sind nur dann gut, wenn sie robust Gegenrede überstehen. Daher sollen Sie Lösungen, insbesondere die eigenen, immer hinterfragen, bevor Sie sie laut aussprechen. Versuchen Sie, sich selbst ein Bein zu stellen. Hat man das eine Weile geübt, wird es zu einer Grundhaltung, die oft vor unnötigen Fehlern schützt.

In diesem Buch finden Sie einfache Beispiele, an denen Sie das erlernen und üben können. Ein anekdotisches Beispiel liefert Unterkapitel 12.4 „Warum fliegt ein Flugzeug?"

R$^{0.0.7}$ezept: Mitteilen

Behalten Sie Ihre Erkenntnisse nicht für sich.

Sagen Sie, was Sie erreicht, festgestellt oder entdeckt haben. Zeigen Sie, was Sie können.

Selbst wenn Sie die beste Forscherin, der beste Ingenieur der Welt wären, es aber niemand erfährt, werden Sie nichts bewirken. Ihre möglicherweise weltrettende Erfindung wird niemandem nützen.

Zudem hat die Kommunikation einen weiteren nützlichen Effekt: Wenn Sie Ihre Entdeckungen bekannt geben, können andere Menschen Sie auf vermeintliche Fehler oder falsche Schlüsse hinweisen. Sie allein sind nicht in der Lage, Ihre eigenen Aussagen ausreichend genau zu prüfen (Rezept 0.0.6).

1 Wissenschaftliche Arbeitsweisen

Was ist Wissenschaft? Wie wird Wissen geschaffen und festgehalten? Wie entstehen neue Erkenntnisse?

Unverkennbar haben diese Fragen eine Nähe zur Philosophie. Sie stehen bewusst hier am Anfang. Damit soll aufgezeigt werden, wie weit die Beschäftigung mit Physik führen kann.

In diesem Kapitel lesen Sie, welche grundlegenden Arbeitsweisen die Wissenschaften aus Alltagserfahrungen heraus entwickelt haben. Wir werden die wichtigsten Unterschiede und Intentionen von

- Beobachtung,
- Beschreibung/Empirie,
- Experiment und
- Theorie

kennen lernen. Am Ende des Kapitels haben wir verstanden, wie diese wissenschaftlichen Arbeitsweisen dazu beitragen können, die Zukunft besser vorherzusagen. Wir können die Arbeitsweisen auseinanderhalten und sie ergänzend zur Problemlösung einsetzen, auch im normalen Leben. Mit etwas Übung werden wir dann diese wissenschaftlichen Methoden ganz selbstverständlich in Arbeit und Alltag anwenden.

1.1 Gemeinsamer Ausgangspunkt

Haben Sie das auch schon erlebt? Sie sind in einer Diskussion, haben sehr gute Argumente, aber Ihr Gegenüber scheint überhaupt nicht auf Ihre Argumente einzugehen. Sie haben den Eindruck, als redeten Sie beide aneinander vorbei. Es fällt dann sogar schwer, den anderen als Gesprächspartner ernst zu nehmen.

Oft rühren die Missverständnisse daher, dass man ganz unterschiedliche Ausgangspunkte hat und diese nicht klar werden. Die Gesprächspartner sind sich dessen nicht bewusst.

Damit das nicht passiert, ist es sinnvoll, zunächst die Ausgangspositionen zu klären. Ein schrittweises Zurückgehen, bis zu dem Punkt, an dem noch Übereinstimmung herrscht, ist dabei ein wirkungsvolles Vorgehen.

Dies ist zwar im engeren Sinne keine physikalische Methode und auch nichts, was in der Physik besonders weiterentwickelt oder erprobt wurde. Aber physikali-

---

R 1.1.1
ezept: Prämissen festlegen

Klären Sie gemeinsame Prämissen.

Stellen Sie sicher, dass alle Beteiligten die gleichen Begriffsdefinitionen verwenden und von den gleichen Voraussetzungen ausgehen.

In manchen Diskussionen geschieht es dennoch, dass Gesprächsteilnehmer offensichtlich aneinander vorbeireden.

© Der/die Autor(en), exklusiv lizenziert an
Springer-Verlag GmbH, DE, ein Teil von Springer Nature 2023
C. Hettich et al., *Physik Methoden*,
https://doi.org/10.1007/978-3-662-67906-7_1

R1.1.2 ezept: Suche nach Übereinstimmung

Suchen Sie den letzten gemeinsamen Punkt.

- Gehen Sie dazu schrittweise zurück und stellen Sie die Frage: Stimmen wir an diesem Punkt noch überein?
- Halten Sie die Aussagen fest, an denen noch Konsens herrscht.
- Von dort aus können Sie erneut das Streitgespräch aufnehmen.

B1.1.i eispiel: „Wärmespeicher"

In der Umgangssprache hat Wärme eine etwas andere Bedeutung als in der Physik. Beispielweise lässt sich physikalische Wärme nicht speichern. Dennoch werden Wärmespeicher gebaut und verkauft. Man kann daraus einen Konflikt zwischen einem Physiker und einem Heizungsbauer konstruieren. Vermutlich würde der Physiker am Ende verlieren und den Wärmespeicher dennoch kaufen. Ursache für dieses Missverständnis ist eine unterschiedliche Vorstellung von Wärme.

Ausweg: Wenn es wichtig ist, werden sich die beiden auf eine Definition von Wärme einigen.

sche Fragestellungen eignen sich sehr gut beim Einüben dieses Vorgehens.

In Umgangssprache und Physik wird oft der gleiche Begriff benutzt, obwohl nicht genau das Gleiche gemeint ist. Das kann leicht zu Situationen führen, in denen Menschen aneinander vorbeireden. Solche Diskrepanzen lassen sich meist mit geringem Aufwand erkennen. Es ist relativ leicht, eine gemeinsame Ausgangsbasis zu finden.

Realität

W1.1.3 issen: Realität

Ein Ausgangspunkt in diesem Buch lautet:

Die Welt ist real.

Was ist und geschieht, würde auch sein und geschehen, wenn wir es nicht beobachten.

Wegen der fundamentalen Bedeutung dieser Annahme wird hier dieses bereits im Schnellkurs beschriebene Wissen 0.0.1 wiederholt.

Die Welt ist wie sie ist, egal ob wir sie beschreiben oder nicht. Das Haus ist da, auch wenn wir gar nicht in der Nähe sind. Die Existenz der Dinge und Vorgänge ist unabhängig davon, ob wir darüber nachdenken oder nicht.

Zwar beeinflusst unsere Anwesenheit und unser Wirken die Welt, schließlich sind wir Teil von ihr. Das ändert aber nichts daran, dass die Welt echt und wirklich ist. Dies nennt man in der Physik Realität.

Es ist in der Philosophie nicht unumstritten, dass die Welt real ist. Auch moderne Quantenphänomene stellen die Realität der Welt teilweise in Frage. Für Entscheidungen im täglichen Leben hat es sich aber bewährt, die Realität der Welt als gegeben zu akzeptieren. Es hilft in der Regel nicht weiter, wenn Sie sich fragen, ob die Welt nur eine Wahnvorstellung ist und Sie das Buch jetzt gar nicht lesen, sondern irgendjemand Ihnen diesen Gedanken von außen ins Gehirn implantiert.

1

Also lassen wir diesen philosophischen und quanten-
mechanischen Exkurs beiseite und setzen, sozusagen
als unbeweisbares, aber nützliches Axiom: Die Welt ist
real.

1.2 Beobachten

Sie sind sicher schon durch Ihren Ort spaziert und
plötzlich ist Ihnen etwas aufgefallen, das anders als
früher war. Es war an einer Stelle heller als sonst. Oder
Sie hatten überraschenderweise Sicht auf den Kirch-
turm. Sie stellen fest: Ein Baum war verschwunden.
Damit haben Sie sich schon der ersten Arbeitsweise
bedient: Sie haben etwas beobachtet.

Sie fragen sich jetzt vielleicht, ob so ein alltäglicher
Vorgang wirklich zu einer physikalischen Arbeitsweise
erkoren werden muss? Macht man dies nicht sowieso
schon dauernd?

Ja und nein.

Wenn Sie Ihre Freunde fragen, ob sie Rezept 1.2.1
anwenden, werden die meisten das bejahen.

Es gibt Situationen, in denen erhöhte Aufmerksamkeit
sinnvoll ist. Ein Vogelfreund wird in der Nähe von
Gebüschen wachsamer spazieren gehen als in der In-
nenstadt. Bei anderen Menschen mag es gerade anders
herum sein. Wichtig in unserem Zusammenhang ist,
dass es Situationen gibt, in denen es sich lohnt, besonders aufmerksam zu sein. Diese Situationen hängen
vom jeweiligen Interesse ab. Was für den Vogelfreund
die Spaziergänge sind, sind für eine Physikerin vielleicht
laufende Experimente und für Ökologie-Interessierte
Zeitungsartikel zum Thema Energieverbrauch.

Allerdings ist ständige Aufmerksamkeit nur mit großem Aufwand möglich. Deshalb werden wir in Rou-
tinesituationen sinnvollerweise eher nicht übermäßig
aufmerksam sein. Es ist meist nicht wichtig, ob uns
auf dem Arbeitsweg ein rotes oder ein blaues Auto
entgegengekommen ist.

Denken Sie darüber nach, wann und wo sich erhöhte
Aufmerksamkeit lohnt. Versuchen Sie in solchen Situationen wachsamer zu sein. Das kann harte Arbeit
bedeuten, ohne dass vielleicht zunächst wirklich etwas
Wichtiges auffällt. Aber das vorgeschlagene Vorgehen
ist Basis für die Erlangung neuer Erkenntnisse. Nicht
nur in der Physik gibt es wichtige Entdeckungen, die
nur gemacht wurden, weil Forscherinnen und Forschern
etwas „komisch" vorkam. Für manche dieser Entdeckungen gab es sogar den Nobelpreis.

Rezept: Beobachten 1.2.1

Augen auf, Ohren auf.

Gehen Sie mit offenen Sinnen durch die Welt.

Rezept: Aufmerksamkeit steuern 1.2.2

Klären Sie für sich, in welchen Situationen es
hilfreich ist, besonders aufmerksam zu sein.

Beispiel: Aufmerksamkeit steuern 1.2.i

Angenommen, Sie sind an ökologischen Themen
interessiert.

Die Abklärung der relevanten Situationen gemäß
Rezept 1.2.2 könnte zu folgender Liste führen:

- Diskussionen rund um Umweltschutz
- Zahlenwerte in Zeitungen, Nachrichtensen-
  dungen etc.
- in der Nähe von Flüssen und Bächen
- ...

1

Auf Veränderungen achten, sie bemerken, das klingt einfacher als es ist. Versuchen Sie doch einmal, einen Zeitungsartikel ganz bewusst zu lesen und kritisch zu hinterfragen. Was ist Ihnen aufgefallen? Hat Sie etwas überrascht? Sie werden vermutlich feststellen, dass es anstrengender ist, so zu arbeiten. Aber Sie werden einen anderen Zugang zu dem Artikel finden.

In der Physik und der Technik wurde die Arbeitsweise des Beobachtens erweitert und verfeinert. Nicht nur die menschlichen Sinne werden eingesetzt. Eine unüberschaubare Anzahl unterschiedlicher Sensoren misst ständig, was um uns herum geschieht. Elektronische Medien speichern die riesigen Datenmengen. All das ist eigentlich nur eine konsequente Umsetzung dieses Konzepts: Gehen Sie mit offenen Sinnen durch die Welt.

Vielleicht noch einmal der Hinweis zum Schluss dieses Kapitels: Immer hoch aufmerksam zu sein, ist weder sinnvoll noch möglich. Ob das allerdings als physikalische Methode bezeichnet werden kann, ist zumindest fraglich. Aber hilfreich ist es allemal.

> ℞ **1.2.3**
> **ezept: Entspannen**
>
> In Routinesituationen gerne entspannen.

1.3   Genauer Beobachten

> ℞ **1.3.1**
> **ezept: Genauer Beobachten**
>
> Wenn Sie etwas bemerkt haben und dies Ihnen auffallend nicht ins Bild passt:
>
> Schauen Sie ganz genau hin.
>
> - Halten Sie fest, warum Ihnen das Ereignis auffällig vorkam.
> - Formulieren Sie eine Erklärung (Hypothese aufstellen).
> - Nutzen Sie ggf. Hilfsmittel, um genauer zu „sehen".
> - Vergleichen Sie mit Bekanntem (Messen).
> - Nehmen Sie sich Zeit.
> - Notieren Sie möglichst viel (Dokumentation).

Genaues Beobachten ist eine ganz wichtige Arbeitsweise, die praktisch überall in der Wissenschaft angewendet wird. Nach einer ersten Beobachtung wird eine Vermutung formuliert, die Hypothese. Diese gilt es zu prüfen, beispielsweise durch Messungen. Vielfach existieren passende Messgeräte für die gesuchten Größen. Manchmal müssen aber erst geeignete Messverfahren entworfen und Messmittel gebaut werden.

Das erscheint Ihnen jetzt vermutlich ganz seltsam. Ein eigenes Kapitel für eine fast identische Überschrift. Wir möchten auf den folgenden Seiten die wesentlichen Unterschiede zwischen „Beobachten" und „Genaues Beobachten" herausarbeiten.

Wenn wir etwas genauer beobachten möchten, hat etwas zuvor schon unsere Aufmerksamkeit erregt. Einer der Autoren erzählt hierzu ein Beispiel:

Ich gehe gerne im Wald spazieren. Einmal im Mai ist mir aufgefallen, wie ein mittelgroßer, gelber Vogel im Gebüsch verschwunden ist. Soweit die Beobachtung.

Wieso war das etwas Besonderes? Farbe und Form des Vogels erinnerten an einen Pirol. Nun sind aber Pirole sehr selten zu sehen und kommen bei uns erst Ende Mai aus ihrem Winterquartier zurück. Das war in Kürze meine Erwartung und mein Wissen. Um herauszufinden, ob meine Beobachtung „Pirol" zutraf, habe ich mich mit Hocker, Fernglas einen ganzen Vormittag hingesetzt und irgendwann das Vögelchen tatsächlich gesichtet. Zum „Genauen Beobachten" habe ich, mit zusätzlichen Hilfsmitteln (Fernglas, Hocker) ausgerüstet, einiges an Zeit investiert. Etwas leichter ist es mir gefallen, da ich die Stimme des Pirols gehört habe (Teil des Wissens) und so wusste, dass er da sein musste.

An diesem Beispiel werden einige wichtige Aspekte dieser Arbeitsweise deutlich:

- Etwas muss aufgefallen sein.
  Es muss eine Art Erwartung geben, von der die Beobachtung abweicht. Hier war es der unerwartete gelbe Vogel. Pirole sind sehr selten und kommen noch nicht so früh im Jahr.

- Es muss eine Erwartung formuliert werden.
  In der Wissenschaft spricht man davon, dass eine Hypothese aufgestellt wird. Beobachtung und ursprüngliche Erwartung müssen in einer Art Theorie zusammengebracht werden. Daraus wird eine neue Erwartung als Hypothese formuliert:
  Wir werden einen Pirol sehen.

- Das **Genaue Beobachten** muss geplant werden.
  Zusätzliche Mittel und andere Beobachtungskanäle können hilfreich sein. Im obigen Fall waren das Fernglas, Hocker, Mückenspray. Zusätzlich konnte man eine Tonaufnahme des Pirolgesangs anhören und die Maße des Vogels in Büchern nachlesen.

- Wichtige Eigenschaften sind zu **messen**.
  Durch Vergleich der Vogelgröße mit einem Blatt des Busches lässt sich auch durch ein Fernglas die Vogelgröße recht genau bestimmen. Im erwähnten Beispiel ist die Bestimmung der Farbe (auch eine Messung) ausreichend, da sie ein Alleinstellungsmerkmal des Pirols ist.

- Beobachtung sollte dokumentiert werden.
  Je genauer wir die Beobachtung dokumentieren, desto hilfreicher und wertvoller wird sie sein. Der Naturfreund war zufrieden, den Pirol gesehen zu haben. Aber als Nachweis, dass der Vogel wirklich da war, hätte das nicht genügt. Mancher schleppt deshalb seine Kamera mit einem starken Teleobjektiv samt Stativ durch die Natur, damit durch Fotos die Beobachtung nachweisbar wird.

In diesem Beispiel werden wichtige Begriffe genannt, wie „physikalische Größen", „Theorie", „Hypothese", „Messung" und „Dokumentation". Hier sollen sie helfen einen Überblick über die physikalischen Arbeitsweisen zu geben. Wegen ihrer zentralen Bedeutung werden diese Begriffe in nachfolgenden Kapiteln noch im Detail erläutert und ausführlich erklärt.

An dieser Stelle sei erwähnt, dass die weiter unten beschriebene Arbeitsweise **Experiment** (Unterkapitel 1.7) verwandt ist mit dem **Genauer Beobachten**. Im Unterschied zum Experiment wird beim reinen Beobachten nicht in den natürlichen Ablauf von Vorgängen eingegriffen.

Die Astronomie, also Wissenschaft von Planeten, Sternen und Galaxien, beruht zum Großteil auf genauen Beobachtungen. Abgesehen von unserer unmittelbaren Umgebung innerhalb des Sonnensystems lassen sich Experimente in diesen Dimensionen und Zeitabläufen nicht realisieren. Daher entwickeln die Wissenschaftlerinnen und Wissenschaftler ausgefeilte Messmethoden, um beispielsweise Quasare im UV-Bereich zu vermessen oder Gravitationswellen zu finden.

1

1.4   Beschreiben / Empirie

Beginnen wir gleich mit einem Beispiel.

Es ist ein sonniger Herbsttag, perfekte Bedingungen für eine Bergtour und entsprechend viele Bergsteiger sind unterwegs. Auf der Berghütte herrscht ordentlich Betrieb. Dennoch sind die Wartezeiten auf eine Mahlzeit erstaunlich kurz, die Stimmung auf der Hütte ist entspannt und die Menschen sind alle freundlich.

Wie schaffen es die Wirtsleute, den Ansturm der Bergtouristen so reibungsfrei zu meistern? Sie haben wohl viel Erfahrung.

Nehmen wir an, die Wirtsleute haben Rezept 1.2.1 „Beobachten" angewendet: Sie beobachten und messen täglich die Gästezahl, die Anzahl an verkauften Getränken und Essen, das beschäftigte Personal und natürlich den erwirtschafteten Gewinn. Daneben betreiben sie eine kleine Wetterstation in der sie Temperatur, Niederschlag und Luftdruck messen. Als serviceorientierte Gastgeber fragen sie ihre Gäste noch nach Zufriedenheit und nach der Wartezeit auf die Speisen. Für das Servicepersonal streben sie möglichst hohe Beträge an Trinkgeld pro Essen an.

Über ein Jahr sammeln sie so eine ganze Menge Daten, sozusagen die Erfahrung aus einem Jahr Hüttenbetrieb.

1.4.a   Korrelationen suchen

D1.4.1
efinition: Korrelation

Eine Korrelation beschreibt den statistischen Zusammenhang zwischen gleich großen Datensätzen von zwei Größen oder Merkmalen.

B1.4.i
eispiel: Korrelation

Es ist eine Korrelation,

- wenn der Kohlendioxid-Anteil in der Atmosphäre gleichzeitig mit dem gesamthaft verbrannten Erdöl zunimmt.
- wenn Sie häufig Kopfweh (Merkmal) bekommen beim Lesen von Physikbüchern (Merkmal).
- wenn Sie bei Ihren Freunden feststellen, dass alle mit blauen Augen (Merkmal Augenfarbe) besonders lange Haare (Merkmal Haarlänge) haben.

Korrelationen lassen sich mit statistischen Methoden (siehe auch Abschnitt 3.2.f) in Zahlen fassen. Der auf 1 normierte Korrelationskoeffizient gibt an, wie stark der statistische Zusammenhang zwischen den Größen ist. Ein Korrelationskoeffizient von 1 bedeutet einen sehr starken, ein Wert von 0 keinen statistischen Zusammenhang.

Im Winter werten sie die Daten aus und versuchen, Zusammenhänge zu finden.

Korrelationen lassen sich mit statistischen Methoden (siehe Abschnitt 3.2.f) in Zahlen fassen. Der auf 1 normierte Korrelationskoeffizient gibt an, wie stark der statistische Zusammenhang zwischen den Größen ist. Ein Korrelationskoeffizient mit einem Betrag von eins bedeutet einen sehr starken, ein Wert von null keinen statistischen Zusammenhang.

In unserem Beispiel könnten folgende Korrelationen vorkommen:

- starke Korrelationen
  - Anzahl Gäste – Anzahl Essen/Getränke
  - Anzahl verkaufte Essen/Getränke – Gewinn
  - Temperatur – Anzahl Gäste
  - Wochentag – Anzahl Gäste
  - Gewinn – gemessene Temperatur
- mittlere Korrelation
  - Temperatur – Luftdruck
  - Wochentag – Luftdruck
- keine Korrelation
  - Anzahl Essen/Getränke – Zufriedenheit
  - Zufriedenheit – Gewinn
- Antikorrelation
  - Anzahl Personal – Wartezeit
  - Anzahl Personal – Gewinn
  - Getränkepreis – Anzahl verkaufter Getränke

- Wartezeit auf Speise – Trinkgeld pro Essen
- Luftdruck – Niederschlagsmenge

Mit diesen gefundenen Zusammenhängen können die Wirtsleute versuchen, ihren Betrieb im nächsten Jahr zu optimieren (siehe Unterkapitel 1.6). Dabei müssen sie beachten, dass Korrelationen nur einen statistisch gefundenen Zusammenhang zeigen. Ohne weitere Analyse darf man keinesfalls einen kausalen, also einen „wenn ich das tue, wird das passieren" Zusammenhang daraus ablesen. Ganz offensichtlich wäre die gefundene Korrelation zwischen Gewinn und der gemessenen Temperatur falsch interpretiert, wenn man eine Heizung an das Thermometer bauen würde, mit dem Ziel, den Gewinn zu steigern. Auf der anderen Seite können die Wirte nach einem Blick auf Thermometer und Barometer die ausreichende Zahl an Servicepersonal einplanen und eine angepasste Menge an Essen vorbereiten.

Korrelationen werden meist aus größeren Datenmengen gewonnen. Sie können ursächlich, also kausal sein, d.h. eine Größe bedingt die andere. In unserem Beispiel: **Wenn** mehr Wanderer kommen, **dann** werden mehr Essen bestellt. Es kann auch sein, dass hinter der Korrelation zwischen den zwei Größen eine unbekannte gemeinsame Ursache liegt. Bei schönem Wetter steigen sowohl Temperatur als auch Gästezahl an.

Manchmal kommt es zu ganz zufälligen Korrelationen. In unseren Beispiel hängt der Luftdruck mit dem Wochentag zusammen. Das haben die Daten zwar ergeben, aber es gibt keine sinnvolle Erklärung dafür. Beispiele für offensichtlich absurde Zufallskorrelation finden Sie leicht im Internet. Falls gefundene Korrelationen aber nicht so offensichtlich zufällig sind, können sie leicht in die Irre führen.

B **1.4.ii**
eispiel: Korrelation Gewicht-Volumen

Das Gewicht von Autos und ihr Volumen zeigen eine starke Korrelation. Große Autos sind meist schwer. Es gilt aber genauso, dass schwere Autos meist auch größer sind. Sicherlich wird der Korrelationskoeffizient nicht 1 sein, denn beispielsweise sind Klein-LKW recht groß, aber vergleichsweise leicht.

R **1.4.2**
ezept: Korrelation suchen

Versuchen Sie in Ihren Daten Korrelationen zu finden.

Nutzen Sie dazu statistische Methoden (siehe auch Abschnitt 3.2.f).

Auch ein Zusammenhang zwischen zwei Größen, bei denen eine ansteigt, wenn die andere fällt, ist eine Korrelation. Sie wird Antikorrelation genannt und hat einen negativen Koeffizienten.

Selbst Geübten passiert es ab und zu, dass sie Korrelationen mehr Aussagekraft zuschreiben als in ihnen steckt. Vielleicht hilft Ihnen folgender Rat:

R **1.4.3**
ezept: Korrelation bewerten

Lesen Sie Korrelationen in beide Richtungen.

Für eine Korrelation sind beide Lesarten erlaubt.

So können Sie oft Fehlinterpretationen vermeiden.

B **1.4.iii** **Korrelation in beide**
eispiel: Richtungen lesen

Lesart 1: Ist die Temperatur hoch, kommen viele Wanderer.

Lesart 2: Kommen viele Wanderer, ist die Temperatur hoch.

Offensichtlich gilt aber nicht: Weil viele Wanderer kommen, ist die Temperatur hoch!
Und auch nicht: Weil die Temperatur hoch ist, kommen viele Wanderer. Denn es gibt Ausnahmen: An einem schwülen, heißen Gewittertag sind nur wenige Bergsteiger unterwegs.

1

1.4.b   Empirische Gleichungen finden

> ### D1.4.4
> ### efinition: Empirische Gleichung
>
> Eine empirische Gleichung ist eine mathematische Beziehung zwischen zwei oder mehr Größen, die aus Messungen gefunden wurde.
>
> Sie hat zum Zeitpunkt ihrer Entdeckung keine theoretische Begründung.

> ### R1.4.5   Empirische Gleichung
> ### ezept: aufstellen
>
> Suchen Sie empirische Gleichungen für Ihre Zusammenhänge. Nutzen Sie dabei die mathematischen Methoden.
>
> Beginnen Sie mit den einfachsten Funktionen.
>
> Häufig genügt es, einen linearen Zusammenhang zwischen zwei Größen anzunehmen.
>
> Siehe auch Unterkapitel 5.4.

Nun kann man sich vorstellen, dass die Wirtsleute ihren Betrieb optimieren möchten. Dazu benötigen sie eine Funktion, die beschreibt, wie sich die unterschiedlichen Größen auf das Betriebsergebnis auswirken. Wenn sie dann noch die beeinflussbaren Größen kennen (Öffnungszeiten, Preis für Getränke, Anzahl Servicepersonal), haben sie die Basis geschaffen für eine Optimierung.

Mit den in Unterkapitel 5.4 beschriebenen mathematischen Methoden können sie zu ihren Daten empirische Gleichungen finden.

1.4.c   Wert von Korrelation und Empirie

Korrelationen und empirische Gleichungen sind ein starkes Werkzeug. Mit ihnen lassen sich Regeln aufstellen, die sich häufig bewähren und bei Befolgung das Leben vereinfachen können.

> ### D1.4.6
> ### efinition: Empirische Regel
>
> Eine empirische Regel beschreibt einen auf Erfahrung basierten Zusammenhang.

Empirische Regeln findet man in allen Lebens- und Wissenschaftsbereichen.

> ### B1.4.iv
> ### eispiel: Empirische Regeln
>
> * Bauernregeln
> * Nach üppigem Essen wird man träge.
> * Nach zu viel Alkohol kommt der Kater.

In diesem Sinn sind Verkehrsregeln und Rechtschreibregeln keine empirische Regeln, da sie willkürliche festgelegte Konventionen sind.

Wir haben besprochen, dass man versuchen sollte, Korrelationen zu finden und daraus empirische Gleichungen herzuleiten. Ebenso haben wir gesehen, dass Korrelationen nichts erklären, sondern eigentlich nur einen Zusammenhang beschreiben, den man in der Vergangenheit festgestellt hat.

Zunächst könnte man meinen, dass ein vermeintlicher Zusammenhang, von dem man nicht einmal verstanden hat, wieso er zustande gekommen ist, relativ wenig Wert hat. Man kann sich aber klar machen, dass auf Basis solcher beobachteter Zusammenhänge das ganze Leben auf der Erde organisiert ist. Aus der Erfahrung heraus werden Regeln aufgestellt, bei deren Beachtung Vorteile für das Lebewesen entstehen.

Murmeltiere halten Winterschlaf. Aus langer Erfahrung hat sich bei ihnen bewährt, wenn es kälter und dunkler wird, rechtzeitig in einen Bau zu kriechen. Wie genau die Regel dabei entstanden ist, was genau der Auslöser für das Verkriechen sein mag, ist unwichtig. Murmeltiere, die sich an die Regel halten, haben eine größere Überlebenschance und so hat sich das Verhalten und das Einhalten der Regel im Laufe der Evolution bewährt. Selbstverständlich kann es vorkommen, dass einzelne Murmeltiere in manchen Jahren mit einem milden Spätherbst, Vorteile haben, wenn sie erst später in den Bau gehen. Solche Ausnahmen von der Regel stellen aber die Regel nicht grundsätzlich in Frage.

Im Gegensatz zum Menschen können Tiere Regeln nicht bewusst aufstellen. Dennoch handeln sie auch auf Basis von Korrelationen. In der Verhaltensforschung werden solche Phänomene Konditionierung genannt. In seinen mit dem Nobelpreis ausgezeichneten Forschungen, ließ Pawlow Hunde über einen längeren Zeitraum, zeitgleich mit der Verabreichung von Futter einen Glockenton hören. (Korrelation Ton - Futter). Später reichte allein schon das Hören des Tons aus, den Speichelfluss beim Hund anzuregen (Regel: Wenn du einen Ton hörst, bereite dich aufs Fressen vor).

Auch Menschen nutzen ständig Erfahrungen, um ihr Handeln zu steuern. Wenn Sie in einem Geschäft öfters schlecht bedient wurden, werden Sie nicht mehr hingehen (Korrelation Laden - Bedienung). Manchmal genügt es schon, wenn andere Menschen Ihnen erzählen, dass sie schlecht bedient wurden, um auch Sie von einem Besuch des Geschäfts abzuhalten. Solche Verhaltensweisen sind sehr bequem und haben sich deshalb bewährt. Es ist nämlich sehr anstrengend, selbst herauszufinden, wie gut der Service in den vielen verschiedenen Läden ist. Dennoch sollte Ihnen klar sein, dass auch solche Erfahrungen meist nur auf Korrelationen beruhen und daher alle Schwächen von Korrelationen aufweisen. Sie können auch in diesen Fällen zufällig sein. Und häufig haben die Erfahrungen keinen kausalen Hintergrund. In welchem Laden werden Verkäufer trainiert oder angehalten die Kunden bewusst unfreundlich zu bedienen?

Übrigens: Eine Korrelation und damit auch eine darauf basierte Regel wird nicht viel schlechter, wenn man eine abweichende Erfahrung macht. Der Alltag hat dafür das Sprichwort: Ausnahmen bestätigen die Regel. Dieses Sprichwort ist natürlich so nicht richtig. Es hat aber, wie so oft, einen wahren Kern, nämlich dass Regeln Ausnahmen zulassen.

Eine gefundene Korrelation kann erst durch viele neue Erfahrungen (Datensätze, Messungen) schwächer werden.

R 1.4.7 Handlungsanweisungen aus Rezept: Regeln erstellen

Leiten Sie aus empirischen Regeln nützliche Handlungsanweisungen ab.

Formulieren Sie diese bei Bedarf, aber dann so einfach und verständlich wie möglich.

B 1.4.v Hüttenregel bei warmem Beispiel: Wetter

Aus der Korrelation zwischen hohen Temperaturen und der Anzahl der Wanderer können Sie beispielsweise folgende Handlungsanweisungen aufstellen:

Wenn man morgens hohe Temperaturen misst, soll

1. zusätzlich Personal zur Unterstützung angefordert werden,
2. mehr Getränke kalt gestellt werden, und
3. mehr Essen vorbereitet werden.

R 1.4.8 Rezept: Regeln richtig verwenden

Halten Sie sich grundsätzlich an durch Regeln begründete Handlungsanweisungen. Dies vereinfacht das Leben ungemein.

Machen Sie sich aber immer bewusst, dass Regeln Ausnahmen zulassen.

Wenn Sie eine Handlungsanweisung für unstimmig halten, sollten Sie auch die zugrunde liegende Regel hinterfragen. Wer hat sie aufgestellt? Auf welcher Basis und in welchem Umfeld wurde sie erfunden? Passt das noch zu meiner Erfahrung?

1.5   Verstehen / Theorie

Haben Sie das auch schon gehört: „ja, theoretisch mag das funktionieren, aber ...“ ? Theorie als etwas Abschreckendes, etwas, das man nicht wirklich im normalen Leben benötigt. Schlimmer noch: Etwas, das im normalen Leben gar nicht funktioniert. Ein Theoretiker ist doch jemand, der so richtig mit der wirklichen Welt nicht zurechtkommt, oder?

Lassen Sie uns das doch einmal genau anschauen.

In Unterkapitel 1.4 haben wir gesehen, wie man Zusammenhänge zwischen verschiedenen physikalischen Größen feststellt. Als Beispiel hatten wir angenommen, die Wirtsleute finden eine starke Korrelation zwischen der Außentemperatur und der Anzahl der Gäste. Sie können darauf ihre Planungen ausrichten, aber wirklich verstanden, warum das so ist, haben sie nicht. Und mit dieser Situation sind sie nicht zufrieden, denn es kommt immer wieder vereinzelt vor, dass die Temperatur zwar hoch ist, aber keine Gäste kommen. Wie bereits erwähnt wird dadurch die Korrelation kaum beeinflusst.

Wie kommt man nun zu einem tieferen Verständnis dessen, was man gesehen, erfahren und gemessen hat?

1.5.a   Selbst Nachdenken

R$^{1.5.1}$ **ezept: Erklärung durch Nachdenken**

Versuchen Sie zunächst, sich die Zusammenhänge selbst zu erklären.

Unvoreingenommene eigene Gedanken können helfen, nicht ausschließlich in etablierten Strukturen zu denken; sie ermöglichen es, vielleicht ganz neue Lösungen zu finden.

B$^{1.5.i}$ **eispiel: Kepler erkennt die Ellipsenbahn der Planeten**

Johannes Kepler (1571-1630) hat in jahrzehntelanger Arbeit eine Beschreibung der Bewegung der Planeten gesucht. Damals ging man noch davon aus, dass diese „himmlische“ Bewegung mit Kreisen zu beschreiben seien, da der Kreis eine perfekte Form war.

In mühevoller Arbeit löste sich Kepler schließlich von diesem Vorurteil und kam zu dem Ergebnis, dass sich die Planeten in Ellipsen um die Sonne bewegen und die Sonne selbst nicht einmal im Mittelpunkt, sondern in einem Brennpunkt der Ellipse steht. Diese neue Sicht war ein revolutionärer Durchbruch in der Astronomie.

Betrachten wir wieder das Beispiel der Wirtsleute, die herausgefunden haben, dass meistens bei warmem Wetter viele Gäste kommen. Sie haben aber auch festgestellt, dass es sehr heiße Tage gibt, an denen fast niemand ihre Hütte besucht.

Sie würden gerne die Ursache verstehen. Sie benötigen also eine Erklärung. Natürlich können sie jetzt anfangen zu recherchieren und nachzuforschen, ob andere Wirtsleute diese Erfahrung teilen und wie deren Erklärung ist.

Vermutlich werden unsere Wirtsleute sich aber unterhalten und dann ganz schnell auf die Idee kommen, dass es heiße, sehr schwüle Tage gibt, an denen Gewitter vorhergesagt sind. Und bei Gewitter geht niemand ins Gebirge. Ihr Erklärungsversuch lautet: An heißen, schwülen Tagen mit hoher Gewitterneigung kommen weniger Gäste. Bei Überprüfung ihrer Daten finden sie dann vermutlich, dass diese zur Erklärung passen.

In ganz vielen Fällen werden Sie in Ihrem Berufsleben erfahren, dass die Erklärung von Ihnen selbst durch Nachdenken gefunden werden kann. Sie sollten dies immer als erstes versuchen. Und dann Ihre Erklärung anhand der Datenlage überprüfen und gegebenenfalls verfeinern.

1.5.b Recherchieren und Lesen

Wenn wir bei einer Fragestellung mit eigenem Nachdenken nicht schnell genug weiterkommen, sollten wir nicht zu lange grübeln. Die Wahrscheinlichkeit ist sehr groß, dass vor uns schon andere Menschen ein ähnliches Problem hatten. Dann gibt es vermutlich irgendwo auf der Welt schon Erklärungen oder Antworten dazu. Wir sollten versuchen, diese zu finden.

Es ist empfehlenswert, zunächst Publikationen zu suchen, die auf den ersten Blick passen könnten und diese dann gezielt auf Verwendbarkeit zu prüfen. Am besten nutzen wir dafür wissenschaftliche Suchmaschinen. Für die Literaturrecherche sollten wir genügend Zeit in einem Projekt einplanen. Dies zahlt sich fast immer aus. Es ist sehr unbefriedigend, wenn man am Ende einer langen Arbeit feststellt, dass irgendwo anders jemand schon dieselbe Fragestellung erfolgreich gelöst hat.

Bekanntes Wissen anderer zu nutzen ist einfacher, als sich selbst mühsam etwas auszudenken oder zu erarbeiten.

Trotzdem wird das Sichten der gefundenen Literatur sicherlich einige Zeit erfordern. Wir werden die Texte intensiv lesen und bewerten. Hier gibt es keine richtigen oder falschen Wege. Jeder Mensch wird seine eigenen Vorlieben und Arbeitsmethoden entwickeln. Markieren zentraler Aussagen, Notizen am Rand und Eintragungen wichtiger Inhalte in einer „Zitatensammlung" helfen bei der weiteren Nutzung der Texte. Wir können alle Techniken einsetzen, die wir für eine Textanalyse gelernt haben.

Wichtig ist weniger, wie wir eine Literaturrecherche durchführen, sondern dass wir das tun.

R 1.5.2 ezept: Literaturrecherche

Am Anfang einer wissenschaftlichen Arbeit steht eine Literaturrecherche, mit der Sie potenziell relevante Publikationen identifizieren.

- Verwenden Sie mehrere, verschiedene wissenschaftliche Suchmaschinen.
- Lesen Sie die Texte quer. Nutzen Sie die Zusammenfassungen und Abstracts.
- Beachten Sie besonders die Diagramme und Grafiken. Bilder und Bildunterschriften sind meist sehr hilfreich für eine erste Orientierung.
- Notieren Sie die für Sie wichtigen Publikationen in eine Liste, damit Sie diese bei Bedarf zitieren können.
- Achten Sie auch auf sonstige Medien.

1.5.c Hypothese – Modell

Angenommen, wir möchten verstehen, wie Dinge kausal zusammen hängen. Vielleicht haben wir dafür schon eine Vermutung. Diese Vermutung nennen wir Arbeitshypothese oder kurz Hypothese. Sie hilft uns, in einem iterativen Prozess unser Verständnis der kausalen Zusammenhänge zu verbessern. Es kann hilfreich sein, die Zusammenhänge, so wie wir sie zunächst wahrnehmen, in einem Modell darzustellen (vgl. Kapitel 7).

Was aber tun, wenn wir eine Korrelation gefunden haben, diese aber nicht erklären können? Dann nehmen wir einfach an, die Korrelation selbst beschreibe schon den kausalen Zusammenhang. Das ist dann unsere Hypothese.

D 1.5.3 efinition: Hypothese

Eine Hypothese formuliert einen kausalen Zusammenhang zwischen einer Ursache und einer Wirkung, den man für möglich hält, der aber noch nicht gut genug geprüft ist.

Je mehr Überprüfungen eine Hypothese standhält, desto robuster ist sie. Beweisen kann man eine solche Hypothese nicht.

1

R 1.5.4   Hypothese aus einer
ezept: Korrelation

Wenn Sie eine Korrelation zwischen zwei Größen A und B gefunden haben, nun eine Erklärung suchen, aber nicht wissen, wie die aussehen könnte, dann starten Sie mit zwei Anfangshypothesen:

1. Weil A gilt, folgt B.
2. Weil B gilt, folgt A.

Häufig erkennt man schnell, ob eine der beiden nicht zutreffen kann. Diese Hypothese kann man dann mithilfe des folgenden Rezepts optimieren.

R 1.5.5
ezept: Verfeinern einer Hypothese

Wenn Sie eine Hypothese haben, dann gehen Sie folgendermaßen vor:

• Schreiben Sie Ihre ausformulierte Hypothese auf.
• Versuchen Sie erst gar nicht die Hypothese zu beweisen, das ist nämlich prinzipiell unmöglich.
• Versuchen Sie Ihre Hypothese zu widerlegen (Rezept 0.0.6).
  ◦ Suchen Sie die Schwächen und nicht die Stärken Ihrer Hypothese.
  ◦ Überprüfen Sie Ihre Formulierung an offensichtlichen, unstrittigen Aussagen.
• Passen Sie Ihre Hypothese an, falls nötig.
• Wiederholen Sie diese Schritte, bis Sie zufrieden sind.

Bedenken Sie, dass diese Hypothese dann brauchbar, aber nicht bewiesen ist.

Es ist gar nicht so selten, dass mehrere Hypothesen die Beobachtungen erklären.

In unserem Beispiel mit den Wirtsleuten ergeben sich so zwei Möglichkeiten:

• Hypothese A: eine hohe Temperaturanzeige am Thermometer bewirkt, dass viele Gäste kommen.
• Hypothese B: eine große Gästezahl bewirkt, dass das Thermometer höhere Temperaturen anzeigt.

Beide Hypothesen lassen sich aus der Korrelation ableiten.

Ganz wichtig ist in dieser Phase, dass wir unsere Hypothesen ausformulieren. Und diese aufgeschriebenen Hypothesen gilt es zu prüfen. Wir sollten erst gar nicht versuchen, die Hypothesen zu beweisen, das ist nämlich prinzipiell nicht möglich.

Im Gegenteil, wir versuchen, die Hypothese zu widerlegen. Dazu können wir alte Daten neu auswerten, neuere Daten erheben, Gedankenexperimente erfinden oder echte Experimente durchführen.

• Experiment zu Hypothese A:
  Die Wirtsleute hängen das Thermometer in die Hütte und messen neu. Sie stellen fest: Trotz höherer gemessener Temperatur kommen nicht mehr Gäste.
• Gedankenexperiment zu Hypothese B:
  Die Wirtsleute stellen sich vor, dass sie viele Menschen auf die Hütte bringen. Dadurch wird die Außentemperatur sicherlich nicht steigen.

Damit haben die Wirtsleute beide Hypothesen widerlegt. Dennoch können sie aus dieser ersten Überprüfung etwas lernen. Sie müssen genauer definieren, was das Thermometer messen soll. Sie sehen auch, dass eher die Außentemperatur die Ursache dafür ist, dass in der Folge viele Gäste kommen.

Weil sie es geschafft haben, ihre Hypothese zu widerlegen, können sie eine bessere formulieren. Mit dieser starten sie den iterativen Prozess erneut. Auf diese Weise wird ihre Erklärung immer besser, bis sie am Ende hoffentlich viele Tests übersteht und als brauchbare Hypothese von ihnen (und anderen) genutzt werden kann.

Eine verbesserte Hypothese könnte lauten:

• Hypothese A2: Weil die Außentemperaturen hoch sind, kommen viele Gäste.

Diese Hypothese ist sicher besser und stimmt oft, aber nicht immer. Es gibt warme Tage, an denen fast niemand auftaucht. Bei erneutem Studium der Daten stellen die Wirtsleute fest, dass es an diesen Tagen heftig geregnet hat. Womit sie noch einen Schritt weitergehen können:

- Hypothese A3: Weil die Außentemperaturen hoch sind und es nicht regnet, kommen viele Gäste.

Und so weiter. Zum Schluss des Prozesses haben sie hoffentlich eine ausreichend robuste Hypothese, die ihren Anforderungen entspricht. Sie können ihre Feststellungen noch mit anderen Hüttenbetreibern austauschen und so weiteres Vertrauen in die Hypothese erlangen.

> **R**ezept: **1.5.6   Einfache Erklärungen sind besser**
>
> Sollten Sie mehrere Erklärungen oder Hypothesen haben, dann verwenden Sie die einfachste. Das ist die, die mit den wenigsten Annahmen auskommt.[a]
>
> ---
> [a]Dieses Prinzip wird in der Wissenschaftstheorie Ockhams Messer bezeichnet.

1.5.d   Theorie

Jede Wissenschaft hat ihre Fachtheorie. Eine Theorie ist ein Bild der Welt. Die Physik nutzt zur Formulierung einer Theorie in der Regel die Sprache der Mathematik. Somit lassen sich innerhalb des Theoriegebäudes Berechnungen durchführen und Aussagen über die Zukunft machen.

Eine Theorie ist gut geprüft und hat sich bei verschiedenen Anwendungen bewährt.

Vorsicht ist aber angesagt bei unausgegorenen Theorien. Manchmal hören wir das Argument: „Es gibt tausende Beweise, dass die Theorie stimmt". Tatsächlich sind dies aber keine Beweise, sondern nur Beobachtungen, die die Theorie stützen. Nun ist die Welt an dieser Stelle aber sehr unsymmetrisch. Wenn wir eine einzige nachprüfbare Beobachtung finden, die im Widerspruch zu den Vorhersagen der Theorie steht, können alle tausend „Beweise" dieses eine Gegenbeispiel nicht kompensieren. Diese Theorie ist dann falsch. Oder zumindest unvollständig.

> **D**efinition: **1.5.7   Theorie**
>
> Eine Theorie formuliert einen kausalen Zusammenhang zwischen Größen oder Ereignissen.
>
> Im Gegensatz zur Hypothese ist eine Theorie gut geprüft, hat viele Tests bestanden. Sie gilt nicht nur für wenige Spezialfälle. Mit ihr ist es möglich, brauchbare Vorhersagen zu machen, auch über bisher nicht beobachtete Vorgänge.

> **W**issen: **1.5.8   Eine Gegenbeobachtung bringt eine Theorie zu Fall**
>
> Eine Theorie kann nie bewiesen werden.
>
> Es genügt eine einzige belastbare Gegenbeobachtung, um eine Theorie zu Fall zu bringen.

Theorie und Praxis

Theorievorlesungen sind bei Studierenden eher unbeliebt. Häufig hört man in Ingenieurdisziplinen: „Ich bin Praktiker, ich mache das richtig, nicht so theoretisch." Anscheinend werden Theorie und die Praxis als Gegensätze gesehen, fast schon als Methoden, die sich gegenseitig ausschließen.

Dabei gibt es nichts Praktischeres als eine gute Theorie.[2]

Schauen wir uns ein Beispiel an.

Ihr Fahrrad funktioniert nicht mehr. Wenn Sie aufsteigen und treten, tut sich nichts. Schauen wir uns einmal an, wie ein Praktiker, ein Empiriker oder ein Theoretiker jeweils an die Sache herangeht:

Eine gute Theorie ist eine extrem verlässliche und leistungsfähige Beschreibung der Welt. So sind beispielsweise Einsteins Relativitäts"theorie" und die Quanten"theorie" unzählige Male in der Praxis überprüft und getestet worden. Sie erlauben Berechnungen und Vorhersagen mit extrem hoher Genauigkeit. Sie sind also sicher viel mehr als das, was meistens gemeint ist, wenn jemand im Alltag sagt: „Ach, das ist doch nur eine Theorie".

---

[2]Dieser Ausspruch wird vielen Autoren zugeordnet: Lewin, Kirchhoff, Kant, Einstein, Hilbert u. a. m.

1

R1.5.9 ezept: Anwendbarkeit einer Theorie

Jede Theorie hat einen Geltungsbereich, der häufig durch die geforderte Genauigkeit begrenzt wird.

- Überprüfen Sie, ob eine Theorie auf Ihre Fragestellung anwendbar ist.
- Nutzen Sie die Theorie nicht außerhalb ihres Geltungsbereichs. Die Ergebnisse wären wertlos.
- Klären Sie, ob die Näherungen und die von der Theorie erzielbare Genauigkeit Ihren Anforderungen gerecht wird.

B1.5.ii   Grenzen von Newtons eispiel: Gravitationsgesetz

Im späten 17. Jahrhundert formulierte Isaac Newton sein Gravitationsgesetz. Dieses beschreibt die anziehende Kraft zwischen zwei Massen (vgl. Wissen 12.2.10). Mit diesem Gesetz kann man die Bewegung des Mondes um die Erde ebenso verstehen, wie das Herabfallen eines Apfels vom Baum. Das Gesetz ist außerordentlich erfolgreich.

Wenn man aber genau hinschaut, bleiben „kleine" Diskrepanzen zwischen den Berechnungen und den Beobachtungen. So passte die in der Mitte des 19. Jahrhunderts durch Urbain Le Verrier beobachtete Drehung der Bahnellipse des Planeten Merkur nicht zu den Berechnungen mit Newtons Gesetz.

Erst die Gravitationstheorie von Albert Einstein war in der Lage, die Bewegung des Planeten Merkur korrekt zu beschreiben. Auch für die Berechnung der Bahnen von GPS-Satelliten um die Erde ist Newtons Gesetz nicht hinreichend genau. Für viele andere Anwendungen aber schon.

- Der reine Praktiker wird einfach mal drauf los probieren. Alles auseinanderschrauben, putzen, fetten zusammenbauen, testfahren, erneut auseinanderbauen, bis er endlich wieder fahren kann. Man kann sich vorstellen, dass dieser Weg langwierig, weil wenig zielgerichtet, ist.
- Der Empiriker weiß schnell Rat: in 90 % der Fälle ist das Lager hinten defekt. Also wird das ausgebaut. Wenn es das aber nicht war?
- Weitaus sicherer an das Ziel kommt, wer verstanden hat, wie ein Fahrrad aufgebaut ist, wie es funktioniert (Theorie). Auf Basis einer Fehleranalyse, bei der gezielte Tests durchgeführt werden, versucht er die Ursache für die Fehlfunktion zu finden. Mit dem Schraubenschlüssel gearbeitet wird erst ganz zum Schluss, wenn der Fehler klar identifiziert ist.

Mit diesem Beispiel soll deutlich gemacht werden, dass Theorie und Praxis keine Gegenspieler sind, sondern sich im Gegenteil optimal ergänzen können.

Außerdem zeigt das Beispiel, dass viele Personen, die sich selbst als Praktiker verstehen, bei genauer Betrachtung sehr wohl mit einer Theorie arbeiten und eben nicht blind darauf los schrauben, löten, schweißen …

Und warum ist Theorie dann so unbeliebt? Diese Frage ist berechtigt. Gerade haben wir gesehen, dass Theoriewissen die praktische Arbeit erleichtert. Müsste sich nicht jeder über eine gute Theorie freuen?

Eigentlich schon, aber leider ist es mühsam, sich eine Theorie anzueignen:

Fast alle physikalischen Theorien werden in der Sprache der Mathematik formuliert. Der große Anwendungsbereich einer Theorie erfordert die Definition übergreifender physikalischer Größen. Diese sind fast nie intuitiv verständlich, weil sie viel abstrakter sind als die uns umgebenden Dinge.

Betrachten wir wieder ein Beispiel:

Wenn man friert, kann man ein Feuer machen, ebenso kann man sich in ein Fell hüllen oder etwas mehr essen.

Alle drei Maßnahmen werden mit dem Konzept der „Wärme" beschrieben. Die übergreifende Größe Wärme ist aber viel abstrakter als der Scheit Holz oder ein wärmendes Bärenfell.

Abstrakte Begriffe und mathematische Formulierungen erscheinen uns zunächst unanschaulich. Man muss sich an sie gewöhnen. Es bedeutet viel Aufwand, sich Theorien anzueignen. Und das bereitet nicht nur Freude. Aber in der Regel lohnt es sich!

1

R1.5.10
ezept: Theorien nutzen

Jede Theorie hat ihre Fachsprache und Gesetze. Diese müssen vor der Anwendung gelernt werden. Wenn Sie also eine Theorie nutzen wollen:

- Lernen Sie die wichtigsten Begriffe und Größen der Theorie. Das ähnelt den Vokabeln einer Fremdsprache.

- Machen Sie sich vertraut mit den mathematischen Beziehungen zwischen den Größen. Diese „Formeln" sind oft der Kern einer Theorie.

- Achten Sie besonders auf die Grenzen der Gültigkeit der Theorie.

- Machen Sie Ihre ersten Schritte in eine Theorie an einfachen Beispielen. An deren Ergebnissen können Sie meist leicht feststellen, ob Sie die Theorie richtig angewendet haben.

Theorie und Wirklichkeit

Noch ein Gedanke zum Schluss dieses Kapitels.Wir wollen die Welt um uns verstehen. Eine Theorie sollte möglichst viele Beobachtungen erklären und Vorgänge vorhersagen können. Die Welt ist aber vielfältig, komplex und kompliziert. Deshalb ist überraschend, dass es überhaupt möglich ist, weitreichende Theorien zu erstellen.

Mithilfe von Theorien oder Modellen beschreiben Physiker einen Ausschnitt aus der Welt. Sie sind damit in der Lage, viele Dinge extrem genau vorherzusagen, dennoch können Theorien grundsätzlich nie „ganz richtig" sein. Man kann sie nie beweisen.

Deshalb sollte man von einer Theorie nur fordern, dass sie brauchbar ist. Sie soll im Rahmen der Annahmen nutzbare Ergebnisse und Erklärungen liefern.

Können Theorien die Welt dann überhaupt richtig beschreiben?

Das ist keine physikalische Frage mehr sondern eine philosophische. Bohrt man tiefer, so stößt man bei vielen Theorien immer wieder auf philosophische Fragen:

- Was ist Wahrheit?
- Was ist real?

Diese Fragen können und wollen physikalische Theorien nicht beantworten.

W1.5.11
issen: Theorie und Wahrheit

Eine Theorie ist nie **wahr**.

Sie kann nur brauchbar oder unbrauchbar sein.

Eine Theorie, die keine prinzipiell überprüfbaren Vorhersagen macht, ist nicht wissenschaftlich.[a]

[a]Popper formuliert das so: „Ein empirisch-wissenschaftliches System muss an der Erfahrung scheitern können." [1, S. 15]

Selbstverständlich wird die Welt und unser Leben von naturwissenschaftlichen Theorien nicht vollständig beschrieben. Kunst, Glaube, Philosophie und vieles andere mehr gehen über die Naturwissenschaften hinaus und sind deshalb nicht weniger real.

1

1.6 Vorhersagen

Wollen Sie die Zukunft vorhersagen können? Können Sie das vielleicht schon? Wenn Sie das könnten, hätten Sie auf jeden Fall Vorteile gegenüber Personen, die diese Fähigkeit nicht haben.

Schon Menschen in vorgeschichtlicher Zeit waren bemüht, möglichst weit in die Zukunft zu planen. Bronzezeitliche Monumente bezeugen, dass zu dieser Zeit sehr genaue Kalender existierten, mit denen geeignete Zeitpunkte für Jagd und Aussaat bestimmt werden konnten. Das rechtzeitige Aussähen von Getreide versprach eine gute Ernte einige Monaten später. Techniken wurden erfunden, mit denen es möglich wurde, Metalle zu gewinnen. Eine vorher festgelegte Reihenfolge von Handlungen konnte am Ende zur Herstellung metallener Gegenstände führen. In beiden Beispielen lag das Ergebnis der Handlung weit in der Zukunft. Zu der Erfahrung (Empirie) kamen im Laufe der Jahrtausende auch Theorien hinzu. Die Menschen haben kausale Zusammenhänge gefunden und so Prozesse besser verstanden.

Menschen haben diese Arbeitsweisen verfeinert. Und mit der Naturphilosophie und insbesondere den Anfängen der Physik wurden die Vorhersagemöglichkeiten erheblich verbessert. So konnte man zum Beispiel mit Hilfe neuer Himmelstheorien Sonnenfinsternisse oder die Existenz bisher noch nicht beobachteter Planeten vorhersagen.

1.6.a Empirie-basierte Vorhersagen

> **R** **1.6.1   Empirie-basierte**
> **ezept: Vorhersagen**
>
> Nutzen Sie Daten, um daraus Regeln abzuleiten.
>
> Seien Sie sich aber bei Vorhersagen aus diesen Regeln folgender Punkte bewusst:
>
> - Außerhalb des Bereichs, in dem Sie die Korrelation gefunden haben, können Sie keine Vorhersagen treffen. Eine Extrapolation in unbekannte Bereiche ist irreführend und oft hochriskant.
> - Passen Sie Ihre Regeln regelmäßig Ihren neuen Daten an. Empirische Zusammenhänge können sich ändern.
> - Denken Sie immer daran, dass diesen Regeln die kausale Begründung fehlt. Daher kann es auch immer zu Ausnahmen bzw. falschen Vorhersagen kommen.
>
> Seien Sie deshalb bei wichtigen Entscheidungen, die auf Regeln basieren, ganz besonders vorsichtig.

Da empirisch gefundene Regeln nur im Bereich vorhandener Daten gültig sind, dürfte man sie in diesem strengen Sinne nicht für die Vorhersage der Zukunft anwenden, denn von dort gibt es noch keine Daten.

Aus Datensätzen gewinnen wir Korrelationen und leiten daraus Regeln ab (siehe Unterkapitel 1.4). Diese Regeln gelten zwar streng genommen nur für die Vergangenheit. Aber es hat sich bewährt, diese einfach auch auf die Zukunft anzuwenden. Das, was gestern galt, gilt eben in vielen Fällen auch heute und morgen noch.

Die Vorhersagen stimmen jedoch nicht immer, weil Regeln auch Ausnahmen zulassen. Aber wenn man nichts Besseres besitzt, ist es eventuell sinnvoll, sich an bewährte Regeln zu halten. Ein weiterer Vorteil der Empirie ist, dass man zunächst einfach ganz viele Daten erfassen und speichern kann. Nutzbare Regeln können daraus später bei Bedarf gewonnen werden.

Man muss sich aber der Nachteile solcher, empirisch basierter Vorhersagen, bewusst sein.

Regeln müssen ständig überprüft und nachgearbeitet werden: Wenn nämlich neue Informationen und Daten erhoben werden, ändern sich möglicherweise die daraus gewonnenen Regeln.

In vielen Firmen werden Korrelationen auch für das Geschäftsmodell genutzt. Beispielsweise berechnen Versicherungen die Prämien aus ihren Daten über Automobilklasse, Wohngegend, Alter des Versicherten, Art der Garage, Häufigkeit der Unfälle und mehr.

Da ständig neue Daten erhoben werden, ändern sich die daraus berechneten empirischen Zusammenhänge. Deshalb werden Prämien regelmäßig angepasst.

Regeln gibt es nur dort, wo Daten vorliegen. Der Einsatzbereich von Regeln ist daher auf Bekanntes begrenzt. Schauen wir uns dazu wieder unsere Wirtsleute

(Seite 14) an:

Eine Regel, die die Anzahl der Gäste in Abhängigkeit von der Temperatur vorhersagt, und auf den Daten von Wanderern beruht, lässt sich nicht auf den Winterbetrieb und Skifahrer übertragen.

Ausnahmen von Regeln können zu falschen und manchmal kostspieligen Schlussfolgerungen führen. Möglicherweise kaufen die Wirtsleute viele Lebensmittel ein und engagieren Hilfskräfte, weil sie bei einer entsprechenden Wettervorhersage viele Gäste erwarten. Dann kann es passieren, dass nur wenige Wanderer kommen, weil an diesem Tag ein wichtiges Fußballspiel im Fernsehen übertragen wird.

1.6.b Theorie-basierte Vorhersagen

Eine Theorie hat bereits viele Tests bestanden, es gibt keine Beobachtung, die ihr widerspricht. Daher können wir mit ihr bei richtiger Anwendung belastbare Vorhersagen machen.

Wir müssen aber immer den Geltungsbereich einer Theorie beachten (Rezept 1.5.9). Die falsche Anwendung von Theorien ist ein häufiger Fehler. Sie kann zu schweren Folgefehlern führen, eben weil man sich auf die vermeintlich sichere Theorie verlässt.

Ein weiterer Vorteil einer Theorie ist, dass sie nicht ständig angepasst werden muss, beispielsweise an eine neue Datenlage. Sie gilt auch außerhalb des Bereichs für den Daten vorliegen.[4]

Diese Gründe sprechen dafür, dass wir für Vorhersagen Theorien nutzen sollten, auch wenn diese manchmal schwer zu erlernen und verstehen sind.

Hat dieser Weg zur Vorhersage überhaupt Nachteile?

Leider ja.

Für viele Anwendungen und Bereiche gibt es keine vollständige, nutzbare Theorie. Beispielsweise zum Verhalten von Menschen. Und manche Systeme sind so groß und komplex, dass man sie gar nicht berechnen kann. Man weiß, dass die Quantentheorie auf große Moleküle anwendbar ist. Man könnte deren mögliche pharmazeutische Wirkung theoretisch (!) vorhersagen. Die Rechenzeit für eine Simulation der Wirkung wäre aber selbst auf modernen Computern unfassbar groß.

Beispiel **1.6.i   Risiko Empirie-basierter Vorhersagen**

In den letzten zwei Wochen hat es nicht geregnet.

Nimmt man deshalb keine Regenkleidung auf die Wanderung mit?

Rezept **1.6.2   Theorie-basierte Vorhersagen**

Nutzen Sie Theorien für Vorhersagen.

Achten Sie auf die Voraussetzungen, die erfüllt sein müssen, damit die Theorie auch gilt.

Beispiel **1.6.ii   Theorie-basierte Vorhersagen**

- Bauingenieure nutzen die Statik, um Staudämme zu berechnen.
- Maschinenbauer haben die Thermodynamik so weit verfeinert, dass sie Gasturbinen optimieren können.
- Neue Smartphones und Computer lassen sich ohne Elektrotechnik und Quantentheorie gar nicht entwickeln.

---

[4]In seltenen Fällen kann man durch neue Daten aber auch eines Besseren belehrt werden.

1.6.c   Hybride Vorhersagen

R 1.6.3 ezept: Hybride Vorhersagen

Kombinieren Sie für allgemeine Vorhersagen am besten empirische und theoretische Teile.

- Versuchen Sie, den Theorieanteil möglichst hochzuhalten. Sie müssen weniger ausprobieren und sparen viel Aufwand und Zeit.
- Nutzen Sie für die Teile, deren theoretische Begründung zu aufwändig oder unmöglich ist, empirische Daten, beispielsweise Materialkennzahlen.

B 1.6.iii eispiel: Hybride Vorhersagen

Bei der Umsetzung von Beispiel 1.6.ii werden die beiden Techniken oft kombiniert.

- Bauingenieure nutzen die Statik, um Staudämme zu berechnen. Aber Sie verwenden empirische Festigkeitsdaten für Beton.
- Maschinenbauer haben die Thermodynamik so weit verfeinert, dass sie Gasturbinen optimieren können. Aber zur Beschreibung von Strömungen und Wärmeübergängen werden experimentell gewonnene Kennzahlen genutzt.

Wir halten fest: empirische und theoretische Vorhersagen haben jeweils Stärken und Schwächen. Man braucht nicht viel Fantasie, um auf die Idee zu kommen, die beiden Methoden zu kombinieren.

Fast immer wird daher eine Mischung aus Theorie und Empirie für Vorhersagen benutzt. Wenn eine Theorie existiert, wird diese eingesetzt, Details werden über Auswertung von Daten empirisch ermittelt. Die Kombination aus Theorie und Empirie ist ein Mittelweg, der die vereinfachten, aber weitreichenden Modelle der Theorie nutzt, deren Nachteile, wie die meist geringe Komplexität, durch empirische Daten kompensiert.

Somit ist wenigstens im Ansatz eine kausale Begründung für eine Vorhersage gegeben. Dass die Details nicht mehr kausal begründet werden können, wird dann als der Komplexität geschuldet leichter verkraftet.

1.7   Bewusst Herbeiführen / Experiment

D 1.7.1 efinition: Experiment

Ein Experiment ist eine Frage an die Natur oder an die Welt:
„Wenn ich das tue, was passiert dann?"

In vielen Experimenten werden Prozesse herbeigeführt, die so in der Natur nicht oder nur selten ablaufen.

Wir haben gesehen, dass durch Beobachtung dessen, was um uns geschieht, viel über unsere Welt als Ganzes oder im Detail gelernt werden kann. Will man die Zusammenhänge erklären, kann man Hypothesen aufstellen und Theorien erarbeiten.

Nach Aufstellen der Hypothese müssen wir sie prüfen. Dazu stellen wir eine entsprechende Frage an die Natur. Häufig aber gibt die Natur nicht von selbst eine Antwort, da der interessierende Vorgang nicht oder zu selten von selbst stattfindet. Deshalb führen wir bewusst eine Situation herbei, die auf diese Frage angepasst ist. Dies nennen wir „Experiment".

Auch hierzu ein Beispiel:

Galileo Galilei (1564–1642) hatte die Hypothese, dass bei einer sich gleichmäßig verändernden Bewegung die

Geschwindigkeit proportional zur Zeit ist.[5] Da er die kurzen Zeiten, die beim freien Fall auftreten, nicht messen konnte, hat er den Trick mit der schiefen Ebene verwendet. Lässt man eine Kugel eine entsprechend flache Ebene hinunterrollen, kann man die „Fallzeit" soweit vergrößern, dass man sie gut messen kann. Außerdem hat er die Ebene durch eine Rille ersetzt, und eine möglichst perfekt runde Metallkugel verwendet. So konnte er zeigen, dass die Strecke geteilt durch das Quadrat der Zeit eine Konstante ist, was seine Hypothese stützte.

Galilei hat bei seinen Experimenten wichtige wissenschaftliche Vorgehensweisen eingeführt, die wir heute immer noch verwenden. Er hat die Versuchsbedingungen so einfach wie mögliche gehalten und Umgebungseinflüsse so gut es ging unterdrückt. Damit konnte er genau die Aussage seiner Hypothese testen. Außerdem hat er die Versuchsanordnung so ausführlich beschrieben, dass sie jeder nachbauen kann. [2, S. 201–203]

Wenn seine Vorhersage nicht eingetroffen wäre, hätte Galilei seine Hypothese widerlegt. Da das Experiment aber im Einklang mit der Hypothese war, konnten weitere Experimente erfunden und durchführt werden, um die Hypothese weiter zu stärken.

Experimente werden aber auch zu anderen Zwecken durchgeführt, beispielsweise um Naturkonstanten zu vermessen, um ein Medikament auf Nebenwirkungen zu testen. Auch Zugversuche an Metallen oder Müdigkeitsuntersuchungen an Autofahrern sind Experimente, werden aber auch Versuche oder Tests genannt.

Experimente kann man deshalb als Arbeitspferde der Wissenschaften bezeichnen. Zusammen mit Theorien bilden sie die Basis für die Weiterentwicklung unserer Erkenntnisse.

R 1.7.2 ezept: Experiment durchführen

Wenn Sie ein Experiment durchführen möchten, beachten Sie folgende Schritte:

- Schreiben Sie sich genau die Frage auf, die Sie mit dem Experiment beantworten möchten.

  Spielen Sie am besten auch durch, was es bedeutet, wenn das Experiment dieses oder jenes Ergebnis liefert.
- Planen Sie das Experiment sorgfältig.
- Sie müssen jeden Schritt in einem Experiment verstehen, um eine Schlussfolgerung aus dem Ergebnis ziehen zu können.
- Testen Sie jede einzelne Komponente des Experiments.
- Führen Sie Vorversuche durch. Bauen Sie dazu Ihr Experiment auf und werten es aus. Durch eine Unsicherheitsanalyse (Unterkapitel 8.5) erfahren Sie, wie Sie das Experiment verbessern können.
- Wenn etwas Unerwartetes geschieht, gehen Sie dem unbedingt nach, bevor Sie das Experiment fortführen.
- Dokumentieren Sie so viel Sie können. Dazu gehören auch alle Größen, die Einfluss auf das Experiment haben.

Üben Sie zu experimentieren. Aufbau, Durchführung, Auswertung und Interpretation erfordern dabei mehr Fähigkeiten, als in dieser kleinen Box zusammengefasst werden können.

Die Planung und die Optimierungsphase eines Experiments nehmen die meiste Zeit in Anspruch. Die endgültige Messung geht oft vergleichsweise schnell.

B 1.7.i   Zeitaufwand bei eispiel: Experimenten

- Sie lassen verschiedene Gegenstände im Vakuum fallen, um die Fallgesetze zu überprüfen.

  Aufbau im Vakuum und Bereitstellen der Messmittel dauern viel länger, als die eigentliche Messzeit. Die beträgt nur knapp eine Sekunde.

...

---

[5]Es war damals noch nicht klar, ob die Geschwindigkeit proportional mit der Zeit oder dem Weg ansteigt.

1

Fortsetzung Beispiel 1.7.i:

> • Sie lassen Probanden bei verschiedenen Licht-
> situation arbeiten und messen deren Leis-
> tungsfähigkeit, um den Einfluss von Licht auf
> die Arbeitsleistung zu untersuchen.
>
> Hier sind viele Vorversuche nötig, die bele-
> gen sollen, dass den Probanden die richtigen,
> aussagekräftigen Aufgaben gegeben werden.

1.8   Gedankenexperiment

D1.8.1 efinition: Gedankenexperiment

Ein Gedankenexperiment ist eine Frage an eine
Theorie: „Wenn ich das tun würde, was würde
der Theorie nach passieren?"

Eine Theorie kann durch ein Gedankenexperiment hinterfragt werden, ohne dass man das Experiment durchführt, oder sogar durchführen kann.

Gelegentlich kommt es vor, dass ein Experiment, das
zunächst als Gedankenexperiment vorgeschlagen wurde, Jahre später doch noch als Realexperiment durchgeführt werden kann. Obwohl ursprünglich niemand
mit dieser Möglichkeit gerechnet hatte.

R1.8.2 ezept: Gedankenexperiment nutzen

Nutzen Sie Gedankenexperimente, um

- Schwächen einer Theorie oder Hypothese zu
  erkennen.
- Schwächen im Verständnis einer Theorie oder
  Hypothese zu erkennen und offen zu legen.
- ein Gefühl für eine Theorie oder Hypothese
  zu entwickeln und diese besser zu verstehen.
- Erkenntnisse zu gewinnen.
- eine eigene oder fremde Argumentationskette
  zu prüfen.

Im Alltag überlegen wir uns oft, was wäre wenn …
Auf diese Weise ziehen wir Schlussfolgerungen, ohne
dieses „wenn" tatsächlich zu erleben. Diese Kunst, in
Gedanken Situationen zu simulieren und Schlussfol-
gerungen daraus zu ziehen, hat die Physik verfeinert.
Wir sprechen von „Gedankenexperimenten".

Wie bei realen Experimenten können wir mit Gedankenexperimenten Theorien überprüfen und weiterentwickeln.

Spannend wird es, wenn das Ergebnis eines Gedankenexperiments unseren Erwartungen widerspricht. Dann
haben wir entweder einen handwerklichen Fehler gemacht, beispielsweise haben wir uns schlicht verrechnet.
Vielleicht ist aber auch die Theorie fehlerhaft, mit der
wir den Ausgang des Experiments vorhersagten. Falls
wir diese beiden Punkte ausschließen können bleibt
nur noch die Schlussfolgerung, dass unsere Erwartung
falsch war.

Als Beispiel betrachten wir erneut die in Abschnitt 1.5.c
beschriebene Hypothese B unserer Wirtsleute von der
Berghütte:

Hypothese:
Eine große Gästezahl bewirkt, dass das Außenthermo-
meter höhere Temperaturen anzeigt.

Gedankenexperiment:
Ich lasse viele Menschen auf die Hütte bringen, dann
wird die Außentemperatur steigen.

Interpretation:
Diese Aussage ist offensichtlich absurd, so dass die
Hypothese widerlegt ist.

Gedankenexperimente sind ein sehr hilfreiches Mittel,
insbesondere zu Beginn einer Hypothesenprüfung. Das
sollten wir nutzen. Wir versuchen, unsere Hypothese
zu überlisten, indem wir Experimente ersinnen, die
offensichtlich Ergebnisse liefern werden, die der Hypothese widersprechen. Genauso hilfreich sind Gedanken-

experimente, um eine Theorie besser zu verstehen, die Theorie weiterzuentwickeln oder sogar gänzlich neue Theorien zu formulieren.

Als Einstein seine Relativitätstheorie entwickelt hat, ist er mit Hilfe von Gedankenexperimenten zu vielen Erkenntnissen gekommen. Eines der Gedankenexperiment geht vereinfacht ungefähr so:

Vorausgesetzt wird nur $Zeit = \frac{Strecke}{Geschwindigkeit}$ und der experimentelle Befund, dass sich Licht in jedem Bezugssystem, ob bewegt oder nicht, in alle Richtungen gleich schnell ausbreitet.

Stellen wir uns vor, wir möchten in einem fahrenden Zug zwei identische Uhren, eine ganz vorne und eine ganz hinten, miteinander synchronisieren. Dazu senden wir genau von der Mitte einen Lichtblitz aus. Da sich das Licht in alle Richtungen gleich schnell ausbreitet, kommt es bei beiden Uhren zur gleichen Zeit an. Wenn dieser Lichtblitz die Uhren startet, zeigen sie danach die gleiche Zeit an, sie sind somit synchron.

Wenn wir das Ganze aber von einem Bahnsteig aus beobachten, stellt sich die Situation für uns ganz anders dar. Nachdem der Lichtblitz ausgesendet worden ist, breitet er sich auch für uns in beide Richtungen gleich schnell aus. Da sich während der Ausbreitung aber die hintere Uhr auf den Blitz zubewegt, und die vordere Uhr von ihm entfernt, kommen die Blitze nicht zur selben Zeit an. Die Uhren sind somit nicht synchron.

Zusammengefasst kann man also sagen: Was in einem Bezugssystem gleichzeitig stattfindet, muss von einem anderen Bezugssystem aus gesehen nicht zwingend auch gleichzeitig stattfinden. [3, 4]

Wie können wir mit einem Ergebnis eines Gedankenexperiments umgehen, das nicht zu unserer Alltagserfahrung passt? In diesem Fall war es möglich, Einsteins Gedankenexperiment mit hoch genauen Uhren real durchzuführen. Und Einstein hatte recht! Allerdings ist der Effekt so klein, dass wir ihn im Alltag nicht bemerken können.

Man kann also mit Gedankenexperimenten Erkenntnisse über Situationen gewinnen, auf die man (noch) keinen direkten Zugriff hat. Aber hätten Physiker nicht Anfang des letzten Jahrhunderts diese und weitere Gedankenexperimente durchgeführt, würde die Satellitennavigation, so wie sie heute jedes Mobiltelefon beherrscht, nicht funktionieren.

R 1.8.3 Rezept: Gedankenexperiment erfinden

Je besser Sie eine Hypothese oder Theorie verstanden haben, desto leichter fällt es Ihnen, gute Gedankenexperimente zu erfinden. Einige leicht unterschiedliche Klassen von Gedankenexperimenten haben sich bewährt:

- Nichts tun
  Schlagen Sie ein Experiment vor, bei dem nichts gemacht wird.
- Bekanntes tun
  Schlagen Sie ein Experiment vor, dessen Ergebnis Sie schon kennen.
- Skalieren und Extremwerte einsetzen
  Erfinden Sie Experimente, in denen große Werteänderungen vorkommen, vielleicht sogar bis an die physikalisch erreichbaren Grenzen.
- Perspektivenwechsel
  Schlagen Sie ein Experiment vor, bei dem Sie einen anderen Beobachtungsort wählen.
- Symmetrie
  Denken Sie sich ein Experiment aus, bei dem Sie die Anordnung spiegeln, verschieben oder auf sie andere Symmetrieoperationen anwenden.

Die Theorie wird jeweils einen Ausgang des Gedankenexperiments vorhersagen. Prüfen Sie, ob das Ergebnis zu Ihrer Erfahrung passt.

Bei Gedankenexperimenten ist es sehr einfach, Randbedingungen zu setzen. Dennoch müssen Gedankenexperimente genauso sorgfältig geplant werden wie echte Experimente.

Wenn Ihr Gedankenexperiment ein unsinniges Ergebnis liefert, dann haben Sie einen Erkenntnisgewinn. Aber Achtung: Vielleicht trügt auch der „gesunde Menschenverstand".

1.9 Mitteilen und Erzählen

R1.9.1 ezept: Mitteilen

Teilen Sie Ihre Erfahrungen und Erkenntnisse mit anderen Menschen.

Wenn Sie etwas Neues entdeckt haben, wenn Ihnen etwas Besonderes aufgefallen ist, oder wenn Sie vielleicht eine Erklärung für etwas bisher nicht Verstandenes gefunden haben, dann sollten Sie es der Welt mitteilen.

Erzählen Sie Ihre Erkenntnisse auf geeignete Weise den Menschen, die das etwas angeht. Berücksichtigen Sie dabei unbedingt das Vorwissen Ihrer Adressaten.

B1.9.i eispiel: Mitteilen von Ideen ist wichtig

Angenommen, Sie haben eine neuartige regenerative Energiequelle gefunden, die überhaupt keine Nachteile hat, aber niemand erfährt davon. Was ist diese Entdeckung wert?

Oder Sie können Ihre Erfindung nur den besten Experten erläutern, sind aber nicht in der Lage Investoren zu überzeugen. Auch dann wird der Erfolg ausbleiben.

Das Mitteilen von Erkenntnissen ist eine der Basisfähigkeiten der Menschheit und hat es uns ermöglicht, enorme, nicht nur technische, Leistungen zu vollbringen.

Menschen teilen ihre Erfahrungen. Sie reden miteinander. Sie zeigen sich, was sie herausgefunden haben. Sie übertragen das in geeigneter Weise an die nächsten Generationen. Ganz wichtige Errungenschaften sind dabei Sprache und Schrift. Durch die Informationstechnik werden diese Uralt-Techniken mit modernen Speicher- und Verbreitungswegen in ihrer Wirkung intensiviert.

Auf diesem Weg der globalen Vernetzung führen viele kleine Wissens- und Erkenntnisfortschritte in der Summe zu großen Fortschritten der gesamten Menschheit. Die Grundtechniken haben sich kaum verändert. Die Anzahl der erreichbaren Menschen, die die Neuigkeiten interessieren könnten, ist aber dramatisch angestiegen. Unter anderem deshalb nimmt das Wissen der Menschheit in den letzten Jahrzehnten atemberaubend schnell zu.

Gerade der Wissenschaftsbetrieb lebt vom Informationsaustausch. Fortschritte, manchmal auch ganz kleine, werden dokumentiert und über geeignete Medien anderen Wissenschaftlern zugänglich gemacht. In allen Teilbereichen können mitteilenswerte Dinge passiert sein. Überraschende, bisher unbeobachtete Effekte, werden genauso publiziert wie präzisere Experimente. Selbst Nachmessungen von Bekanntem können spannend sein. Neue, oder Ergänzungen zu bestehenden Theorien, Fortschritte bei Fertigungstechniken, Ideen zur Verbesserung von Methoden ... Die Liste lässt sich beliebig verlängern.

Je nachdem, wen man erreichen möchte, wählt man die geeignete Kommunikationsform: Medium und Sprache müssen zum Adressaten passen.

Die folgenden Beispiele sind ein Ausschnitt aus der großen Vielfalt von Möglichkeiten, Informationen weiterzugeben.

1.9.a   Publikation

Die Publikation in einer Fachzeitschrift wird verwendet, wenn anderen Wissenschaftlern, die auf dem selben oder einem verwandten Gebiet arbeiten, die eigenen Erkenntnisse erläutert werden sollen. Dabei ist die Einbettung in die aktuelle Forschung durch Literaturzitate zu belegen. Zudem wird die Fachsprache verwendet, um möglichst präzise und nachvollziehbar für andere Experten zu sein. Insbesondere müssen andere Forscher in die Lage versetzt werden, die Inhalte grundsätzlich nachprüfen zu können.

Rezept: **1.9.2   Publikation in einer Fachzeitschrift**

Wenn Sie in einer Fachzeitschrift publizieren, dann sollten Sie folgende Punkte beachten:

- Betten Sie Ihre Arbeit durch Zitate in das Forschungsumfeld ein.
- Verwenden Sie Fachsprache.
- Gewährleisten Sie die Nachvollziehbarkeit der Argumente und Schlussfolgerungen.
- Heben Sie das vermeintlich Neue hervor.

1.9.b   Interner Bericht – Abschlussarbeit

Beginnen mal wir wieder mit einem Beispiel:

Eine mittelgroße Firma stellt Industriekameras zur Fertigungsüberwachung her. Etwa zwei Jahre nach der Einführung eines neuen Produkts stellt ein Kunde fest, dass Fertigungsanlagen mit den eingebauten Kameras fehlerhaft arbeiten. Müssten nun alle eingebauten Kameras zurückgenommen werden, wäre das eine finanzielle Katastrophe.

Zum Glück wurden in der Entwicklungsphase sehr gute Berichte abgefasst. Alle Versuche, sowie die Auswertungen inklusive der Rohdaten, wurden dokumentiert und auffindbar abgelegt. Metadaten wie Kosten und Zeiten, beteiligte Abteilungen und Personen wurden mit erfasst. Zwei Jahre nach Abschluss der Entwicklung mussten alle Unterlagen erneut gesichtet werden. Dank der guten Dokumentation war die Firma so in der Lage, nachzuweisen, dass die Kamera den vorgegebenen Spezifikationen in allen Punkten entsprach.

Interne Berichte dienen dem weiteren Gebrauch innerhalb der eigenen Organisation. Sie fassen alle wichtigen Informationen zusammen. Interne Berichte können im Allgemeinen nie zu viele Informationen enthalten. Die entscheidenden Schlüsse müssen aber leicht erkennbar zusammengefasst werden, zum Beispiel in einem Fazit. Abschlussarbeiten an Hochschulen ähneln somit internen Berichten.

Rezept: **1.9.3   Interner Bericht – Abschlussarbeit**

Ein interner Bericht soll so abgefasst werden, dass auch Jahre später nahtlos am Thema weitergearbeitet werden kann. Ein paar Gedanken hierzu:

- Schreiben Sie eine Zusammenfassung, die folgende Punkte enthält:
  - Was war der Grund, der Auslöser für die Arbeit?
  - Was haben Sie/Ihr Team erreicht?
  - Interpretieren Sie Ihre Ergebnisse: Warum ist die Welt jetzt „besser" als vor Durchführung der Arbeit?
  - Was bedeutet das Ergebnis für den Auftraggeber?
- Sichern Sie alle wichtigen Informationen aus dem Umfeld Ihrer Arbeit: Dokumentieren Sie alle Messungen durch Abspeichern der Rohdaten. Speichern Sie auch Metadaten ab (Kosten, beteiligte Teams und Personen, Zeitpläne usw.).
- Schreiben Sie ein Kapitel darüber, wie dieser Bericht genutzt werden kann. Wo findet man welche Information? Welche Kapitel muss man unbedingt lesen, welche sind optional?

1

1.9.c   Brief an die Chefin

> ### R 1.9.4
> ### ezept: Brief an die Chefin
>
> Schreiben Sie nur das wirklich Wichtige in den Text. Und das so knapp wie möglich:
>
> - Grund des Briefs,
> - Problem,
> - Lösung,
> - Kosten, Personalbedarf, Zeitrahmen und
> - evtl. Entscheidungsvorschlag.
>
> Achten Sie insbesondere bei so kurzen Dokumenten auf formale Dinge wie Rechtschreibung.
>
> Halten Sie weiterführende Unterlagen für den Fall von Nachfragen bereit.

Manchmal müssen die Ergebnisse so knapp wie möglich zusammengefasst werden. Meist sind das Situationen, in denen Vorgesetzte innerhalb kurzer Zeit eine Entscheidung treffen wollen. Als Mitarbeiter obliegt uns die Aufgabe, diese Entscheidung fundiert vorzubereiten. Auf der Basis von Vorarbeiten schreiben wir eine knappe Entscheidungsvorlage.

Diese Form der Information wird hier „Brief an die Chefin" genannt. Der Brief muss alle für die Entscheidung nötige Information (Grund, Ziel, Kosten, ...) enthalten. Weiterführende Informationen werden in diesem Brief weggelassen, müssen aber auf Nachfrage verfügbar sein.

1.9.d   Allgemeinverständliche Darstellung

> ### R 1.9.5   Allgemeinverständliche
> ### ezept: Darstellung
>
> Wenn Sie Laien erreichen wollen, sollten Sie beachten:
>
> - Vermeiden Sie weitestgehend Fachsprache.
> - Machen Sie sich klar, dass Sie einen Spagat begehen zwischen Vereinfachung und Korrektheit.
> - Setzen Sie Ihre Darstellung in einen Kontext. Warum erzählen Sie das? Dadurch werden auch für Experten die von Ihnen gemachten Vereinfachungen nachvollziehbar.
> - Nennen Sie die Vereinfachungen.

Personen, die beispielsweise Entscheidern helfen, komplizierte Sachverhalte zu verstehen, aber auch Lehrer, benötigen die Fähigkeit, komplexe Zusammenhänge verständlich darzustellen.

Wie funktioniert eine Brille? Angenommen, wir bekommen die Aufgabe, dies zu erklären.

Bevor wir loslegen erkundigen wir uns nach dem Wissensstand der Zuhörer. Einem Optiker werden wir eine andere Antwort geben als einem kleinen Kind. Und zwischen beiden Extremen gibt es eine Menge an unterschiedlichen Erklärungsmöglichkeiten. Gerade wenn wir Laien komplizierte Zusammenhänge erläutern wollen, benötigen wir ein großes Verständnis der Materie und ein gutes Einfühlungsvermögen. Man muss vereinfachen ohne in der Sache falsch zu werden. Das ist gar nicht leicht. Außerdem begibt man sich in die Gefahr, dass man durch die gemachten Näherungen den Eindruck vermittelt, man wisse es nicht besser. Diese Art der Darstellung ist ein Spagat zwischen ausreichend richtiger Darstellung und möglichst guter Verständlichkeit.

Zurück zu unserer Ausgangsfrage. Wenn unsere Antwort in einer Zeitung gedruckt werden soll, beginnen wir in etwa so:

„Die siebenjährige Lena fragt: Wie funktioniert eine Brille?" Dann können wir erklären, dass bei einem guten Auge ein Stern als Punkt abgebildet wird. Mit einem einfachen Bild können wir dann Brille und schlechtes Auge erläutern. Begriffe wie Dioptrien, Brechungsindex und Lichtgeschwindigkeit werden wir dann gar nicht benutzen.

1

1.9.e Poster

Poster werden beispielsweise auf Messen und auf Fachkonferenzen eingesetzt. Dort haben sie die Aufgabe, Menschen zu einem Thema zu informieren und Anknüpfungspunkte für Fachgespräche zu bieten. Um dies zu erreichen, muss ein Poster gut aufbereitete Grafiken, Diagramme und Bilder sowie fesselnden Text bieten. Besucher auf Konferenzen kennen die Situation, dass vor manchen Postern viele Personen stehen bleiben. Diese Poster transportieren in der Regel nicht nur guten Inhalt, sondern sind auch gleichzeitig gut gestaltet.

R 1.9.6 ezept: Poster

Beachten Sie bei der Erstellung eines Posters:

- Eine gute Struktur führt den Leser.
- Gut aufgemachte Grafiken, Diagramme und Bilder locken Menschen an und bieten Diskussionsgrundlagen.
- Spannende Texte binden Menschen.

Vergessen Sie nicht Informationen zur Institution und zu den Autoren.

1.9.f Diskurs

Stellen Sie sich vor, Sie hätten im Wald einen Wolf gesehen. Wenn Sie das erzählen, werden Sie wohl viele unterschiedliche Reaktionen erleben. Skeptische Stimmen sagen: „Das war sicher nur ein grauer Hund". Manche werden genauer nachfragen wo und wann Sie den Wolf gesichtet haben und ob Sie Ihre Beobachtung belegen können. Fotos oder Spuren würden da helfen. Können andere Personen die Beobachtung bestätigen? Sollten sich die Anzeichen für die Anwesenheit eines Wolfs mehren, werden weitere Maßnahmen folgen, wie das Aufstellen von Fotofallen oder das Abklären über DNA-Material.

Ihre Behauptung wurde nicht widerspruchslos hingenommen. Sie hat im Gegenteil eine Folge von Reaktionen und Maßnahmen ausgelöst, die schließlich vielleicht zum Nachweis der Existenz des Wolfes führen werden.

So ähnlich funktioniert auch wissenschaftliches Arbeiten. Nach der Veröffentlichung einer neuen Idee kann es zu vielen Reaktionen kommen. Im schlechtesten Fall reagiert niemand auf eine Publikation. Dann war unsere Nachricht im Moment nicht wichtig genug.

Vielleicht bekommen wir starke Widerrede. Man bezweifelt unsere Aussage, die Methode, die gezogenen Schlüsse. Das zwingt uns, die eigene Arbeit im Lichte der Kritik zu hinterfragen. Möglicherweise haben wir ja wirklich Fehler gemacht. Dann hat die Veröffentlichung dennoch geholfen, weil Fehler aufgedeckt wurden. Sollte die Kritik unberechtigt sein, müssen wir auf die einzelnen Punkte inhaltlich erwidern. Wir werden aufzeigen, weshalb die Kritik nicht zutrifft, oder ergänzen, was die Kritiker vielleicht gar nicht wissen konnten.

R 1.9.7 ezept: Diskurs

Genießen Sie den Diskurs. Der wissenschaftliche Fortschritt lebt von dem Wettstreit der Ideen.

Wenn Sie auf eine wissenschaftliche Aussage Reaktionen erfahren, sollten Sie sich darüber freuen. Fundierte Widerrede hilft Ihnen, entweder eigene Fehler zu finden oder Ihre Argumentation zu schärfen.

Gehen Sie daher einem Streitgespräch nicht aus dem Weg. Meistens bringt es Sie weiter.

Halten Sie einen wissenschaftlichen Diskurs auf der sachlichen Ebene.

Möglicherweise erhalten wir auch Zustimmung von Menschen, die ähnliches gefunden haben. Im besten Fall kann löst eine Publikation einen Prozess aus, in dem Sachverhalte diskutiert und präzisiert werden.

Eine wichtige Regel im wissenschaftlichen Diskurs ist, dass er auf der fachlichen Ebene geführt wird, und nie persönlich wird. Um die Diskussion auf der fachlichen Ebene zu halten, hilft es, wenn man zwischen den empirischen Fakten und den Schlussfolgerungen und Hypothesen unterscheidet und die Argumentationsketten ausführlich darlegt. Dadurch wird es einfacher, bei neuen Erkenntnissen ohne Gesichtsverlust die Aussagen anzupassen.

Qualität von Argumenten

R1.9.8
ezept: Qualität von Argumenten

Sie werden manchmal Argumente und Beiträge zu Ihren Fragen finden, die sich widersprechen. Prüfen Sie diese auf typische Anzeichen von schlechten Argumenten. Stellen Sie Fragen wie:

- Wurde aus Korrelationen auf Kausalitäten geschlossen?

- Wie überprüfbar ist die vermeintliche Expertenmeinung? Ist sie zum Beispiel in Fachzeitungen veröffentlicht?

- Werden „viele Fälle", die bekannt sind, als Beweis für die Richtigkeit einer Theorie angeführt?

Machen Sie sich vertraut mit P-L-U-R-V, den häufigsten Tricks zur Desinformation.

Dabei ist es leider nicht immer einfach zu erkennen, ob vorgebrachte Argumente der Sachdiskussion überhaupt dienlich sind. Häufig versuchen Pseudoexperten durch Hinweis auf Einzelbeispiele und Korrelation Zusammenhänge zu konstruieren.

Die Vertreter von Verschwörungserzählungen haben verschiedene Techniken entwickelt, die einen wissenschaftlichen Diskurs schwierig bis unmöglich machen. Echte Gegenbeweise gegen ihre Behauptungen werden umgedeutet und interpretiert als Beweis für die behauptete Verschwörung. Die Mechanismen der Wissenschaftsleugnung und Verschwörungsmythen wurden beispielsweise untersucht von John Cook und Stephan Lewandowsky [5]. Sie haben im F-L-I-C-C-Modell (deutsch: P-L-U-R-V) die Methoden der Wissenschaftsverweigerer in fünf Techniken zusammengefasst:

- F - Fake experts
- L - Logical fallacies
- I - Impossible expectations
- C - Cherry picking
- C - Conspiracy theories

Im deutschen Sprachraum kennt man dieses Modell als P-L-U-R-V:

- P - Pseudo-Experten
- L - Logikfehler
- U - Unerfüllbare Erwartungen
- R - Rosinenpickerei
- V - Verschwörungsmythen

Es ist lohnend, sich mit diesen Mechanismen vertraut zu machen, um nicht von falschen „Argumenten" geblendet zu werden.

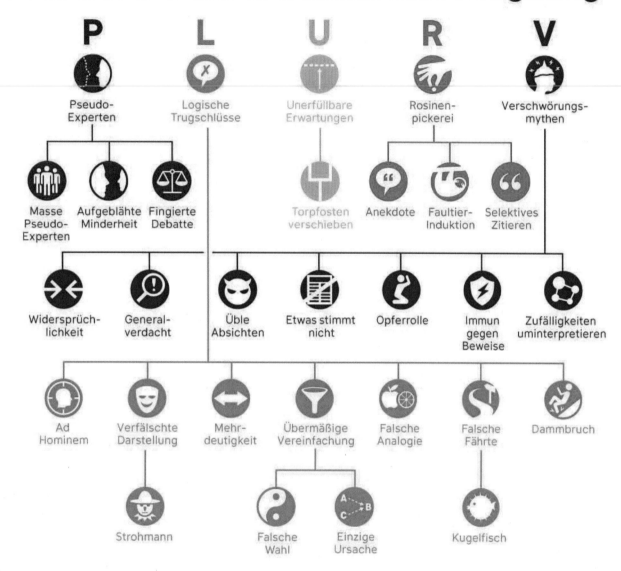

Abbildung 1.1: PLURV-Grafik. Quelle: SkepticalScience, CC BY-SA 4.0 <https://creativecommons.org/licenses/by-sa/4.0>, via Wikimedia Commons

Aufgaben und Zusatzmaterial zu diesem Kapitel

https://sn.pub/yCoJ7p

2 Physikalische Größen, ihre Dimensionen und ihre Einheiten

Die NASA-Mission „Mars Climate Orbiter" im Jahr 1999 war schon beim Start der Rakete auf der Erde zum Scheitern verurteilt. Dabei verlief der 10 Monate dauernde Flug von der Erde zum Mars perfekt nach Plan. Trotzdem stürzte die Sonde unmittelbar nach dem Einschwenken in einen Mars-Orbit (eine Umlaufbahn um den Mars) ab. Eine anschließende Analyse der Flugdaten ergab, dass die Sonde den Mars nicht in der erforderlichen Höhe von 150 km anflog. Stattdessen hatte sie nur eine Höhe von etwa 57 km, was wegen der Marsatmosphäre zu tief war. Der Absturz war unvermeidlich.

Geschehen war Folgendes: Bei der Mission kam die Navigationssoftware des Triebwerkherstellers Lockheed Martin zum Einsatz. In dieser Software wurde die Kraft im imperialen Einheitensystem in lb_f berechnet. Ein lb_f steht dabei für die Gewichtskraft eines englischen Pfundes an der Erdoberfläche. Die NASA berechnete jedoch im internationalen System (SI) die Kraft in der Einheit N (Newton). Die beiden Krafteinheiten unterscheiden sich um den Faktor 4,45, was aber nicht berücksichtigt wurde. [6]

Diese Geschichte zeigt: Der korrekte Umgang mit physikalischen Größen und ihren Einheiten ist fundamental wichtig für jeden Erfolg in Wissenschaft und Technik. Umgekehrt führt schlampiger Umgang zu Fehlern und Missverständnissen.

In der Physik, in der Technik, aber auch im Alltag begegnen uns dauernd physikalische Größen wie Temperatur, Masse, Geschwindigkeit. In diesem Kapitel werden wir die Vielzahl an physikalischen Größen ordnen und sortieren. Indem wir verschiedene Kriterien anwenden, wie physikalische Größen charakterisiert werden können, gewinnen wir sogar Einsichten in Strukturen der Physik. Außerdem lernen wir in diesem Kapitel Regeln und Konventionen (= Vereinbarungen) für den Umgang mit physikalischen Größen und Einheiten kennen.

2.1 Physikalische Größen

Es gibt eine sehr große Zahl an physikalischen Größen. Das soll uns aber nicht entmutigen. Indem wir die Ordnungsstrukturen in der Welt der physikalischen Größen kennenlernen, gewinnen wir Sicherheit im Umgang mit den Größen und lernen sogar, mit uns unbekannten Größen umzugehen.

2.1.a   Definition von physikalischen Größen

D^{2.1.1}**efinition: Physikalische Größen**

Quantitativ bestimmbare, also messbare Eigenschaften der Welt und ihrer Prozesse nennt man physikalische Größen oder einfach nur Größen.

R^{2.1.2}**ezept: Definition von Größen**

Definieren Sie eine Größe immer in dem Zusammenhang, in dem Sie sie verwenden.

Geben Sie bei der Definition auch bekannt, welches Symbol Sie für die Größe verwenden wollen.

Wie ausführlich eine Größe definiert werden muss, hängt ganz von der Situation ab.

Idealerweise definieren Sie eine Größe durch die Angabe einer Messvorschrift.

B^{2.1.i}**eispiel: Definition von Größen**

- Die Definition einer Größe kann beiläufig in einem Satz geschehen:

  „... ein Körper mit der Masse m ...“

- Um keine Missverständnisse aufkommen zu lassen, muss manchmal ausführlicher definiert werden:

  „Die Breite b des Autos, gemessen von Außenspiegel zu Außenspiegel, ...“

- Manchmal ist es aber auch notwendig, zur Definition einer Größe explizit ein eigenes Kapitel oder gar ein ganzes Dokument zu verfassen:

  Die Definition der Reichweite eines PKWs nach WLTP besteht aus einer Vielzahl von Parametern und Randbedingungen, die bei der Messung eingehalten werden müssen.

Stellen wir uns vor, wir wollen für eine Nische in unserem Zimmer einen kleinen Schrank kaufen. Wir finden im Internet das Bild eines Schrankes, der uns gefällt. Dazu finden wir die Maßangaben 73 cm×68 cm×75 cm. Da die Nische eine Breite von 70 cm hat, könnte der Schrank perfekt passen. Oder auch nicht. Leider finden wir keine Erklärung zu den Maßangaben. Sie sind damit für uns wertlos. Doch selbst wenn die Angabe lautet: Länge ℓ × Breite b × Höhe h sind 73 cm×68 cm×75 cm können wir zwar die Höhe identifizieren, aber wir wissen immer noch nicht, ob der Schrank in die Nische passt. Denn was verstehen die Verkäufer unter Länge und Breite?

Die Länge, die Breite und die Höhe des Schrankes sind „physikalische Größen“. Physikalische Größen (oder einfach nur „Größen“) dienen dazu, physikalische Eigenschaften und Prozesse der Welt zu beschreiben. Wir haben oben für diese Größen Buchstabensymbole (ℓ, b, h) verwendet. Dies ist allgemein üblich. Wir schauen uns die Verwendung der Symbole später genauer an (Abschnitt 2.2.b).

Bevor man Größen verwendet, müssen sie definiert werden. Sodann erlauben sie uns, quantitative Aussagen über Eigenschaften der Welt oder über Prozesse zu formulieren. Das wichtigste Wort im letzten Satz ist „quantitativ“. Das bedeutet: Wenn wir beispielsweise angeben wollen, wie lange eine Strecke ist, dann nennen wir eine Maßzahl und eine Einheit. Die Maßzahl gibt das Verhältnis zu einer Referenz, eben der Einheit, an. Der Wert einer Größe kann also angegeben werden, indem man die Maßzahl mit der Einheit multipliziert. Eine bestimmte Strecke s beträgt zum Beispiel zwei Meter:

$$s = 2\,\mathrm{m}.$$

Dabei ist 2 die Maßzahl und m die Einheit (siehe auch Beispiel 2.2.i).

2.1.b Dimension und Größenart

Auf den ersten Blick erscheint es einfach zu verstehen, was eine physikalische Größe ist. Wir kennen sehr viele Größen. Hier ein paar Beispiele: Energie, Durchmesser von Schrauben, Lichtgeschwindigkeit, Erdumfang, Massendichte, Gewicht eines Autos, Wellenlänge von blauem Licht, Breite eines Sofas und viele andere mehr. Irgendwie scheint aber die Energie als eine sehr weit gefasste, grundlegende Größe einen anderen Charakter zu haben als die Breite eines bestimmten Sofas.

Ist es möglich, in die Vielzahl aller physikalischen Größen etwas Ordnung zu bringen? Gibt es innerhalb dieser großen Menge sinnvolle Teilmengen?

Wir erkennen, dass der Durchmesser von Schrauben, der Erdumfang, die Wellenlänge und Sofabreite irgendwie zusammenpassen. Um diese Größen zu messen, brauchen wir keine Stoppuhr und auch keine Waage, sondern wir müssen eine Längenmessung durchführen. Wir können sagen: Alle diese Größe sind von ihrer Art her Längen. In der riesigen Menge aller physikalischen Größen gibt es also eine Untermenge, in der alle Größen von der Art her Längen sind. Darüber hinaus gibt es weitere Untermengen gleichartiger Größen, beispielsweise die Kräfte. Hierzu gehört die Kraft zwischen zwei Magneten ebenso wie die Kraft, mit der wir unseren Stift auf das Papier drücken, die Anziehungskraft zwischen zwei Galaxien und die Kraft mit der wir ein defektes Auto anschieben.

Es gibt sehr viele Arten von physikalischen Größen. Jede physikalische Größe gehört eindeutig in genau eine solche Teilmenge von fundamentalen Arten. Diese Erkenntnis führt uns zum Begriff der „Dimension".[1] Jede Art hat eine bestimmte Dimension. Das heißt, so verschieden die oben genannten Größen (Sofabreite, Schraubendurchmesser, Erdumfang und Wellenlänge) auch sind, sie haben alle die gleiche Dimension. In diesem Fall heißt die Dimension **Länge**.

Wenn wir bei einem Sofa die Länge mit der Breite multiplizieren, erhalten wir eine neue physikalische Größe, nämlich die Grundfläche des Sofas. Diese Größe (Grundfläche eines Sofas) gehört also nicht mehr in die Teilmenge der Längen, sondern zu der Teilmenge der Flächen. Die Größen von der Art der Flächen haben eine eigene Dimension. Wir können aber diese Flächendimension mit Hilfe der Längendimension ausdrücken. Die Dimension einer Fläche ist eine **Länge im Quadrat.** Wir brauchen also glücklicherweise nicht so viele verschiedene Dimensionen, wie es Arten von Größen gibt. Es genügt eine geringe Anzahl an Dimen-

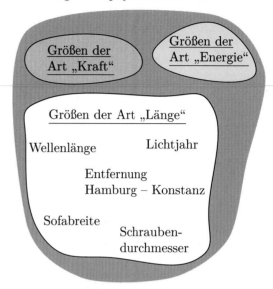

Menge aller physikalischer Größen

Abbildung 2.1: Die Menge der physikalischen Größen kann in Teilmengen mit Größen gleicher Art unterteilt werden.

W 2.1.3 issen: Arten physikalischer Größen

Physikalische Größen können in Teilmengen einsortiert werden, die man Art nennt.

Jede physikalische Größe ist eindeutig einer Art zugeordnet.

Alle physikalischen Größen einer Art haben die gleiche Dimension und werden durch die gleiche Werteart (Skalar, Vektor, Matrix) beschrieben.

Es können nur physikalische Größen addiert oder subtrahiert werden, die zur gleichen Art gehören. Das Ergebnis gehört wieder zu dieser Art.

Dividiert man eine Größe A durch eine Größe B oder multipliziert sie mit einer Größe B, so gehört das Ergebnis einer anderen Art als A an, sofern B nicht dimensionslos ist.

---

[1]Vorsicht: Das Wort Dimension wird in anderem Zusammenhang im Sinne von Raumdimension verwendet. In noch anderem Zusammenhang steht Dimension auch für Größenordnung, also Zehnerpotenz. Diese Bedeutungen dürfen nicht verwechselt werden!

2

R 2.1.4 Arten physikalischer Größen
ezept: nutzen

Wenn Sie ein physikalisches Problem lösen möchten, sollten Sie sich zuerst einen Überblick über die Art aller beteiligter Größen verschaffen. Das zeigt Ihnen beispielsweise, welche Größen Sie addieren können.

D 2.1.5 Konvention zur
efinition: Schreibweise Dimension

Wenn X eine Größe ist, dann bezeichnet

$$\dim X$$

die Dimension dieser Größe.

W 2.1.6
issen: Bildung neuer Dimensionen

Durch Multiplikation oder Division von physikalischen Größen kann eine neue Dimension entstehen.

Wenn X und Y zwei Größen sind, dann gilt

$$\dim(X \cdot Y) = \dim X \cdot \dim Y,$$
$$\dim\left(\frac{X}{Y}\right) = \frac{\dim X}{\dim Y} \quad \text{und}$$
$$\dim(X^{\alpha}) = (\dim X)^{\alpha},$$

mit einer beliebigen Zahl α.

2.1.c Das internationale System der Größen

W 2.1.7 Das internationale
issen: Größensystem

Das internationale Größensystem beschreibt einen Satz von sieben Basisgrößen Länge ℓ, Zeit t, Masse m, elektrische Stromstärke I, Temperatur T, Lichtstärke I_V und Stoffmenge n.

Zu diesen Basisgrößen gehören die Basisdimensionen, die wie die Größen selbst heißen:

Länge, **Zeit**, **Masse**, **elektrische Stromstärke**, **Temperatur**, **Lichtstärke** und **Stoffmenge**.
...

sionen, aus denen man alle anderen zusammenbauen kann. Diesen Baukasten nennt man „Basisdimensionen". Wir werden das heute verbindliche Größensystem in Abschnitt 2.1.c kennenlernen.

Wir haben gesehen, dass alle Größen, die zu einer Art gehören, die gleiche eindeutige Dimension haben. An dieser Stelle gibt es keinerlei Unklarheit.

Es gibt aber auch den Fall, dass die Größen einer anderen Art auch diese Dimension haben. So haben alle Energien die gleiche Dimension. Diese Dimension tragen aber auch alle Drehimpulse, obwohl sie zu einer anderen Art gehören. Die Zuordnung Art-Dimension ist also nur in eine Richtung eindeutig!

Außerdem gibt verschiedene Arten von Größen, die keine Dimension haben. Wir nennen sie „dimensionslos". Formal können wir sagen, dass sie die Dimension 1 (eins) haben oder dass sie die Dimension „Zahl" haben.

Im vorhergehenden Abschnitt haben wir gesehen, dass es viele verschiedene Arten von Größen gibt und alle Größen, die zu einer Art gehören, die gleiche Dimension haben. Obwohl es viele verschiedene Arten gibt, brauchen wir nur sehr wenige Basisgrößen und Basisdimensionen. Tatsächlich reichen gerade einmal sechs verschiedene Dimensionen, um die Dimensionen aller physikalischen Größen zu bilden! Dieses Größensystem ist also vom Aufbau her sehr einfach und schlank.

Das heute gebräuchliche Größensystem umfasst aber aus historischen Gründen sieben Basisgrößen mit ihren sieben Basisdimensionen. Es heißt „Internationales

Größensystem" ISQ (International System of Quantities)[2].

Die sieben Basisgrößen sind Länge, Zeit, Masse, elektrische Stromstärke, Temperatur, Lichtstärke und Stoffmenge.[3]

Die gleichnamigen Basisdimensionen bekommen die Buchstaben $\mathsf{L, T, M, I, \Theta, J, N}$.

Für alle anderen Größen jenseits der Basisgrößen kann man die Dimensionen aus dem Basissatz ableiten. Die Dimension jeder Größe X hat immer eine eindeutige Darstellung als Produkt von Potenzen („Potenzprodukt") der Basisdimensionen:

$$\dim X = \mathsf{L}^{\alpha}\,\mathsf{M}^{\beta}\,\mathsf{T}^{\gamma}\,\mathsf{I}^{\delta}\,\mathsf{\Theta}^{\epsilon}\,\mathsf{N}^{\zeta}\,\mathsf{J}^{\eta}.$$

Die Dimensionsexponenten $\alpha, \beta, \gamma, \delta, \epsilon, \zeta$ und η sind in der Regel kleine positive oder negative ganze Zahlen. Bei dimensionslosen Größen sind alle Dimensionsexponenten gleich null.

Mit diesem Größensystem korrespondiert ein System aus sieben Basiseinheiten; wir werden dieses genauer in Abschnitt 2.2.b betrachten.

Fortsetzung Rezept 2.1.7:

Diese Basisdimensionen werden abgekürzt mit den Buchstaben $\mathsf{L, T, M, I, \Theta, J, N}$.

Die Dimensionen aller weiteren physikalischen Größen lassen sich immer eindeutig als Potenzprodukt aus den sieben Basisdimensionen darstellen (siehe Tabelle 2.1).

Beispiel 2.1.ii   Dimensionen von Nicht-Basisgrößen

Die Dimension der Beschleunigung a ergibt sich aus den Dimensionen Länge und Zeit:

$$\dim a = \mathsf{L}^{1}\,\mathsf{T}^{-2} = \mathsf{L}\,\mathsf{T}^{-2}.$$

Die Dimension der elektrischen Ladung Q ergibt sich aus den Dimensionen Stromstärke und Zeit:

$$\dim Q = \mathsf{I}^{1}\,\mathsf{T}^{1} = \mathsf{I}\,\mathsf{T}.$$

Der Winkel φ im Bogenmaß ist die Länge des Kreisbogens dividiert durch den Radius des Kreises, der ebenfalls die Dimension einer Länge hat:

$$\dim \varphi = \mathsf{L}^{1}\,\mathsf{L}^{-1} = 1.$$

Der Winkel ist also eine dimensionslose Größe.

Beispiel 2.1.iii   Dimensionen aus einfachen Rechnungen erschließen

Ein zurückgelegter Weg Δs dividiert durch die benötigte Zeitspanne Δt ergibt eine Geschwindigkeit v:

$$\frac{\Delta s}{\Delta t} = v.$$

Dann gilt für die Dimension der Geschwindigkeit:

$$\dim v = \frac{\dim(\Delta s)}{\dim(\Delta t)} = \frac{\mathsf{L}}{\mathsf{T}} = \mathsf{L}\,\mathsf{T}^{-1}.$$

---

[2]Als Norm zu finden in ISO 80000 [7].
[3]Die Lichtstärke bräuchte man strenggenommen nicht als Basisgröße, sie gehört aber aus historischen Gründen dazu.

2.1.d   Vektorgrößen und Skalare

$\mathbf{R}$ 2.1.8
ezept: Vektor und skalare Größe

Achten Sie besonders bei handschriftlichen Aufschrieben darauf, Vektorgrößen und skalare Größen deutlich unterschiedlich zu bezeichnen.

Meist geschieht dies durch einen Vektorpfeil über einer Vektorgröße.

Manche physikalische Größen haben eine Richtung, andere nicht.

Physikalische Größen ohne Richtung nennt man „Skalare". Beispiele für Skalare sind: Zeit t, Masse m, Temperatur T und elektrische Spannung U.

Physikalische Größen mit Richtung sind „Vektorgrößen".

Vektorgrößen werden in der Regel durch einen Vektorpfeil über dem Größensymbol gekennzeichnet.

Beispiele für Vektoren sind: Kraft $\vec{F}$, Geschwindigkeit $\vec{v}$, Beschleunigung $\vec{a}$ und elektrische Feldstärke $\vec{E}$.

Wenn wir also die Geschwindigkeit eines Autos vom Tachometer ablesen, kennen wir tatsächlich nur den Betrag der Geschwindigkeit. Uns fehlt noch die Richtung.

Der Geschwindigkeitsvektor gehört zu einer anderen Größenart als der Betrag Geschwindigkeit. Dies ist also neben der Dimension ein weiteres Unterscheidungsmerkmal zwischen Arten physikalischer Größen.

Das mathematische Konzept der Vektoren wird in Unterkapitel 3.4 behandelt.

Es gibt Größen, die in ihrer mathematischen Struktur noch komplexer sind als einfache Vektoren, beispielsweise Tensoren. Solche werden in dieser Einführung nicht behandelt.

2.2   Einheiten

Bei unserer Suche nach einem Schrank für die Nische könnte folgendes passieren: Da wir beim ersten Angebot Länge und Breite nicht unterscheiden konnten, haben wir weiter gesucht und einen Schrank im Internet gefunden, der uns auch gefällt. Die Maße ($\ell \times b \times h = 65 \times 40 \times 75$) passen. Wir bestellen den Schrank. Nach zwei Wochen kommt die Lieferung eines viel zu großen Schrankes bei uns an. Jetzt erst bemerken wir, dass der Schrank aus England gekommen ist. Auf der Internetseite waren die Maßzahlen für die Einheit Inch angegeben. Dies wurde aber leider nicht so gesagt. Wir haben die Maße in Zentimeter verstanden, dies aber leider nicht hinterfragt. Damit haben wir unser eigenes kleines Mars-Climate-Orbiter Desaster provoziert. Nicht ganz so schlimm, aber genauso unnötig. Offensichtlich lohnt es sich, Einheiten bewusst und korrekt zu verwenden.

2.2.a Einheiten angeben

Bei der Wahl der Einheit haben wir in gewissen Grenzen freie Hand. Wir können eine Strecke in Meter, Kilometer, Meilen, Inch, Yards und vielen weiteren Einheiten messen und angeben. Missverständnisse und Fehler, wie beim Mars Climate Orbiter, sind aber vorprogrammiert, wenn wir an dieser Stelle nicht sehr sorgfältig arbeiten. Dieses Problem ist schon lange bekannt. Ebenso lange gibt es Bestrebungen, sich auf eindeutige Einheiten für die physikalischen Größen zu einigen. Heute gelten fast überall auf der Welt offiziell die Einheiten, die im SI festgelegt sind. Dieses werden wir uns in Abschnitt 2.2.b genauer anschauen.

Wie erwähnt, gehört zu jeder Angabe eines Wertes einer Größe immer eine Einheit. Und diese Information über die Einheit ist ganz essenziell. Wenn wir für eine Länge beispielsweise den Wert 28,355 mm erhalten, dann ist die Aussage, dass es sich um die Einheit mm (Millimeter) handelt das erste, was wir anschauen sollten. In diesem Sinne ist die Einheit die wichtigste Information über diese Länge. Wenn eine der Ziffern falsch abgeschrieben worden wäre, ist das immer noch besser als eine falsche Einheit. Und ganz ohne Einheit sind die Zahlenwerte wertlos. Klingt paradox, ist aber so.

Der Umgang mit Einheiten ist leicht erlernbar. Somit ist die Einheit eine sehr wichtige Information, an die man relativ einfach gelangt. Und genau deshalb ist es hilfreich, sich mit den Einheiten intensiv zu beschäftigen. Wir erhalten viel Gegenwert für einen relativ geringen Aufwand.

Alltagseinheiten

Im täglichen Leben gibt es häufig auch in nicht technischen oder physikalischen Bereichen die Notwendigkeit, quantitative Angaben zu machen. So kann es im Gesundheitswesen wichtig sein zu wissen, wie viele Zigaretten pro Person und Tag geraucht werden. Oder man möchte Aussagen zu monetären Größen machen. Auch hier empfiehlt es sich, mit Einheiten zu Rechnen, da auch hier eine bloße Angabe der Maßzahl wertlos ist. Außerdem können wir auch hier an Hand von Einheiten unsere Rechnungen überprüfen (siehe Rezept 2.4.2). Wir sollten uns nicht scheuen auch selber eigene Einheiten einzuführen, wenn es die Aufgabe erfordert.

Definition 2.2.1 **Konventionen zur Schreibweise**

Es sei X eine physikalische Größe.

Dann kann man den Wert einer konkreten Größe X als Produkt einer Maßzahl $\{X\}$ mit einer Einheit $[X]$ angeben.

Es gilt: $X = \{X\} \cdot [X]$

Beispiel 2.2.i **Maßzahl und Einheit**

(a)
$$U = 3{,}7 \text{ V} \qquad \{U\} = 3{,}7$$
$$(= 3{,}7 \cdot 1 \text{ V}) \qquad [U] = \text{V}$$

(b)
$$A = 4{,}5 \text{ Apfel} \qquad \{A\} = 4{,}5$$
$$(= 4{,}5 \cdot 1 \text{ Apfel}) \qquad [A] = \text{Apfel}$$

(c)
$$s = 1{,}2 \text{ km} \qquad \{s\} = 1{,}2$$
$$(= 1{,}2 \cdot 1 \text{ km}) \qquad [s] = \text{km}$$

(d)
$$s = 1200 \text{ m} \qquad \{s\} = 1200$$
$$(= 1200 \cdot 1 \text{ m}) \qquad [s] = \text{m}$$

Die Gleichung $[U] = \text{V}$ wird gelesen als: „Die Einheit von U ist Volt".

Die beiden letzten Beispiele in 2.2.i zeigen: Obwohl beide Angaben die gleiche Strecke bezeichnen, finden wir verschiedene Maßzahlen und Einheiten. Wir können also nicht einfach sagen: „Diese Strecke hat die Maßzahl 1,2". Erst das Zusammenspiel von Einheit und Maßzahl macht die Angaben eindeutig.

Rezept 2.2.2 **Einheit angeben**

Die Einheit ist der wichtigste Teil bei der Angabe eines Wertes einer physikalischen Größe.

Geben Sie daher bei einer Größe **immer** die Einheit an.

Wenn Sie nur die Maßzahl einer Größe ohne die Einheit haben, ist die Information wertlos.

R2.2.3
ezept: Einheiten auch im Alltag

Verwenden Sie immer Einheiten, auch wenn Sie sich nicht im technischen oder physikalischen Umfeld bewegen.

Alle Methoden zum Umgang mit Einheiten können auch hier angewendet werden.

Wenn wir zum Beispiel 5 Apfel $= 5 \cdot 1$ Apfel zu $2\,\frac{\text{€}}{\text{Apfel}}$ kaufen wollen benötigen wir:

$$5\,\text{Apfel} \cdot 2\,\frac{\text{€}}{\text{Apfel}} = 5 \cdot 2\,\frac{\text{€}\,\cancel{\text{Apfel}}}{\cancel{\text{Apfel}}}$$
$$= 10\,\text{€}.$$

2.2.b Das internationale System der Einheiten – SI

W2.2.4   Internationales
issen: Einheitensystem SI

Das SI definiert zu den sieben Basisgrößen des ISQ (Abschnitt 2.1.c) einen Satz von Basiseinheiten. Diese sind Meter m, Sekunde s, Kilogramm kg, Ampère A, Kelvin K, Candela cd, Mol mol (siehe Tabelle 2.1).

Für alle weiteren physikalischen Größen gibt es abgeleitete Einheiten; sie lassen sich immer eindeutig als Potenzprodukt aus den sieben Basiseinheiten darstellen.

Wenn zur Darstellung kein weiterer Zahlenfaktor benötigt wird, nennt man die abgeleitete Einheit auch „kohärent".

Wenn man vom SI spricht, meint man meist beides: Dimensionensystem und Einheitensystem.

D2.2.5   Konventionen zur
efinition: Schreibweise

Es sei X eine physikalische Größe.

Dann ist

$\{X\}_{\text{SI}}$ die Maßzahl bei Verwendung von SI-Einheiten (ohne Präfixe siehe Tabelle 2.3) bzw. SI-Basiseinheiten,

$[X]_{\text{SI}}$ die SI-Einheit (ohne Präfixe siehe Tabelle 2.3) bzw. die Einheit ausgedrückt in SI-Basiseinheiten

der Größe.

Bei dim( ) ist kein Index „SI" erforderlich, da die Dimension einer Größe nur von ihrer Art abhängt und unabhängig von dem verwendeten Einheitensystem ist.

Seit vielen Jahrzehnten arbeiten Wissenschaftler und Ingenieure daran, ein konsistentes, praktisches System physikalischer Größen zu definieren. In Abschnitt 2.1.c haben wir das ISQ kennengelernt, das uns sieben Basisgrößen mit den Basisdimensionen gibt. Für die praktische Arbeit reicht das aber nicht, da wir ja Längen und Massen und andere Größen auch messen und vergleichen wollen. Deshalb benötigen wir für jede physikalische Größe auch noch eine wohldefinierte Einheit, in der wir sie messen wollen.

Dieses Basissystem der Einheiten steht uns mit dem „Système international d'unités", kurz „SI" zur Verfügung. Dieses System ist in den meisten Ländern der Erde gesetzlich verbindlich vorgeschrieben. Eine ausführliche Beschreibung des SI findet man in [8].

Das SI korrespondiert eng mit dem ISQ. Zu jeder Basisgröße des ISQ findet man im SI eine Basiseinheit. In den beiden Systemen werden auch die Symbole, also die Buchstaben vorgeschlagen, mit denen man die Größen in Gleichungen hinschreibt.

Wie groß unsere Basiseinheiten sind, ist eigentlich willkürlich und historisch gewachsen. So hat man bereits im 18. Jahrhundert versucht, die Länge eines Meters als einen bestimmten Bruchteil des Erdumfangs festzulegen. Die Idee dahinter war, dass man den Erdumfang zumindest im Prinzip jederzeit messen kann und somit die Länge eines Meters reproduzieren kann. Allerdings ist es nicht einfach, den Erdumfang zu messen und wie bei jeder Messung wird es auch da Messfehler und Unsicherheiten geben. Folglich blieb auch eine Unsicherheit in der Reproduzierbarkeit des Meters.

Um diese Problematik zu umgehen, hat man heute die Definition aller Basiseinheiten an Naturkonstanten gekoppelt. Man hat mit den Naturkonstanten also Referenzen verwendet, die unveränderlich sind. Damit kann man jederzeit und überall die Länge eines Meters, die Dauer einer Sekunde oder die Masse ein Kilogramm mit beliebiger Genauigkeit reproduzieren.

Tabelle 2.1: Tabelle der SI-Basisgrößen mit Basis-Dimensionen und Basis-Einheiten:

Basisgröße	Größenzeichen (Vorschlag)	Dimensions-zeichen	Name der Einheit	Zeichen der Einheit
Länge	$s, \ell, x, r, d, h, \ldots$	**L**	Meter	m
Masse	m	**M**	Kilogramm	kg
Zeit, Dauer	t	**T**	Sekunde	s
elektrischer Strom	I	**I**	Ampère	A
thermodyn. Temperatur	T	**Θ**	Kelvin	K
Stoffmenge	n	**N**	Mol	mol
Lichtstärke	I_V	**J**	Candela	cd

Das SI legt also fest, in welchen **Einheiten** die sieben Basisgrößen gemessen werden (siehe Tabelle 2.1). Diese Basiseinheiten sind Meter m (für die Länge ℓ), Kilogramm kg (für die Masse m), Sekunde s (für die Zeit t), Ampère A (für die elektrische Stromstärke I), Kelvin K (für die Temperatur T), Mol (für die Stoffmenge n) und Candela cd (für die Lichtstärke I_V).

Innerhalb des SI gibt es für jede weitere physikalische Größe jenseits der sieben Basisgrößen „abgeleitete" Einheiten. „Abgeleitet" bedeutet in diesem Zusammenhang nicht „differenziert", sondern „daraus hergeleitet".

Entsteht eine solche Einheit durch Multiplikation und Division der Basiseinheiten, ohne dass weitere Zahlenfaktoren verwendet werden, so spricht man von der „kohärenten Einheit" der betreffenden Größe. So gibt es für jede Größe genau eine kohärente Einheit. Die kohärente Einheit der Geschwindigkeit ist Meter pro Sekunde. Die gebräuchliche Einheit Kilometer pro Stunde ist zwar im SI zulässig, aber eben nicht kohärent.

Für einige der kohärenten Einheiten legt das SI Symbole fest, die als Abkürzung für die Darstellung in den Basiseinheiten betrachtet werden können. „Der Wasserkocher hat 800 Watt" ist schneller gesagt als „Der Wasserkocher hat 800 Kilogramm mal Meter zum Quadrat durch Sekunde hoch drei". Eine kleine Auswahl von abgeleiteten SI-Größen ist in Tabelle 2.2 aufgeführt und ausführlich in Tabelle A.2.

Wenn wir die Dimension einer physikalischen Größe gefunden haben, können wir auch gleich angeben, welche **Einheit** sie haben muss, wenn wir sie in SI-Basiseinheiten ausdrücken. Das gilt für Basisgrößen und abgeleitete Größen gleichermaßen. Wir können ihre SI-Einheit als Potenzprodukt der Basiseinheiten aufschreiben. Dabei verwenden wir die gleichen Exponenten wie bei den Dimensionen.

Im Gegensatz zur Definition 2.2.1 sind die Angaben hier eindeutig:

$$\{2\,\text{km}\}_{\text{SI}} = 2000 \qquad \{2000\,\text{m}\}_{\text{SI}} = 2000$$
$$[2\,\text{km}]_{\text{SI}} = \text{m} \qquad [2000\,\text{m}]_{\text{SI}} = \text{m}$$

B2.2.ii
eispiel: SI-konforme Einheiten

SI-Basiseinheit der Zeit: $[t]_{\text{SI}} = \text{s}$

SI-Basiseinheit der Temperatur: $[T]_{\text{SI}} = \text{K}$

Die Geschwindigkeit v ausgedrückt in SI-Basiseinheiten ergibt sich aus dem Quotienten der Einheit der Länge (= des Weges) und der Zeit:

$$[v]_{\text{SI}} = \frac{[\ell]_{\text{SI}}}{[t]_{\text{SI}}} = \frac{\text{m}}{\text{s}}.$$

Die elektrische Ladung Q hat die SI-Einheit C (= Coulomb). Das Coulomb lässt sich schreiben als:

$$[Q]_{\text{SI}} = \text{C} \qquad\qquad \text{oder}$$
$$[Q]_{\text{SI}} = [I]_{\text{SI}} \cdot [t]_{\text{SI}} = \text{A}\,\text{s}.$$

Ein Winkel φ ist eine Zahl (Bogenmaß!) ohne Einheit:

$$[\varphi] = 1.$$

W2.2.6 Mit dem SI zugelassene Wissen: Einheiten

Das SI lässt für einige Größen ausdrücklich auch die Verwendung von nicht-kohärenten Einheiten zu.

Ein paar Beispiele:

Für die Zeit sind die Minute min, die Stunde h und der Tag d zugelassen. Vor diese Einheiten dürfen aber keine Präfixe gestellt werden.

Für das Volumen ist der Liter l oder L zugelassen.

Für die Masse ist die Tonne t zugelassen.

W2.2.7 Pseudoeinheit – Wissen: Hilfsmaßeinheit

Bei manchen dimensionslosen Größen, die also keine Einheit haben und durch einen Zahlenwert schon bestimmt sind, ist die Verwendung von „Pseudoeinheiten" oder „Hilfsmaßeinheiten" üblich.

Beispiele hier sind Radiant (rad) für den Winkel und Dezibel (dB) für die logarithmische Darstellung eines dimensionslosen Verhältnisses.

B2.2.iii Pseudoeinheit - Beispiel: Hilfsmaßeinheit

Der Winkel ist also eine dimensionslose Größe. Manchmal verwendet man die Pseudoeinheit rad, die anzeigen soll, dass es sich bei der Zahl um einen Winkel handelt. Da rad aber dimensionslos ist, kann es bei Berechnungen einfach wegfallen.

Präfixe

R2.2.8 Rezept: Präfixe

Machen Sie sich mit den Präfixen vor den Einheiten vertraut. Sie sind eine enorme Erleichterung der Schreibweisen.

Verwenden Sie bei selten genutzten oder ungewohnten Präfixen lieber die Schreibweise mit Zehnerpotenzen.

Tabelle 2.2: Tabelle einiger abgeleiteter Größen mit ihren SI-Einheiten:

Größe	Name der Einheit	Zeichen der Einheit
Kraft	Newton	$N = \frac{kg\,m}{s^2}$
Energie	Joule	$J = \frac{kg\,m^2}{s^2}$
Drehmoment	Newtonmeter	$N\,m = \frac{kg\,m^2}{s^2}$
elektrische Ladung	Coulomb	$C = A\,s$
elektrische Spannung	Volt	$V = \frac{kg\,m^2}{A\,s^3}$

Hilfsmaßeinheiten – Pseudoeinheiten

Dimensionslose Größen haben im SI zunächst einmal auch keine Einheit. Dies kann die Verständlichkeit stören. An dieser Stelle helfen oft „Hilfsmaßeinheiten" oder „Pseudoeinheiten". So ist beispielsweise der Schalldruckpegel seiner Definition nach ein Verhältnis von zwei Drücken also eine reine Zahl. Im Umgang mit dem Pegel verwendet man jedoch meist die Einheit Dezibel (dB).

Um auch bei sehr großen oder sehr kleinen Größen mit praktischen Zahlen arbeiten zu können, verwendet man Vorsätze (Präfixe) als Abkürzungen für Zehnerpotenzen vor den Einheiten (siehe Tabelle 2.3). Insbesondere bei den Längen ist uns dies vertraut. Denken wir an den Kilometer km für 1000 m oder den Zentimeter cm für 0,01 m.

Diese Präfixe werden direkt an das Zeichen der Einheit geschrieben, und bilden zusammen eine neue Einheit. Das ist wichtig, damit eine kleine Kraft in mN nicht

Tabelle 2.3: Tabelle einiger Präfixe:

Vielfaches	Präfix	Abkürzung	Vielfaches	Präfix	Abkürzung
10^{15}	Peta	P	10^{-1}	Dezi	d
10^{12}	Tera	T	10^{-2}	Centi	c
10^{9}	Giga	G	10^{-3}	Milli	m
10^{6}	Mega	M	10^{-6}	Mikro	µ
10^{3}	kilo	k	10^{-9}	Nano	n
10^{2}	hekto	h	10^{-12}	Piko	p
10^{1}	deka	da	10^{-15}	Femto	f

versehentlich als Drehmoment in $\mathrm{m\,N} = \mathrm{N\,m}$ gelesen wird.

Das Präfix bindet dabei stärker an die Einheit, als alle anderen Rechenoperationen. $1\,\mathrm{km}^2$ ist also ein Quadratkilometer, also $(10^3\,\mathrm{m})^2 = 10^6\,\mathrm{m}^2$ und nicht etwa ein Kiloquadratmeter, was nur $10^3\,\mathrm{m}^2$ wären.

Sinnvollerweise wählen wir Präfixe so, dass für uns die Werte der Größen eine Bedeutung haben. Dies ist wichtig, damit wir die Größen mit etwas Bekanntem vergleichen können. Wir geben die Entfernung von Konstanz nach New York nicht als $6{,}3\,\mathrm{Mm}$ und auch nicht als $6{,}3 \cdot 10^6\,\mathrm{m}$ an. Besser verwenden wir $6\,300\,\mathrm{km}$, weil wir eine Vorstellung von $1\,000\,\mathrm{km}$ haben.

B **2.2.iv**
eispiel: Verwendung von Präfixen

- Weg:
  $x = 175000\,\mathrm{m} = 175\,\mathrm{km} = 175 \cdot 10^3\,\mathrm{m}$
- Spannung:
  $U = 0{,}0000000033\,\mathrm{kV} = 3{,}3 \cdot 10^{-9}\,\mathrm{kV}$
  $= 3{,}3\,\mathrm{\mu V}$
- Energie:
  $E = 2600\,\mathrm{TJ} = 2{,}6\,\mathrm{PJ} = 2{,}6 \cdot 10^{15}\,\mathrm{J}$
- Leistung:
  $P = 5{,}5 \cdot 10^4\,\mathrm{W} = 55\,\mathrm{kW}$
- Druck:
  $p = 1{,}013 \cdot 10^5\,\mathrm{Pa} = 1013\,\mathrm{hPa}$

Größensymbole, Größenbuchstaben

Um mit den physikalischen Größen Gleichungen schreiben zu können, geben wir Ihnen ein **Zeichen** oder **Symbol**.

Für die Größenzeichen (Größensymbole) macht das SI Vorschläge, die aber nicht verbindlich sind. Wir haben die Freiheit, für eine Länge (auch einen Weg, eine Strecke, eine Höhe, einen Abstand ...) das Zeichen ℓ zu verwenden; wir können uns aber auch für $s, r, x, y, z, h, \ldots$ entscheiden. Wichtig ist nur, dass wir bekanntgeben (definieren), was genau wir mit einem verwendeten Zeichen meinen (siehe auch Rezept 2.1.2). Im Beispiel 2.2.i verwenden wir für die Strecke das Zeichen s; wir könnten auch ℓ, r oder x verwenden. Egal, welches Symbol wir aber definieren: Jede Länge, jeder Weg, jede Strecke, jede Höhe und jeder Abstand hat aber die Dimension **L** (Länge) und wird im SI in der Einheit m (Meter) gemessen.

Als Größenzeichen verwendet man in der Regel einen Buchstaben aus dem lateinischen oder dem griechischen Alphabet.

D **2.2.9** **Darstellung von Variablen**
efinition: **und Einheiten**

Das Symbol einer Größe wird *kursiv* gedruckt.

Die Einheit wird in aufrechter Schrift gedruckt.

Präfixe werden direkt an die Einheit geschrieben, und bilden zusammen mit dieser eine neue Einheit.

Zwischen Maßzahl und Einheit zeigt ein Leerzeichen (oder ein ·) die Multiplikation an.

Beispiel: **2.2.v   Darstellung von Variablen und Einheiten**

m ist Symbol der Masse, da kursiv gedruckt.

m ist die Einheit „Meter", da aufrecht gedruckt.

mA ist die Einheit „Milliampere" und mA^2 sind 10^{-6} A^2.

Das Auto hat eine Länge von 4 m oder 4 · m aber nicht 4m.

Eine Tabelle der griechischen Buchstaben findet sich im Anhang A.

In diesem Buch werden den Symbolbuchstaben *kursiv* und die Einheiten aufrecht dargestellt. Dies entspricht der Konvention, die in vielen Büchern und Veröffentlichungen verwendet wird und auch von der PTB[4] so vorgegeben wird[8, 9]. Dies ist hilfreich, weil viele Buchstaben sowohl für ein Größensymbol als auch für eine Einheit stehen können. Die satztechnische Differenzierung hilft bei der Unterscheidung zwischen den beiden Bedeutungen. Vorsicht ist geboten, wenn wir von Hand schreiben. Wir müssen dann immer aufpassen, damit wir nie beispielsweise das Größenzeichen „m" (in der Regel eine Masse) mit der Einheit „m" (ein Meter) verwechseln und womöglich wegkürzen.

2.2.c   Umrechnen von Einheiten

Rezept: **2.2.10 Einheiten umrechnen mit neutralen Brüchen**

Die Größe, die umgerechnet werden soll, wird mit einem Bruch multipliziert, der den Wert „1" hat, weil im Zähler und im Nenner das Gleiche steht.

Die Darstellung des Bruches wird so gewählt, dass die unerwünschte Einheit gekürzt werden kann und die gewünschte Zieleinheit stehen bleibt.

Beispiel: **2.2.vi   Umrechnen einer Zeit**

2,5 Stunden sollen in Minuten ausgedrückt werden.

Eine Multiplikation mit dem dimensionslosen Bruch $\frac{60\,\text{min}}{1\,\text{h}}$, der den Wert 1 hat, liefert:

$$t = 2{,}5\,\text{h} = 2{,}5\,\text{h} \cdot \frac{60\,\text{min}}{1\,\text{h}} = 2{,}5\,\cancel{\text{h}} \cdot \frac{60\,\text{min}}{1\,\cancel{\text{h}}}$$
$$= 150\,\text{min}.$$

Eigentlich ist durch das internationale Einheitensystem gesetzlich festgelegt, in welchen Einheiten jede physikalische Größe dargestellt werden soll (siehe Abschnitt 2.2.b). Dennoch begegnen uns in der Praxis viele Situationen, in denen wir eine physikalische Größe von einer Einheit in eine andere umrechnen müssen. Manchmal wollen wir die Skalierung ändern (beispielsweise km/h statt m/s), ein anderes Mal nicht SI-konforme Einheiten in SI-konforme überführen (Liter pro Kilometer statt Gallonen pro Meile).

Auf diesem Gebiet sollten wir sicher und souverän sein. Falsche Umrechnungen führen unweigerlich zu Fehlern in der Planung, in Konstruktion und Bau oder in der Kommunikation mit Gesprächspartnern. Die Folgen können gravierend und desaströs sein.

Das Umrechnen von einer Einheit in eine andere Zieleinheit ist nur möglich, wenn die Ausgangsgröße und die Zieleinheit zur gleichen Art gehören und somit die gleiche Dimension haben. Stimmen die Dimensionen nicht überein, ist eine Umrechnung prinzipiell unmöglich. Es kann uns also helfen, einen kurzen Blick auf die Dimensionen zu werfen, bevor wir viel Zeit in eine unmögliche Umrechnung investieren.

Es gibt eine sichere Methode, um physikalische Größen von der Darstellung in einer Einheit in eine andere Einheit umzurechnen: Wir multiplizieren die Größe mit einem dimensionslosen Bruch, der den neutralen Wert „1" hat, der es aber erlaubt, die unerwünschte Einheit zu kürzen. Im Effekt bleibt die Zieleinheit übrig.

---

[4]Physikalisch-Technische Bundesanstalt, das nationale Metrologie-Institut der Bundesrepublik Deutschland.

Ein Bruch hat immer dann den Wert „1", wenn im Zähler und im Nenner das Gleiche steht:

$$\frac{42}{42} = 1.$$

Aber auch bei folgendem Bruch steht im Zähler und im Nenner das Gleiche (nämlich die Zeitspanne 1 Stunde):

$$\frac{60 \text{ Minuten}}{3600 \text{ Sekunden}} = 1.$$

Häufig können wir aber auch die unerwünschte Einheit unmittelbar durch die gewünschte Zieleinheit mit dem korrekten Umrechnungsfaktor ersetzen. Diese Methode ist direkter und deshalb mit weniger „Schreibarbeit" verbunden.

Das funktioniert besonders gut, wenn man ein Präfix durch die entsprechende Zehnerpotenz ersetzt. Soll das Ergebnis aber ein bestimmtes Präfix enthalten, und wenn dann dieses auch noch im Nenner steht, kommt es häufig zu Fehlern. Wenn dann zum Beispiel statt mit 10^3 multipliziert durch 10^3 dividiert wird, liegt das Ergebnis um 6 Größenordnungen daneben. Kennen Sie ein Beispiel, bei dem eine so große Abweichung unerheblich ist?

B **2.2.vii Umrechnen einer eispiel: Geschwindigkeit 1**

$v = 75 \frac{\text{km}}{\text{h}}$ soll in $\frac{\text{m}}{\text{s}}$ umgerechnet werden.

Da zwei Einheiten (km und h) verändert werden müssen, multipliziert man mit zwei Brüchen, die beide den Wert „1" haben, also für die Multiplikation neutral sind:

$$v = 75 \frac{\text{km}}{\text{h}} = 75 \frac{\text{km}}{\text{h}} \cdot \frac{1 \text{ h}}{3{,}6 \cdot 10^3 \text{ s}} \cdot \frac{10^3 \text{ m}}{1 \text{ km}}.$$

Jetzt kann man die „unerwünschten" Einheiten kürzen:

$$v = 75 \frac{\cancel{\text{km}}}{\cancel{\text{h}}} \cdot \frac{1 \cancel{\text{h}}}{3{,}6 \cdot 10^3 \text{ s}} \cdot \frac{10^3 \text{ m}}{1 \cancel{\text{km}}}$$
$$= \frac{75}{3{,}6} \frac{\text{m}}{\text{s}} \approx 21 \frac{\text{m}}{\text{s}}.$$

R **2.2.11 ezept: Einheiten ersetzen**

Bei der Größe, die umgerechnet werden soll, wird die unerwünschte Einheit direkt durch die gewünschte Zieleinheit zusammen mit dem erforderlichen Umrechnungsfaktor ersetzt.

B **2.2.viii Umrechnen einer eispiel: Geschwindigkeit 2**

Aufgabe wie in Beispiel 2.2.vii.

„km" wird ersetzt durch „10^3 m", „h" wird ersetzt durch „$3{,}6 \cdot 10^3$ s":

$$v = 75 \frac{\text{km}}{\text{h}} = 75 \frac{10^3 \text{ m}}{3{,}6 \cdot 10^3 \text{ s}} = \frac{75}{3{,}6} \frac{\cancel{10^3} \text{ m}}{\cancel{10^3} \text{ s}}$$
$$\approx 21 \frac{\text{m}}{\text{s}}.$$

B **2.2.ix eispiel: Umrechnen einer Strecke**

20 inch sollen in cm umgerechnet werden.

Da 1 inch = 2,54 cm, kann direkt ersetzt werden:

$$20 \text{ inch} = 20 \cdot 1 \text{ inch}$$
$$= 20 \cdot 2{,}54 \text{ cm} = 50{,}8 \text{ cm}.$$

B2.2.x   Umrechnen einer
Beispiel: Federkonstante

Die Angabe einer Federkonstante von $k = 2\,\frac{\text{kN}}{\text{m}}$ soll in $\frac{\text{N}}{\text{cm}}$ ausgedrückt werden:

$$k = 2\,\frac{1000\,\text{N}}{\text{m}} \cdot \frac{\text{m}}{100\,\text{cm}} = 20\,\frac{\text{N}}{\text{cm}}.$$

Einheiten in großen Formeln

R2.2.12
Rezept: Einheit ausrechnen

Um die Einheit eines Wertes zu bestimmen oder zu kontrollieren, gehen Sie folgendermaßen vor:

1. Setzen Sie die Werte mit Einheiten in Ihre Gleichung (Formel) ein, und kürzen Sie bei den Einheiten alles, was geht.

2. Drücken jetzt Sie alle abgeleiteten Einheiten in Basiseinheiten aus.

3. Kürzen Sie wieder, was zu kürzen ist. Jetzt steht die Einheit Ihres Ergebnisses in Basiseinheiten ausgedrückt da.

4. Schreiben Sie auch die Zieleinheit in Basiseinheiten auf.

5. Vergleichen Sie die Ergebnisse der letzten beiden Punkte. Sind sie gleich, hat Ihre Rechnung die richtige Einheit geliefert und Sie können die Zieleinheit verwenden. Falls nicht, haben Sie sich verrechnet, oder die Formel ist falsch.

Wenn wir eine Gleichung haben, in der viele Größen miteinander verrechnet werden, kann es mitunter beim Bestimmen der Einheit unübersichtlich werden.

So lange wir nur Basiseinheiten oder abgeleitete SI-Einheiten ohne Präfixe verwenden, gibt es keine Umrechnungsfaktoren, und wir könnten prinzipiell die Zieleinheit direkt hinschreiben, wir verpassen aber dabei die Chance, unsere Gleichung zu überprüfen.

Wenn wir das Ergebnis in einer nicht Basiseinheit oder gar als Kombination von nicht Basiseinheiten angeben möchten sollten wir von Rezept 2.2.10 Gebrauch machen.

Beim Kontrollieren der Einheiten ist die Darstellung in Basiseinheiten immer ein sicherer Hafen. Das Ergebnis einer Rechnung soll zum Beispiel die Einheit Newton pro Watt liefern. Nach Einsetzen der bekannten Größen in die Lösungsformel erhalten wir aber die Einheit Joule pro Volt, Ampère und Meter. Ist das jetzt richtig? Rechnen wir beide Darstellungen in Basiseinheiten um:

$$\frac{\text{N}}{\text{W}} = \frac{\underbrace{\frac{\text{kg}\,\text{m}}{\text{s}^2}}_{\text{N}}}{\underbrace{\frac{\text{kg}\,\text{m}^2}{\text{s}^3}}_{\text{W}^{-1}}} = \frac{\text{s}}{\text{m}}$$

$$\frac{\text{J}}{\text{V}\,\text{A}\,\text{m}} = \underbrace{\frac{\text{kg}\,\text{m}^2}{\text{s}^2}}_{\text{J}}\,\underbrace{\frac{\text{s}^3\,\text{A}}{\text{kg}\,\text{m}^2}}_{\text{V}^{-1}}\,\underbrace{\frac{1}{\text{A}}}_{\text{A}^{-1}}\,\underbrace{\frac{1}{\text{m}}}_{\text{m}^{-1}} = \frac{\text{s}}{\text{m}}.$$

Um Doppelbrüche zu vermeiden, multiplizieren wir hier mit dem Kehrwert der Einheiten der Größen im Nenner.

Beide Einheiten haben also die gleiche Darstellung in Basiseinheiten. Sie sind damit zumindest formal gleich. Wir dürfen den Bruch $\frac{\text{J}}{\text{V}\,\text{A}\,\text{m}}$ durch den gewünschten Bruch $\frac{\text{N}}{\text{W}}$ ersetzen.

2.3   Rechnen mit Größen

Dadurch, dass wir den physikalischen Größen Zeichen, Symbole oder einfach Variablennamen geben, können wir sie in Gleichungen beziehungsweise in mathematischen Formeln zueinander in Beziehung setzten.

Es ist aber ein großer Unterschied ob man beispielsweise

$$U = R\,I$$

oder

$$U = 100\,\Omega \cdot 50\,\text{mA}$$

schreibt. Die erste Gleichung ist viel flexibler einsetzbar als die letzte. Sobald für die Größen konkrete Werte eingesetzt wurden, gilt die Gleichung nur für diesen speziellen Fall. So lange aber eine Gleichung noch die Größensymbole enthält, gilt sie für alle möglichen Werte der Größen, man erkennt sofort den funktionalen Zusammenhang und die Gleichung lässt sich einfach umformen oder nach anderen Größen auflösen. Eine Gleichung wie $50\,\text{mA} = \frac{U}{100\,\Omega}$ ist nicht besonders hilfreich aber $I = \frac{U}{R}$ schon.

Wir wollen daher Gleichungen, in denen die Symbole von physikalischen Größen vorkommen, aber noch keine konkreten Werte eingesetzt worden sind, „Größengleichungen" nennen.

Wenn wir an dem Wert einer Größe X interessiert sind, suchen wir eine Größengleichung, die den funktionalen Zusammenhang mit den Einflussgrößen $A, B, C, ...$ darstellt:

$$X = f(A, B, C, ...).$$

Die Suche nach den Einflussgrößen ist manchmal gar nicht so einfach. Dabei hilft uns aber unser technisches Verständnis in Form von uns bekannten physikalischen Zusammenhängen und deren mathematischen Formulierung. Wenn es Einflussgrößen gibt, deren Wert wir nicht kennen, suchen wir für diese wieder physikalische Zusammenhänge und so weiter. Dabei sollten wir immer auf die physikalische Bedeutung einer Größe achten, und nicht nur nach den Symbolzeichen schauen. Ein „g" könnte zum Beispiel eine Gitterkonstante sein, oder etwas mit der Gravitation zu tun haben. Um möglichst viele Erkenntnisse aus unserer Arbeit zu ziehen und den funktionalen Zusammenhang zwischen der gesuchten Größe und den bekannten Einflussgrößen zu erkennen, dürfen wir nicht Zwischenwerte von unbekannten Größen berechnen, sondern müssen die

D 2.3.1 Definition: Größengleichungen

Größengleichungen sind mathematische Gleichungen, die Größen zueinander in Beziehung setzen.

Größengleichungen enthalten die Symbole der Größen. Werte wurden noch nicht eingesetzt.

B 2.3.i   Rechnen mit Beispiel: Größengleichungen

Die Gleichung $E_{kin} = \frac{1}{2}m\,v^2$ setzt die physikalischen Größen Masse m, Geschwindigkeit v und kinetische Energie E_{kin} zueinander in Beziehung.

Sie kann nach der Geschwindigkeit v aufgelöst werden:

$$E_{kin} = \frac{1}{2}m\,v^2 \quad \Leftrightarrow \quad 2E_{kin} = m\,v^2$$
$$\Leftrightarrow \quad \frac{2E_{kin}}{m} = v^2 \quad \Leftrightarrow \quad v = \sqrt{\frac{2E_{kin}}{m}}$$

R 2.3.2
ezept: Werte berechnen

Wenn Sie den Wert einer Größe berechnen wollen, gehen Sie folgendermaßen vor:

1. Sammeln Sie die Gleichungen, die zur Lösung Ihres Problems relevant sind.

2. Formulieren Sie damit eine Größengleichung, in der die unbekannte, gesuchte Größe vorkommt und alle anderen Größen bekannt sind.

3. Lösen Sie die Gleichung nach der gesuchten Größe auf (wenn dies mathematisch möglich ist). Das Ergebnis ist Ihr mathematisches Modell für die Aufgabe (siehe auch Abschnitt 7.1.b).

4. Prüfen Sie, ob die Dimensionen passen (Rezept 2.4.2).

5. Setzen Sie jetzt die Werte für die bekannten Größen ein. Vermeiden Sie die Berechnung von Zwischenergebnissen.

6. Berechnen Sie zuerst die Einheit des Ergebnisses. Diesen Schritt unbedingt durchführen, auch wenn Sie mit einem Rechner arbeiten, da dieser meist die Einheiten nicht berücksichtigt.

7. Berechnen Sie erst jetzt den Zahlenwert der gesuchten Größe.

B 2.3.ii   Trennung von Symbolen und
eispiel: Einheiten

Für die Gewichtskraft G gilt:

$$G = m\,g \qquad \text{mit } g = 9{,}81\,\text{m/s}^2.$$

Schreiben Sie **nicht**:

$$\cancel{G = m \cdot 9{,}81\,\text{m/s}^2}$$

Die beiden „m" besitzen völlig unterschiedliche Bedeutungen. Dies wird nur durch die kursive Schrift erkennbar. Bei handschriftlichen Notizen wird dieser Unterschied vermutlich unkenntlich.

Größengleichungen entsprechend auflösen und ineinander einsetzen.[5]

Wenn wir diese Gleichung auflösen können, steht links des Gleichheitszeichens also nur noch die gesuchte Größe X, rechts stehen nur noch bekannte Größen und vielleicht noch Zahlenfaktoren oder Naturkonstanten. Erst jetzt ersetzen wir rechts alle Symbole durch Werte mit Einheiten und errechnen das Ergebnis für die Größe X. Wenn wir so vorgehen, befinden sich zu keinem Zeitpunkt auf der gleichen Seite des Gleichheitszeichens eine Mischung aus Größensymbolen und Einheiten! Andernfalls besteht die Gefahr, dass wir Größensymbole und Symbole von Einheiten verwechseln. Beispielsweise wäre nicht mehr klar, ob ein bestimmtes „m" nun für die Einheit „Meter" steht oder das Symbol für die Masse ist. Ein „s" könnte eine Strecke oder eine Sekunde sein. Durch die strikte Trennung von Symbolen und Einheiten vermeiden wir hier Fehler.

---

[5]Es gibt Gleichungen, die nicht analytisch gelöst werden können. Aber auch hier sollte man, wenn es geht, eine Größengleichung aufstellen in der die gesuchte Größe und sonst nur bekannte Größen vorkommen.

2.4   Dimensionsanalyse

Die Dimensionsanalyse ist ein mächtiges Werkzeug. Überprüfen wir beispielsweise in einer Größengleichung, ob die Dimensionen stimmig sind, so haben wir die Chance, Fehler zu erkennen. Die Dimensionsanalyse ermöglicht es uns auch, die Dimension einer uns unbekannten Größe zu bestimmen. Wir können sogar bis zu einem bestimmten Grad Formeln finden, die Größen zueinander korrekt in Beziehung setzen. Das kann zum Beispiel als Ersatz für eine Formelsammlung dienen, wenn man nur noch weiß, welche Größen in einer Gleichung vorkommen, aber nicht mehr, wie sie jeweils in die Formel eingehen. Schließlich gibt uns die Dimensionsanalyse auch die Fähigkeit, uns bisher unbekannte Zusammenhänge zu finden, wenn wir die relevanten Größen kennen oder erraten. Hierzu kann es hilfreich sein, eine Übersicht wie in Tabelle A.2 zur Hand zu haben.

2.4.a   Einfache Dimensionsanalyse und Einheitenanalyse

Gleichungen, die dimensionsbehaftete Größen enthalten, haben einen großen Vorteil gegenüber reinen mathematischen Gleichungen. Allein durch die Betrachtung der Dimensionen können Fehler entdeckt werden. Finden wir in einer Größengleichung Ungereimtheiten in den Dimensionen, muss sie falsch sein.

Ergibt sich beispielsweise bei der Auswertung der Dimensionen einer gefundenen Größengleichung, dass links des Gleichheitszeichens eine Länge steht (Dimension $\mathbf{L}$) und rechts eine Masse (Dimension $\mathbf{M}$), so kann die Gleichung nicht stimmen.[6] Auch wenn eine Summe auftaucht, in der zwei Summanden unterschiedlicher Dimension addiert werden, muss die Gleichung falsch sein. Zu einer Geschwindigkeit (Dimension $\mathbf{L}\,\mathbf{T}^{-1}$) dürfen wir zum Beispiel keine Beschleunigung (Dimension $\mathbf{L}\,\mathbf{T}^{-2}$) addieren.

Andersherum können wir, wenn wir von der Korrektheit einer Größengleichung ausgehen, die Dimension von uns unbekannten Größen oder Ausdrücken finden. Betrachten wir zum Beispiel folgenden Teil einer Wellengleichung:

$$\ldots \sin\left(\omega\,t - k\,x\right)\ldots,$$

bei der wir wissen, dass t eine Zeit (Dimension $\mathbf{T}$) ist und x eine Position (Dimension $\mathbf{L}$) beschreibt. Wenn wir wissen, dass das Argument des Sinus dimensionslos ist (es gibt keinen $\sin(5\,\mathrm{kg})$ sondern nur $\sin(5)$), können wir direkt ablesen, dass auch $\omega\,t$ und $k\,x$ jeweils für sich dimensionslos sein müssen. Damit steht fest, dass $\dim \omega = \mathbf{T}^{-1}$ und $\dim k = \mathbf{L}^{-1}$ sein müssen.

Eigentlich sind dies selbstverständliche, triviale Aussagen. Dennoch wird die Chance, mit dieser Methode Fehler zu finden, zu wenig genutzt.

> **W 2.4.1   Grundlagen der Wissen: Dimensionsanalyse**
>
> Da jede physikalische Größe eine eindeutige Dimension hat, gelten klare Regeln:
>
> - In einer Größengleichung ergibt sich links und rechts des Gleichheitszeichens immer die gleiche Dimension.
>
> $$a = b \quad \Rightarrow \quad \dim a = \dim b$$
>
> - In einer Summe oder Differenz haben alle Summanden die gleiche Dimension.
>
> $$a \pm b \quad \Rightarrow \quad \dim a = \dim b$$
>
> - Exponenten und Argumente von Exponentialfunktionen, trigonometrischen Funktionen und Logarithmen sind dimensionslos, sie haben niemals eine (echte) Einheit.
>
> $$x^a,\ \mathrm{e}^a,\ \exp(a) \quad \Rightarrow \quad \dim a = 1$$
> $$\sin(a),\ \cos(a),\ \tan(a),\ldots \quad \Rightarrow \quad \dim a = 1$$
> $$\ln(a),\ \log(a) \quad \Rightarrow \quad \dim a = 1$$
>
> - Werden Größen miteinander multipliziert entsteht eine neue Größe. Deren Dimension ist das Produkt aus den beiden anderen Dimensionen.
>
> $$c = a \cdot b \quad \Rightarrow \quad \dim c = \dim a \cdot \dim b$$
>
> Mit drei beliebigen Größen oder Ausdrücken a, b und c.

---

[6]Das wäre gewissermaßen ein Gleichsetzen von Äpfeln mit Birnen.

R 2.4.2   Anwenden der ezept: Dimensionsanalyse

Benutzen Sie die Zusammenhänge aus dem Wissen 2.4.1, um

- Gleichungen zu prüfen,
- Dimensionen und Einheiten von unbekannten Größen und Ausdrücken zu ermitteln oder
- Zusammenhänge zwischen Größen zu finden.

B 2.4.i eispiel: Einfache Dimensionsanalyse 1

Es gilt die Größengleichung $F = m\,a$ mit der Kraft F, der Masse m und der Beschleunigung a.

Dann gilt für die Dimension der Kraft:

$$\dim F = \dim(m\,a) = \dim m \cdot \dim a = \mathsf{M}\,\mathsf{L}\,\mathsf{T}^{-2}.$$

Die SI-Einheit der Kraft ist das „Newton"; ausgedrückt in Basiseinheiten gilt also:

$$[F]_{\mathrm{SI}} = \mathrm{N} = \mathrm{kg} \cdot \frac{\mathrm{m}}{\mathrm{s}^2} = \frac{\mathrm{kg}\ \mathrm{m}}{\mathrm{s}^2}.$$

B 2.4.ii eispiel: Einfache Dimensionsanalyse 2

Es gelte die Größengleichung $F = A + B$ mit der Kraft F und zwei weiteren (unbekannten) Größen oder Ausdrücken A und B. Dann müssen A und B ebenfalls Kräfte sein mit

$$\dim A = \dim B = \dim F = \mathsf{M}\,\mathsf{L}\,\mathsf{T}^{-2}.$$

B 2.4.iii eispiel: Einfache Dimensionsanalyse 3

Es gelte die Größengleichung $s = A\,\sin(B\,t)$ mit der Strecke s (Dimension L), der Zeit t (Dimension T) und zwei weiteren (unbekannten) Größen A und B.

Dann muss gelten: $\dim A = \mathsf{L}$, da der Sinus nur eine dimensionslose Zahl zwischen -1 und 1 liefert.

Außerdem muss das Argument des Sinus dimensionslos sein:

$$\dim B \cdot \mathsf{T} = 1 \quad \Leftrightarrow \quad \dim B = \mathsf{T}^{-1}.$$

2.4.b Dimensionsanalyse für Fortgeschrittene

Stellen wir uns vor, wir sitzen in einer Klausur und grübeln an einer Aufgabe. Wir wissen zwar, welche Größen bei der Lösung der Aufgabe wichtig sind. Aber unter dem Prüfungsstress fällt uns die richtige Beziehung, die Gleichung zwischen den Größen nicht mehr ein. Und eine Formelsammlung dürfen wir nicht verwenden. Was nun?

Da wir inzwischen sicher mit den Begriffen Größe, Dimension und Einheit umgehen, können wir uns weiterhelfen. Im vorhergehenden Abschnitt haben wir unser Wissen über physikalische Größen und die Umgangsregeln dazu benutzt, in einer gegebenen Größengleichung herauszufinden, welche Dimension (und damit Einheit im SI) eine physikalische Größe hat. Die Dimensionsanalyse kann aber noch viel mehr. Sie kann helfen, neue (und vergessene) physikalische Gesetze oder Zusammenhänge zu finden.

Nehmen wir einmal an, wir vermuten, dass für eine physikalische Größe X die Größengleichung $X = k \cdot A \cdot B \cdot C$ gilt, wobei k ein dimensionsloser Zahlenfaktor ist, während A, B und C physikalische Größen sind. Dann ist klar, die Dimension von X ist gleich dem Produkt der Dimensionen von A, B und C. Da k nur ein Zahlenfaktor ist, spielt k bei der Dimensionsanalyse keine Rolle. Wir können mit dem Instrument der Dimensionsanalyse (Rezept 2.4.2) nichts über diesen Faktor herausfinden. Es gilt also:

$$\dim X = \dim A \cdot \dim B \cdot \dim C.$$

Durch eine einfache algebraische Umformung können wir aus dieser Größengleichung einen dimensionslosen Ausdruck erzeugen:

$$\frac{\dim X}{\dim A \cdot \dim B \cdot \dim C} = 1.$$

Falls uns das nicht gelingt, war die ursprünglich angenommene Größengleichung nicht korrekt. Vielleicht hat eine der Größen gar nicht hinein gehört, vielleicht sollte eine der anderen Größen quadratisch da stehen oder es fehlte überhaupt noch eine weitere Größe. In diesem Fall können wir versuchen, durch Probieren herauszufinden, welche Änderungen wir an der ursprünglichen Gleichung vornehmen müssen.

Wir wollen diese Technik am besten mit einem Beispiel üben:

Wir suchen eine Formel für den Weg s, den die Masse m zurücklegt, wenn man sie für die Zeit t mit der Kraft F beschleunigt. Wir nehmen an, dass dieser Weg nicht von weiteren Größen wie dem Volumen V oder der Temperatur T des Körpers abhängt.

W **2.4.3 Fortgeschrittene issen: Dimensionsanalyse**

Es sei X eine physikalische Größe, die durch ein Potenzprodukt der Größen A, B und C sowie den Zahlenfaktor k ausgedrückt werden kann:

$$X = k \cdot A^r \cdot B^s \cdot C^t \cdot (...),$$

mit $k \in \mathbb{R}$ und $r, s, t \in \mathbb{Q}$.

Dann kann man aus der Größengleichung einen dimensionslosen Ausdruck erzeugen. Es gilt:

$$\frac{\dim X}{\dim A^r \, \dim B^s \, \dim C^t \, (...)} = 1.$$

Drückt man die Dimensionen aller Größen in SI-Basisdimensionen aus, so kürzen sich alle Dimensionen heraus.
Über den Wert des Zahlenfaktors k liefert die Dimensionsanalyse keine Information.

R 2.4.4   Dimensionsanalyse für Rezept: Fortgeschrittene

Sie sind in folgender Situation:
Sie suchen nach einer Formel für eine Größe, Sie kennen die Einflussfaktoren und wissen oder vermuten, dass die Formel nur aus Multiplikation, Division und Potenzen besteht.

Dann gehen Sie folgendermaßen vor:

1. Erstellen Sie eine Tabelle mit der gesuchten Größe und allen Einflussfaktoren. Notieren Sie für jede Größe deren Dimension.

2. Zählen Sie, wie oft die einzelnen Dimensionen vorkommen.

   (a) Kommt eine Dimension nur einmal vor, dann:

      • geht entweder die dazugehörige Größe nicht ein, oder
      • es fehlt eine Einflussgröße.

   (b) Wenn Dimensionen doppelt vorkommen, lässt sich daraus direkt der Zusammenhang zwischen den dazugehörigen Größen erschließen.

   (c) Schreiben Sie den Zusammenhang zwischen diesen Größen auf.

   (d) Gehen Sie nun an die übrigen Größen. Versuchen Sie die restlichen Dimensionen zu eliminieren. Verwenden Sie jede Größe aus Ihrer Tabelle aber nur einmal.

3. Meist kommen Sie so zu einem dimensionslosen Ausdruck.

4. Dieser dimensionslose Ausdruck ist gleich einer konstanten Zahl, die Sie mit dieser Methode aber nicht bestimmen können.

Es gibt auch Fälle, in denen Sie aus den beteiligten Größen mehrere verschiedene dimensionslose Brüche formulieren können. Dies wird im folgenden Abschnitt 2.4.c „Dimensionsanalyse für Experten" behandelt.

B 2.4.iv   Dimensionsanalyse: Beispiel: Fadenpendel

Betrachten Sie ein einfaches Pendel, bei dem eine Punktmasse m an einem Faden mit der Länge ℓ aufgehängt ist. Sie möchten wissen, wie die Periodendauer T der Schwingung mit diesen Größen zusammenhängt.
...

Gesucht: $s = s(F, m, t)$.

Als Vorbereitung legen wir eine Tabelle mit den beteiligten Größen und ihren Dimensionen an. Wir beginnen in der ersten Zeile mit der hier gesuchten Größe s:

Größe	Dimension
s	L
m	M
F	$\mathsf{M L T}^{-2}$
t	T

Wir erkennen, dass in diesem Fall alle Basisdimensionen genau zweimal vorkommen, entweder alleine oder als Teil einer zusammengesetzten Dimension. Das erleichtert uns die Arbeit ungemein. Beispielsweise müssen die Kraft F im Zähler und die Masse m im Nenner (oder umgekehrt) stehen, sonst kürzt sich die Dimension M nicht. Um die Dimension T zu eliminieren, müssen wir F mit t^2 multiplizieren. Und um die Dimension L loszuwerden, müssen F und s durch den Bruchstrich getrennt sein:

zu kürzende Dimension	Zusammenhang der Größen
T	$t^2 \cdot F$
L	$\dfrac{F}{s}$
M	$\dfrac{F}{m}$

Damit sind alle beteiligten Größen berücksichtigt und es ergibt sich

$$\dim\left(\frac{t^2 F}{m\,s}\right) = \frac{\mathsf{T}^2 \cdot \mathsf{M L T}^{-2}}{\mathsf{M} \cdot \mathsf{L}} = 1.$$

Für die beteiligten Größen finden wir also

$$\frac{t^2 F}{m\,s} = k.$$

Selbstverständlich wäre der Kehrwert des Bruches genauso richtig, da er den gleichen funktionalen Zusammenhang zwischen den beteiligten Größen herstellen würde.

Für die Abhängigkeit von s von den anderen Größen finden wir durch Umformen:

$$s = \frac{1}{k}\frac{t^2 F}{m}.$$

Über den Wert der Zahlenkonstanten k können wir durch die Dimensionsanalyse nichts herausfinden. Hier hilft das Experiment. Prinzipiell reicht sogar eine einzige Messung von s bei bekannter Kraft F, Masse m und Zeit t, um den Vorfaktor k zu bestimmen.

Überaus wichtig sind aber die Erkenntnisse, die wir hinsichtlich der Proportionalitäten gewinnen:

Es ist $s \propto F$ und $s \propto \dfrac{1}{m}$ und $s \propto t^2$.

Das ist nun wirklich phantastisch und darf hoch bewertet werden. Allein durch eine Analyse der Dimensionen der beteiligten Größen haben wir herausgefunden, dass der Körper bei doppelter Kraft auch den doppelten Weg zurücklegt. Das mag noch nicht überraschend sein. Doch ohne Vorkenntnisse würden wir wohl eher nicht zu der Erwartung kommen, dass er in der doppelten Zeit den vierfachen Weg zurücklegt!

Fortsetzung Beispiel 2.4.iv:

Wenn Sie die Größen anschauen, fällt auf, dass Sie eine Zeit finden möchten, aber weder in der Masse noch in der Länge die Dimension Zeit enthalten ist. Es muss also eine weitere Einflussgröße geben. Tatsächlich wird das Pendel nur dann schwingen, wenn die Masse von der Erde angezogen wird. Daher nehmen Sie auch die Gravitationsfeldstärke g in die Liste auf und erhalten:

Größen	Dimension
T	**T**
m	**M**
ℓ	**L**
g	**L T**$^{-2}$

Es fällt auf, dass **M** nur einmal auftaucht. Das bedeutet entweder, dass die Masse nicht in der Formel vorkommt, oder dass Sie eine Einflussgröße vergessen haben und die Liste noch nicht vollständig ist. In dem Fall hier hängt die Periode tatsächlich nicht von der Masse ab. Als Ergebnis erhalten Sie die dimensionslose Konstante k:

$$k = \frac{T^2 g}{\ell} \qquad \Rightarrow \qquad T \propto \sqrt{\ell/g}.$$

Die Periodendauer ist also proportional zur Wurzel aus der Länge des Fadens.

2.4.c Dimensionsanalyse für Experten

Die Dimensionsanalyse aus Abschnitt 2.4.b „Dimensionsanalyse für Fortgeschrittene" funktioniert nur, wenn die Größen oder deren Potenzen allein durch Multiplikation und Division miteinander verbunden sind. Ein Blick in eine Formelsammlung zeigt, dass sich sehr viele physikalische Zusammenhänge so beschreiben lassen, aber leider nicht alle. Wenn wir also auch die anderen Fälle behandeln wollen, stellen sich zwei Fragen: Wie erkennt man solche Zusammenhänge und welche Erkenntnisse kann man aus einer Dimensionsanalyse ziehen?

Zur Beantwortung der ersten Frage suchen wir wieder dimensionslose Ausdrücke. Angenommen eine gesuchte Größe X hängt von den Größen A, B oder C ab, was sich beispielsweise durch einen der beiden folgenden Ausdrücke beschreiben lässt:

$$X = A + B \quad \text{oder} \quad X = A \ln(C X).$$

R 2.4.5   Dimensionsanalyse für Experten

Für eine Dimensionsanalyse einer physikalischen Größe gehen Sie folgendermaßen vor:

1. Erstellen Sie eine Liste mit der gesuchten Größe und allen Einflussgrößen. Schreiben Sie für jede Größe die Dimension auf.

2. Bestimmen Sie die Anzahl der benötigten dimensionslosen Ausdrücke N:

$$\frac{\text{Anzahl(Größen)} - \text{Anzahl(unabhängiger Dimensionen)}}{N = \text{Anzahl(dimensionslose Ausdrücke)}}$$

3. Finden Sie N unabhängige dimensionslose Ausdrücke: $\Pi_1, \Pi_2, \dots, \Pi_N$.

4. Dann können Sie folgende Aussagen machen:

   - Für $N = 1$:
   $$\Pi_1 = k$$
   mit einer dimensionslosen Konstante k.

   - Für $N > 1$
   $$\Pi_1 = f(\Pi_2, \Pi_3, \dots, \Pi_N)$$
   mit einer dimensionslosen Funktion f.

Die Liste der Einflussfaktoren zu bestimmen, ist oft der schwierigste Teil der Dimensionsanalyse. Aber keine Angst, Sie werden dieses Werkzeug vermutlich meist in einem Gebiet einsetzen, in dem Sie schon Erfahrung haben. Dann wird es deutlich einfacher.

Dividiert man diese Gleichungen durch X:

$$1 = \frac{A}{X} + \frac{B}{X} \quad \text{bzw.} \quad 1 = \frac{A}{X} \ln(C\,X),$$

erhält man Formeln mit jeweils genau zwei dimensionslosen Ausdrücken:

$$\frac{\dim A}{\dim X} = 1 \atop \frac{\dim B}{\dim X} = 1 \qquad \text{bzw.} \qquad \frac{\dim A}{\dim X} = 1 \atop \dim C \cdot \dim X = 1$$

Mit Hilfe des Buckingham Π-Theorems[7] [10] lässt sich bestimmen, wie viele dimensionslose Ausdrücke man benötigt, um den Zusammenhang darzustellen. Dazu muss man nur die beteiligten Größen und die unabhängigen Dimensionen zählen:

$$\frac{\text{Anzahl(Größen)} - \text{Anzahl(unabhängiger Dimensionen)}}{\text{Anzahl(dimensionslose Ausdrücke)}}$$

Probieren wir das gleich mal am Beispiel aus dem letzten Abschnitt 2.4.b, bei dem wir die zurückgelegte Strecke s eines Körpers der Masse m auf den für eine Zeit t eine Kraft F wirkt, aus:

$$\frac{\text{Anzahl}(\{s, m, F, t\}) = 4 - \text{Anzahl}(\{\mathbf{L}, \mathbf{M}, \mathbf{T}\}) = 3}{\text{Anzahl(dimensionslose Ausdrücke)} = 1}$$

Das bedeutet, wir haben alles richtig gemacht, indem wir einen dimensionslosen Ausdruck gefunden, und damit den Zusammenhang hergestellt haben.

Aber angenommen wir wissen, dass die Masse in diesem Beispiel eine Anfangsgeschwindigkeit v_0 ungleich null hat, dann müssen wir das in der Liste der Einflussgrößen berücksichtigen. (Größen deren Wert null sind, müssen grundsätzlich nicht einbezogen werden.) Damit haben wir jetzt 5 Größen aber immer noch nur 3 Dimensionen, da die Länge und die Zeit, die in der Anfangsgeschwindigkeit stecken, in der Liste schon enthalten sind:

$$\frac{\text{Anzahl}(\{s, m, F, t, v_0\}) = 5 - \text{Anzahl}(\{\mathbf{L}, \mathbf{M}, \mathbf{T}\}) = 3}{\text{Anzahl(dimensionslose Ausdrücke)} = 2}$$

Wenn wir dimensionslose Ausdrücke suchen, die wir mit Π_i bezeichnen wollen, finden wir mehr als 2:

$$\Pi_1 = \frac{s\,m}{F\,t^2}, \qquad \Pi_2 = \frac{v_0\,m}{F\,t}. \qquad \Pi_3 = \frac{s}{v_0\,t}.$$

---

[7] Π ist der große griechische Buchstabe Pi, und steht hier für einen dimensionslosen Ausdruck.

Für die Schlussfolgerung, die wir jetzt ziehen können, nehmen wir uns zwei beliebige, aber unabhängige dimensionslose Ausdrücke Π_i und Π_j und können dann folgende Formel aufstellen

$$\Pi_i = f(\Pi_j).$$

Dabei ist f eine unbekannte Funktion, deren Funktionswert und Argumente dimensionslos sind. Wenn wir jetzt Π_i so wählen, dass die gesuchte Größe im Zähler steht ($\Pi_i = \Pi_1$ oder Π_2), und Π_j so, dass die gesuchte Größe nicht vorkommt, können wir für unser Beispiel folgende Aussagen treffen:

$$s = \frac{F\,t^2}{m}\,f_1\Big(\frac{v_0\,m}{Ft}\Big)$$
$$\text{oder}\quad s = v_0\,t\,f_2\Big(\frac{v_0\,m}{Ft}\Big).$$

Daraus können wir zwar weniger Erkenntnisse gewinnen, als in dem Fall, bei dem es nur einen dimensionslosen Ausdruck gibt (siehe Abschnitt 2.4.b). Aber das Wissen über die Zusammenhänge ist auch wertvoll. Leider kann man mit dieser Methode nichts über die Funktionen herausfinden.[8] Wenn wir uns unsere Lösungen aber genau anschauen, fällt hier auf, dass die Kraft immer in Verbindung mit der Masse als F/m vorkommt. Das bedeutet, dass wenn man zum Beispiel die Kraft und die Masse verdoppelt, sich das Ergebnis nicht ändert. Solche Überlegungen sind insbesondere für Modellsysteme hilfreich, wenn man beispielsweise in einem Experiment die eigentliche Masse nicht realisieren kann, muss man nur die Kraft entsprechend wie die Masse skalieren, und man hat ein geeignetes Modellsystem.

Jetzt müssen noch zwei Punkte geklärt werden, die wir bisher übergangen haben: Beim Zählen der Dimensionen steht, dass sie „unabhängig" sein sollen. Das soll bedeuten, dass wenn zum Beispiel die Dimensionen Länge L und Zeit T nur zusammen als Quotient $\mathsf{L}\mathsf{T}^{-1}$ auftauchen würden und sonst nicht, dann müsste man dies als eine eigene Dimension betrachten. Da Länge pro Zeit einer Geschwindigkeit entspricht, könnte man dafür dim v schreiben.

Bei der Auswahl der dimensionslosen Ausdrücke steht auch, dass diese „unabhängig" sein sollen. Das bedeutet hier, dass zum Beispiel $\frac{s}{v_0 t}$ und $\frac{s^2}{v_0^2 t^2}$ oder $\frac{v_0 t}{s}$ nicht gewählt werden dürfen, da sie Potenzen voneinander sind.

B 2.4.v Dimensionsanalyse: Beispiel: Physikalisches Pendel

Wenn ein ausgedehnter Körper – und nicht nur ein Massepunkt, wie in Beispiel 2.4.iv – schwingt, muss neben der Masse m und dem Abstand ℓ zwischen Drehpunkt und Schwerpunkt auch noch das Trägheitsmoment Θ berücksichtigt werden. Damit ergibt sich die Liste:

Größe	Dimension
T	T
m	M
ℓ	L
g	$\mathsf{L}\mathsf{T}^{-2}$
Θ	$\mathsf{M}\mathsf{L}^2$
5 — 3	$\Rightarrow$ 2 dimensionslose Ausdrücke

Es gibt also zwei unabhängige, dimensionslose Ausdrücke. Der erste ist die aus Beispiel 2.4.iv bekannte Konstante

$$\Pi_1 = k = \frac{T^2 g}{\ell}.$$

Als zweiten dimensionslosen Ausdruck können Sie zum Beispiel

$$\Pi_2 = \frac{\Theta}{m\,\ell^2}$$

wählen. Daraus können Sie folgenden Zusammenhang ableiten:

$$\frac{T^2 g}{\ell} = f\Big(\frac{\Theta}{m\,\ell^2}\Big)$$
$$\Rightarrow\quad T = \tilde{f}\Big(\frac{\Theta}{m\,\ell^2}\Big)\sqrt{\frac{\ell}{g}}\quad\text{mit }\tilde{f}() = \sqrt{f()}.$$

Man erkennt auch hier die Spuren des Fadenpendels im Ausdruck $\sqrt{\ell/g}$. Die Funktion $\tilde{f}$ beschreibt den Einfluss der Ausdehnung des Körpers.

---

[8]Mutige Menschen raten einfach und überprüfen ihre Annahme an bekannten Punkten oder Grenzwerten, oder prüfen, ob die Symmetrien passen.

Aufgaben und Zusatzmaterial zu diesem Kapitel

https://sn.pub/0qLHlo

3 Mathematik für die Physik

Mit physikalischen Größen beschreiben wir unsere Umwelt. Wir vergleichen verschiedene Größen untereinander, oder setzen sie miteinander in Beziehung. Wir zählen Dinge, oder betrachten deren Bewegung durch den Raum. Zu ganz vielen solcher Zusammenhänge hat die Mathematik, oft im Zusammenspiel mit der Physik, unterschiedliche Theorien, Verfahren und Methoden entwickelt. Daher ist die Physik eng mit der Mathematik verbunden. Die Mathematik ist dabei meist noch eine Stufe abstrakter. Genau diese Abstraktheit ist hilfreich bei der Ausarbeitung theoretischer Modelle. Wenn es einmal gelungen ist, die physikalischen Inhalte in die Sprache der Mathematik zu übersetzen, dann müssen wir nur noch die klar formulierten Regeln der Mathematik anwenden. Dies kann zwar bisweilen sehr aufwändig sein, aber durch die klaren Regeln ist das Ergebnis eindeutig. Alle, die eine mathematisch wohl definierte Aufgabe bekommen, erhalten das gleiche Ergebnis.

Allerdings ist diese Mathematisierung der Physik für viele anfangs ein zunächst scheinbar unüberwindbares Hindernis. Diese Mathematik (oft auch genannt „die Formel") wird fälschlicherweise als der eigentliche Inhalt der Physik verstanden.

In dem jetzt folgenden Kapitel werden wir einige wenige mathematische Methoden anschauen, die in der Physik an vielen unterschiedlichen Stellen auftauchen. Dabei wollen wir uns einen Überblick über diese Methoden verschaffen und die Zusammenhänge erkennen. Dieses Kapitel kann daher keine Mathematik-Vorlesung und erst recht kein Mathematikbuch ersetzen.

3.1 Anwendbarkeit der Mathematik

Mathematik ist hilfreich bei der Beschreibung der physikalische Welt. Aber warum ist das so? Warum sind die mathematischen Methoden so erfolgreich? Genauer betrachtet leitet die Frage ein wenig in die Irre. Tatsächlich gibt es viel mehr mathematische Themen und Gebiete als die, die in der Physik benutzt werden. Die vielleicht bessere Frage lautet daher: Warum sind gerade diese bestimmten Methoden so erfolgreich nutzbar? Die Antwort mag vielleicht unbefriedigend erscheinen: Weil es sich gezeigt hat, dass diese Mathematik die Welt richtig beschreibt. Aber genauso funktioniert doch Physik. Wir wollen mit möglichst einfachen Mitteln die Welt so gut wie möglich beschreiben. Dabei haben sich einige wenige mathematische Methoden als besonders hilfreich erwiesen. Ganz viele mathematische Methoden wurden im Zusammenspiel mit der Physik entwickelt. So haben sich Mathematik und Physik gegenseitig gefördert.

Als erstes ist natürlich das mathematische Konzept der Zahl nötig, wenn wir den Wert einer physikalischen Größe angeben möchten. Des Weiteren lassen sich Zusammenhänge zwischen mehreren Größen oft durch Funktionen beschreiben. Aber beide Disziplinen, die Mathematik und die Physik sind eigenständige Wissenschaften. Deshalb wollen wir zunächst ein wenig schauen, was die Gemeinsamkeiten sind und wo die Unterschiede liegen. Eine der großen Schwierigkeiten in der Physik ist die Übertragung eines physikalischen Problems in die mathematische Formulierung. Und nicht weniger Schwierigkeiten bereitet die Interpretation des mathematischen Ergebnisses für Ereignisse in der realen Welt.

3.1.a   Unabhängigkeit der Mathematik von der physikalischen Anwendung

R 3.1.1 ezept: Mehrfachnutzung einer Lösung

Wenn Sie eine physikalische Aufgabe in die Sprache der Mathematik übersetzt haben und die Aufgabe lösen sollen, dann

- denken Sie nach, ob Sie die gleiche Mathematik schon woanders eingesetzt oder verwendet haben.
- denken Sie daran, dass die gleiche mathematische Aufgabe die gleiche mathematische Lösung hat, unabhängig von den verwendeten physikalischen Größen.

B 3.1.i   Übertragen von eispiel: mathematischen Lösungen

Die Geradengleichung beschreibt viele verschiedene Zusammenhänge, beispielsweise:

- Ort in Abhängigkeit von der Zeit bei einer Bewegung mit konstanter Geschwindigkeit,
- Dehnung einer Feder in Abhängigkeit von der Kraft,
- elektrische Stromstärke beim Anlegen von Spannungen an einen Widerstand,

Hat man einen Zusammenhang verstanden, so kann man das auf alle anderen Fälle übertragen.

Eine Aufgabe der Physik ist es, die Mathematik zu finden, mit der die Beschreibung der Natur am besten gelingt. Diesen Zusammenhang nennt man eine mathematische Formulierung der physikalischen Theorie.

Sobald es gelungen ist, ein physikalisches Problem in die Sprache der Mathematik zu übersetzen, ist die physikalische Aufgabe zunächst erledigt. Wir müssen nur noch die mathematische Lösung suchen. Genau dabei helfen die mathematischen Formalismen. Die mögen zwar auch kompliziert sein, aber es gibt klare Regeln, die uns helfen und wir müssen in dieser Zeit nicht mehr über Physik nachdenken.

Das Angenehme ist, dass es viele mathematische Methoden gibt, die immer wieder verwendet werden können. Und zwar in vielen unterschiedlichen Bereichen der Physik. Wenn wir die Mathematik beherrschen, können wir diese dann an vielen Stellen verwenden.

Da die Mathematik unabhängig von den verwendeten physikalischen Inhalten gilt, führt die gleiche mathematische Aufgabe zur gleichen mathematischen Lösung. Wenn wir also ein Problem in der Mechanik gelöst haben und nun eine Aufgabe in der Elektrotechnik finden, die die selbe Mathematik erfordert, dann können wir die Lösung einfach abschreiben.

3.1.b   Unterschied Mathematik – Physik

W 3.1.2 issen: Beweisbarkeit von Gesetzen

Selbst wenn die verwendete Mathematik exakt beweisbar ist, wird es nicht möglich sein, physikalische Gesetze zu beweisen.

Das liegt unter anderem daran, dass die Mathematik in der Lage ist, „alle erdenklichen Möglichkeiten" zu berücksichtigen. Es ist dagegen unmöglich „alle erdenklichen Experimente" durchzuführen.

- Mathematische Aussagen können bewiesen werden.
- Physikalische Theorien kann man nicht beweisen.

In der Mathematik kann man Sätze beweisen. Bei physikalischen Gesetzte ist das dagegen prinzipiell unmöglich. Kein einziges physikalisches Gesetz kann endgültig bewiesen werden.

Das liegt an dem Problem, wie man mit „allen möglichen Fällen" umgehen kann. In der Mathematik werden zuerst die Bedingungen geklärt, unter denen man Gesetze beweisen möchte. Der Beweis selbst führt dann oft zu Grenzbetrachtungen. Man denkt darüber nach, was geschieht, wenn man immer näher an die Grenze herangeht. In Gedanken kann man sich beliebig nahe dem Grenzwert nähern und auf diese Art alle denkbaren Möglichkeiten berücksichtigen. Das ist zwar nicht immer einfach, aber grundsätzlich möglich.

Die Physik, als Beschreibung der Natur, ist hier ganz anders geartet. Es ist unmöglich, alle denkbaren Ereignisse anzuschauen. Wir können nicht alle erdenklichen Experimente durchführen. Da wir zudem wissen, dass ein einziges, widersprüchliches Experiment genügt, um eine Theorie zu erschüttern, führt beides dazu, dass es immer ein (bisher undurchgeführtes) Experiment geben könnte, das die Theorie widerlegt.

Die größten Probleme einer physikalischen Theorie werden bei Annäherung an Grenzen erwartet. Die Mathematik bietet dafür Lösungsansätze. Die Physik eben nicht.

In der realen Welt kommt beispielsweise die Unendlichkeit nicht vor, im Gegensatz zur Mathematik. Selbst der Weltraum ist nicht unendlich groß. Körper die sich schneller als die Lichtgeschwindigkeit bewegen, gibt es nicht. Es ist unmöglich, die absolute Nulltemperatur $T = 0\,\mathrm{K}$ zu erreichen. Aufgabe der Physik ist es, herauszufinden, wo diese Grenzen einer physikalischen Theorie sind. Wo versagt eine mathematisch formulierte Theorie?

3.1.c Physik mit Mathematik

Wie arbeiten Physik und Mathematik zusammen, wenn wir die Welt beschreiben wollen?

Wir nutzen einfach die Stärken beider Bereiche. Die Physik hilft, die Natur gut zu beobachten. Die Mathematik hat sehr klare Regeln, um aus Ausgangsinformation Schlüsse zu ziehen. Damit ist der Weg zu einer mathematisch formulierten Naturbeschreiben vorgezeichnet.

- Wir beobachten die Natur, beispielsweise, dass ein Apfel vom Baum fällt.
- Die Beobachtung setzen wir in ein mathematisches Modell um. Hier wäre das das Gravitationsgesetz.
- Wollen wir wissen, was in der Natur geschehen kann, machen wir Annahmen zu den physikalischen Größen, füttern die Werte in unser mathematisches Modell und berechnen das mathematische Ergebnis. Wenn uns interessiert, welche Geschwindigkeit v ein Apfel als Funktion der Zeit t hat, erhalten wir die Gleichung $v = g\,t$. Dabei ist g die Gravitationsfeldstärke der Erde in der Nähe der Oberfläche.
- Nun müssen wir dieses Ergebnis wieder in die reale Welt zurückübersetzen. Was bedeutet das mathematische Ergebnis? Der Apfel wäre nach einer Sekunde etwas 10 m/s schnell, nach sechs Sekunden schon 60 m/s. Mathematisch ist das richtig, aber die Physik muss bedenken, dass der Apfel schon viel früher auf den Boden trifft.

W 3.1.3 Wissen: Grenzen physikalischer Gesetze

Mathematische Sätze gelten unter den gegebenen Voraussetzungen uneingeschränkt.

Physikalische Gesetze und Theorien formuliert man in der Regel auch in der mathematischen Sprache. Trotzdem besitzen sie nur eine eingeschränkte Gültigkeit.

Das bemerkt man, wenn eine so formulierte Theorie keine richtige Beschreibung der Welt mehr liefert, obwohl sie sich in vielen anderen Anwendungen bewährt hat.

Eine wichtige Aufgabe der Physik ist es, diese Grenzen der mathematischen Formulierung zur Beschreibung der Welt zu finden.

W 3.1.4 Wissen: Kombination Physik und Mathematik

In der Kombination mit der Mathematik zeigt sich eine der besonderen Stärken der Physik. Dabei ist das mathematisch-physikalische Vorgehen immer ähnlich:

- Natur beobachten.
- Beschreibung der Beobachtungen durch Mathematik (mathematische Theorie der Physik)
- Anwendung des mathematischen Models auf unbekannte Dinge. Berechnung durch Anwenden mathematischer Folgerungen.
- Interpretation der mathematischen Ergebnisse für die reale Welt.

Im Prinzip ist das, was hier beschrieben ist, die Funktionsweise jeder mathematisch formulierten, physikalischen Theorie. Physik und Mathematik haben zusammen unglaublich starke Instrumente entwickelt, um beispielsweise Dinge vorherzusagen, die noch in der Zukunft liegen.

3.2 Statistik

Statistik wird immer dann genutzt, wenn man aus großen Datenmengen Informationen herauslesen möchte. Dieses Feld ist so weit, dass man leicht den Überblick verlieren kann. Welche Art Daten liegen vor? Wie wurden sie generiert? Welcher Prozess liegt dahinter? Gab es im Vorfeld schon eine Vorstellung bezüglich des erwarteten Wertes?

Wir wollen uns einen Überblick verschaffen am Beispiel von Messreihen, bei denen wir viele Datenpaare erhalten. Das kann ein eingestellter Wert mit dem dazugehörigen Messwert sein. Oder wir erhalten Datenpaare, weil wir zwei zusammengehörende Messwerte haben. Wir wollen uns zunächst auf lange Reihen solcher Datenpaare beschränken und an diesen Datensätzen einige Eigenschaften der statistischen Methoden verstehen. Eine Erweiterung auf komplexere Messungen ist nicht mehr so kompliziert, wenn wir das verstanden haben.

Durch Messreihen können große Datenmengen entstehen, aus denen wir meist nichts direkt ablesen können. Statistische Begriffe wie Mittelwert und Standardabweichung helfen uns beim Bewerten möglicherweise weiter. Weitere sinnvolle Begriffe sind: Varianz, Kovarianz, Korrelation. Wir werden in diesem Kapitel versuchen, etwas Ordnung in diese Liste zu bringen.

In Kapitel 8 „Messungen und Auswertung" wenden wir die genannten statistischen Methoden an.

3.2.a Basiskennzahlen

Wissen: **3.2.1 Basiskennzahlen aus Wertetabellen**

Soll eine einzige Kennzahl aus einer Anzahl von N Wertepaaren $\{(x_i, y_i) | i = 1 \dots N\}$ berechnet werden, dann gibt es nur wenige Möglichkeiten, bei denen alle Werte gleich stark berücksichtigt sind. Man kann:

1. Anzahl der Elemente zählen N.

2. Elemente addieren $\sum\limits_{i=1}^{N} x_i$ und $\sum\limits_{i=1}^{N} y_i$.

3. Werte oder Paare multiplizieren und aufsummieren $\sum\limits_{i=1}^{N} x_i^2$, $\sum\limits_{i=1}^{N} y_i^2$ oder $\sum\limits_{i=1}^{N} x_i y_i$.

Aus diesen Basiskennzahlen können weitere Kennzahlen wie Mittelwert und Standardabweichung berechnet werden.

Bevor wir uns fragen, was wir aus Messdaten an Information extrahieren wollen und wie man dazu vorgeht, schauen wir zunächst einmal, was wir grundsätzlich mit den Daten anfangen können. Noch einmal die Ausgangsposition. Wir haben eine Messung gemacht und N Wertepaare $\{(x_i, y_i) | i = 1, \dots, N\}$[1] erhalten. Diese Informationen wollen wir auf eine einzige Kennzahl reduzieren. Welche Möglichkeiten gibt es, solche Kennzahlen zu bilden.

Addition zwischen x-Werten und y-Werten scheiden aus, da sie unterschiedliche Dimensionen haben können. Wenn man zudem eine Kennzahl aus allen Messwerten erhalten möchte, müssen alle Messwerte vorkommen. Wenn zudem kein Messwert grundsätzlich wichtiger ist, als ein anderer, müssen alle Messungen gleich stark gewichtet sein. Daher bleiben nicht viele Möglichkeiten übrig, wie wir solche Kennzahlen definieren können.

- Wir können die Elemente zählen.

- Wir können die Elemente einer Art (x oder y) addieren.

---

[1]Diese mathematische Schreibweise wird folgendermaßen gelesen: Die Menge {...} aller x_i-y_i-Wertepaare (x_i, y_i), für die gilt ... | ..., dass i eine Zahl zwischen 1 und N ist $i = 1, \dots, N$.

- Wir können die Paare multiplizieren und aufsummieren.

Wir werden sehen, dass mit diesen drei einfachen Möglichkeiten, Kennzahlen wie Mittelwert, Standardabweichung und Korrelation beschrieben werden können.

Residuum

Eine weitere Größe, die bei der statistischen Betrachtung von Messwerten immer wieder vorkommt, ist das sogenannte Residuum. Es beschreibt die Abweichung eines Messwertes y_i von einem erwarteten Wert μ_i. Die erwartete Größe μ_i kann ein theoretische erwarteter Funktionswert sein, eine Vorgabe der Fertigung oder der Wert der gemessenen Größe. Das Residuum spielt ein wichtige Rolle, wenn es darum geht, Abweichungen in eine Kennzahl zu fassen.

Definition 3.2.2 Residuum und Residuensumme

Sei y_i der i-te Messwert und μ_i der erwartete Wert zu dieser Messung, dann nennt man

$$\Delta y_i = y_i - \mu_i$$

das Residuum von y_i bezüglich μ_i.

Die Summe alle Residuen heißt Residuensumme

$$\sum_{i=1}^{N} \Delta y_i.$$

3.2.b Mittelwert

Angenommen wir bitten 30 Personen, die Schwingungsdauer eines Pendels zu messen. Alle haben eine Stoppuhr und wir lassen das Pendel einmal hin und her schwingen. Vermutlich werden die 30 Messergebnisse nicht exakt übereinstimmen, obwohl die Dauer der selben Schwingung gemessen wurde.

Wenn wir sicher sind, dass keine Messung total falsch ist, müssen wir nun entscheiden, welchen Wert wir für die Schwingungsdauer angeben. Wir wissen, dass es diesen Wert gibt. In der Statistik nennt man ihn „Erwartungswert" μ. Jeder der 30 Messwerte hat nun eine Abweichung von diesem Erwartungswert. Da die Residuen die Abweichung der Messwerte vom Erwartungswert beschreiben, sollte die gesamte Abweichung aller Messwerte betragsmäßig so klein wie möglich sein. Oder anders gesagt:

Die Summe der Residuen soll null sein:

$$0 = \sum_{i=1}^{N} \Delta y_i$$

und damit

$$0 = \sum_{i=1}^{N}(y_i - \mu) = \sum_{i=1}^{N} y_i - \sum_{i=1}^{N} \mu = \sum_{i=1}^{N} y_i - N\mu.$$

Definition 3.2.3 Mittelwert $\langle y \rangle$

Für einen Datensatz von N Messwerten

$$\{y_i | i = 1 \dots N\}$$

ergibt sich der Mittelwert $\langle y \rangle$ oder auch $\bar{y}$ aus:

$$\langle y \rangle \equiv \bar{y} = \frac{1}{N}\sum_{i=1}^{N} y_i.$$

R$^{3.2.4}$ezept: Wahl einer Stichprobe

Der Mittelwert ist fast unabhängig von der Größe der Stichprobe, wenn sie aus 20 oder mehr repräsentativen Messungen besteht.

Verwenden Sie daher eine hinreichend große Stichprobe. Um Ressourcen zu sparen, vermeiden Sie aber auch, zu viele Messungen zu machen.

Meist ist die Größe der Stichprobe also unkritisch. Treiben Sie lieber mehr Aufwand, damit Sie eine repräsentative Stichprobe erhalten.

3.2.c   Varianz

D$^{3.2.5}$efinition: Varianz

Die Varianz σ^2 der Messwerte $\{y_i | i = 1 \dots N\}$ ist die Summe der quadrierten Residuen bezüglich des Mittelwerts $\langle y \rangle$

$$\sigma^2 = \frac{1}{N} \sum_{i=1}^{N} (y_i - \langle y \rangle)^2 = \frac{1}{N} \sum_{i=1}^{N} (\Delta y_i)^2 .$$

Dazu gleichwertig ist:

$$\sigma^2 = \frac{1}{N} \sum_{i=1}^{N} y_i^2 - \frac{1}{N^2} \left(\sum_{i=1}^{N} y_i \right)^2$$

oder in der Kurzschreibweise für Mittelwerte

$$\sigma^2 = \langle y^2 \rangle - \langle y \rangle^2 .$$

Die obere Definition ist leichter zu verstehen, die untere ist einfacher zu handhaben.

B$^{3.2.i}$eispiel: Varianz

Messwerte: $\{2, 3, 4, 3\}$

$$\Rightarrow \langle y \rangle = 3 \Rightarrow \Delta y = \{-1, 0, 1, 0\}$$
$$\Rightarrow \sum \Delta y_i^2 = 2$$

und damit $\sigma^2 = 0{,}5$.

...

Lösen wir diese Gleichung nach μ auf, erhalten wir:

$$\Rightarrow \quad \mu = \frac{1}{N} \sum_{i=1}^{N} y_i .$$

Der beste Wert für den Erwartungswert μ ist der Mittelwert μ oder kurz: $\mu = \langle y \rangle$.

Zur Berechnung des Mittelwerts genügt es, die Anzahl N und die Summe aller y_i zu kennen. Der Mittelwert kann somit, wie andere statistische Kennzahlen auch, auf die Basiskennzahlen zurückgeführt werden (siehe Wissen 3.2.1).

Wird eine Messung wiederholt, erwartet man zunächst vielleicht, dass man immer den gleichen Messwert erhält. Die Erfahrung lehrt, dass dies aus verschiedenen Gründen nicht der Fall ist. Die Messwerte werden streuen. Ursache dafür können Messunsicherheiten sein, aber auch die Physik selbst kann Ursache für die Streuungen sein.

Wir benötigen ein Maß für diese Streuung.

Auch hier sind die Residuen hilfreich. Wenn wir sie aber einfach addieren, werden sich positive Abweichungen und negative gegenseitig aufheben. Genau das wollten wir ja beim Mittelwert. Also müssen wir dafür sorgen, dass dies nicht geschieht. Daher werden die Residuen erst quadriert und dann aufsummiert. So ergibt sich eine Maßzahl für die Streuung, die Varianz.

$$\sigma^2 = \frac{1}{N} \sum_{i=1}^{N} (y_i - \langle y \rangle)^2 .$$

Durch einige Umformungen findet man eine einfacher anwendbare Gleichung der Varianz. Die Varianz ist der Mittelwert der Quadrate minus dem Quadrat des Mittelwerts:

$$\begin{aligned}
\sigma^2 &= \frac{1}{N} \sum_{i=1}^{N} (y_i - \langle y \rangle)^2 \\
&= \frac{1}{N} \sum_{i=1}^{N} \left(y_i^2 - 2 y_i \langle y \rangle + \langle y \rangle^2 \right) \\
&= \frac{1}{N} \left(\sum_{i=1}^{N} y_i^2 - 2 \langle y \rangle \sum_{i=1}^{N} y_i + \sum_{i=1}^{N} \langle y \rangle^2 \right) \\
&= \frac{1}{N} \left(\sum_{i=1}^{N} y_i^2 - 2 \langle y \rangle N \langle y \rangle + N \langle y \rangle^2 \right)
\end{aligned}$$

$$= \frac{1}{N} \left(\sum_{i=1}^{N} y_i^2 - N \langle y \rangle^2 \right)$$

$$\sigma^2 = \frac{1}{N} \sum_{i=1}^{N} y_i^2 - \langle y \rangle^2 = \langle y^2 \rangle - \langle y \rangle^2$$

Wie man erkennt, genügen die drei Basisgrößen aus Wissen 3.2.1 zur Berechnung der Varianz. Wenn wir den Grundgedanken von Mittelwert und Varianz verstanden haben, fällt es uns leichter, den Aufbau anderer statistischer Kenngrößen nachzuvollziehen.

Obwohl diese statistischen Kennzahlen nun sehr übersichtlich hingeschrieben werden können und sie nicht kompliziert sind, ist die Berechnung von Hand, gerade bei großen Datenmengen, sehr mühsam. Daher sollten wir hierfür statische Werkzeuge von Taschenrechnern oder Computern nutzen.

3.2.d Standardabweichung

Zur Berechnung von statistischen Unsicherheiten (Abschnitt 8.2.d) suchen wir einen Wert der die Streuung beschreibt. Im letzten Abschnitt haben wir die Varianz als ein Streumaß kennen gelernt. Allerdings passt die Dimension der Varianz nicht zu der des Messwertes. Wir müssen noch die Wurzel daraus berechnen und erhalten als relevantes Streumaß die Standardabweichung[2] σ.

3.2.e Kovarianz

Der Vollständigkeit halber und weil mit ihr manche Herleitungen und Erklärungen besonders leicht fallen, schauen wir uns noch den Begriff der Kovarianz an. Für die Kovarianz benötigt man zwei Messreihen, die miteinander verglichen werden sollen. Es muss also eine Reihe von Messpaaren (x_i, y_i) vorliegen.

Zur Berechnung der Kovarianz werden zunächst die jeweiligen Mittelwerte $\langle x \rangle$ und $\langle y \rangle$ berechnet. Danach wird die Summe über die Produkte der Residuen gebildet. So erhält man einen Wert, der die Messreihe (x_i, y_i) miteinander verbindet.

Fortsetzung Beispiel 3.2.i:

> **Über die zweite Definition:**
>
> $$\langle y^2 \rangle = \frac{1}{N} \sum y_i^2 = \frac{4 + 9 + 16 + 9}{4} = 9{,}5$$
> $$\langle y \rangle^2 = 3^2 = 9$$
>
> und damit $\sigma^2 = 9{,}5 - 9 = 0{,}5$.

Wissen: **3.2.6   Unabhängigkeit Varianz von Anzahl Messungen**

Die Varianz ist (fast) unabhängig von der Größe einer Stichprobe, wenn diese ausreichend groß ist. Siehe auch Rezept 3.2.4.

3

Definition: **3.2.7   Standardabweichung**

Die Standardabweichung σ ist die Wurzel aus der Varianz

$$\sigma = \sqrt{\frac{1}{N} \sum_{i=1}^{N} (\Delta x_i)^2} = \sqrt{\sigma^2}$$

mit
$\Delta x_i = x_i - \langle x \rangle$: Residuen von x,
N: Anzahl der Teilunsicherheiten,
σ^2: Varianz (Definition 3.2.5).

---

[2]Auch wenn der Name vermuten lässt, dass die Standardabweichung standardisiert ist, gibt es in der Statistik viele verschiedene Definitionen, die sich leicht unterscheiden. Hier wurde die Standardabweichung der Stichprobe verwendet.

> **D**$^{3.2.8}$**efinition: Kovarianz**
>
> Die Kovarianz ist der Mittelwert der Residuen-
> produkte:
>
> $$\mathrm{KOV}(x,y) = \frac{1}{N}\sum_{i=1}^{N}(\Delta x_i\, \Delta y_i)$$
>
> mit
> N: Anzahl der Messwerte,
> Δx_i: i-tes Residuum x-Messung,
> Δy_i: i-tes Residuum y-Messung.

Damit lässt sich die Varianz σ^2 als Kovarianz einer
Messreihe mit sich selbst darstellen:

$$\sigma^2 = \mathrm{KOV}(x,x).$$

Nach ähnlichen Umformungen wie bei der Herleitung
der Kompaktdarstellung der Varianz ergibt sich:

$$\mathrm{KOV}(x,y) = \langle x\, y\rangle - \langle x\rangle\, \langle y\rangle.$$

3.2.f   Korrelation

> **D**$^{3.2.9}$**efinition: Pearson Korrelation**
>
> Die Pearson Korrelation ist die normierte Kovari-
> anz:
>
> $$r = \frac{\sum\limits_{i=1}^{N}(\Delta x_i \cdot \Delta y_i)}{\sqrt{\sum\limits_{i=1}^{N}(\Delta x_i)^2 \cdot \sum\limits_{i=1}^{N}(\Delta y_i)^2}}$$
>
> mit
> $\Delta x_i = x_i - \langle x\rangle$: Residuen von x
> $\Delta y_i = y_i - \langle y\rangle$: Residuen von y
> N: Anzahl der Teilunsicherheiten.

Mit der Definition der Kovarianz (Definition 3.2.8) lässt
sich die Korrelation besonders schön, weil symmetrisch,
darstellen:

$$r = \frac{\mathrm{KOV}(x,y)}{\sqrt{\mathrm{KOV}(x,x) \cdot \mathrm{KOV}(y,y)}}.$$

In Unterkapitel 1.4 haben wir den Begriff der Korrelation häufig verwendet. Dort wollten wir wissen, wie
stark zwei Messreihen miteinander zusammenhängen.
Die genaue Definition haben wir damals noch nicht
gekannt, was deshalb jetzt nachgeholt wird.

Es soll herausgefunden werden, ob zwei oder mehrere Messreihen gemeinsame Tendenzen haben. In der
Kovarianz (Definition 3.2.8) haben wir eine Größe kennen gelernt, die annähernd das Geforderte leistet. Wir
müssen sie nur noch sinnvoll normieren. Und damit
erhalten wir den Korrelationskoeffizienten r, der Werte
von -1 bis 1 annehmen kann.

Unsere Hüttenwirte aus Kapitel 1 haben an vier Tagen
die Temperatur ϑ und die Anzahl der Hüttengäste N
aufgeschrieben. Weil sie uns nur wenig Rechenaufwand
bereiten wollten, waren es nur vier Tage.

Tabelle 3.1: Temperatur und Anzahl der Gäste auf der Berghütte aus Kapitel 1.

Temperatur	10°C	18°C	15°C	25°C
Gäste in Pers.	128	193	228	251

Die Mittelwerte ergeben sich zu $\langle\vartheta\rangle = 17\,°\mathrm{C}$ und $\langle N\rangle = 200\,$Pers.

Die Korrelation ergibt sich aus der Summe über die Produkte der Residuen $\Delta x_i \cdot \Delta y_i$ (ohne Einheiten):

- Temp · Temp:
  $(7^2 + 1^2 + 2^2 + 8^2) = (49 + 1 + 4 + 64) = 118$
- Anzahl · Anzahl:
  $(5184 + 49 + 784 + 2601) = 8618$
- Temp · Anzahl:
  $(504 + (-7) + (-56) + 408) = 850$

und damit:

$$r = \frac{850}{\sqrt{118 \cdot 8618}} = 0{,}842.$$

Es ist empfehlenswert, wenigstens einmal so eine Rechnung direkt durchzuführen, damit man ein Gefühl für den Begriff Korrelation bekommt.

Werden Wertepaare in ein Diagramm eingetragen und die Ausgleichsgerade berechnet, so erhält man die grafische Interpretation. Das Bestimmtheitsmaß R^2 der Trendlinie ist das Quadrat des Korrelationskoeffizienten (Definition 5.4.1).

W 3.2.10 issen: Korrelationskoeffizient

Der Korrelationskoeffizient r beschreibt den linearen Zusammenhang zweier Datensätze. Er gibt also an, ob und wie stark die beiden Datensätze die gleiche (oder gegenläufige) Tendenz zeigen.

Ist $r = 0$ lassen die beiden Datensätze keinen Zusammenhang erkennen. Ist $r > 0{,}8$ besteht vermutlich ein Zusammenhang, bei $r = 1$ wäre die Korrelation perfekt.

Negative Werte von r stehen für eine gegenläufigen Tendenz.

Auch eine starke Korrelation sagt aber noch nichts über einen kausalen Zusammenhang zwischen den beiden Datensätzen aus. Die Korrelation kann auch reiner Zufall sein. Oder die beiden Datensätze hängen von einem dritten, unbekannten Datensatz ab. Siehe auch Rezept 1.9.8.

3.2.g Weitere Anwendungen der Residuensumme

In der Physik werden einmal erfolgreiche Konzepte oft an vielen weiteren Stellen eingesetzt. Die Quadratsumme der Residuen gehört auch dazu. Im Folgenden schauen wir kurz zwei wichtige Beispiele an, denen wir uns in späteren Kapiteln aber noch mal ausführlicher zuwenden.

Unsicherheiten kombinieren

Bei der Kombination von Unsicherheiten (siehe Rezept 8.3.4) werden wir sehen, dass die Unsicherheiten addiert werden müssen. Hier wird nach dem gleichen Schema verfahren, die Quadrate der Residuen werden aufsummiert.

Da wir nicht an der durchschnittlichen Unsicherheit interessiert sind, wird nicht durch die Anzahl der Unsicherheiten N dividiert. Jede Teilmessung vergrößert die gesamte Unsicherheit.[3]

D 3.2.11 efinition: Kombinierte Unsicherheit

Die gesamte oder kombinierte Unsicherheit einer Messung ergibt sich über die Quadratsumme der Einzelunsicherheiten

$$(\Delta x_{ges})^2 = \sum_{i=1}^{N} (\Delta x_i)^2$$

mit

Δx_{ges} : gesamte Unsicherheit,
Δx_i: Teilunsicherheit,
N: Anzahl der Teilunsicherheiten.

---

[3]In Abschnitt 8.3.c wird $\boldsymbol{u}(x_i)$ statt Δx_i geschrieben. Der Grund für die geänderte Schreibweise wird dort erläutert.

Least Square Fit

> # D$^{3.2.12}$efinition: Least Square Fit
>
> Sei $\{(x_i, y_i)|i = 1\dots N\}$ ein Satz von N Datenpaaren und $y = f(a,b,c,\dots;x)$ eine Funktion, die an die Datenpaare angepasst werden soll. Dabei sind a, b und c frei wählbare Parameter.
>
> Für jeden Parametersatz a, b und c kann nun die Residuensumme gebildet werden, indem zu jedem Wert x_i der dazugehörige Funktionswert $f(a,b,c,\dots;x_i)$ berechnet und mit dem Messwert y_i verglichen wird. So erhält man einen neuen Funktion $G(a,b,c)$:
>
> $$G(a,b,c) = \sum_{i=1}^{N} (f(a,b,c,\dots;x_i) - y_i)^2.$$
>
> Über das Minimum der Funktion $G(a,b,c)$ können die Parameter bestimmt werden, bei denen die Funktion $y = f(a,b,c,\dots;x)$ am besten mit den Messwerten übereinstimmt.[a]
>
> ---
> [a]Im Deutschen nennt man dieses Verfahren „Methode der kleinsten Fehlerquadrate".

Diese Gleichung muss man nicht auswendig kennen. Viel wichtiger ist es, zu erkennen, dass hinter all diesen Analysen von Unsicherheiten und Abweichungen die Addition der Abweichungsquadrate steckt.

Die mathematische Ausführung, also das Berechnen der freien Parameter a, b und c, übernehmen Mathematik-Werkzeuge.

Die Berechnung der Korrelation eines (x,y) Datensatzes geht von der Vermutung aus, dass ein linearer Zusammenhang zwischen den x- und y-Werten besteht. Mann kann sich aber ganz andere Funktionen vorstellen, die möglicherweise die Daten beschreiben. Wir werden in Unterkapitel 3.3 „Funktionen" näher drauf eingehen und das Wissen in Unterkapitel 5.4 „Ausgleichskurven" nutzen.

Nehmen wir an, wir vermuten einen Zusammenhang zwischen x und y, also $y = f(a,b,c;x)$. Die Werte a, b und c sind dabei freie Parameter, mit denen man die Funktion anpassen kann. Wenn wir beispielsweise eine Parabel wählen, so lautet die Funktion $y = a\,x^2 + b\,x + c$. Jetzt kann man für jeden Datenpunkt x_i den dazugehörigen Funktionswert $f(x_i)$ ausrechnen. Je kleiner der Unterschied zwischen dem Messwert y_i und dem berechneten $f(x_i)$ ist und zwar für alle Messpunkte, desto besser passt die Funktion zu den Messdaten. Daher ist die Summe der Residuenquadrate $\sum (f(x_i) - y_i)^2$ ein gutes Maß für die Qualität der Funktion.

Jetzt müssen nur noch die Parameter a, b und c solange variiert werden, bis die Summe minimal wird. Dann haben wir die optimal passenden Funktion gefunden.

3.2.h   Gauß-Verteilung

Bisher haben wir uns nur angeschaut, welche Kennzahlen wir aus Wertekolonnen berechnen können. Was diese Zahlen dann aber über die Realität aussagen, hängt ganz stark von der Fragestellung ab. Beschreiben unsere Messdaten die Fertigung von Schrauben? Oder haben wir Lichtteilchen in einem Fotosensor gezählt? Wollten wir wissen, welche Parteien gewählt werden? Jedes Mal werden wir die Kennzahlen anders interpretieren.

Wenn wir Messungen oder Umfragen wiederholen, bekommen wir jedes mal eine andere Wertekolonne. Unsere Erwartung ist aber, dass wir trotzdem ähnliche Kennzahlen erhalten. Wir gehen also davon aus, dass es Etwas geben muss, das den Prozess korrekt beschreibt und unabhängig von der Version unserer Wertekolonne ist. Diese Etwas nennt man Verteilung. Im Folgenden wollen wir uns die Gaußsche-Normalverteilung etwas genauer anschauen, weil sich damit sehr viele Zufallsprozesse beschreiben lassen.

Viele statistische Prozesse werden durch eine Gauß-Verteilung $\varphi(x)_{\mu,\sigma}$ beschrieben, wobei μ der Erwartungswert und σ die Standardabweichung ist. $\varphi(x)\,\mathrm{d}x$ gibt an, mit welcher Wahrscheinlichkeit ein Wert vorkommt, der in einem infinitesimal kleinen Intervall der

Wenn man mit statistischer Auswertung zu tun hat, dann trifft man immer wieder auf die Gauß-Verteilung. Das liegt daran, dass, wenn viele Zufallsprozesse beteiligt sind, die Verteilung immer Gauß-förmig wird. Es gibt noch eine ganze Reihe anderer statistischer

Verteilungen, die alle ihre Wichtigkeit haben. Aber an der Gauß-Verteilung können wir viele Dinge verstehen. Dieses Grundverständnis hilft dann auch bei der Anwendung anderer Statistiken.

Eine Gaußverteilung mit dem Erwartungswert μ und der Standardabweichung σ wird beschrieben durch:

$$\varphi(x)_{\mu,\sigma} = \frac{1}{\sqrt{2\,\pi}\,\sigma}\mathrm{e}^{-\frac{(x-\mu)^2}{2\,\sigma^2}}.$$

In Abbildung 3.1 ist eine Gauß-Verteilung mit einem Erwartungswert $\mu = 6$ und einer Standardabweichung von $\sigma = 1$ dargestellt.

Bei der Interpretation dieser Kurve müssen wir aber gut aufpassen: Sie zeigt nicht die Wahrscheinlichkeit sondern die Wahrscheinlichkeitsdichte. Erst das Integral über einen Bereich ergibt eine Wahrscheinlichkeit.

Das wird mit folgender Überlegung schnell klar: Angenommen diese Kurve beschreibt die Verteilung der Messwerte, wenn wir eine Größe mehrfach messen (siehe auch Kapitel 8 „Messungen und Auswertung"). Wenn man nun meint, dies wären die Wahrscheinlichkeiten, dann würde man für den Messwert 5 eine Wahrscheinlichkeit von etwa 0,3 ablesen, also 30 %. Der Messwert 6 hätte eine Wahrscheinlichkeit von etwa 40 % und der Messwert 7 wieder etwa 30 %. Damit hätten alleine diese drei Messwerte eine Wahrscheinlichkeit von 100 %, andere Messwerte wären nicht mehr möglich, was dem Verlauf der Funktion aber widerspricht. Tatsächlich zeigt diese Gauß-Verteilung eine so genannte Wahrscheinlichkeitsdichte. Aus ihr kann man durch Integration berechnen, wie hoch die Wahrscheinlichkeit ist, einen Messwert in einem gegebenen Intervall zu bekommen. Grafisch schaut man sich also die Fläche unter der Gauß-Kurve an (siehe auch Abbildung 3.2). Die gesamte Fläche unter der Gauß-Verteilung hat den Wert 1, was nicht verwunderlich ist: die Wahrscheinlichkeit, bei der Messung irgendeinen beliebigen Wert zu bekommen, beträgt 100 %.

Als Vorgriff auf das Unterkapitel 8.6 „Andere Unsicherheiten" betrachten wir ein Beispiel: In unserer Fabrik werden Schrauben gefertigt, deren Länge (20 ± 1) mm sein soll.

Da die Anzahl der täglich produzierten Schrauben 1 Million beträgt, kann nicht jede Schraube geprüft werden. Wir nehmen also eine Stichprobe von etwa 1000 Schrauben und messen die Längen der Schrauben mit einer Messgenauigkeit, die deutlich besser als 1 mm ist. Deshalb dürfen wir davon ausgehen, dass die beobachtete Streuung der Schraubenlängen ihre Ursache in der Fertigung hat. Aus diesen Messungen

Breite $\mathrm{d}x$ um den Wert x liegt. Erst das Integral über die Kurve liefert eine Wahrscheinlichkeit.

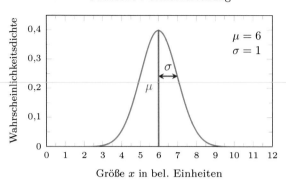

Abbildung 3.1: Gauß-Verteilung mit $\mu = 6$ und $\sigma = 1$.

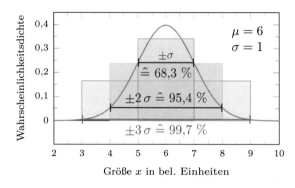

Abbildung 3.2: Das Integral der Gauß-Verteilung über die eingezeichneten Intervalle entspricht den angegebenen Wahrscheinlichkeiten. Die Fläche der Rechtecke ist gleich groß wie das entsprechende Integral unter der Kurve.

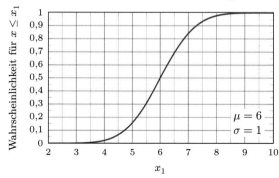

Abbildung 3.3: Das Integral der Gauß-Verteilung von $-\infty$ bis x_1 gibt an, wie groß die Wahrscheinlichkeit für einen Wert $\leq x_1$ ist.

W **3.2.13**
issen: Gauß-Verteilung

Für die Gauß-Verteilung gilt:

Tabelle 3.1: Häufig genutzte Wahrscheinlichkeiten für eine Gaußsche Normalverteilung mit dem Erwartungswert μ und der Standardabweichung σ, die aus der Integration der Verteilung über den Bereich ermittelt wird.

Bereich	Wahrschein-lichkeit
$\mu - \sigma < x \leq \mu + \sigma$	68,3 %
$\mu - 2\sigma < x \leq \mu + 2\sigma$	95,4 %
$\mu - 3\sigma < x \leq \mu + 3\sigma$	99,7 %
$-\infty < x \leq \mu + \sigma$	84,1 %
$-\infty < x \leq \mu + 2\sigma$	97,7 %
$-\infty < x \leq \mu + 3\sigma$	99,9 %

berechnen wir einen Mittelwert von 20 mm und eine Standardabweichung von 1 mm.

Das bedeutet aber, dass nur 68,3 % aller Schraubenlängen innerhalb des Intervalls (20 ± 1) mm liegen, oder anders ausgedrückt, der Rest, nämlich 31,7 % ist Ausschuss und wird vom Kunden eventuell reklamiert. Die gleiche Aussage gilt damit auch für die gesamte Produktion.

Um den Ausschuss sicher auf unter 0,5 % zu drücken, müssen wir die Fertigung soweit verbessern, dass die Standardabweichung bei einer Stichprobe weniger als 0,33 mm beträgt. Dann entspricht nämlich die maximal zugelassene Abweichung von 1 mm gerade drei Standardabweichungen. Und im Intervall Mittelwert $\pm$ drei Standardabweichungen liegen 99,7 % aller Schraubenlängen.

3.3 Funktionen

In der Physik wird ganz viel durch Funktionen beschrieben. Aber warum? Diese Frage wollen wir uns in diesem Unterkapitel genauer anschauen. Dabei geht es nicht um eine Zusammenfassung oder Wiederholung der Mathematik, sondern um das Zusammenspiel zwischen Mathematik und Physik.

3.3.a Warum Funktionen in der Physik nützlich sind

D **3.3.1**
efinition: Funktion

Eine Funktion f weist jedem Element einer Ausgangsmenge x genau ein Element einer Zielmenge y zu:

$$x \xrightarrow{f} y.$$

Gewohnter ist eine andere, aber gleichwertige Schreibweise:

$$y = f(x).$$

In der Mathematik gibt es so viele Teilbereiche, dass wir uns schon kurz fragen sollten, weshalb gerade Funktionen eine so wichtige Bedeutung in der Physik haben.

Welche Eigenschaften hat eine Funktion?

Eine Funktion weist jedem Element einer Ausgangsmenge genau ein Element einer anderen Menge zu. Die Ausgangsmenge nennt man auch Definitionsbereich der Funktion, die andere Menge ist der Wertebereich der Funktion.

Solche Zusammenhänge finden wir häufig in der Physik. Bei einer einzelnen Messung wird zum Beispiel einem oder mehreren eingestellten Parametern genau ein Messwert zugeordnet (siehe Definition 8.1.4).

Eine andere Anwendung ist die Beschreibung einer Bewegung eines Körpers im Raum. Der kann zu jedem Zeitpunkt nur an genau einer Stelle sein. Auch hier wird eine Funktion nützlich sein. Man weist bei einer Bewegung jedem Zeitwert genau einen anderen Wert (hier einen Vektor) zu.

Und noch eine weitere Beobachtung unserer Welt führt zu Funktionen. Die Kausalität, oder anders genannt der Ursache-Wirkungs-Zusammenhang, verlangt, dass zu einer Ursache eine Wirkung gehört. Wenn man Wärme in einen mit Wasser gefüllten Topf fließen lässt, so steigt die Temperatur. Die Temperatur ist daher eine Funktion der zugeführten Energie.

Allein die Tatsache, dass ein Zusammenhang durch eine Funktion beschrieben werden kann, ist noch nicht extrem hilfreich. Die Mathematik kennt ganz „unangenehme" Funktionen. Nun zeigt es sich aber, dass bei der Beschreibung von Vorgängen in der Natur ganz oft sehr „angenehme" Funktionen verwendet werden können. Eigenschaften, die eine Funktion angenehm machen, sind unter anderem Stetigkeit und Differenzierbarkeit.

B 3.3.i Beispiel: Funktion als Zuordnung

Ein Körper bewegt sich im Raum:

> Ausgangsmenge: Zeit
> Zielmenge: Ortsvektor

Messung von Schraubenlängen:

> Ausgangsmenge: Schraubennummern
> Zielmenge: Längen

3

3.3.b Stetigkeit

Betrachten wir wieder die Bewegung eines Körpers im Raum. Aus Erfahrung wissen wir, dass er auf seinem Weg keinen Sprung macht. Er wird nicht plötzlich, von einer Sekunde zur nächsten, an einem Ort verschwinden und an einem anderen auftauchen. Diese Erfahrung soll mathematisch ausgedrückt werden.

Schauen wir nebenstehende Definition von Stetigkeit an, dann sehen wir, dass die Funktion, die die Bewegung beschreibt, stetig ist.

Immer dann, wenn wir wissen, dass bei einem natürlichen Vorgang keine Sprünge vorkommen, können wir mit Sicherheit sagen, dass die beschreibende Funktion stetig ist.

D 3.3.2 Definition: Stetigkeit

Eine Funktion ist dann stetig, wenn eine beliebig kleine Änderung des Arguments zu einer beliebig kleinen Änderung des Funktionswerts führt.

Einfacher ausgedrückt: Eine stetige Funktion hat keinen Sprung.

R 3.3.3 Rezept: Stetigkeit in der Physik

Sollten Ihnen in der Physik Sprünge von irgendeiner Größe begegnen, dann seien Sie misstrauisch. Meist werden Sie feststellen, dass es sich doch um einen steilen, aber stetigen Übergang handelt.

3.3.c Grenzwerte und andere besondere Stellen

In Abschnitt 3.1.b haben wir die Wichtigkeit der „Unendlichkeit" in der Mathematik betrachtet. Dort wurde betont, dass es ein „Unendlich" in der Physik praktisch nicht gibt. Deshalb sollte man sich anschauen, welche Eigenschaften die zur Beschreibung der physikalischen Vorgänge verwendeten Funktionen im Falle „unendlich" haben.

Bei diesen Grenzwerten erwarten wir die größten Diskrepanzen zwischen dem tatsächlichen Vorgang und dem, was die Funktion beschreibt.

R 3.3.4 Rezept: Grenzwertbetrachtung

Wenn Sie eine Funktion zur Beschreibung eines natürlichen Vorgangs gefunden haben, schauen Sie sich an, was bei den Grenzen des Wertebereichs geschieht.

So können Sie relativ schnell die Grenzen Ihres Modells erkennen.

R3.3.5 ezept: Besondere Punkte betrachten

Betrachten Sie Ihre Funktion $f(x)$ an besonderen Punkten. Das können sein:

- Nullpunkt $x = 0$
- Nullstellen $f(x) = 0$
- Extremwerte $f'(x) = 0$

Dort ist es oft besonders leicht zu überprüfen, ob die Funktion eine Beobachtung richtig beschreibt.

Auf der anderen Seite lässt sich an besonderen Punkten, wie dem Nullpunkt oder an Nullstellen der Funktion, besonders leicht überprüfen, ob die Funktion falsche Vorhersagen macht.

Wir wollen an zwei einfachen Beispielen sehen, was damit gemeint ist:

Freier Fall

Für die Geschwindigkeit im freien Fall findet man die Gleichung:

$$v = g\,t.$$

Für $t = 0$ ergibt sich $v = 0$, was nicht immer stimmen muss, denn der Körper kann ja schon eine Anfangsgeschwindigkeit haben.
Das andere Extrem wäre $t \to \infty$, was zu $v \to \infty$ führt. Auch das ist unsinnig. Problem hier ist, dass so große Zeiten gar nicht erreichbar sind, da der Körper vorher auf dem Boden aufschlägt.

Wachstum von Bakterien

Die Anzahl der Bakterien auf einem frischen Nährboden lässt sich gut durch folgende Funktion beschreiben:

$$N(t) = N_0\,e^{t/\tau},$$

mit einer Zeitkonstante $\tau > 0$. Für $t = 0$ bekommen wir den Startwert für die Anzahl N_0. Im Grenzwert $t \to \infty$ ergibt sich, dass auch die Anzahl der Bakterien über alle Grenzen wächst, was schon allein durch die begrenze Anzahl an Atomen im Universum nicht geht. Bei größeren Werten für die Zeit t beschreibt die Funktion das Geschehen nicht mehr richtig.

3.3.d Ableitung

Für Differenzen verwendet man häufig das Symbol „Δ". Das ist der griechische Buchstabe „Delta". Es gilt $\Delta t = t_2 - t_1$, der spätere Zeitpunkt t_2 minus früherer Zeitpunkt t_1. Die Reihenfolge ist wichtig (spät minus früh, Endwert minus Anfangswert ...), damit das sich ergebende Vorzeichen eindeutig ist.

D3.3.6 efinition: Das Symbol Delta Δ

Delta einer Größe X ist die Differenz zweier Werte der Größe:

$$\Delta X := X_2 - X_1.$$

Bei der Beschreibung der Natur betrachtet die Physik häufig, wie sich Dinge verändern. Wie ändert sich die Höhe mit der horizontal zurückgelegten Strecke der Straße, oder kurz, wie steil ist die Straße? Oder wir betrachten die Füllhöhe in einem Trinkwasserspeicher: wie schnell sinkt oder steigt sie? Diese Information könnten wir „Änderungsrate" der Füllhöhe nennen und beispielsweise in Zentimeter pro Stunde angeben.

Um diese Änderungsrate zu messen, können wir alle drei Stunden die Füllhöhe messen. Dann dividieren wir die Differenz zweier aufeinanderfolgender Messungen durch die Zeit, die zwischen den beiden Messungen vergangen ist. So erhalten wir einen Quotienten aus zwei Differenzen („Differenzenquotient"), der die mittlere (durchschnittliche) Änderungsrate der Füllhöhe während dieser drei Stunden angibt.

Wir erfahren nichts darüber, ob der Wasserspiegel zwischendurch für eine Stunde unverändert geblieben ist. Oder ob er zwischendurch auch für eine halbe Stunde angestiegen ist, obwohl er insgesamt während der drei Stunden gefallen ist. Um hier mehr Information zu bekommen, müssen wir öfter messen. Das heißt, wir reduzieren die Zeitspanne zwischen zwei Messungen. Das Grundproblem bleibt aber auch so bestehen: wir erhalten immer nur eine Aussage über die mittlere Änderungsrate zwischen zwei Messungen.

Um für jeden Augenblick die Änderungsrate zu bestimmen, müssten wir in unendlich kurzen Zeitabständen messen. Praktisch ist dies nicht möglich, mathematisch sehr wohl. Wenn man den Nenner in dem Differenzenquotient gegen null gehen lässt (das ist ein Grenzwert oder Limes), wird aus dem Differenzenquotient ein Differenzialquotient. Mathematisch ist dies die „Ableitung". Diese erzählt uns also die Änderungsrate einer Funktion an jeder Stelle oder hier: zu jedem Zeitpunkt (vergleiche Abbildung 3.4).

Betrachtet man nebenstehende Definition der Ableitung, wird deutlich, dass die physikalische Frage nach der Veränderung und die Ableitung zusammenpassen. Ist die Funktion bekannt, wie der Inhalt des Trinkwasserspeichers mit der Zeit zusammenhängt, kann zu jedem Zeitpunkt berechnet werden, wie schnell der Spiegel sinkt, eben über die Ableitung der Funktion.

Genauso ist die Steilheit eines Weges berechenbar, wenn die Höhe h als Funktion f der horizontal zurückgelegten Strecke s angegeben ist, also $h = f(s)$. Diese Information findet man in einer Wanderkarte mit Höhenangaben. Die Steigung S des Wegs ist dann nämlich die Ableitung $S = \dfrac{\mathrm{d}f}{\mathrm{d}s}$.

Immer wenn Veränderungen beschrieben werden sollen, wird die Ableitung herangezogen. Und weil die Vorhersage der Zukunft – und damit auch der Veränderungen – ein Kerngebiet von Physik ist, finden wir viele Ableitungen in physikalischen Modellen.

D$^{3.3.7}$**efinition: Differenzenquotient**

Sei $y = f(x)$ eine Funktion, dann ist der Differenzenquotient

$$\frac{\Delta y}{\Delta x} = \frac{y_2 - y_1}{x_2 - x_1} = \frac{f(x_2) - f(x_1)}{x_2 - x_1},$$

die mittlere Änderungsrate des Funktionswertes y im Bereich x_1 bis x_2.

D$^{3.3.8}$**efinition: Ableitung**

Die Ableitung $\dfrac{\mathrm{d}f(x)}{\mathrm{d}x}(x_0)$ beschreibt das Verhältnis zwischen der Änderung des Funktionswert an einer Stelle x_0 bei einer beliebig kleinen Änderung des Funktionsargument x:

$$f'(x_0) := \frac{\mathrm{d}f(x)}{\mathrm{d}x} = \lim_{x_1 \to x_0} \frac{f(x_1) - f(x_0)}{x_1 - x_0}.$$

Siehe Abbildung 3.4.

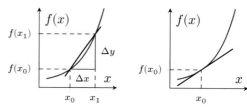

Abbildung 3.4: Wenn x_1 immer näher an x_0 rückt geht der Differenzenquotient in die Ableitung über.

Einheiten beim Ableiten

> ## R 3.3.9   Einheiten und Dimensionen
> ### ezept: beim Ableiten
>
> Machen Sie sich klar, dass beim Ableiten neue Größen mit meist neuen Dimensionen entstehen.
>
> Die Dimensionen können Sie aus der Ableitung ablesen, wenn Sie daran denken, dass die Ableitung über die Differenz definiert wird. Es gilt nämlich für eine Größe G:
>
> $$\dim G = \dim \Delta G = \dim \mathrm{d} G.$$

Ein Differenzial $\mathrm{d} G$ hat also eine Dimension. Dies gilt selbstverständlich auch bei Integralen.

> ## B 3.3.ii   Dimension der
> ### eispiel: Beschleunigung
>
> Die Beschleunigung ist die Änderung der Geschwindigkeit mit der Zeit, also:
>
> $$a = \frac{\mathrm{d}}{\mathrm{d} t} v.$$
>
> Damit ergibt sich für die Dimension der Beschleunigung:
>
> $$\dim a = \frac{\dim \mathrm{d} v}{\dim \mathrm{d} t} = \frac{\dim v}{\dim t} = \frac{\mathsf{L T}^{-1}}{\mathsf{T}} = \mathsf{L T}^{-2}.$$

Einen Punkt, der bei der Beschreibung durch physikalische Größen besonders wichtig ist, wollen wir hier nochmals intensiv betrachten. Das ist die Frage nach den Dimensionen und Einheiten.

Durch das Ableiten entsteht eine neue physikalische Größe. So bekommen wir beispielsweise durch Ableiten der Funktion der elektrischen Ladung $Q(t)$ nach der Zeit t die elektrische Stromstärke $I(t)$. Oder als Gleichung:

$$I(t) = \frac{\mathrm{d}}{\mathrm{d} t} Q(t).$$

Ladung und Stromstärke sind offensichtlich zwei verschiedene Größen mit unterschiedlichen Dimensionen. Die Dimension und damit auch die Einheit lassen sich aus der Gleichung ablesen:

$$\dim I = \frac{\dim Q}{\dim t} \Rightarrow \dim Q = \dim I \cdot \dim t = \mathsf{I T}$$

und damit

$$[Q]_{\mathrm{SI}} = [I]_{\mathrm{SI}} \cdot [t]_{\mathrm{SI}} = \mathrm{A\,s}.$$

Wenn wir uns auch bei Ableitungen angewöhnen, eine Dimensionsbetrachtung durchzuführen, machen wir weniger Fehler.

Näherung durch Steigungsdreieck

> ## R 3.3.10 Näherungsweise Ableitung
> ### ezept: durch Steigungsdreieck
>
> Wenn Sie einen Funktionsverlauf grafisch in Form eines Diagrammes vorliegen haben, so genügt es oft, durch Anlegen einer Tangente an das Schaubild und Auswerten des Steigungsdreiecks, den Wert der Ableitung zu bestimmen.

Eine weitere Arbeitsweise kann den Umgang mit Ableitungen auch erleichtern. Manchmal kennen wir die mathematische Formulierung der Funktion, die einen beobachteten Zusammenhang beschreibt, nicht. Beispielsweise, wenn wir eine Messreihe vorliegen haben. Dann haben wir zwar ein schönes Diagramm mit den Messdaten, können diese aber nicht ableiten, weil eben die Funktion unbekannt ist. Was nun?

Hier hilft uns, dass Ableitung und Differenzenquotient aufeinander aufbauen (Definition 3.3.7; Definition 3.3.8). Wir zeichnen einfach mit Hilfe der Tangente ein Steigungsdreieck an die Stelle, an der wir die Ableitung wissen wollen. Aus den herausgelesenen Werten können wir die Ableitung meist mit ausreichender Genauigkeit bestimmen.

Schauen wir uns beispielsweise Abbildung 3.5 an. Dort wird der Verlauf der Corona-Infektionen im Sommer

2020 dargestellt. Auf der x-Achse erkennt man das Datum, die y-Achse ist die Gesamtzahl aller je infizierter Personen.

Um für einen bestimmten Tag die Neuinfektionsrate zu bestimmen, legen wir eine Tangente an das Schaubild und bestimmen die beiden Schenkel eines dazugehörigen Steigungsdreiecks. Um beispielsweise herauszufinden, wie hoch die größte Neuinfektionsrate war, bestimmen wir die Steigung an der steilsten Stelle. Diese finden wir Ende März 2020.

Es ergibt sich:

$$\dot{N} = \frac{\Delta N}{\Delta t} = \frac{2 \cdot 10^5 \, \text{Pers}}{30 \, \text{Tag}} = 6{,}6 \cdot 10^3 \, \frac{\text{Pers}}{\text{Tag}}.$$

Der vom RKI angegebene maximale Wert lag am 2. April bei 6174 Pers/Tag.

3.3.e   Integration

Der Stromzähler zu Hause misst den Energiestrom. Wenn wir diese Größe mitschreiben, erhalten wir eine Funktion des Energiestroms über der Zeit. Wie kann daraus die gesamte genutzte Energie bestimmt werden? Denn diese Energie muss man schließlich bezahlen.

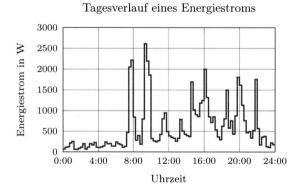

Abbildung 3.6: Energiestrom eines Haushalts an einem Tag

In Abbildung 3.6 ist Energiestrom über der Zeit eines Haushalts für einen Tag als Diagramm aufgezeichnet. Dann entspricht die gesuchte Gesamtenergie der Fläche unter der Kurve. Das bedeutet, wir müssen die Funktion aufintegrieren.

Immer wenn wir Systeme haben, die sich füllen oder leeren, kommen wir zu ähnlichen Fragestellungen. Und dazu kann die mathematische Integration in der Physik genutzt werden. Ob die Ladung aus der Stromstärke bestimmt werden soll, ob wir die Wassermenge aus

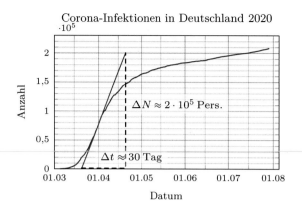

Abbildung 3.5: Corona-Infektionen in Deutschland. Quelle: [11]. Die größte Steigerungsrate kann durch ein Steigungsdreieck an der steilsten Stelle berechnet werden.

D **3.3.11**
efinition: Integral

Seien $f(x)$ und $F(x)$ zwei Funktionen für die gelte:

$$f(x) = \frac{\mathrm{d}F(x)}{\mathrm{d}x}.$$

Ist $f(x)$ bekannt, so erhält man $F(x)$, bis auf eine beliebige Konstante C, durch Integration:

$$F(x) = \int\limits_{a}^{x} f(\xi)\,\mathrm{d}\xi + C.$$

$F(x)$ nennt man Stammfunktion zu $f(x)$.

Es gibt viele Regeln und mathematische Verfahren, um Integrale zu lösen. Diese sind alle auf ihre Art hilfreich, erfordern aber meist eine intensivere Beschäftigung mit der Mathematik. Häufig genügt aber schon ein einfaches, grafisches Grundverständnis von Integralen, um eine Lösung zu finden.

R 3.3.12 ezept: Integral grafisch lösen

Wenn Sie eine Funktion $f(x)$ integrieren wollen, aber die mathematische Formulierung der Funktion nicht bekannt ist oder der Funktionsverlauf nur grafisch als Diagramm vorliegt:

- Dann zeichnen Sie zuerst das Diagramm $f(x)$ über x. Achsenbeschriftung nicht vergessen.
- Danach berechnen Sie die Fläche unter der Kurve. Sie dürfen dabei gerne einfache Flächen verwenden, die gleich groß sind.
- Beachten Sie die Dimension des Ergebnisses:

$$\dim\left(\int f(x)\,\mathrm{d}x\right) = \dim(f(x)) \cdot \dim(x).$$

B 3.3.iii eispiel: Energieverbrauch

Der Stromzähler hat über den Tag die in Abbildung 3.6 gezeigten Verbrauchswerte gemessen. Wie viel elektrische Energie haben Sie vom E-Werk bezogen?

Zunächst wird ein etwa flächengleiches Rechteck eingezeichnet. Die Spitzen und die nebenliegenden Bereich füllen in etwa die Lücken.

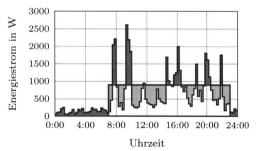

Tagesverlauf eines Energiestroms

Abbildung 3.7: Berechnung des Energieverbrauchs eines Haushalts. Dazu wird der tatsächliche Verlauf durch ein flächengleiches Rechteck ersetzt.

Die Höhe des Rechteck beträgt circa 900 W und die Dauer von 7:00 Uhr bis 23:00 Uhr entspricht 16 Stunden. Somit berechnet sich die bezogene Energie zu:

$$E \approx 0{,}9\,\mathrm{kW} \cdot 16\,\mathrm{h} \approx 14{,}5\,\mathrm{kWh}$$

dem Volumenstrom ermitteln, immer müssen wir integrieren.

Wir haben im letzten Abschnitt 3.3.d gesehen, dass in der Physik häufig Ableitungen vorkommen. Die Integration ist deren Umkehrung. So kommt man zum Beispiel durch Integration eines Geschwindigkeitsverlaufs wieder zu einer Ortskurve. Da durch das Ableiten aber die Information über die Startposition verloren geht, kann diese durch die Integration nicht wieder rekonstruiert werden. Die durch Integration gewonnene Ortskurve entspricht also der ursprünglichen bis auf eine unbekannte Verschiebung.

Dass die Mathematik ganz viele Werkzeuge bereitstellt, um eine Integration auszuführen, ist sehr angenehm. Allerdings können diese Methoden teilweise sehr aufwändig werden. Oft verliert man dabei das Grundkonzept der Integration aus den Augen. Aber dieses ist für das Verständnis von physikalischen Zusammenhängen oft wichtiger, als die konkrete Lösung eines Integrals. Daher wollen wir uns im Folgenden den Kern der Integration nochmal ausführlicher anschauen.

Keine Angst vor Integralen

In technischen Fachbüchern finden sich oft viele Integrale, weil man die Physik so am einfachsten beschreiben kann. Diese Formeln wirken auf viele Menschen abschreckend. Vielleicht liegt das daran, dass man sich bei dem Anblick eines Integralzeichens[5] an die Mühen erinnert, die man mal im Mathematikunterricht hatte. Das führt leider häufig dazu, dass man sich solche Formeln gar nicht erst genauer anschaut. Diese sind aber oft notwendig um ein Grundverständnis für die Zusammenhänge zu entwickeln.

Daher schauen wir uns zusammen an, wie wir das Wesen eines Integrals einfach erfassen können. Fangen wir mit einem ganz einfaches Integral an:

$$\int_{x_1}^{x_2} \mathrm{d}x \,.$$

Dass hier nichts im Integral steht, darf uns nicht stören, da wir immer eine 1 dazu schreiben dürfen. Damit beschreibt das Integral die Fläche eines Rechtecks, bei dem eine Kante $x_2 - x_1$ lang ist, und die andere die Länge 1 hat. Damit ist

$$\int_{x_1}^{x_2} 1 \, \mathrm{d}x = x_2 - x_1,$$

also der Bereich über den integriert wird. Manchmal wird auch ein Bereich oder eine Strecke s definiert und das Integral als

$$\int_s \mathrm{d}x = s$$

geschrieben. Dann ist das Ergebnis des Integrals wieder nur der Integrationsbereich s.

Das funktioniert sogar bei Mehrfachintegralen:

$$\int_{x_1}^{x_2} \int_{y_1}^{y_2} \int_{z_1}^{z_2} \mathrm{d}z \, \mathrm{d}y \, \mathrm{d}x = (x_2 - x_1)(y_2 - y_1)(z_2 - z_1).$$

Dieses Integral ergibt also das Volumen des Quaders, der durch die Integrationsgrenzen beschrieben wird. Wenn das Volumen V, über das integriert werden soll nicht unbedingt ein Quader ist, wird oft einfach

$$\int_V \mathrm{d}V = V$$

R 3.3.13 Rezept: Keine Angst vor Integralen

Wenn Sie irgendwo ein Integral sehen, dann

1. schauen Sie sich den Integrationsbereich an,
2. schätzen Sie den Mittelwert der zu integrierenden Funktion in dem Integrationsbereich ab und
3. multiplizieren Sie diese beiden Größen.

Achten Sie auf die Dimension des Ergebnisses.

B 3.3.iv Beispiel: Integration einer Dichtefunktion

Angenommen Sie möchten die Masse der Erde m bestimmen, dann ist das als Integral schnell formuliert:

$$m = \int_{V_{\mathrm{Erde}}} \varrho_m(\vec{r}) \, \mathrm{d}V.$$

Dabei ist V_{Erde} das Volumen, das die Erde einnimmt, und $\varrho_m(\vec{r})$ die Massendichte der Erde an dem Ort $\vec{r}$.

Das ist die vollständige und korrekte Angabe dieser Größe. Damit hat man alles berücksichtigt, sowohl das genaue Volumen der Erde inklusive aller Berge und Täler, als auch die Dichteänderungen der verschiedenen Gesteinsarten. Ausrechnen lässt sich dieses Integral aber immer nur näherungsweise, da wir V_{Erde} und $\varrho_m(\vec{r})$ nicht beliebig genau kennen.

In einem ersten Schritt können wir beispielsweise das Volumen der Erde als Würfel mit der Kantenlänge von $10 \cdot 10^3$ km (vgl. Beispiel 7.2.iv) und die mittlere Dichte von Gestein mit $\langle \varrho_m \rangle = 2500$ kg/m³ abschätzen:

$$\begin{aligned} m &= \int_{V_{\mathrm{Erde}}} \varrho_m(\vec{r}) \, \mathrm{d}V \\ &\approx V_{\mathrm{Erde}} \langle \varrho_m \rangle \\ &\approx (10 \cdot 10^3 \text{ km})^3 \cdot 2500 \, \frac{\text{kg}}{\text{m}^3} \\ &= 2{,}5 \cdot 10^{24} \text{ kg.} \end{aligned}$$

...

---

[5]Das Integralzeichen wurde am 29. Oktober 1675 von Gottfried Wilhelm Leibniz eingeführt [12]. Es ist entstanden als langgezogenes S, eine Abkürzung für summa. Hier wird also etwas aufaddiert!

Fortsetzung Beispiel 3.3.iv:

> Tatsächlich ist die Masse der Erde etwas mehr als doppelt so groß, weil der Eisenkern eine deutlich höhere Dichte als Gestein hat.

angegeben.

So weit, so gut. Was aber wenn es einen Integranden gibt? Wenn wir zum Beispiel die Funktion $f(x)$ über den Bereich Δx integrieren möchten

$$\int_{\Delta x} f(x)\,\mathrm{d}x\,,$$

könnten wir, falls die Funktion eine Konstante ist $f(x) = C$, diese aus dem Integral herausziehen und erhalten:

$$\int_{\Delta x} f(x)\,\mathrm{d}x = \int_{\Delta x} C\,\mathrm{d}x = C\int_{\Delta x} \mathrm{d}x = C\,\Delta x.$$

Das Tolle ist, dass wir unter dem Integral die Funktion immer durch den Mittelwert der Funktion über den Integrationsbereich $\langle f\rangle_{\Delta x}$, also eine Konstante, ersetzen dürfen, ohne dass sich der Wert des Integral ändert

$$\int_{\Delta x} f(x)\,\mathrm{d}x = \int_{\Delta x} \langle f\rangle_{\Delta x}\,\mathrm{d}x$$
$$= \langle f\rangle_{\Delta x} \int_{\Delta x} \mathrm{d}x$$
$$= \langle f\rangle_{\Delta x}\,\Delta x.$$

Wir können also jedes Integral als den Mittelwert des Integranden über den Integrationsbereich mal den Integrationsbereich auffassen.

3.3.f   Spezielle Funktionen

R3.3.14 ezept: Wichtige Funktionen

Einige Funktionen kommen häufig vor. Von denen sollten Sie die wichtigsten Eigenschaften kennen.

In Tabelle 3.2 sind einige häufig vorkommende Funktionen mit den zugehörigen Ableitungen und Stammfunktionen aufgelistet. Erweitern Sie diese einfach selbst.

Die grafische Integration hilft an vielen Stellen weiter. Sie führt auch oft zu einem tieferen Verständnis der Zusammenhänge. Dennoch gibt es einige Funktionen deren Stammfunktionen wir kennen sollten, weil sie häufig vorkommen.

Und selbstverständlich sollten wir für genauere Berechnungen weitere Methoden kennen, die zur Integration eingesetzt werden.

Tabelle 3.2: Einige häufig vorkommende Funktionen mit den zugehörigen Ableitungen und Stammfunktionen. Dabei sind $x, n, k \in \mathbb{R}$.

Funktion	Ableitung	Stammfunktion	
$f(x)$	$f'(x)$	$F(x)$	
x^n	$n \cdot x^{n-1}$	$\frac{1}{n+1} \cdot x^{n+1}$	für $n \neq -1$
$\frac{1}{x}$	$-\frac{1}{x^2}$	$\ln(x)$	
$\sin(x)$	$\cos(x)$	$-\cos(x)$	
e^{kx}	$k\,\mathrm{e}^{kx}$	$k^{-1}\mathrm{e}^{kx}$	
$\vdots$	$\vdots$	$\vdots$	

Umkehrfunktion

Angenommen man kennt die Bahnkurve eines Körpers. Wenn man also einen Zeitpunkt nennt, kann man den dazugehörigen Ort bestimmen. Kann man nun auch aus der Angabe des Ortes herauszufinden, zu welchem Zeitpunkt der Körper dort war?

Mathematisch stellt sich die Frage so: Kann man aus der Angabe des Funktionswertes $f(x)$ immer den Wert x bestimmen? Nein, es geht nicht. Es gibt ganz einfache Funktionen, bei denen das nicht funktioniert. Beispielsweise kommt bei der Funktion $f(x) = x^2$ der Funktionswert $f(x) = 4$ zweimal vor, nämlich bei $x = 2$ und $x = -2$. Aus dem Funktionswert kann man nicht immer den ursprünglichen Wert bestimmen.

Falls wir aber wissen, wo wir suchen müssen, haben wir bessere Chancen. Angenommen wir wissen beim obigen Beispiel, dass der ursprüngliche Wert positiv war, dann finden wir ihn.

Man nennt diesen neuen Zusammenhang die Umkehrfunktion zu $f(x)$.

Umkehrfunktionen werden oft in der Messtechnik benötigt. Sensoren beruhen meist darauf, dass man den eindeutigen Zusammenhang zwischen der gesuchten Größe und dem Sensorsignal kennt. Indem man mit einem Sensor bekannte Größen misst, und sich dazu die Sensorsignale notiert, hat man diesen Zusammenhang oder die Kennlinie des Sensors ausgemessen. Die gesuchte Größe findet man dann über die Umkehrfunktion der Kennlinie.

Leiten wir die Definition der Umkehrfunktion (3.3.15) mit Kettenregel ab und lösen auf, so erhalten wir für die Ableitung der Umkehrfunktion folgende manchmal nützliche Regel:

$$\frac{\mathrm{d}}{\mathrm{d}x}g(x) = \frac{1}{\frac{\mathrm{d}}{\mathrm{d}g}f(g)}.$$

D **3.3.15**
efinition: Umkehrfunktion

Die Umkehrfunktion $g(z)$ zur Funktion $f(x)$ hat folgende Eigenschaft:

$$g(f(x)) = x \quad \text{für alle } x \text{ und}$$
$$f(g(z)) = z \quad \text{für alle } z.$$

Nur in ganz wenigen Fällen besitzt eine Funktion eine im gesamten Wertebereich gültige Umkehrfunktion.

Allerdings können für die meisten in der Physik verwendeten Funktionen, Wertebereiche angegeben werden, in denen eine Umkehrfunktion existiert.

Eine Umkehrfunktion existiert dann, wenn jedem Wert aus der Ausgangsmenge genau ein Wert der Zielmenge zugeordnet wird. Oder anders gesagt, jeder Funktionswert darf höchstens einmal vorkommen. Damit ist auch klar, dass $f(x)$ an keiner Stelle (außer am Rand) einen Extremwert haben darf.

B **3.3.v**
eispiel: Umkehrfunktionen

In Tabelle 3.3 sind einige Funktionen mit den zugehörigen Umkehrfunktionen aufgelistet. Erweitern Sie diese einfach selbst.

Tabelle 3.3: Einige Funktionen und Ihre Umkehrfunktionen

Funktion $f(x)$	Umkehr- funktion $g(z)$	Bereich
$a\,x$	$\frac{z}{a}$	$x \in \mathbb{R}$
x^2	$\sqrt{z}$	$0 \leq x \leq \infty$
$\sin(x)$	$\arcsin(z)$	$-\frac{\pi}{2} < x < \frac{\pi}{2}$
$\vdots$	$\vdots$	$\vdots$

Hier ein Beispiel:

$$f(x) = x^2 \text{ und damit } \frac{\mathrm{d}}{\mathrm{d}g}f(g) = 2g.$$

Die Umkehrfunktion kennen wir für $x > 0$:

$$g(x) = \sqrt{x} \text{ und damit } \frac{\mathrm{d}}{\mathrm{d}x}g(x) = \frac{1}{2\sqrt{x}}\ .$$

Zum gleichen Ergebnis kommen wir, wenn wir die o.a. Gleichung verwenden:

$$\frac{\mathrm{d}}{\mathrm{d}x}g(x) = \frac{1}{2g(x)} = \frac{1}{2\sqrt{x}}.$$

Taylorreihe

D3.3.16 efinition: Taylorreihe

Eine (beliebig oft) differenzierbare Funktion $f(x)$ lässt sich an jeder Stelle x_0 durch eine Polynomentwicklung darstellen:

$$f(x) = f(x_0) + \sum_{n=1}^{\infty} \frac{1}{n!} \frac{\mathrm{d}^n f(x_0)}{\mathrm{d}x^n} (x - x_0)^n.$$

Dabei bedeutet $\frac{\mathrm{d}^n}{\mathrm{d}x^n}$ die n-te Ableitung.

Meist genügt es, die unendliche Summe nach wenigen Summanden abzubrechen.

Wir haben gesehen, weshalb Funktionen so viele Anwendungen in der Physik finden. Nun können die Funktionen sehr kompliziert werden. In anderen Fällen kennen wir die Funktionen gar nicht, oder sie lassen sich nicht einfach darstellen.

Was also tun, wenn die Funktionen zu kompliziert oder gänzlich unbekannt sind?

Dazu hat wieder die Mathematik eine Antwort. Ist die Funktion ausreichend „gutmütig", dann lässt sie sich an jeder Stelle des Definitionsbereiches näherungsweise durch ein Polynom beschreiben. Genau das sagt die Taylorreihe.

Das steht hier jetzt so schnell und auch ein wenig verloren. Dabei ist die Tatsache, dass jede „gutmütige" Funktion durch eine Gerade oder im nächsten Schritt eine Parabel angenähert werden kann, in fast allen Bereichen der Physik zentral wichtig. Sie ist genauso Grund für das Ohmsche Gesetz, das Hooksche Gesetz wie auch dafür, dass der harmonische Oszillator so häufig vorkommt.

Taylorreihen eignen sich auch gut, um Rechnungen überschlägig im Kopf auszuführen, in dem man nach wenigen Termen abbricht (siehe Unterkapitel 4.4). Sind hoch genaue Berechnungen verlangt, muss man nur weitere Terme dazunehmen.

Als Beispiel wollen wir den Wert von $\cos(10°)$ ohne Taschenrechner berechnen. Dazu entwickeln wir den Kosinus um den Nullpunkt $x_0 = 0$. Zuerst müssen wir den Winkel in Bogenmaß angeben.

$$x = \frac{10°}{180°} \cdot \pi \approx 0{,}17$$

- Nullte Näherung
  $\cos(10°) \approx f(x_0) = \cos(0) = 1$
  Ganz grob ist der Wert $\cos(10°) \approx 1$.

- Erste Näherung
Wir berechnen:
$f'(x_0) = -\sin(x_0) = -\sin(0) = 0$
Damit bleibt alles beim Alten, es gibt keinen linearen Term.

- Zweite Näherung
Mit $f''(x_0) = -\cos(x_0) = -\cos(0) = -1$
und $f'(x_0) = 0$, wird:

$$\cos(10°) \approx f(x_0) + \frac{x^2}{2!}\, f''(x_0)$$
$$\approx 1 + \frac{0{,}17^2}{2} \cdot (-1)$$
$$\approx 1 - \frac{0{,}03}{2} \approx 1 - 0{,}015 = 0{,}985.$$

Zum Vergleich: mit dem Taschenrechner erhalten wir $\cos(10°) = 0{,}98480775$.

R **3.3.17**
ezept: Polynomnäherung

Wenn Sie komplizierte Funktionen finden und mit diesen nicht weiterrechnen können oder wollen, versuchen Sie die Funktionen durch möglichst einfache Polynome zu ersetzen

- Nullte Näherung; Konstante
$$f(x) = f(x_0) = a$$

- Erste Näherung/lineare Näherung
$$f(x) = \underbrace{f(x_0)}_{a} + \underbrace{f'(x_0)}_{b} \underbrace{(x - x_0)}_{\xi} = a + b\,\xi$$

- Quadratische Näherung
$$f(x) = f(x_0) + f'(x_0)\,(x - x_0)$$
$$+ f''(x_0)\,\frac{(x - x_0)^2}{2!}$$
$$= a + b\,\xi + c\,\xi^2$$

mit den Konstanten
$$a = f(x_0), \qquad b = f'(x_0), \qquad c = \frac{f''(x_0)}{2}$$

und der neuen Variablen
$$\xi = x - x_0.$$

3.3.g Differenzialgleichungen

Funktionen eignen sich sehr gut, um Zusammenhänge zwischen verschiedenen physikalischen Größen zu beschreiben. Die Größen sind dann Funktionen anderer physikalischer Größen. Beispielsweise kann der Ort eines Gegenstandes von der Zeit abhängen, oder die Temperatur vom Ort. Durch Ableiten erhalten wir neue physikalische Größen. So ergibt die Ableitung des Ortes nach der Zeit die Geschwindigkeit (siehe dazu Unterkapitel 12.1).

Wenn wir nun Gleichungen aufstellen, mit denen wir die Welt beschreiben, kann es vorkommen, dass darin Ableitungen von unserer gesuchten Größe G vorkommen. Solche Gleichungen heißen Differenzialgleichungen von G. Wenn wir die Lösung für eine Differenzialgleichung benötigen, suchen wir nach Funktionen, die diese Gleichung erfüllen.

D **3.3.18**
efinition: Differenzialgleichung DGL

In einer Differenzialgleichung stehen neben einer Größe auch noch Ableitungen dieser Größe.

Gleichungen der Art
$$\frac{d^n y}{dx^n} = f(y(x))$$

nennt man Differenzial-Gleichung n-ter Ordnung für die Größe y. Dabei ist n die höchste Ableitung in der Gleichung. f ist eine bekannte Funktion.

Gesucht wird nach einer Funktion $y(x)$.

In einer Differenzialgleichung können noch weitere Ableitungen und Funktionen der gesuchten Größe vorkommen. Das Grundprinzip bleibt gleich, nur die Gleichung wird komplexer und deren Lösung in der Regel viel schwieriger.

R **3.3.19**
ezept: Lösen einer DGL

Wenn Sie eine Differenzialgleichung lösen wollen, hier ein paar Tipps:

- Schauen Sie, ob Sie den gleichen Typ schon einmal gelöst haben. Dabei kommt es nur darauf an, dass die Ableitungen und die Funktionen die selben sind. Es ist unwichtig, welche Größen damit beschrieben werden.
- Wenn Sie keine Lösung kennen, schauen Sie in Büchern nach.
- Die Mathematik stellt verschiedene Methoden zur Lösung bereit. Werkzeuge wie Laplace-Transformation, Trennung der Variablen usw. sind möglicherweise eine Hilfe.
- Manchmal genügt eine numerische Lösung der DGL.

B **3.3.vi**
eispiel: Feder-Masse

Hängt ein Körper mit der Masse m an einer Feder mit der Federkonstanten D, so kann gefragt werden, wie sich bei einer Bewegung der Ort verändert.

In diesem Fall wird aus der allgemeinen DGL Definition 3.3.18, mit $y = s$, $x = t$, sowie $f(x) = -D\,s$:

$$\frac{\mathrm{d}^2}{\mathrm{d}t^2}\,s(t) = -\frac{D}{m}\,s(t).$$

Das ist eine DGL zweiter Ordnung. Zur Lösung wird eine Funktion gesucht. Im vorliegenden Fall ist das beispielsweise eines Sinusfunktion.

Wir wollen beispielsweise die Temperatur ϑ von Wasser wissen, das wir ganz heiß in ein Gefäß gefüllt haben. Nun ist uns klar, dass das Wasser im Laufe der Zeit t kälter wird. Wir sind an der Funktion $\vartheta(t)$ interessiert. Vermutlich kennen wir die Anfangstemperatur ϑ_0 und die Umgebungstemperatur ϑ_U. Mit etwas Nachdenken kommen wir auf den Gedanken, dass die Änderung der Temperatur schneller vor sich geht, wenn der Temperaturunterschied zwischen Wasser und Umgebung größer ist. Damit ergibt sich:

$$\frac{\mathrm{d}\vartheta}{\mathrm{d}t} = -k\left(\vartheta - \vartheta_U\right).$$

Das k ist eine Konstante, die angibt, wie schnell sich das Wasser abkühlt. Sie kann durch eine Messung herausgefunden werden.

Diese Gleichung ist eine Differenzialgleichung, an der wir ein paar wichtige Dinge erkennen:

- Die Gleichung enthält die Änderung der Größe und auch die Größe selbst.
- Meist finden sich in Differenzialgleichungen Konstanten, die das Umfeld und den Aufbau beschreiben. Hier sind das die Umgebungstemperatur ϑ_U und die Abkühlkonstante k.
- Die Lösung dieser Gleichung muss eine Funktion sein. Einfach ein Zahlenwert allein kann nicht funktionieren.

Differenzialgleichungen kommen in praktisch allen Gebieten der Wissenschaften vor. Wenn die Änderung einer Größe mit der Größe selbst zusammenhängt, beschreiben Differenzialgleichungen den Zusammenhang. Der Zinsertrag (Änderung des Vermögens) hängt von der Vermögenshöhe ab. Je mehr Bakterien vorhanden, desto schneller wächst die Kolonie. Und selbstverständlich lassen sich viele Beispiele in Physik und Technik finden.

Wie muss man mit solchen Gleichungen umgehen, wie kann man sie lösen?

Dazu kann man in Kürze eigentlich keine allgemein gültigen Antworten geben. Ein paar wenige, zugegebenermaßen oberflächliche Tipps finden sich in Rezept 3.3.19.

Aber eines kann man mit Gewissheit sagen. Eine Differenzialgleichung muss durch eine passende Funktion gelöst werden. Diese Funktion zu finden ist die eigentliche Kunst.

Charakteristische Größen aus einer DGL ablesen

Oft muss man Differenzialgleichungen gar nicht lösen, um schon mal etwas über das grobe Zeitverhalten oder die bestimmenden Längen des Systems zu erfahren. Es genügt dann, die DGL aufzustellen. Wie wir in Kapitel 9 sehen werden, kann man dazu häufig Erhaltungssätze verwenden.

Betrachten wir wieder unser Beispiel des Gefäßes, das mit heißem Wasser gefüllt wurde und dessen Temperaturverlauf $\vartheta(t)$ wir wissen wollten:

$$\frac{\mathrm{d}\vartheta}{\mathrm{d}t} = -k\,(\vartheta - \vartheta_U),$$

dabei war k ein konstanter Faktor, der sich aus der konkreten Aufgabe ergab. Durch Dimensionsbetrachtung erkennen wir:

$$\dim k = \mathbf{T^{-1}}.$$

Der Kehrwert von k scheint eine charakteristische Zeit

$$T = \frac{1}{k}$$

zu sein und eine bestimmte Rolle in der Dynamik von ϑ zu spielen.

Wie interpretiert man jetzt diese Zeit? Man kann das so formulieren: In dieser Zeit findet ein wesentlicher Teil der Veränderung statt. Oder anders ausgedrückt, in einer Zeit von $\frac{T}{10}$ wird sich die Temperatur nicht viel ändern, und nach einer Zeit von $10\,T$ ist das Wasser fast auf die Umgebungstemperatur abgekühlt. Es wird also danach auch nicht mehr viel passieren.

3.3.h Mehrdimensionale Funktionen

Bislang haben wir mit Funktionen relativ einfache Zusammenhänge beschrieben. Den Ort als Funktion der Zeit $s(t)$ oder die Temperatur als Funktion der zugeführten Wärme $T(E)$.

Wenn Sie aber spazieren gehen und wissen wollen, wie weit Sie kommen, dann hängt das doch von vielen Faktoren ab. Von der Gehgeschwindigkeit, der Umgebung, vielleicht auch vom Wetter. Wir wissen, dass meist ganz viele Einflussfaktoren berücksichtigt werden müssen.

Im Sinne der „möglichst einfachen" Beschreibung, versuchen wir selbstverständlich immer, Funktionen mit nur einer Variablen zu verwenden. Nur genügt das nicht immer. Dann müssen wir Funktionen mit mehreren Variablen verwenden.

R 3.3.20 Rezept: Charakteristische Größen

Führen Sie eine Dimensionsbetrachtung für die Parameter in einer Differenzialgleichung durch.

Dadurch erhalten Sie Informationen über charakteristische Größen Ihres Systems, z.B. Zeiten, Frequenzen, Wellenlängen, ...

B 3.3.vii Kreisfrequenz als Beispiel: charakteristische Größe

Aus der Differenzialgleichung in Beispiel 3.3.vi können Sie direkt ablesen, dass $\frac{D}{m}$ die Dimension $\mathbf{T^{-2}}$ haben muss.

Und in der Tat ist die Kreisfrequenz ω, mit der ein Feder-Masse-System schwingt,

$$\omega = \sqrt{\frac{D}{m}}.$$

D 3.3.21 Definition: Funktionen mit mehreren Variablen

Wie der Name schon sagt, hängen solche Funktionen von mehreren Eingangsgrößen ab. Dabei können die Variablen direkt oder über weitere Funktionen bekannt sein.

Wenn beispielsweise u, v und w physikalische Größen und außerdem $f(h,g,w)$, $h(u)$ und $g(v)$ bekannte Funktionen sind, dann ist

$$y = f(h(u), g(v), w)$$

eine Funktion, die von den Variablen u, v und w abhängt.

R³·³·²² **Funktionen mit mehreren**
ezept: Variablen vereinfachen

Schreiben Sie Ihre Gleichung so auf, dass auf der rechten Seite nur Variablen direkt stehen. Alle Zwischenfunktionen einsetzen!

$$y = \tilde{f}(u, v, w)$$

mit der Zielgröße y und den Variablen u, v und w. (Anwendung in Rezept 8.3.1)

B³·³·ᵛⁱⁱⁱ
eispiel: Alle Funktionen einsetzen

Es sei:

$$y = u\, g(w) \text{ mit } g(w) = \cosh(w^2),$$

dann werden alle Funktionen durch Einsetzen zu einer Gleichung zusammengeführt:

$$y = u \cosh(w^2).$$

3.3.i   Partielle Ableitung

D³·³·²³
efinition: Partielle Ableitung

Sei y abhängig von den Variablen x_i, $i = 1 \dots N$

$$y = f(x_1, x_2, \dots)$$

und sei $a = (a_1, a_2, \dots)$ dann heißt:

$$\frac{\partial f(x_1, x_2, \dots)}{\partial x_i}(a)$$

partielle Ableitung von y nach x_i an der Stelle a.

Bei der partiellen Ableitung wird nur nach der einen Variablen x_i abgeleitet. Alle anderen Variablen werden als Konstante angesehen.

Ein bekanntes Beispiel ist die Aufgabe, die Topographie einer Landschaft zu beschreiben, also das Höhenprofil $h(x, y)$. Diese Funktion lässt sich auch grafisch darstellen, nämlich mit einer Landkarte. Aus der kann man die Höhe aus der Position eines Punktes entnehmen.

Der Luftdruck hängt ab von Zeit, Ort, Höhe, also $p(t, x, y, h)$ hier von vier Variablen.

Solche Funktionen unterscheiden sich von den einfachen Funktionen eigentlich nur darin, dass sie von mehreren Variablen abhängig sind. Wir betrachten sie hier nur deshalb gesondert, weil man bei der Ableitung etwas vorsichtiger sein muss.

Wir haben in Abschnitt 3.3.d gesehen, dass die Beschreibung von Veränderungen mit der Ableitung ganz gut gelingt. Wie kann man aber aus einer Funktion des Luftdrucks p seine Änderung berechnen? Der ist doch abhängig von so vielen Parametern, Zeit, Ort, Höhe, also $p(t,x,y,h)$.

Auch dafür hat die Mathematik das Werkzeug. Es heißt partielle Ableitung. Schauen wir uns hier die Grundidee dahinter an:

Wir sollen die Änderung des Luftdrucks bestimmen und wir kennen die Funktion $p(t,x,y,h)$. Jetzt ist klar, dass die Änderung jeder einzelnen der vier Variablen einen Einfluss hat. Damit man nicht alles durcheinander bringt, geht man systematisch vor und macht einen Schritt nach dem anderen.

Zuerst wählt man einen festen Punkt (t_0, x_0, y_0, h_0) an dem man die Änderung wissen möchte. Dann schaut man sich an, wie stark die Veränderung des Drucks ist, wenn sich eine Variable, beispielsweise die Zeit, allein ändert. Also geht man eine Schritt in der Zeitrichtung und bestimmt die Druckänderung. Dabei hält man alle anderen Variablen fest. Die bleiben konstant. Das war es auch schon. Dividiert man die Druckänderung durch die Zeitänderung, so hat man die partielle

Ableitung des Drucks nach der Zeit an diesem Punkt bestimmt.

In der Schreibweise der Mathematik sieht das dann folgendermaßen aus, dabei deutet das ∂ darauf hin, dass es sich um eine partielle Ableitung handelt. Der Bruch mit den Ableitung ist dann eine Funktion der Variablen t, x, y, h. Diese Funktion wertet man an der Stelle (t_0, x_0, y_0, h_0) aus, das heißt, man setzt bei der Variablen t den Wert t_0, bei der Variablen x den Wert x_0 und so weiter ein:

$$\underbrace{\frac{\partial p(t, x, y, h)}{\partial t}}_{\text{Ableitungsfunktion}} \underbrace{(t_0, x_0, y_0, h_0)}_{\substack{\text{an dieser Stelle} \\ \text{auswerten}}}.$$

Die anderen partiellen Ableitungen lassen sich auf gleichem Weg berechnen. Sie beschreiben, wie stark sich ein Funktionswert ändert, wenn man nur eine Eingangsgröße variiert.

Eine von vielen Anwendungen der partiellen Ableitung in der Physik ist die Kombination von Unsicherheiten (Abschnitt 8.3.c).

3.3.j   Totales Differenzial

Zum Abschluss des Kapitels wollen wir uns noch die gesamte Änderung einer Größe G anschauen, die von mehreren anderen Größen abhängt. Dazu betrachten wir kleine Änderungen dieser Größe. Die kleine Änderung schreibt man als dG und nennt sie „Differenzial" der Größe G. Wollen wir nun wissen, wie die Änderungen aller Einflussgrößen zum Differenzial dG beitragen, dann multiplizieren wir die partielle Ableitung aus Abschnitt 3.3.i mit dem Differenzial der Einflussgröße und addieren alle Beiträge. Man nennt diese vollständige Ableitung, die den Einfluss aller Variablen berücksichtigt, „totales Differenzial".

Wir wollen an einem Beispiel eine Anwendung des Totalen Differenzials anschauen.

Angenommen wir sind im Gebirge und möchten ohne Steigung wandern. Leider haben wir keine Karte und kein GPS zur Hand. Außerdem ist es noch Nacht, so dass wir nichts sehen. Am besten sollten wir uns jetzt in unseren Biwaksack setzen und auf den Morgen warten. In unserem Gedankenexperiment machen wir uns trotzdem auf den Weg.

Wir sind in einer unbekannten Landschaft an einem unbekannten Ort. Wir kennen das Höhenprofil $h(x,y)$ nicht, nicht einmal, in welche Richtung x und y zeigen. Der Weg, den wir suchen, soll keinen Höhenunterschied

---

B 3.3.ix
eispiel: Partielle Ableitung

Es sei

$$y(u, v, w) = 3\,u\,v + \frac{\sqrt{w}}{u^2}$$

und $a = (2, -3, 1)$. Berechnen Sie

$$\frac{\partial y(u, v, w)}{\partial u}(a).$$

Lösung: Partielle Ableitung nach u, alles andere als Konstante ansehen:

$$\frac{\partial y(u, v, w)}{\partial u} = 3\,v - \frac{2\,\sqrt{w}}{u^3}.$$

a einsetzen ergibt:

$$\frac{\partial y(u, v, w)}{\partial u}(a) = 3 \cdot (-3) - \frac{2\sqrt{1}}{2^3} = -9{,}25.$$

D 3.3.24
efinition: Totales Differenzial

Sei y abhängig von den Variablen x_i, $i = 1 \ldots N$

$$y = f(x_1, x_2, \ldots),$$

dann ist die gesamte Änderung von y an jeder beliebigen (differenzierbaren) Stelle:

$$\mathrm{d}y = \sum_{i=1}^{N} \frac{\partial f(x_1, x_2, \ldots)}{\partial x_i}\,\mathrm{d}x_i.$$

Dabei werden alle Einflussfaktoren, also alle Variablen berücksichtigt.

Werden die Summanden einzeln berechnet, so kann man herausfinden, welche Variablen am meisten zu einer Veränderungen beitragen. Das sind nämlich die Summanden mit den größten Werten. Eine beispielhafte Anwendung dazu erfolgt in Unterkapitel 8.3.

3

Sie haben eine Karte und kennen daher die Höhe h als Funktion des Ortes (x, y), also $h(x, y)$. Da Sie sich heute nicht anstrengen wollen, suchen Sie einen möglichst ebenen Weg. Der zeichnet sich dadurch aus, dass er keinen Höhenunterschied hat, oder mathematisch $\mathrm{d}h(x, y) = 0$:

$$\mathrm{d}h(x, y) = \frac{\partial h(x, y)}{\partial x}\,\mathrm{d}x + \frac{\partial h(x, y)}{\partial y}\,\mathrm{d}y = 0.$$

Die partiellen Ableitungen können Sie anhand der Karte ausrechnen. Das seien die Steigung s_x und s_y. Damit erhalten Sie:

$$s_x\,\mathrm{d}x = -s_y\,\mathrm{d}y.$$

So können Sie bestimmen, in welche Richtung Sie gehen müssen. Nämlich die Schrittlänge jeweils in x-Richtung und y-Richtung:

$$\mathrm{d}\vec{r} = \begin{pmatrix} \mathrm{d}x \\ \mathrm{d}y \end{pmatrix} = \mathrm{d}k \begin{pmatrix} s_y \\ -s_x \end{pmatrix}.$$

Der Faktor $\mathrm{d}k$ muss so klein sein, dass die hinter dem Ansatz liegende lineare Näherung noch gültig ist. In stark zerklüftetem Gelände ist dieser Wert kleiner als in sanft hügeligem.

aufweisen. Das bedeutet $\mathrm{d}h = 0$. Jetzt gehen wir blindlings ein kleines Stück in eine beliebige Richtung, die nennen wir einfach x, und messen, wie weit wir gegangen sind (∂x) und wie viel wir dabei gestiegen sind (∂h_x). Wir haben so die Steigung s_x in x-Richtung bestimmt, bzw. die partielle Ableitung des Höhenprofils nach x gebildet. Das wiederholen wir senkrecht dazu und erhalten so die Steigung s_y. Wenn eine oder beide Steigungen null sein sollten, ist klar, in welche Richtung wir gehen können. Falls nicht, verwenden wir das Totale Differenzial:

$$\mathrm{d}h = s_x\,\mathrm{d}x + s_y\,\mathrm{d}y.$$

Da wir s_x und s_y kennen und wir wollen, dass $\mathrm{d}h = 0$ ist, können wir die Richtung $\mathrm{d}\vec{r}$ bestimmen, in die wir gehen müssen. Diese ist bis auf einen frei wählbaren Faktor $\mathrm{d}k$ gegeben durch die beiden Steigungen:

$$\mathrm{d}\vec{r} = \begin{pmatrix} \mathrm{d}x \\ \mathrm{d}y \end{pmatrix} = \mathrm{d}k \begin{pmatrix} s_y \\ -s_x \end{pmatrix}.$$

Gehen wir ein klein wenig in diese Richtung, bemerken wir keinen Höhenunterschied. Das ist leicht zu sehen, wenn wir $\mathrm{d}x$ und $\mathrm{d}y$ in die Gleichung für $\mathrm{d}h$ einsetzen. Also gehen wir ein Stück in diese Richtung und müssen dann am nächsten Punkt die Messung der Steigungen wiederholen. So tasten wir uns langsam auf ebenem Weg den Berg entlang.

Ein paar Erkenntnisse können wir diesem Beispiel entnehmen. Mit den drei Punkten, unserem Standpunkt und den zwei Messpunkten, legen wir an jeder Stelle eine eindeutige Ebene in das Höhenprofil. Wir linearisieren unser Problem. Damit fällt es leichter die Aufgabe zu lösen. Bei sich schnell verändernden Strukturen können wir nur kleine Teilstücke gehen, bevor wir die nächste Messung durchführen sollten. Wir kommen nicht mehr so richtig schnell voran. Und natürlich funktioniert das Verfahren gar nicht, wenn wir Steilabstürze haben. Im Gebirge kann so ein unbedachter Schritt, wie beispielsweise eine Messung der Steigung, zum Absturz führen. Mathematisch ist das Höhenprofil an einer senkrechten Wand nicht differenzierbar.

Immer, wenn alle Veränderungsmöglichkeiten eines Systems mit vielen Variablen von Interesse sind, wird das Totale Differenzial benötigt. Anwendungen gibt es in Unterkapitel 8.3 und Unterkapitel 11.4.

3.4   Lineare Algebra

Lineare Algebra und Vektoren sind ein sehr gutes Beispiel, wie mathematische Ideen und Definitionen an unterschiedlichsten Stellen in der Physik eingesetzt werden können. Wenn wir einmal die Methode beherrschen, können wir viele Bereiche der Welt damit beschreiben. Wir stoßen auf Vektoren in der Theorie von Bewegungen, aber auch in der technischen Mechanik, der Statistik und bei der Lösung von Gleichungssystemen. Sogar zur Beschreibung von der Welt im Kleinsten, der sogenannten Quantenmechanik und bei der Theorie von Funktionen hilft die Lineare Algebra.

Die wichtigsten Objekte der linearen Algebra sind Vektoren und Matrizen. Wir werden für die Beispiele meist den 2-dimensionale Vektorraum verwenden. Dieser lässt sich einfach darstellen und wir können die Beispiele schnell berechnen. Zudem wollen wir zunächst vereinbaren, dass die Koeffizienten, also die Zahlen in den Vektoren und Matrizen, reelle Zahlen sind. Erweiterungen auf andere Vektor-Dimensionen und komplexe Zahlen sollten später nicht so schwer fallen. Weil in der Physik viele verschiedene Menschen mit Vektoren arbeiten, haben sich unterschiedliche Schreibweisen entwickelt. Am weitesten verbreitet ist die Bezeichnung eines Vektors durch einen Pfeil über einem Buchstaben. Eine andere, weniger bekannte, wird in der Mathematik und der Quantenphysik gerne verwendet. Weil sie eckige Klammern (englisch: bracket) einsetzt, wird sie Bra-Ket-Schreibweise genannt. Bra-Kets werden am Ende dieses Kapitels kurz erläutert.

Es sei nochmals erwähnt, dass die folgenden Ausführungen keinen Ersatz für einen Mathematik-Kurs zur linearen Algebra sind. Vielmehr werden hier in einem kurzen Überblick die Schreibweise und die wichtigsten Grundkenntnisse der Vektorrechnung kompakt zusammengefasst. Für die physikalischen Themen, die wir uns in diesem Buch erarbeiten möchten, reichen uns diese wenigen grundlegenden Konzepte.

3.4.a   Vektoren

Wenn wir eine Position im Raum angeben möchten, reicht uns ein einzelner Zahlenwert mit Einheit nicht aus. Dazu benötigen wir im Allgemeinen drei Längenangaben und die Definition eines Koordinatensystems. Solche mathematischen Gebilde, die sich aus mehreren Einzelgrößen zusammensetzen, nennt man Vektoren. Um das Prinzip kompakt und anschaulich zu beschreiben, wollen wir uns zunächst auf 2-dimensionale Vektoren beschränken.

Einen Ort beschreiben wir beispielsweise mit $\vec{r}$. Der Pfeil in $\vec{r}$ zeigt an, dass es sich um eine vektorielle Größe handelt. Diese Schreibweise ist in der Grundlagenphysik weit verbreitet. Vermutlich liegt das daran, dass Größen wie Kraft, Impuls oder Geschwindigkeit vektorielle Größen sind und oft durch Pfeile im Raum dargestellt werden.

Betrachten wir eine Ebene, zum Beispiel ein Blatt Papier. Wenn wir jetzt für einen Ort $\vec{r}$ konkrete Werte angeben möchten, müssen wir vorher noch ein Koordinatensystem bestehend aus zwei Basisvektoren festlegen: Beispielsweise $\hat{e}_x$ (nach rechts) und $\hat{e}_y$ (nach oben). Das Dach in den $\hat{e}_i$ zeigt an, dass es sich dabei um Vektoren mit dem Betrag 1 handelt. Was der Betrag von Vektoren ist, wird im nächsten Abschnitt beschrieben. Dann können wir den Vektor als Linearkombination

> ### D 3.4.1 Definition: Vektor
>
> Ein Vektor ist eine Zusammenfassung mehrerer Größen, die alle zu einer Art gehören und deshalb die gleiche Dimension (zum Beispiel Länge) haben.
>
> Die einzelnen Größen nennt man Komponenten des Vektors.

Hier werden nur Vektoren mit Werten aus den reellen Zahlen betrachtet.

W $^{3.4.2}_{issen:}$ Grundrechenarten mit Vektoren

Seien $\vec{q}$ und $\vec{r}$ zwei Vektoren

$$\vec{q} = \begin{pmatrix} q_x \\ q_y \end{pmatrix}, \qquad \vec{r} = \begin{pmatrix} r_x \\ r_y \end{pmatrix}$$

und a ein Skalare, dann gilt für die Multiplikation mit einem Skalar

$$a\,\vec{r} = \begin{pmatrix} a\,r_x \\ a\,r_y \end{pmatrix}$$

und für die Addition zweier Vektoren

$$\vec{q} + \vec{r} = \begin{pmatrix} q_x + r_x \\ q_y + r_y \end{pmatrix}.$$

B $^{3.4.i}_{eispiel:}$ Darstellung der Grundrechenarten

Seien

$$\vec{b} = \begin{pmatrix} 3 \\ 1 \end{pmatrix}, \quad \vec{d} = \begin{pmatrix} -1 \\ -2 \end{pmatrix} \quad \text{und} \quad a = 2,$$

dann ist die Summe der beiden Vektoren

$$\vec{g} = \vec{b} + \vec{d} = \begin{pmatrix} 3 + (-1) \\ 1 + (-2) \end{pmatrix} = \begin{pmatrix} 2 \\ -1 \end{pmatrix},$$

und das Doppelte (das a-fache) von $\vec{d}$:

$$\vec{h} = a\,\vec{d} = \begin{pmatrix} 2 \cdot (-1) \\ 2 \cdot (-2) \end{pmatrix} = \begin{pmatrix} -2 \\ -4 \end{pmatrix}.$$

Grafisch ist dies in Abbildung 3.9 dargestellt.

der Basisvektoren oder auch kürzer als Spaltenvektor darstellen:

$$\vec{r} = r_x\,\hat{e}_x + r_y\,\hat{e}_y = \begin{pmatrix} r_x \\ r_y \end{pmatrix}.$$

Angenommen wir möchten die zwei Vektoren

$$\vec{b} = \begin{pmatrix} 3 \\ 1 \end{pmatrix} \quad \text{und} \quad \vec{d} = \begin{pmatrix} -1 \\ -2 \end{pmatrix}$$

in der Ebene darstellen, dann können wir sie beispielsweise wie in Abbildung 3.8 skizzieren.

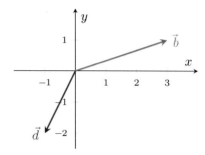

Abbildung 3.8: Darstellung von Vektoren

Der Einfachheit halber werden wir uns auf Koordinatensysteme beschränken, deren Basisvektoren den Betrag eins haben und senkrecht aufeinander stehen. Diese bezeichnet man als kartesische Koordinatensysteme.

Wie man Vektoren addiert oder sie mit einem Skalar multipliziert, kennen die meisten schon aus Mathematikveranstaltungen. Daher wird hier nur das Wichtigste in aller Kürze zusammengefasst.

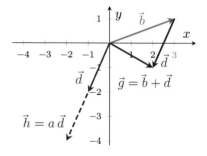

Abbildung 3.9: Vektor-Addition und Multiplikation mit einem Skalar

Vektorielle Größen können sich mit der Zeit t ändern, wie zum Beispiel der Ort $\vec{r}$ eines bewegten Körpers: $\vec{r}(t)$. In diesem Fall ist man manchmal an der zeitlichen Ableitung interessiert.

> ## W 3.4.3 Ableitung von vektoriellen issen: Größen
>
> Wenn eine vektorielle Größe $\vec{r}$, die von der skalaren Größe a abhängt $\vec{r}(a)$, nach a abgeleitet werden soll, dann leitet man jede Komponente des Vektors nach a ab:
>
> $$\frac{\mathrm{d}\vec{r}}{\mathrm{d}a} = \frac{\mathrm{d}r_x(a)}{\mathrm{d}a}\,\hat{e}_x + \frac{\mathrm{d}r_y(a)}{\mathrm{d}a}\,\hat{e}_y = \begin{pmatrix} \frac{\mathrm{d}r_x}{\mathrm{d}a} \\ \frac{\mathrm{d}r_y}{\mathrm{d}a} \end{pmatrix}.$$

3.4.b Skalarprodukt

Es gibt viele skalare Größen, die von einem oder mehreren Vektoren abhängen. Beispielsweise ist der Betrag eines Vektors ein Skalar (Zahl mit Einheit). Solche Zusammenhänge können meist mit dem Skalarprodukt formuliert werden.

Geschrieben wird das Skalarprodukt meist mit einem Multiplikations-Punkt „ $\cdot$ ". Kennen wir die Darstellung zweier Vektoren in kartesischen Koordinaten

$$\vec{q} = \begin{pmatrix} q_x \\ q_y \end{pmatrix} \quad \text{und} \quad \vec{r} = \begin{pmatrix} r_x \\ r_y \end{pmatrix},$$

dann können wir das Skalarprodukt wie folgt berechnen:

$$\vec{q} \cdot \vec{r} := q_x\,r_x + q_y\,r_y.$$

Mit dem Skalarprodukt können wir einige nützliche Eigenschaften berechnen.

Betrag eines Vektors

Über das Skalarprodukt eines Vektors mit sich selbst können wir den Betrag des Vektors definieren:

$$|\vec{r}| := \sqrt{\vec{r} \cdot \vec{r}} = \sqrt{r_x^2 + r_y^2}.$$

In der linearen Algebra können verschiedene Skalarprodukte definiert werden. Für die hier behandelten Themen reicht aber die folgende Definition des Standardskalarprodukts:

> ## D 3.4.4 efinition: Skalarprodukt
>
> Seien $\vec{q}$ und $\vec{r}$ zwei Vektoren und deren Darstellung in kartesischen Koordinaten
>
> $$\vec{q} = \begin{pmatrix} q_x \\ q_y \end{pmatrix} \quad \text{und} \quad \vec{r} = \begin{pmatrix} r_x \\ r_y \end{pmatrix},$$
>
> dann berechnet sich das Skalarprodukt wie folgt:
>
> $$\vec{q} \cdot \vec{r} := q_x\,r_x + q_y\,r_y.$$

3

3

W 3.4.5 Anwendungen des Wissen: Skalarprodukts

Seien $\vec{r}$ und $\vec{q}$ zwei Vektoren.

Mit Hilfe des Skalarprodukts können Sie folgende Eigenschaften von Vektoren berechnen:

- Der Betrag/die Norm eines Vektors ergibt sich aus:

$$|\vec{r}| = \sqrt{\vec{r} \cdot \vec{r}}.$$

- Den zwischen $\vec{q}$ und $\vec{r}$ eingeschlossenen Winkel α können Sie aus

$$\vec{q} \cdot \vec{r} = |\vec{q}|\,|\vec{r}|\,\cos(\alpha)$$

ermitteln.

- Um den Vektor $\vec{r}$ auf die Richtung von $\vec{q}$ zu projizieren, berechnen Sie das Skalarprodukt mit dem Einheitsvektor $\hat{e}_q$:

$$r_q = \vec{r} \cdot \hat{e}_q = \vec{r} \cdot \frac{\vec{q}}{|\vec{q}|}$$
$$= |\vec{r}|\,\cos(\alpha).$$

- Ob Vektoren senkrecht aufeinander stehen, erkennen Sie daran, dass das Skalarprodukt der Vektoren null ergibt:

$$\vec{q} \perp \vec{r} \quad \Leftrightarrow \quad \vec{q} \cdot \vec{r} = 0.$$

R 3.4.6 Skalarprodukt in Rezept: physikalischen Formeln

Wenn Sie in einer Formel für einen physikalischen Zusammenhang ein Skalarprodukt finden, dann stellen Sie sich die Frage, was es bedeutet, wenn die beiden Vektoren senkrecht aufeinander stehen, und damit das Skalarprodukt null ergibt.

Durch diese einfache Betrachtung erhalten Sie häufig ein besseres Verständnis des physikalischen Phänomens.

Einheitsvektor

Mit Hilfe dieses Betrags lässt sich aus jedem Vektor ein dimensionsloser Einheitsvektor berechnen, der in die gleiche Richtung zeigt, aber den Betrag 1 hat:

$$\hat{e}_r := \frac{\vec{r}}{|\vec{r}|} = \frac{\vec{r}}{\sqrt{\vec{r} \cdot \vec{r}}}.$$

Winkel

Der eingeschlossene Winkel $\alpha := \sphericalangle(\vec{q}, \vec{r})$ zwischen den beiden Vektoren hängt mit dem Skalarprodukt folgendermaßen zusammen:

$$\vec{q} \cdot \vec{r} = |\vec{q}|\,|\vec{r}|\,\cos(\alpha).$$

Projektion

Wenn wir auf ein Problem stoßen, bei dem wir von einem Vektor wissen möchten, wie groß sein Anteil in eine bestimmte Richtung ist, dann können wir das auch mit dem Skalarprodukt berechnen. Den Anteil von $\vec{r}$ in die $\vec{q}$-Richtung erhalten wir mit:

$$r_q = \vec{r} \cdot \hat{e}_q = \vec{r} \cdot \frac{\vec{q}}{|\vec{q}|}$$
$$= |\vec{r}|\,\cos(\alpha).$$

In der grafischen Darstellung (siehe Abbildung 3.10) erkennen wir, dass es sich dabei um eine Projektion handelt.

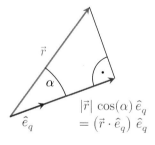

Abbildung 3.10: Projektion des Vektors $\vec{r}$ auf die $\hat{e}_q$-Richtung

Senkrechte Vektoren

Dies führt direkt zu einer Eigenschaft des Skalarprodukts, die vermutlich zu dem größten Erkenntnisgewinn bei der praktischen Anwendung in der Physik führt: Zwei Vektoren sind genau dann senkrecht zueinander, wenn ihr Skalarprodukt null ergibt:

$$\vec{q} \perp \vec{r} \quad \Leftrightarrow \quad \vec{q} \cdot \vec{r} = 0.$$

Viele Zusammenhänge in der Physik werden durch das Skalarprodukt beschrieben. So hängt beispielsweise die Verschiebearbeit W mit der Kraft $\vec{F}$ und dem Weg $\vec{s}$ zusammen. Kraft und Weg sind Vektoren, die Arbeit ist eine skalare Größe. Es gilt (siehe Unterkapitel 11.4):

$$\mathrm{d}W = \vec{F} \cdot \mathrm{d}\vec{s}.$$

Auch ohne tieferes Wissen über das Wesen der Arbeit sehen wir an dieser Gleichung sofort: Wenn Kraft und Weg senkrecht aufeinander stehen, wird keine Arbeit verrichtet.

R$^{3.4.7}$**ezept: Projektion**

Wenn Sie Vektoren in Darstellung von kartesischen Koordinaten haben, und Sie wissen möchten, wie groß der Anteil eines Vektors $\vec{r}$ in Richtung des Vektors $\vec{q}$ ist, dann berechnen Sie zuerst den Einheitsvektor $\hat{e}_q$ in die $\vec{q}$-Richtung:

$$\hat{e}_q = \frac{\vec{q}}{|\vec{q}|},$$

und dann folgendes Skalarprodukt:

$$r_q = \vec{r} \cdot \hat{e}_q.$$

3.4.c   Matrizen

In der Physik gibt es vektorielle Größen, die von anderen Vektoren abhängen. Prinzipiell könnte es hier beliebig komplizierte Funktionen geben, die diese Zusammenhänge beschreiben. In den allermeisten Fällen reicht es aber, wenn wir einen einfachen linearen Zusammenhang betrachten.

Angenommen die vektorielle Größe $\vec{q}$ ist eine Funktion von dem Vektor $\vec{r}$. Der einfache lineare Zusammenhang ergibt sich, wenn wir jedes Element von $\vec{q}$ als eine Linearkombination der Komponenten von $\vec{r}$ betrachten:

$$q_x = a_{11}\,r_x + a_{12}\,r_y,$$
$$q_y = a_{21}\,r_x + a_{22}\,r_y.$$

Wir benötigen vier Parameter $a_{11}, \dots, a_{22}$, um in diesem Fall die Abbildung eindeutig zu beschreiben. Die Parameter können wir in einem mathematischem Gebilde zusammenfassen, das man Matrix nennt:

$$\boldsymbol{A} = \begin{pmatrix} a_{11} & a_{12} \\ a_{21} & a_{22} \end{pmatrix}.$$

Man schreibt die Matrix üblicherweise mit fett gedruckten Großbuchstaben. Die Abbildung können wir damit folgendermaßen schreiben:

$$\vec{q} = \boldsymbol{A} \cdot \vec{r}$$
$$= \begin{pmatrix} a_{11} & a_{12} \\ a_{21} & a_{22} \end{pmatrix} \cdot \begin{pmatrix} r_x \\ r_y \end{pmatrix}.$$

D$^{3.4.8}$**efinition: Matrix**

Eine $n \times m$-Matrix $\boldsymbol{B}$ ist eine rechteckige Anordnung von Zahlen mit n Zeilen und m Spalten:

$$\boldsymbol{B} = \begin{pmatrix} b_{11} & \cdots & b_{1m} \\ \vdots & \ddots & \vdots \\ b_{n1} & \cdots & b_{nm} \end{pmatrix}.$$

Oft kommen quadratische $n \times n$-Matrizen zum Einsatz. Vektoren können als $n \times 1$ oder $1 \times n$-Matrizen geschrieben werden. Eine skalare Größe wäre somit eine 1×1-Matrix.

Für ein erstes Verständnis von Matrizen genügt es, zunächst quadratische 2×2-Matrizen zu betrachten:

W$^{3.4.9}$**issen: Lineare Abbildungen**

Wenn eine vektorielle Größe $\vec{q}$ von einer anderen vektoriellen Größe $\vec{r}$ abhängt, lässt sich das oft folgendermaßen durch das Produkt mit einer Matrix $\boldsymbol{A}$ schreiben:

$$\vec{q} = \boldsymbol{A} \cdot \vec{r}$$
$$= \begin{pmatrix} a_{11}\,r_x + a_{12}\,r_y \\ a_{21}\,r_x + a_{22}\,r_y \end{pmatrix}.$$

Diese Rechenvorschrift heißt Lineare Abbildung.

Sehr viele physikalischen Zusammenhänge lassen sich mit so einer einfachen linearen Abbildung beschreiben. Es ist erstaunlich, wie weit man damit kommt[6].

Das Rechenverfahren für die Multiplikation einer Matrix mit einem Vektor lässt sich veranschaulichen, wenn wir den Vektor versetzt über die Matrix schreiben.

$$\boldsymbol{A} \cdot \vec{r} = \vec{q}$$

Die erste Zeile der Matrix $\boldsymbol{A}$ und der Vektor $\vec{r}$ zeigen auf die erste Komponente des Ergebnisvektors $\vec{q}$. Wir multiplizieren das erste Element dieser Zeile mit dem ersten Element des Vektors und addieren dies zum Produkt aus den jeweils zweiten Komponenten (siehe Grafik). Genauso verfahren wir mit der zweiten Zeile der Matrix und erhalten so die zweite Komponente des Ergebnisvektors.

3.4.d   Kreuzprodukt

In manchen physikalischen Zusammenhängen ist eine vektorielle Größe von zwei anderen vektoriellen Größen linear abhängig. Um dies zu beschreiben, haben wir prinzipiell die Möglichkeit, die Komponenten eines der Vektoren in eine Matrix einzusortieren. Damit können wir dann eine lineare Abbildung formulieren.

Im dreidimensionalen Raum gibt es eine spezielle Form einer solchen Abbildung. Betrachten wir das Beispiel, bei dem $\vec{q}$ von $\vec{r}$ und $\vec{p}$ abhängt:

$$\vec{q} = f(\vec{r}, \vec{p}).$$

---

[6]Das liegt entweder daran, dass die physikalischen Gesetze wirklich linear sind, oder, dass die lineare Näherung hinreichend genau ist.

Außerdem haben wir herausgefunden, dass wenn wir einen der Vektoren umdrehen, sich das Ergebnis auch umdreht:

$$-\vec{q} = f(-\vec{r}, \vec{p}) \quad \text{und} \quad -\vec{q} = f(\vec{r}, -\vec{p}).$$

Ein solches Verhalten kennen wir von einer normalen Multiplikation von Zahlen. Es muss sich dabei also auch um eine Art Produkt handeln. Wenn wir jetzt noch wissen, dass das Ergebnis $\vec{q}$ senkrecht auf den beiden ursprünglichen Vektoren $\vec{r}$ und $\vec{q}$ stehen muss, dann lässt sich diese Abhängigkeit sehr wahrscheinlich mit dem Kreuzprodukt darstellen:

$$\begin{aligned}\vec{q} &= \vec{r} \times \vec{p} \\ &= \begin{pmatrix} r_y\,p_z - r_z\,p_y \\ r_z\,p_x - r_x\,p_z \\ r_x\,p_y - r_y\,p_x \end{pmatrix}.\end{aligned}$$

Hier müssen wir darauf achten, dass die Vektoren in einem rechtshändigen kartesischen Koordinatensystem dargestellt sind.

D 3.4.10 Definition: Kreuzprodukt

Seien $\vec{r}$ und $\vec{p}$ zwei Vektoren im dreidimensionalen Raum.

Sind die Vektoren in einem rechtshändigen kartesischen Koordinatensystem dargestellt, dann ist das Kreuzprodukt definiert als:

$$\vec{r} \times \vec{p} = \begin{pmatrix} r_x \\ r_y \\ r_z \end{pmatrix} \times \begin{pmatrix} p_x \\ p_y \\ p_z \end{pmatrix} := \begin{pmatrix} r_y\,p_z - r_z\,p_y \\ r_z\,p_x - r_x\,p_z \\ r_x\,p_y - r_y\,p_x \end{pmatrix}.$$

W 3.4.11 Wissen: Eigenschaften des Kreuzproduktes

Seien $\vec{r}$ und $\vec{p}$ zwei Vektoren im dreidimensionalen Raum, dann gilt

- für das Vertauschen der Vektoren in dem Kreuzprodukt:
  $$\vec{r} \times \vec{p} = -\,\vec{p} \times \vec{r},$$
- für das Ergebnis des Kreuzprodukts:
  $$(\vec{r} \times \vec{p}) \perp \vec{r} \quad \text{und} \quad (\vec{r} \times \vec{p}) \perp \vec{p},$$
- für den Betrag des Kreuzprodukts:
  $$|\vec{r} \times \vec{p}| = |\vec{r}|\,|\vec{p}|\,\sin(\alpha)$$
  mit dem zwischen $\vec{p}$ und $\vec{r}$ eingeschlossenen Winkel α und
- für parallele Vektoren:
  $$\vec{r} \parallel \vec{p} \quad \Leftrightarrow \quad \vec{r} \times \vec{p} = 0.$$

3.4.e Spezielle Vektoren

Winkelvektoren

Drehungen im dreidimensionalen Raum werden manchmal als Vektor dargestellt. Dabei ist der Vektor parallel zur Drehachse, die Länge des Vektors gibt den Winkel an. Die Richtung/das Vorzeichen des Vektors ist durch die rechte Hand-Regel gegeben. In Abbildung 3.11 sind drei solche Vektoren und die zugehörigen Drehwinkel skizziert.

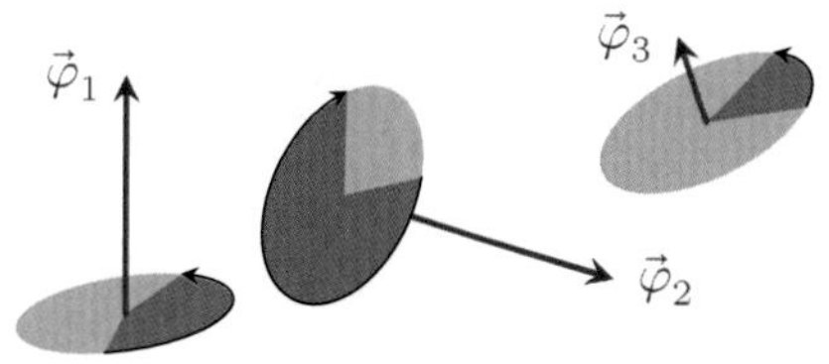

Abbildung 3.11: Darstellung von Winkeln als Vektor

D 3.4.12 efinition: Winkelvektoren

Ein Winkelvektor im dreidimensionalen Raum zeigt entlang der Drehachse, seine Länge entspricht dem Winkel.

Das Vorzeichen des Winkelvektors wird durch die Rechte-Hand-Regel festgelegt: Wenn die Finger der rechten Hand die Richtung der Drehung andeuten, zeigt der Daumen in die Richtung des Winkelvektors.

Diese Winkelvektoren sind für manche Betrachtungen geschickt, für andere aber leider unbrauchbar. Wenn wir zum Beispiel ein Rad betrachten, das sich mit konstanter Umdrehungszahl dreht, dann zeigt der Winkelvektor immer in die gleiche Richtung und wird immer länger. Diesen Vektor können wir analog zu einem Ortsvektor nach der Zeit ableiten, und erhalten den Winkelgeschwindigkeitsvektor. Dies schauen wir uns in Unterkapitel 12.1 „Kinematik" noch mal genauer an.

Wenn wir aber Drehungen um verschiedene Achsen miteinander kombinieren möchten, dann dürfen wir nicht einfach die Winkelvektoren addieren. In dem Fall müssen wir mit Drehmatrizen arbeiten. Da wir dies aber in diesem Buch nicht benötigen, wird dieses Thema hier nicht weiter vertieft.

Flächenvektoren

D 3.4.13   Flächenvektor von ebenen efinition: Flächen

Ein Flächenvektor steht senkrecht auf der Fläche und die Länge entspricht dem Flächeninhalt.

Das Vorzeichen von Flächenvektoren ist nicht eindeutig definiert.

Bei Oberflächen von Körpern zeigen die Flächenvektoren meist nach außen.

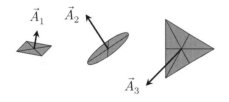

Abbildung 3.12: Darstellung von Flächen als Vektor

Auch Flächen lassen sich als Vektoren darstellen. Betrachten wir beispielsweise ein ebenes Rechteck das irgendwie im dreidimensionalen Raum liegt. Für viele Fragestellungen ist es unbedeutend ob die Fläche tatsächlich ein Rechteck, ein Kreis, ein Dreieck oder etwas anderes ist. Entscheidend ist der Flächeninhalt A. Eine weitere wichtige Eigenschaft einer Fläche ist die Orientierung im Raum. Diese können wir mit dem Einheitsvektor der senkrecht auf der ebenen Fläche steht, dem Normalenvektor $\hat{n}$, beschreiben. Damit können wir jetzt den Flächenvektor $\vec{A}$ zusammenbauen:

$$\vec{A} = A\,\hat{n}.$$

Was wir jetzt noch nicht festgelegt haben, ist das Vorzeichen des Vektors. Dafür gibt es keine einheitliche Lösung. Das müssen wir uns also jedes Mal gesondert anschauen. Bei der Oberflächen von Körpern wird häufig das Vorzeichen dazu verwendet, um anzuzeigen, auf welcher Seite der Fläche „innen" und wo „außen" ist: Der Flächenvektor zeigt dann zum Beispiel immer nach außen.

Diese Flächenvektoren sind nur für ebene Flächen definiert. Wir können aber gekrümmte Flächen in viele kleine Flächenstücke zerlegen, die dann hinreichend eben sind, um sie mit einem Flächenvektor zu beschreiben.

Schauen wir senkrecht auf die Fläche, dann erscheint sie uns in ihrer vollen Größe. Steht die Fläche aber parallel zur Blickrichtung, dann erscheint uns die Fläche wie ein Strich ohne erkennbaren Flächeninhalt. Die scheinbare Größe einer Fläche ist häufig die relevante Fläche. Wenn wir beispielsweise ein Solarmodul aufstellen, ist die von der Sonne aus gesehene, scheinbare

Größe entscheidend. Sie ist entscheidend dafür, wie viel Energie wir einsammeln können. Mit dem Flächenvektor lässt sich die scheinbare Fläche einfach mit Hilfe des Skalarprodukts berechnen, da es sich hierbei auch um eine Projektion handelt (siehe Rezept 3.4.7). Wenn wir aus Richtung $\hat{e}_s$ auf die Fläche $\vec{A}$ schauen, dann ist die scheinbare Fläche:

$$A_{\text{scheinbar}} = \hat{e}_s \cdot \vec{A}.$$

3.4.f Bra-Ket-Schreibweise

Vektoren mit einem Pfeilsymbol über dem Buchstaben zu versehen, wie wir das oben verwendet haben, ist in der Physik weit verbreitet. Es gibt aber noch einige andere Schreibweisen, die alle ihre Vorteile haben. Eine grafisch anschauliche Schreibweise wollen wir im Folgenden genauer betrachten. Man nennt sie die Bra-Ket-Schreibweise, weil sie eckige Klammern verwendet.

Wir wollen hier nur kurz die wichtigsten Erkenntnisse aus dem vorangegangenen Kapiteln mit Bra-Kets formulieren und einen Vorteil dieser Schreibweise genauer anschauen. Dabei werden wir uns wieder auf den zweidimensionalen Vektorraum beschränken.

Wir schreiben einen Vektor b entweder als $\vec{b}$ oder eben jetzt so: $|b\rangle$. In der Bra-Ket-Schreibweise gibt es aber noch zusätzlich die Möglichkeit, zwischen einem Spaltenvektor $|b\rangle$ und einem Zeilenvektor $\langle b|$ zu unterscheiden.

$$|u\rangle = \begin{pmatrix} u_1 \\ u_2 \end{pmatrix}, \text{ und } \langle u| = \begin{pmatrix} u_1 & u_2 \end{pmatrix} \quad \text{mit} \quad u_i \in \mathbb{R}.$$

So wird es möglich, das Skalarprodukt auf eine Matrixmultiplikation zwischen einem Bra-Vektor $\langle v|$ und einem Ket-Vektor $|u\rangle$ zurückzuführen, wenn man den Bra-Vektor als 1×2-Matrix auffasst:

$$\langle v|u\rangle = \begin{pmatrix} v_1 & v_2 \end{pmatrix} \cdot \begin{pmatrix} u_1 \\ u_2 \end{pmatrix}$$

$$\begin{array}{c} \quad\quad\quad v_1 \cdot u_1 \\ \quad\quad\quad v_2 \cdot u_2 \end{array} \Bigg\rvert +$$

$$= v_1 \quad v_2 \; (v_1 \, u_1 + v_2 \, u_2).$$

Die folgende Tabelle zeigt die Bra-Ket Schreibweise für einige Operationen aus der linearen Algebra.

Einige Eigenschaften und Rechenvorschriften von Vektoren und Matrizen lassen sich in der Bra-Ket-Schreibweise einfach notieren.

D 3.4.14   **Bra- und Ket-Vektoren / efinition: Transponierte Vektoren**

Ein Bra-Vektor ist ein Zeilenvektor, ein Ket-Vektor ein Spaltenvektor. Man kann sie ineinander überführen. Das nennt man Transponieren. Die Werte werden dabei an die entsprechenden Stellen geschrieben. Der Ket-Vektor

$$|u\rangle = \begin{pmatrix} u_1 \\ u_2 \end{pmatrix}$$

und der Bra-Vektor

$$\langle u| = \begin{pmatrix} u_1 & u_2 \end{pmatrix} \quad \text{mit} \quad u_i \in \mathbb{R}$$

sind zueinander transponierte Vektoren.

Viele mathematische Kombinationen von Zahlen, Vektoren und Matrizen, die in der Physik vorkommen, lassen sich so als Matrixmultiplikation auffassen. An der Form der Klammern kann die Art der Multiplikation und des Ergebnisses abgelesen werden, wie man in der folgenden Tabelle sieht.

Tabelle 3.4: Matrixmultiplikationen, die Art ihrer Ergebnisse und die Schreibweise mit Bra-Kets.

Ausdruck	Form	Ergebnis
$A\,|a\rangle$	$\|\ \rangle$	Spalten-Vektor
$\boldsymbol{A} \cdot \boldsymbol{B} = \boldsymbol{AB}$	$\|\ \|$	Matrix
$\langle a| \cdot |b\rangle = \langle a|b\rangle$	$\langle\ \rangle$	Skalar
$|a\rangle \cdot \langle b| = |a\rangle\langle b|$	$\|\ \|$	Matrix
$\langle a|\,\boldsymbol{AB}\,|b\rangle\langle b|$	$\langle\ \|$	Zeilen-Vektor

Durch die Verwendung von Bra-Ket-Schreibweise lassen sich auch die Grundkennzahlen aus der Statistik (siehe Wissen 3.2.1) auf die Matrixmultiplikation zurückführen. Dadurch ist eine übersichtliche und kompakte Schreibweise möglich, die gleichzeitig eine Rechenvorschrift ist.

W **3.4.15 Braket-Schreibweise in der** **issen: Statistik**

Seien $\{(x_i, y_i) | i = 1 \ldots N\}$ die Wertepaare aus einer Messreihe, dann sind $|x\rangle$ und $|y\rangle$ die entsprechenden Vektoren. $|1\rangle$ sei ein Spaltenvektor mit N Zeilen die alle mit Einsen gefüllt sind. Dann ist:

Anzahl	$N =$	$\langle 1|1 \rangle$
Summe	$\sum x =$	$\langle x|1 \rangle$
Summe der Quadrate	$\sum x^2 =$	$\langle x|x \rangle$
Produktsumme	$\sum xy =$	$\langle x|y \rangle$

Daraus abgeleitet

Mittelwert $\langle x \rangle = \dfrac{\langle x|1 \rangle}{\langle 1|1 \rangle}$

Varianz $\sigma^2 = \dfrac{\langle x|x \rangle}{\langle 1|1 \rangle} - \dfrac{\langle x|1 \rangle}{\langle 1|1 \rangle} \dfrac{\langle 1|x \rangle}{\langle 1|1 \rangle}$

Es kommen nur Skalarprodukte vor.

Tabelle 3.3: Einige Operationen in der Bra-Ket-Schreibweise. Dabei sind α eine Zahl, $|u\rangle$ und $|v\rangle$ Vektoren, sowie $\boldsymbol{A}$ eine Matrix.

Operation	Schreibweise
Multiplikation mit Zahl	$\alpha \, |u\rangle$
Distributivgesetz	$\alpha \, (|u\rangle + |v\rangle) =$ $\alpha \, |u\rangle + \alpha \, |v\rangle$
Skalarprodukt	$\langle u|v \rangle$
Länge, Norm	$|u| = \sqrt{\langle u|u \rangle}$
Einheitsvektor	$|e_u\rangle = \dfrac{1}{\sqrt{\langle u|u \rangle}} \, |u\rangle$
Winkel	$\langle e_v|e_u \rangle = \cos \varphi$
Projektor $\boldsymbol{P}_u$	$|e_u\rangle\langle e_u|$
Projektion $\vec{v}$ auf $\vec{u}$	$\boldsymbol{P}_u \, |v\rangle = |e_u\rangle\langle e_u| \, |v\rangle$ $= \langle e_u|v \rangle \, |e_u\rangle$
lineare Abbildung	$\boldsymbol{A} \, |u\rangle = |v\rangle$

Mit diesem Überblick wollen wir unseren Kurzdurchgang durch Bra-Ket-Vektoren beenden.

Aufgaben und Zusatzmaterial zu diesem Kapitel

https://sn.pub/1rll2y

4 Rechnen ohne Rechner

Viele Entscheidungen werden mithilfe von Zahlen unterstützt. Dazu muss gerechnet werden. Es ist eine weit verbreitete Meinung, dass zum Rechnen Hilfsmittel wie Taschenrechner und Computer nötig seien. Tatsächlich ist aber die Fähigkeit, mit Hilfe von Stift und Papier Berechnungen durchführen zu können, eine wichtige Kompetenz für alle wissenschaftlichen und wirtschaftlichen Disziplinen, in denen Zahlen eine Rolle spielen. Besonders bei ersten Überschlagsrechnungen, aber auch in Fällen, in denen die Eingangsgrößen nur ungenau bekannt sind, reicht die mit Kopfrechnen erzielbare Genauigkeit meist aus.

Rechnen Sie möglichst viel im Kopf.

- Es ist einfacher als Sie zunächst vermuten.
- Es hilft ungemein, wenn Sie in Diskussionen Rechnungen überschlägig durchführen können.
- Wenn Sie gut Kopfrechnen können, wird das häufig Hochachtung und Respekt erzeugen.
- Und es macht auch noch Spaß.

Es ist ein gutes Training, wenn wir es zu einer Gewohnheit werden lassen, überall nach Aufgaben zu suchen, die wir dann im Kopf kurz überschlagen. In komplizierteren Fällen schadet es auch nicht, wenn wir einen Stift und die Rückseite eines Briefumschlags, einen Bierdeckel oder eine andere beschreibbare Fläche zur Hilfe nehmen.

Im Folgenden werden einige Rechentechniken und Tricks erläutert, die die Genauigkeit von Berechnungen im Kopf deutlich erhöhen, ohne den Rechenaufwand erheblich zu steigern.

Vorkenntnisse

Sie sollten daher folgende Fähigkeiten ohne Nutzung eines Rechners schon beherrschen:

- Addition zweier Zahlen,
- Multiplikationen mit kleinem Einmaleins,
- Rechnen mit 10-er Potenzen.

Falls Ihnen diese Dinge nicht (mehr) geläufig sind, ist es empfehlenswert, dies vor Bearbeiten von Kapitel 4 nachzuholen bzw. aufzufrischen.

© Der/die Autor(en), exklusiv lizenziert an
Springer-Verlag GmbH, DE, ein Teil von Springer Nature 2023
C. Hettich et al., *Physik Methoden*,
https://doi.org/10.1007/978-3-662-67906-7_4

4.1   Darstellung von Zahlen

R**4.1.1**
ezept: Darstellung von Zahlen

Stellen Sie jede reelle Zahl x als Produkt aus einem Zahlenwert zwischen 1 und 10, sowie einer 10-er Potenz dar:

$$x = a \cdot 10^k \qquad \text{mit} \quad k \in \mathbb{Z} \quad \text{und}$$
$$1 \leq a < 10.$$

Den Faktor 10^k nennt man auch die **Größenordnung** von x.

B**4.1.i**
eispiel: Darstellung von Zahlen

(a)
$$7643{,}2 = 7{,}6432 \cdot 10^3$$

(b)
$$0{,}000449 = 4{,}49 \cdot 10^{-4}$$

Signifikante Stellen

D**4.1.2**
efinition: Signifikante Stellen

Jede aussagekräftige Stelle einer Zahl nennt man eine signifikante Stelle.

Die Zählung der signifikanten Stellen beginnt mit der von links betrachteten ersten von Null verschiedenen Ziffer. Die folgenden Stellen werden entsprechend als zweite, dritte usw. signifikante Stelle bezeichnet.

Nullen, die nur die Größenordnung anzeigen, sind in der Regel keine signifikanten Stellen.

B**4.1.ii**
eispiel: Anzahl signifikanter Stellen

Die Zählung beginnt bei der ersten von Null verschiedenen Ziffer und endet meist nach der letzten angegebenen.

$1{,}4$	2 signifikante Stellen
$30{,}20$	4 signifikante Stellen
$0{,}0023 \cdot 10^3$	2 signifikante Stellen

...

Der erste Vorschlag ist keine eigentliche Rechentechnik. Vielmehr hilft eine geeignete Darstellung von Zahlen beim weiteren Rechnen. Deshalb ist dieser Schritt hier vorangestellt.

Wenn wir Werte immer in einer gleichen Schreibweise verwenden, werden wir weniger Fehler beim Kopfrechnen machen. Nutzen wir daher zunächst diesen Zwischenschritt. Später werden wir selbstverständlich Werte wie z.B. „120" nicht jedem Fall umschreiben, sondern automatisch im Kopf durch $1{,}2 \cdot 10^2$ ersetzten, wenn dies von Vorteil ist.

Eine mathematische Zahl kann unendlich genau sein. Die Kreiszahl π kann im Prinzip auf beliebig viele Stellen angegeben werden. Wie genau eine Zahl tatsächlich benötigt wird, hängt von der Anwendung ab. Die Anzahl der aussagekräftigen Stellen einer Zahl, die angegeben werden, nennt man signifikante Stellen.

$\pi \approx 3$	1 signifikante Stelle
$\pi \approx 3{,}14$	3 signifikante Stellen
$\pi \approx 0{,}0031 \cdot 10^3$	2 signifikante Stellen

Fortsetzung Beispiel 4.1.ii:

---

aber:

$$300 \qquad 1, 2 \text{ oder } 3 \text{ signif. Stellen}$$

klarer wäre:

$$3 \cdot 10^2 \qquad 1 \text{ signifikante Stelle}$$
$$3{,}0 \cdot 10^2 \qquad 2 \text{ signifikante Stellen}$$
$$3{,}00 \cdot 10^2 \qquad 3 \text{ signifikante Stellen}$$

Die meisten Berechnungen in Ingenieurwissenschaften, aber auch im Betriebswirtschaftswesen, sind nicht ganz exakt. Deshalb entscheiden wir, wie genau ein Ergebnis angegeben werden soll.

R **4.1.3   Runden auf zwei signifikante**
ezept: Stellen

Schreiben Sie fürs Kopfrechnen Ihre reelle Zahl x als Produkt aus einem Zahlenwert a zwischen 1 und 10 mit genau einer Nachkommastelle, sowie einer 10-er Potenz:

$$x \approx a \cdot 10^k \quad \text{mit} \quad k \in \mathbb{Z} \quad \text{und} \quad 1{,}0 \le a \le 9{,}9.$$

In den allermeisten Fällen reicht das völlig.

B **4.1.iii   Runden auf zwei signifikante**
eispiel: Stellen

(a)
$$7643{,}2 \approx 7{,}6 \cdot 10^3$$

(b)
$$0{,}000449 \approx 4{,}5 \cdot 10^{-4}$$

4.2   Grundrechenarten

4.2.a   Addition und Subtraktion von Zahlen

Bei Additionen kommt es sehr häufig vor, dass ein Summand gar nicht berücksichtigt werden muss.

Unterscheiden sich die beiden Werte um einen Faktor 100 oder mehr, kann man den kleineren Wert unberücksichtigt lassen.

R **4.2.1**
ezept: Addition und Subtraktion

Bei der Addition und Subtraktion zweier stark unterschiedlicher Zahlen trägt nur der betragsmäßig größere Wert maßgeblich zum Ergebnis bei.

$$x + y \approx x \qquad \text{wenn } |y| \ll |x|$$
$$a \cdot 10^k + b \cdot 10^n \approx a \cdot 10^k \quad \text{wenn } k > n + 2$$
$$\text{(Genauigkeit besser 1 \%)}$$

B$^{4.2.i}$eispiel:　Addition und Subtraktion: ungleichgroße Zahlen

(a)
$$7384 + 1{,}22 \approx 7384$$

(b)
$$2{,}33 \cdot 10^{-4} - 9{,}81 \cdot 10^{-8} \approx 2{,}33 \cdot 10^{-4}$$
$$\text{Achtung: } -4 > -8$$

Bei etwa gleich großen Zahlen tragen beide Werte zum Ergebnis bei.

B$^{4.2.ii}$eispiel:　Addition und Subtraktion: etwa gleichgroße Zahlen

$$2{,}33 \cdot 10^{-4} + 9{,}81 \cdot 10^{-5}$$
$$= 2{,}3 \cdot 10^{-4} + 0{,}98 \cdot 10^{-4}$$
$$\approx 3{,}3 \cdot 10^{-4}$$

4.2.b　Multiplikation von Zahlen

R$^{4.2.2}$ezept: Multiplikation

Sollen zwei Zahlen miteinander multipliziert werden, so hilft es manchmal, einen Wert ein wenig zu erhöhen und den anderen um den gleichen Prozentsatz zu erniedrigen.

$$x\,y \approx (x + \varepsilon\,x)\,(y - \varepsilon\,y)$$
$$|\varepsilon| < 0{,}1$$
$$\text{(Genauigkeit besser 1 \%)}$$
$$|\varepsilon| < 0{,}3$$
$$\text{(Genauigkeit besser 10 \%)}$$

Bei Multiplikationen tragen immer beide Faktoren zum Ergebnis bei. Man muss also immer die beiden Werte berücksichtigen.

Das Produkt kann näherungsweise bestimmt werden, wenn man einen Wert etwas erhöht und den anderen etwas erniedrigt. Es bietet sich an, zu schauen, um welchen Prozentsatz einer der Faktoren verändert werden muss, um eine „gut zu rechnende Zahl" zu erhalten. Der andere Faktor wird entsprechend in die andere Richtung verändert.

In der formalen Darstellung in Rezept 4.2.2 kommt der griechische Buchstabe ε („Epsilon") vor. Dieser wird in der Mathematik traditionell für „kleine Zahlen" verwendet.

Beweis:

$$(x + \varepsilon\,x)\,(y - \varepsilon\,y)$$
$$= (x + \varepsilon\,x)\,(y - \varepsilon\,y)$$
$$= x\,(1 + \varepsilon)\,y\,(1 - \varepsilon)$$
$$= x\,y\,(1 - \varepsilon^2)$$
$$\approx x\,y \qquad \text{für kleine } \varepsilon$$

Im nebenstehenden Beispiel erkennt man, dass etwa 7 % fehlen, um aus 9,33 den Wert 10 zu machen. Entsprechend muss der zweite Faktor um etwa 7 % reduziert werden.

Das hört sich zunächst komplizierter an, als es ist. In der Praxis entwickelt man mit etwas Übung recht schnell ein gutes Gefühl dafür, wie man die Zahlen „korrigieren" muss.

B 4.2.iii Beispiel: Multiplikation

(a)
$$7{,}8 \cdot 6{,}8 \approx 8 \cdot 6{,}6 \approx 48 + 4{,}8 \approx 53$$

(b)
$$3{,}8 \cdot 6{,}9 \approx 4 \cdot 6{,}5 \approx 26$$

(c)
$$9{,}33 \cdot 10^{-4} \cdot 2{,}33 \cdot 10^{-8}$$
$$\approx 9{,}33\,(1 + 7\ \%) \cdot 10^{-4}$$
$$\cdot\, 2{,}33\,(1 - 7\ \%) \cdot 10^{-8}$$
$$\approx 10 \cdot 2{,}2 \cdot 10^{-12}$$
$$\approx 2{,}2 \cdot 10^{-11}$$

4

4.2.c Division von Zahlen

Bei der Division von Zahlen, also beim Berechnen von Brüchen, müssen Zähler und Nenner in die gleiche Richtung verändert werden, also werden beide etwa um den gleichen Faktor vergrößert oder verkleinert.

R 4.2.3 Rezept: Division

Sollen zwei Zahlen durcheinander dividiert werden, so hilft es manchmal beide Zahlen mit dem gleichen Faktor zu multiplizieren, oder um den gleichen Prozentsatz zu erhöhen oder zu erniedrigen:

$$\frac{x}{y} = \frac{x + \varepsilon x}{y + \varepsilon y} = \frac{k\,x}{k\,y}.$$

Versuchen Sie den Bruch so zu erweitern, dass die Zahl im Nenner eine ganzzahlige Potenz von Zehn wird.

Der vorgeschlagene Weg lautet, dass man zunächst den Nenner anschaut und bestimmt, mit welchem Faktor man ihn erweitern muss. (Die Faktoren, sind nicht kompliziert, sie sind einfach 10 dividiert durch die jeweilige Zahl. Nach einigen Übungen kennt man sie auswendig).

In Tabelle 4.1 sind jeweils Paare von Zahlen gelistet, die multipliziert den Wert 10 ergeben. Steht eine Zahl im Nenner, so wird der Bruch mit der dazugehörigen Faktor erweitert, wobei man die Technik aus Rezept 4.2.2 nutzen kann.

Tabelle 4.1: Zahlenpaare als Erweiterungsfaktoren zum Dividieren.

3,3	4	5	6	7	8	9
3	2,5	2	1,66	1,4	1,25	1,1

B 4.2.iv Beispiel: Division

(a)
$$\frac{4{,}4}{7{,}0} = \frac{4{,}4 \cdot 1{,}4}{7{,}0 \cdot 1{,}4} = \frac{4{,}4 \cdot (1 + 0{,}4)}{7{,}0 \cdot 1{,}4}$$
$$\approx \frac{4{,}4 + 1{,}9}{10}$$
$$\approx 6{,}3 \cdot 10^{-1} \approx 0{,}63$$

(b)
$$\frac{8{,}7 \cdot 10^{3}}{6{,}3 \cdot 10^{-2}} = \frac{8{,}7 \cdot (1 + 0{,}6)}{6{,}3 \cdot 1{,}6} \cdot 10^{3-(-2)}$$
$$\approx \frac{8{,}7 + 5{,}1}{10} \cdot 10^{5}$$
$$\approx 1{,}4 \cdot 10^{5}$$

4.2.d   Vorsicht mit der Null

Rezept: **4.2.4   Null oder Nicht-Null, das ist hier die Frage**

Wenn Sie etwas ausrechnen, bedenken Sie:

Eine Zahl kann entweder gleich null sein oder sie ist ungleich null. Sie ist aber nie ungefähr gleich null. Das wäre immer falsch.

Schreiben Sie nie:

$$x \approx 0 \quad \text{100 \% falsch!}$$

Beispiel: **4.2.v   Rechteck-Rechnungen**

Auf dem Seitenstreifen entlang einer Straße sollen auf einer Strecke von $s = 2{,}5$ km Photovoltaikmodule (PV) aufgestellt werden. Die Module haben eine Höhe von $h = 1{,}8$ m. Der Rand der gesamten streifenförmigen PV-Anlage soll mit einem umlaufenden Aluminiumrahmen eingefasst werden.

Die gesamte Länge für dieses Aluminiumprofil entspricht dem Umfang der PV-Fläche. Für diese Rechnung spielt die Höhe der Module praktisch keine Rolle.

$$U = 2 \cdot s + \underbrace{2 \cdot h}_{\text{klein}} \approx 2 \cdot s = 5 \,\text{km}.$$

Zur Abschätzung des Ertrags der PV-Anlage, wird die Gesamtfläche A der Module benötigt. Offensichtlich darf nun die vergleichsweise kleine Höhe nicht vernachlässigt werden:

$$A = s \cdot h = 4{,}5 \cdot 10^3 \,\text{m}^2.$$

Die Null ist eine Zahl, deren besonderer Charakter man sich bewusst machen sollte. Siehe hierzu auch Abschnitt 3.1.b. Man kann zu jeder Zahl null addieren, oder von jeder Zahl null subtrahieren, ohne dass sich die Zahl verändert. Man nennt die Null das „neutrale Element" hinsichtlich der Addition und Subtraktion. Deshalb funktioniert auch das Rezept 4.2.1: Addiert man zu einer Zahl x eine Zahl y, so ist das Ergebnis wieder etwa x, wenn die Zahl y im Vergleich zu x sehr klein ist.

Vorsicht ist aber geboten bei Multiplikation oder Division. Hier darf eine Zahl niemals als 0 betrachtet werden, egal wie klein uns die Zahl erscheint.

Auch qualitativ ist es ein gewaltiger Unterschied, ob der Wert einer Größe null ist oder eben ungleich null. So ist beispielsweise ein Mikrometer im Alltag ein in der Regel vernachlässigbar kleine Strecke. In der Atomphysik ist dies aber eine sehr große Distanz.

Auch bei Wahrscheinlichkeiten und Risikoabschätzungen ist der Unterschied elementar: Ist die Wahrscheinlichkeit eines Ereignisses gleich null, so kann es niemals eintreten. Ist die Wahrscheinlichkeit klein, aber nicht null, so muss man mit dem Ereignis rechnen.

4.3 Kopfrechnen für Fortgeschrittene

4.3.a Wurzeln von Zahlen

Zunächst erscheint es nicht so leicht möglich Wurzeln aus Zahlenwerten im Kopf zu berechnen. Dennoch gelingt dies zumindest für Quadrat- und Kubikwurzeln mit etwas Übung mit erstaunlicher Genauigkeit.

Zunächst muss man die Größenordnung der Lösung bestimmen. Dazu muss die Zehnerpotenz des Radikanten bei einer Quadratwurzel durch zwei, bei einer dritten Wurzel durch drei usw. teilbar sein. Den Zahlenwert davor erhält man durch die Kenntnis der einfachen Quadrat- oder Kubikzahlen (Tabelle 4.2). Diese muss man nicht auswendig wissen. Man kann sie sich durch einfache Multiplikationen schnell ausrechnen bzw. abschätzen.

Tabelle 4.2: Quadrat- und Kubikzahlen zum Wurzelziehen.

x	x^2	x^3	
1	1	1	
2	4	8	
3	9	27	
4	16	64	
5	25	125	
6	36	220	$\approx 5{,}5 \cdot 40$
7	49	350	$\approx 7 \cdot 50$
8	64	500	$\approx 10 \cdot 50$
9	81	720	$\approx 9 \cdot 80$

R **4.3.1**
ezept: n-te Wurzel

Soll die n-te Wurzel aus einer Zahl gezogen werden, so wird die Zahl zunächst dafür vorbereitet, in dem man die 10-er Potenz durch n teilbar hinschreibt und den Zahlenwert zwischen 1 und 10^n legt.
Um $\sqrt[n]{x}$ zu berechnen wird x dargestellt als

$$x = a \cdot 10^{n\,k} \quad \text{mit} \quad k \in \mathbb{Z}$$
$$1 \leq a < 10^n$$

Dann ist

$$y = \sqrt[n]{x} = \sqrt[n]{a \cdot 10^{n\,k}} = b \cdot 10^k$$
$$1 \leq b \leq 10 \quad \text{mit} \quad b = \sqrt[n]{a}.$$

B **4.3.i**
eispiel: Dritte Wurzel

$$\sqrt[3]{2{,}11 \cdot 10^{-4}} = \sqrt[3]{211 \cdot 10^{-6}}$$
$$= \sqrt[3]{211} \cdot 10^{-2}$$
$$\approx 5{,}9 \cdot 10^{-2}$$
$$\text{da } 6^3 \approx 220$$

4.3.b Winkelfunktionen

Um den Wert einer trigonometrische Funktion ohne Rechner abschätzen zu können, reicht es, wenn wir den ersten Quadranten eines Einheitskreises skizzieren. Wir betrachten dabei die Länge des Radius, auch wenn diese beispielsweise 10 cm beträgt, als Einheitslänge vom Betrag 1.

Jetzt müssen wir nur den gegebenen Winkel ein zeichnen und die gesuchte Strecke ablesen. Dabei benötigt man nicht unbedingt ein Geodreieck. Es ist erstaunlich, wie gut man mit ein wenig Übung einen Winkel oder den Anteil an einer Strecke ohne weitere Hilfsmittel schätzen kann. Probieren Sie es aus!

Bei den Umkehrfunktionen (arcsin, arccos und arctan) tragen wir zunächst die Strecke ein und lesen als Ergebnis den Winkel ab.

Bei trigonometrische Funktionen kann man sich behelfen, wenn man die Definition der Funktion kennt.

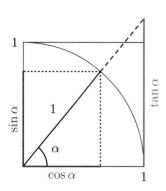

Abbildung 4.1: Skizze eines Einheitskreises zum Ablesen von sin, cos und tan. Eingezeichnet ist exemplarisch der Winkel $\alpha \approx 50°$.

R$^{4.3.2}$ezept: Winkelfunktionen

Sollen Sinus, Cosinus oder Tangens eines Winkels berechnet werden, zeichnen Sie in einen Einheitskreis den Winkel ein und lesen Sie die gesuchten Werte ab (siehe Abbildung 4.1).

B$^{4.3.ii}$eispiel: Winkelfunktionen

In Abbildung 4.1 ist der Winkel $\alpha \approx 50°$ eingezeichnet. Ablesen ergibt:

$$\sin(50°) \approx 0{,}8$$
$$\cos(50°) \approx 0{,}65$$
$$\tan(50°) \approx 1{,}2$$

Meist genügt es sogar, wenn wir den Kreis einigermaßen gut von Hand skizzieren. Man hat nicht immer einen Zirkel dabei.

Häufig ist es hilfreich, für schnelle Überschlagsrechnungen die Werte der trigonometrischen Funktionen für ein paar Winkel auswendig zu kennen:

Merke:

$$\sin 30° = \cos 60° = 0{,}5$$
$$\sin 45° = \cos 45° = 0{,}5 \cdot \sqrt{2} \approx 0{,}71$$
$$\sin 60° = \cos 30° = 0{,}5 \cdot \sqrt{3} \approx 0{,}87$$

4.3.c e-Funktion und Logarithmus

R$^{4.3.3}$ezept: Potenzen zur Basis 10 und Exponentialfunktionen

Sie sollen eine 10er-Potenz 10^x berechnen, dann schreiben Sie den Exponenten x als Summe von ganzen Zahlen und aus den Werten 0,3 und 0,5

$$x = k + l \cdot 0{,}3 + m \cdot 0{,}5 \quad \text{mit } k, l, m \in \mathbb{Z}.$$

Dann ergibt sich:

$$10^x \approx 10^k \cdot 10^{0{,}3 \cdot l} \cdot 10^{0{,}5 \cdot m}$$
$$\approx 10^k \, 2^l \, 3^m.$$

Merken Sie sich die Potenzen aus Tabelle 4.3.

Exponentialfunktionen kommen in der Natur häufig vor, zum Beispiel bei der Vermehrung von Bakterien, beim Zerfall von radioaktiven Stoffen oder bei der Verzinsung.

Schauen wir uns dazu eine hilfreiche mathematische Eigenschaft an: Alle Exponentialkurven haben den gleichen qualitativen Verlauf, egal auf welche Basis sie sich beziehen. Mit Hilfe der Umkehrfunktion, dem Logarithmus, lässt sich ein exponentielles Verhalten auf jede beliebige Basis umrechnen. Man muss nur den Exponenten passend skalieren:

$$a^x = e^{\ln(a)\,x} = 10^{\log(a)\,x},$$

dabei bezeichnet ln den natürlichen Logarithmus und log den Logarithmus zur Basis 10. Damit können wir nun beliebige Potenzen berechnen, wie beispielsweise $71{,}7^{3{,}5}$!

Tatsächlich müssen wir uns nur zwei Potenzen bzw. Logarithmen merken (siehe Tabelle 4.3), dann können wir Werte von Exponentialfunktionen und Logarithmen im Kopf berechnen.

B$^{4.3.iii}$eispiel: Potenzen zur Basis 10

(a)
$$10^{7{,}58} \quad \text{wähle } x = 7{,}58 \approx 7 + 2 \cdot 0{,}3$$
$$\Rightarrow \quad 10^{7{,}58} \approx 10^7 \cdot 2^2 \approx 4 \cdot 10^7$$

(b)
$$10^{2{,}71} \quad \text{wähle } x = 2{,}71 \approx 3 - 0{,}3$$
$$\Rightarrow \quad 10^{2{,}71} \approx 10^3 \cdot 2^{-1} \approx 0{,}5 \cdot 10^3$$
$$= 500$$

...

Tabelle 4.3: Merkliste für Potenzen und Logarithmen

Potenzen			Logarithmen		
$10^{0{,}3}$	$\approx$	2	$0{,}3$	$\approx$	$\log 2$
$10^{0{,}5}$	$\approx$	3	$0{,}5$	$\approx$	$\log 3$
$e^{2.3}$	$\approx$	10	2.3	$\approx$	$\ln 10$

Rechnen wir ein paar Beispiele zu Potenzen:

- $10^{0,6} = 10^{0,3\cdot 2} = \left(10^{0,3}\right)^2 \approx 2^2 = 4$
- $10^{0,7} = 10^{1-0,3} = 10^1 \cdot 10^{-0,3} \approx 10 \cdot \dfrac{1}{2} = 5$
- $10^{3,5} = 10^{3+0,5} = 10^3 \cdot 10^{0,5} \approx 10^3 \cdot 3 = 3 \cdot 10^3$

Wenn wir dann noch wissen, dass $10 = \mathrm{e}^{\ln 10} = \mathrm{e}^{2,3}$ ist, können wir weitere Potenzen berechnen, zum Beispiel:

- $\mathrm{e}^{12} = \mathrm{e}^{2,3 \cdot \frac{12}{2,3}} \approx 10^{5,2}$

  $= 10^{6-0,5-0,3} \approx \dfrac{10}{2 \cdot 3} \cdot 10^5 \approx 1,7 \cdot 10^5$
- $2^{10} \approx \left(10^{0,3}\right)^{10} = 10^3$

Für die Berechnung von Logarithmen benötigen wir noch diese Rechenregeln:

$$\log(a\, b) = \log a + \log b,$$
$$\log(a^b) = b \log a \qquad \text{und}$$
$$\log_a b = \frac{1}{\log_b a}.$$

Probieren wir auch das gleich mal aus, wobei wir die Werte aus Tabelle 4.3 verwenden:

$$\log 50 = \log(100 \div 2)$$
$$= \log 100 - \log 2 \approx 2 - 0,3 = 1,7.$$

Für den natürlichen Logarithmus können wir das Argument erst in 10er-Potenzen schreiben, dann die 10 als $\mathrm{e}^{2,3}$, wodurch sich e^x und $\ln$ gegenseitig aufheben:

$$\ln 60 = \ln\!\left(10^{\log(10\cdot 3\cdot 2)}\right) \approx \ln\!\left(10^{1,8}\right)$$
$$\approx \ln\!\left(\left(\mathrm{e}^{2,3}\right)^{1,8}\right) = 1,8 \ln\!\left(\mathrm{e}^{2,3}\right)$$
$$= 1,8 \cdot 2,3 \approx 4,2.$$

Man kann sich aber auch einfach merken, dass gilt:

$$\ln x \approx 2,3 \cdot \log x.$$

Zum Abschluss wollen wir nun noch die oben gestellte Aufgabe angehen. Was ist $71{,}7^{3,5}$?

Dazu berechnen wir zunächst $\log(7,17)$. Wir können den Wert von zwei Seiten her annähern, wobei wir den Wert durch Multiplikation und Divisionen aus den Zahlen 10, 2 und 3 schreiben:

$$7,17 \lesssim 10 \cdot 3 \div 2 \div 2 = 7,5$$
$$\Rightarrow \quad \log(7,17) \lesssim 1 + 0,5 - 0,3 - 0,3 = 0,9$$

Fortsetzung Beispiel 4.3.iii:

(c) $10^{-2,9}$ wähle $x = -2,9 \approx -2 - 3 \cdot 0,3$

$$\Rightarrow \quad 10^{-2,9} \approx 10^{-2} \cdot 2^{-3}$$
$$\approx \frac{1}{8} \cdot 10^{-2}$$
$$\approx 1,3 \cdot 10^{-3}$$

R4.3.4 Rezept: Allgemeine Potenzfunktionen

Soll a^x berechnet werden, so führen Sie diese Rechnung auf eine 10-er Potenz zurück.

$$a^x = 10^{\log(a)\, x}.$$

B4.3.iv Beispiel: Potenzen zu beliebiger Basis

(a) $$3^{3,6} = 10^{\log(3)\cdot 3,6}$$
$$= 10^{0,5\cdot 3,6} = 10^{1+0,5+0,3} = 6 \cdot 10^1$$

(b) $$\mathrm{e}^{20} = 10^{(0,434\cdot 20)}$$
$$\approx 10^{8,68} \approx 10^{0,68} \cdot 10^8 \approx 5 \cdot 10^8$$

R4.3.5 Rezept: Zehner-Logarithmen

Um einen 10er-Logarithmus der Zahl x zu berechnen, schreiben Sie die Zahl zunächst nach Rezept 4.1.1 als Produkt aus einem Zahlenwert zwischen 1 und 10, sowie einer 10-er Potenz dar:

$$x = a \cdot 10^k \qquad \text{mit} \quad 1 \le a < 10.$$

Versuchen Sie anschließend den Zahlenwert a als Produkt der Zahlen 2 und 3 zu schreiben:

$$a \approx 2^l \cdot 3^m \quad \text{mit } k, l, m \in \mathbb{Z}.$$

Dann können Sie über die Summe der gelernten Werte das Ergebnis bestimmen.

$$\log x \approx \log\!\left(10^k\, 2^l\, 3^m\right) \quad \text{mit } k, l, m \in \mathbb{Z}$$
$$\approx k + l \cdot 0,3 + m \cdot 0,5.$$

Der Exponent ergibt die Vorkommastelle und $\log(a)$ die Nachkommastelle.

B4.3.v eispiel: Logarithmen im Kopf rechnen

Der Zehnerlogarithmus $\log(2755{,}45)$ soll im Kopf berechnet werden.

- Variante 1: wähle $x \approx 3 \cdot 10^3$
  $$\log(2755{,}45) \approx \log(3 \cdot 10^3) \approx 0{,}5 + 3 = 3{,}5$$
- Variante 2: wähle $x \approx 2{,}5 \cdot 10^3 = \frac{10}{4} \cdot 10^3$
  $$\log(2755{,}45) \approx \log\left(\frac{10}{2 \cdot 2} \cdot 10^3\right)$$
  $$= \log(10^4) - \log(2) - \log(2)$$
  $$\approx 4 - 0{,}3 - 0{,}3 = 3{,}4$$

Viele Wege führen zum Ziel.

R4.3.6 ezept: Beliebige Logarithmen

Um einen Logarithmus zu einer anderen Basis zu bestimmen, führen Sie diesen wieder auf den 10er-Logarithmus zurück:

$$\log_a x = \log_a(10)\,\log(x)$$
$$= \frac{\log x}{\log a}.$$

Für den Spezialfall des natürlichen Logarithmus gilt somit

$$\ln x = 2{,}3 \cdot \log x.$$

Folgen Sie dann Rezept 4.3.5.

B4.3.vi eispiel: Natürlicher Logarithmus

(a)
$$\ln 79123 = 2{,}3 \cdot \log(7{,}9123 \cdot 10^4)$$
$$\approx 2{,}3 \cdot (4 + \log 8) \approx 2{,}3 \cdot 4{,}9 \approx 11$$

(b)
$$\ln 0{,}033 = 2{,}3 \cdot \log(3{,}3 \cdot 10^{-2})$$
$$\approx 2{,}3 \cdot (-1{,}5) \approx -3{,}5$$

oder

$$7{,}17 \gtrsim \cdot 10 \cdot 2 \div 3 = 6{,}67$$
$$\Rightarrow \quad \log(7{,}17) \gtrsim 1 + 0{,}3 - 0{,}5 = 0{,}8.$$

Jetzt können wir das Ergebnis berechnen:

$$71{,}7^{3{,}5} = 10^{\log(71{,}7) \cdot 3{,}5} = 10^{(\log(10) + \log(7{,}17)) \cdot 3{,}5}$$
$$\approx 10^{1{,}85 \cdot 3{,}5} \approx 10^{6{,}5} \approx 3 \cdot 10^6.$$

4.4 Kopfrechnen für Spezialisten

Bei den oben aufgeführten Rechenrezepten genügte es, die Zahlen und die Ergebnisse auf eine oder zwei signifikante Stellen anzugeben. Man hat so immer noch ein sinnvolles Ergebnis erhalten. Wir haben zwei Zahlen addiert oder miteinander multipliziert, die Wurzel gezogen aus einer Zahl und vieles mehr. Immer haben wir in einem ersten Schritt die Zahlen auf zwei signifikante Stellen gerundet.

Nun gibt es in der Technik aber auch Anwendungen, bei denen nur kleine Änderungen betrachtet werden müssen. Was geschieht beispielsweise, wenn ein Bahnsteig in einem Bahnhof leicht geneigt ist. Vielleicht weniger als 1°. Kommt ein Kinderwagen dann schon von alleine ins Rollen? Hier funktioniert das Rezept 4.3.2 offensichtlich nicht mehr. So kleine Winkel lassen sich kaum zeichnen und das Ergebnis schlecht vernünftig ablesen.

Oder wir kennen den Benzinverbrauch eines Autos bei 120 km/h. Um wie viel steigt der Verbrauch an bei einer 10 % höheren Geschwindigkeit?

Mit den o.a. Rezepten kommen wir hier nicht weiter.

Aber die Mathematik hält wieder ein Werkzeug parat. Das sind die Taylorreihen (Abschnitt 3.3.f). Mit ihnen können wir vor allem Fragen beantworten, die kleine Werte oder Änderungen betreffen. Und die Rechnungen dazu können ohne Computer ausgeführt werden.

Der Bahnsteig des Bahnhofs Stuttgart 21 hat eine Neigung von 0,87°. Was ist der Höhenunterschied h bei einer Länge von $l = 500\,\mathrm{m}$?

Lösung:

Winkel in Bogenmaß: $\varphi = \pi \dfrac{0{,}87°}{180°}$.

Damit ergibt sich:

$$h = l \sin \varphi \approx l\,\varphi \approx \frac{500\,\mathrm{m} \cdot 3 \cdot 0{,}9}{180} \approx 7{,}5\,\mathrm{m}.$$

Schreibt man Definition 3.3.16 noch einmal hin und bricht nach dem Quadratterm ab, ergibt sich:

$$f(x) \approx f(x_0) + f'(x_0)\,(x - x_0) + \frac{1}{2}\,f''(x_0)\,(x - x_0)^2.$$

Führt man noch die Abkürzung $\varepsilon = x - x_0$ ein und ist $\varepsilon \ll 1$, dann werden alle noch höheren Terme sehr klein und man erhält als gute Näherung

W 4.4.1 Wissen: Taylorreihe quadratisch

Für kleine Abweichungen um x_0 kann ein Funktionswert in der Regel sehr gut durch die Taylorreihe bis in 2. Ordnung angenähert werden:

$$f(x_0 + \varepsilon) \approx f(x_0) + f'(x_0)\,\varepsilon + \frac{1}{2}\,f''(x_0)\,\varepsilon^2$$

mit $\varepsilon \ll 1$.

Dies kann genutzt werden um Funktionswerte kleiner Größen ohne Computer auszurechnen.

R 4.4.2 Rezept: Linearisierung einer Potenz

Potenzen von Zahlen nahe eins können oft durch eine Taylorreihe bis in 1. Ordnung approximiert werden:

$$(1 + \varepsilon)^a \approx 1 + a\,\varepsilon \quad \text{für} \quad |\varepsilon| \ll 1.$$

Sie erhalten gute Näherungen für $|a| \leq 4$.

Durch Entwickeln der Funktion $f(x) = x^a$ in einer Taylorreihe um den Punkt 1 wird das ersichtlich:

$$f(1 + \varepsilon) \approx f(1) + f'(1)\,\varepsilon = 1 + a\,1^{a-1}\,\varepsilon.$$

R4.4.3 ezept: Näherung für kleine Winkel

Für kleine Winkel $\alpha \ll 1$ im Bogenmaß lassen sich die trigonometrischen Funktionen leicht abschätzen:

$$\sin \alpha \approx \alpha,$$
$$\tan \alpha \approx \alpha \quad \text{und}$$
$$\cos \alpha \approx 1 - \frac{1}{2}\alpha^2.$$

R4.4.4 ezept: Näherung für e^x und ln

Die Exponentialfunktion und der natürliche Logarithmus lassen sich für Werte nahe null bzw. eins nähern durch:

$$e^x \approx 1 + x \quad \text{und}$$
$$\ln(1 + x) \approx x,$$

für $|x| \ll 1$.

Zinseszins

R4.4.5   Zinseszins oder Potenzen mit ezept: einer Basis nahe 1

Führen Sie eine Potenz mit einer Basis nahe 1 auf eine 10er-Potenz zurück:

$$(1 + \varepsilon)^n \approx 10^{\frac{n\,\varepsilon}{2,3}} \quad \text{mit } |\varepsilon| \ll 1,$$

und folgen Sie dann Rezept 4.3.3.

Für große Werte von n erhält man mit dieser Näherung bessere Ergebnisse als bei der Anwendung von Rezept 4.4.2.

Mit diesem Wissen können wir jetzt sogar Zinseszinsrechnungen durchführen.

Wenn wir einen bestimmten Betrag mit einem Zinssatz von ε anlegen, so steigt unser Vermögen jedes Jahr um den Faktor $1 + \varepsilon$. Nach n Jahren haben wir also $(1 + \varepsilon)^n$ mal so viel Geld.

Da die Zinssätze meist klein sind, können wir die einfache Näherung des natürlichen Logarithmus (siehe Rezept 4.4.4) verwenden:

$$(1 + \varepsilon)^n = \left(e^{\ln(1+\varepsilon)}\right)^n$$
$$\approx (e^\varepsilon)^n$$
$$\approx 10^{\frac{n\,\varepsilon}{2,3}}.$$

Jetzt können wir mit Rezept 4.3.3 den Zinseszins berechnen.

B^{4.4.i}**eispiel: Zinseszins**

Wenn Sie 100 € mit 5 % Zinsen thesaurierend anlegen, erhalten Sie nach 15 Jahren:

$$100 \text{ €} \cdot 1{,}05^{15} = 100 \text{ €} \cdot (1 + 0{,}05)^{15}$$
$$\approx 100 \text{ €} \cdot 10^{\frac{15 \cdot 0{,}05}{2{,}3}}$$
$$\approx 100 \text{ €} \cdot 10^{0{,}3}$$
$$\approx 100 \text{ €} \cdot 2 = 200 \text{ €}.$$

4

Aufgaben und Zusatzmaterial zu diesem Kapitel

https://sn.pub/PHNAQy

5 Diagramme und Visualisierung von Daten

Überall um uns herum werden viele Zahlen produziert und genannt, in denen wir uns zurechtfinden müssen: Kontoauszüge, CO_2-Emissionen, ein Jahresgeschäftsbericht, Produktionszahlen, Messreihen aus Experimenten. Diese Liste ließe sich beliebig fortsetzen.

Die meisten Menschen sehen zwar viele Zahlen, erkennen aber keine Struktur und keinen Zusammenhang. Noch schwerer wird es, wenn mehrere Zahlenreihen miteinander verglichen werden sollen. Die Daten müssen für uns Menschen so aufbereitet werden, damit wir Zusammenhänge erkennen können.

Eine Methode ist die visuelle Aufbereitung in Form von Diagrammen. In diesen fällt es uns leichter, Strukturen zu erkennen. Daher wurden viele verschiedene Darstellungsformen entwickelt, die je nach Aufgabe eingesetzt werden. Ein paar ganz grundlegende werden wir uns in diesem Kapitel anschauen.

5.1 Grundregeln Diagramme

Diagramme zu erstellen ist im Prinzip nicht schwer. Mit ein paar einfachen Grundregeln (Rezept 5.1.1) gelingen schon gute Diagramme. Verpixelte Kurven, unleserliche Beschriftungen, fehlerhafte oder fehlende Einheiten sind beispielsweise Fehler, die sich aber ganz leicht vermeiden lassen. Und gute Diagramme sind Voraussetzung für gute technische Arbeiten. Wir sollten uns daher angewöhnen, diese Grundregeln immer einzuhalten. Das erfordert etwas mehr Zeit, bringt aber einen erheblichen Gewinn bei der Wertschätzung unserer Arbeiten.

Dabei dürfen wir nie den Adressatenbezug vergessen (Unterkapitel 1.9). Für eine Chefin werden wir vielleicht ein anderes Diagramm wählen als für eine Publikation. Und wenn die Marketingabteilung von uns ein Diagramm verlangt, müssen wir wieder andere Anforderungen erfüllen. Dennoch bleiben ein paar grundlegende Regeln immer bestehen.

R 5.1.1
Rezept: Grundregeln Diagramme

Ein paar grundlegende Gedanken sollen helfen, Diagramme so zu gestalten, dass sie den meisten Anforderungen genügen.

- Eine Überschrift ist oft sinnvoll.
- Achten Sie auf ausreichende Schriftgröße.
- Vergessen Sie die Achsenbeschriftungen nicht (siehe Rezept 5.1.2).
- Erstellen Sie keine verpixelten Diagramme.
- Verwenden gut sichtbare Linienbreiten.
- Denken Sie an Personen mit einer Rot-Grün-Sehschwäche.
- Geben Sie der Abbildung eine Nummer, diese steht immer unter der Abbildung. Im Text müssen Sie irgendwo auf das Diagramm Bezug nehmen.

© Der/die Autor(en), exklusiv lizenziert an Springer-Verlag GmbH, DE, ein Teil von Springer Nature 2023
C. Hettich et al., *Physik Methoden*,
https://doi.org/10.1007/978-3-662-67906-7_5

5.1.a   Achsenbeschriftung und Skalierung

R **5.1.2   Achsenbeschriftung und**
ezept: **Skalierung**

- Beschriften Sie die Achsen

  Es hat sich bewährt, an die Achsen der Diagramme nur Zahlen zu schreiben.

  Größe und Einheit werden einmal an die jeweiligen Achsen notiert. Folgende Schreibweise ist empfehlenswert:

  „Größe" in „Einheit" (Bsp: Zeit in s).

- Denken Sie nicht zu lange über die Skalierung nach: Meist liegt das Minimum Ihrer Achsenskalierung unter dem kleinsten und das Maximum über dem größten Datenwert.

- Überlegen Sie, ob es für die Aussagekraft des Diagrammes sinnvoll oder sogar notwendig ist, die Skalierung bei null beginnen zu lassen.

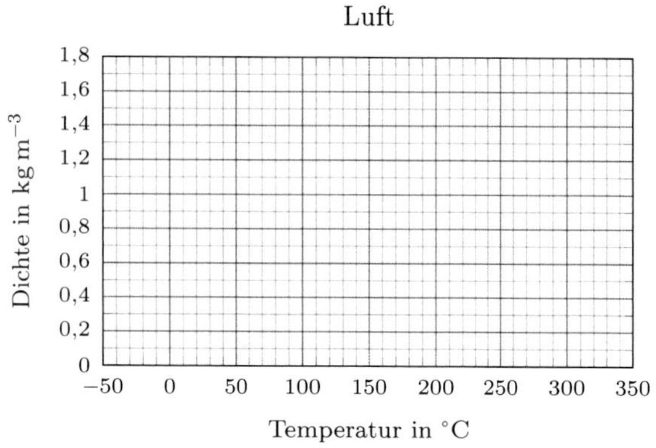

Abbildung 5.1: Vorbereitete Achsen zur Darstellung der Messwerte.

B **5.1.i   Beginn der Achse sinnvoll**
eispiel: **legen**

- Betrag der Geschwindigkeit als Funktion der Zeit:
  Hier ist es meist sinnvoll, die y-Achse bei null beginnen zu lassen. Irgendwann kann die Bewegung zum Stillstand kommen.

- Wanderung in den Bergen, Höhe als Funktion der Zeit:
  Wenn Sie von 1500 Höhenmetern aus hoch steigen, wählen Sie das als kleinsten Wert Ihrer Höhen-Achse. Der Nullpunkt, also die

...

Sollen wir ein Diagramm erstellen, stellt sich schnell die Frage nach den Achsen. Wie wählt und beschriftet man sie? An folgendem Beispiel werden diese Schritte beschrieben:

Die Dichte ϱ von Luft wurde als Funktion der Temperatur ϑ gemessen (siehe Tabelle 5.1).

Tabelle 5.1: Messwerte von der Dichte ϱ von Luft in Abhängigkeit von der Temperatur ϑ. Der Druck wurde bei der Messung bei $p = 1$ bar konstant gehalten.

Temperatur ϑ in °C	Dichte ϱ in $\mathrm{kg\,m^{-3}}$
−40	1,54
0	1,32
40	1,16
80	0,97
120	0,85
160	0,79
200	0,76
240	0,67
280	0,63
320	0,57

Wir wollen das $\varrho(\vartheta)$-Diagramm vorbereiten, zunächst ohne die Werte selbst einzutragen (das wird weiter unten dann noch verwendet).

Die Wahl der Achsen fällt leicht, da die Dichte als Funktion der Temperatur gemessen wurde.

- Wähle x-Achse: **Temperatur**,

  $\text{Min} = -40°\text{C}, \qquad \text{Max} = 320°\text{C}.$

  Deshalb Achse von $-50°\text{C}$ bis $350°\text{C}$.

- Wähle y-Achse: **Dichte**,

  $\text{Min} = 0{,}57\,\text{kg/m}^3, \qquad \text{Max} = 1{,}54\,\text{kg/m}^3.$

  Deshalb Achse von $0\,\text{kg/m}^3$ bis $1{,}8\,\text{kg/m}^3$.

In Abbildung 5.1 ist dies dargestellt.

Unbedingt achten wir auf die richtige Notation von Einheiten. Beispielsweise wäre hier die Beschriftung „Temperatur [°C]" nicht korrekt, denn die eckige Klammer bedeutet „die Einheit von" (vgl. Kapitel 2). Laut SI-Norm ist noch folgende Schreibweise erlaubt: $\vartheta/°\text{C}$. Allerdings kann nur in der gedruckten Version leicht zwischen kursiv geschriebenen Buchstaben (Symbole für Größen) und normal geschriebenen (Einheiten) unterschieden werden (Unterkapitel 2.1). Wenn wir handschriftlich arbeiten, sollten wir daher auf diese Schreibweise verzichten.

Fortsetzung Beispiel 5.1.i:

> Meereshöhe, enthält keine wichtige Information über Ihre Bergtour.
>
> • Aktienkurse:
> In Werbeprospekten wird die Zeitachse häufig so gelegt, dass die Performance einer Aktie nur ansteigt. Hier empfiehlt es sich, auch andere Zeiträume anzuschauen, also andere Anfangspunkte der Zeitachse zu wählen.

5.1.b Originaldaten

Manchmal zeigen Diagramme interessante Aspekte, denen man anschließend in einer genaueren Betrachtung nachgehen möchte. Dazu benötigt man die Originaldaten, denn oft werden bei der grafischen Auswertung Werte zusammengefasst und neu strukturiert. Sind dann die Originaldaten nicht mehr auffindbar, werden Ergebnisse und die dazu gehörigen Diagramme vielleicht unbrauchbar.

Es ist wichtig, zu den Diagrammen immer die zugehörigen Datensätze zu speichern. So kann man jederzeit Auswertungen nachbearbeiten oder in neue Kontexte stellen.

R 5.1.3 Rezept: Originaldaten aufbewahren

Aus Diagrammen kann nicht auf die Originaldaten geschlossen werden. Deshalb:

Bewahren Sie unbedingt für alle Diagramme die Originaldaten auffindbar auf.

5.2 Häufigkeitsverteilung

Eine Häufigkeitsverteilung erzählt uns, wie oft ein bestimmter Wert oder Wertebereich vorkommt. Der Wert muss dabei nicht zwingend ein Zahlenwert sein. Es kann auch um ein Wahlergebnis gehen oder wie viele Autos der verschiedenen Automarken auf einem Großparkplatz stehen.

5.2.a Einfache Häufigkeitsverteilungen

Wenn man die allgemeinen Regeln (Rezept 5.1.1) beachtet, kann man bei dieser Art von Diagramm wenig falsch machen. Deshalb hier nur ein kleines Beispiel:

Tabelle 5.2: Fiktives Ergebnis einer Wahl.

Partei	A	B	C	D	E
Stimmen	487	344	42	245	123

Um das Wahlergebnis aus Tabelle 5.2 in einem Diagramm zu veranschaulichen, könnte man auf der senkrechten Achse die Stimmanzahl auftragen und auf der waagrechten Achse die Parteien. In der Regel errechnet man aber im Zusammenhang mit Wahlen aus den abso-

Häufigkeitsverteilungen werden verwendet, wenn verschiedene Klassen (oder Töpfe) vorliegen, mit einer unterschiedlichen Anzahl an Elementen im Topf.

R 5.2.1 ezept: Balkendiagramm

- Tragen Sie die Werte über dem Klassennamen auf.

- Die Größe der Fläche soll proportional zur in der Klasse enthaltenen Anzahl sein. Zeichnen Sie alle Balken gleich breit. Dann ist die Balkenhöhe proportional zur Fläche.

- Indem Sie den Balken verschiedene Farben geben, können Sie weitere Informationen transportieren.

- Die Balken müssen nicht senkrecht sein und nebeneinander stehen; auch waagrechte Balken untereinander sind manchmal sinnvoll.

luten Stimmen eine relative Verteilung, also wieviel Prozent aller Stimmen jede Partei bekommen hat.

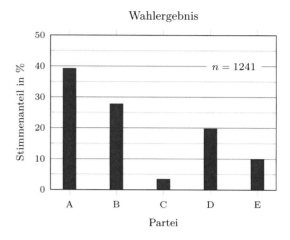

Abbildung 5.2: Beispielhaftes Balkendiagramm für ein fiktives Wahlergebnis. Statt der absoluten Anzahl an Stimmen zeigt man den prozentualen Anteil jeder Partei an den Gesamtstimmen.

Man erkennt in Abbildung 5.2 sofort, welche Partei die meisten Stimmen erhalten hat, welche über die 5 %-Hürde gekommen ist und auch welche Koalitionen möglich sind.

Zu diesem Diagrammtyp haben sich sehr viele Ausprägungen entwickelt, die sich vor allen Dingen in der Darstellung unterscheiden. Ob man Balken- oder Kreisdiagramme bevorzugt, ob einfache Balken oder 3D-Säulen besser gefallen, ist eher Geschmackssache. Inhaltlich unterscheiden sie sich kaum. Wir wählen einfach die Form, die uns am sinnvollsten erscheint. Wir sollten aber darauf achten, dass die Größe der Flächen den Werten entsprechen, da es sonst zu Fehlinterpretationen kommen kann.

5.2.b Histogramm

Bei den Wahlen war es einfach. Die Stimmen waren eindeutig einer Partei zugeordnet, im übertragenen Sinn in den Parteitopf gelegt, dort gesammelt und am Ende ausgezählt.

Etwas schwieriger wird es, wenn eine Messreihe durchgeführt wurde. Auch hier ist es oft von Interesse, welche Messwerte häufig und welche seltener vorkommen. Aber die Zuordnung ist nicht so einfach.

Was tun, wenn jeder Messwert nur genau einmal vorkommt?

Am besten, wir schauen uns wieder ein Beispiel an. 30 Schüler müssen einen 100 m Lauf absolvieren. Die Zeiten werden elektronisch gestoppt. Das Ergebnis ist (in Sekunden):

13,40	14,01	12,03	15,08	14,98
13,45	13,43	14,68	12,54	13,47
15,38	15,25	16,92	18,50	18,05
16,99	14,07	13,50	16,77	13,76
14,10	12,44	13,94	11,62	14,73
13,47	16,09	14,54	15,73	15,17

Wir erkennen, dass keine Messwerte mehr als doppelt vorkommen. Eine einfache Häufigkeitsverteilung wie in Abschnitt 5.2.a hilft nicht weiter.

Stattdessen ordnen wir Werte zusammen, die nahe beieinander liegen. Im unserem Beispiel werfen wir alle Zeiten von 13,0 bis 13,99 Sekunden in einen Topf (englisch „bin") und zählen dann, wie viele Werte in diesem Topf sind. Selbstverständlich hängt die Anzahl der Werte, die man findet, davon ab, wie breit die Töpfe gewählt werden. Der Vorschlag im Rezept 5.2.2 „nicht zu breit und nicht zu eng" klingt unpräzise, aber mit etwas Erfahrung fällt es nicht so schwer, vernünftige Bin-Breiten zu finden. Wenn wir nun in einem Balkendiagramm zeigen, wie viele Werte in jedem Topf sind, erhalten wir ein Histogramm.

Bei dem 100 m Lauf könnte das so gehen:

Der kleinste Wert beträgt 11,02 s, der größte 18,5 s. Wir probieren eine Einteilung in Klassen von Schülern, bei der wir nur die vollen Sekunden zählen oder anders ausgedrückt wir ignorieren die Nachkommastellen. Damit erhalten wir ein Histogramm, wie es in Abbildung 5.3 dargestellt ist.

Eine erste Datenanalyse mittels Histogrammen offenbart meist erstaunlich viel Information über einen Datensatz oder eine Messung. In Abschnitt 8.2.a werden wir uns bei der Auswertung von Messreihen Histogramme anschauen. Damit können wir Hinweise darüber erhalten, ob die Messung fehlerhaft durchgeführt wurde.

In der Fotografie zeigen Histogramme, ob der Dynamikbereich der Kamera ausgenutzt wurde, ob das Foto einen ausreichend guten Kontrast hat. Auch kann man erkennen, ob viele Bereiche im Bild über- oder unterbelichtet sind.

R 5.2.2   Auswertung Messreihe: ezept: Histogramm

- Suchen Sie in Ihren Daten zuerst Minimum und Maximum
- Definieren Sie Klassen (Bins), in die Sie Ihre Werte einsortieren.
- Die Klassen sollen alle die gleiche Breite haben.
- Zählen Sie die Anzahl der Messwerte, die Sie in der jeweiligen Kasse finden.
- Erstellen Sie danach eine Häufigkeitsverteilung Ihrer Messwerte, ein sogenanntes Histogramm.

Zusätzlich zu Rezept 5.1.1 wird empfohlen

- Wählen Sie eine geeignete Breite der Klassen. Bei zu engen Klassen werden die Häufigkeiten in den Bins zu klein, bei zu großen erhält man zu wenige Balken.
- Geben Sie auch die gesamte Anzahl aller Messwerte an.

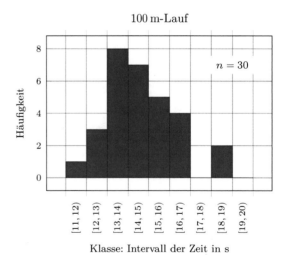

Abbildung 5.3: Histogramm 100 m-Lauf. Zu sehen ist die Verteilung der Laufzeiten von 30 Schülern.

5.3 x-y-Diagramme

Diese Art von Diagrammen ist so häufig, dass jeder sie kennt. Sei es, dass die Temperatur über den Tagen des Jahres aufgetragen ist, der Treibstoffverbrauch über der Geschwindigkeit oder wenn Körpergröße und Gewicht von Babys visualisiert werden, immer sind es zwei variierende Größen die zusammen bestimmt wurden.

Mit diesen relativ einfachen zu erstellenden Diagrammen können die Zusammenhänge oft gut verständlich dargestellt werden.

5.3.a x-y-Diagramme – ein Datensatz

> **R5.3.1**
> **ezept: x-y-Diagramm**
>
> Zeichnen Sie die Achsen gemäß Rezept 5.1.1 und Rezept 5.1.2.
>
> - Falls eine Größe die Zeit ist, wird meist diese als x-Achse gewählt.
> - Falls Sie betonen wollen, welche Größe die Ursache und welche die Wirkung ist, legen sie die Ursache auf die x-Achse.
> - Haben Sie eine Größe, die von der anderen abhängig ist, legen Sie diese abhängige Größe auf die y-Achse.
> - Zeichnen Sie alle Datenpaare klar erkennbar in Ihr Diagramm. Wählen Sie dazu gut unterscheidbare und identifizierbare Symbole (Dreiecke, Quadrate, Kreise).

Wir betrachten zunächst den Fall, dass wir eine Größe in Abhängigkeit einer anderen gemessen haben und dies darstellen wollen. Beispielsweise stellen wir in einem Stromkreis eine Spannung ein und messen dazu die Stromstärke. Denn nennt man die Spannung die unabhängige Größe und die Stromstärke die abhängige Größe.

Jetzt stellen sich gleich mehrere Fragen. Welche Größe wird an welche Achse gezeichnet? Wie lang sollen die Achsen sein? Wie zeichnet man die Werte ein? Und was macht man dann? Die Grundidee ist einfach: Auf einer Achse wird die erste Größe eingetragen, auf der anderen die zweite. Die Messpunkte liegen dann in der Ebene.

Schauen wir uns das an unserem Beispiel von Seite 114 an:

Dort wurde die Dichte ϱ der Luft bei verschiedenen Temperaturen ϑ und einem Druck von $p = 1$ bar gemessen (siehe Tabelle 5.1).

Nun wollen wir diese Messwerte in einem Diagramm darstellen.

Die Achsen haben wir schon gezeichnet (Abbildung 5.1).

Jetzt müssen wir noch die Daten eintragen. Dazu verwenden wir hier für jedes Datenpaar ein deutlich erkennbares Symbol (siehe Abbildung 5.4).

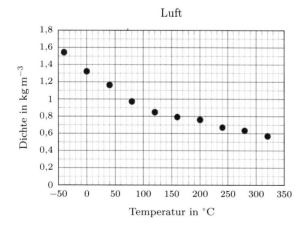

Abbildung 5.4: Diagramm Luftdichte und Temperatur

Weitere Auswertung

Im oberen Diagramm ist gut ersichtlich, dass die Dichte mit steigender Temperatur fällt. Schön wäre es jetzt, wenn man auch für Zwischenwerte angeben könnte, welche Dichte man erwartet.

Wir kommen dann schnell in die Versuchung, die Punkte mit Linien zu verbinden. Das sollten wir nicht tun. In ganz vielen Fällen führen solche Verbindungslinien zu irreführenden Auswertungen. Wir wissen nämlich nichts über die Bereiche zwischen den Messpunkten.

Dass Punkte zusammengehören, können wir durch Form und Farbe ausreichend gut kennzeichnen. Mehr als die Zusammengehörigkeit von Punkten zu zeigen sollen Verbindungslinien auch nicht. Sie täuschen aber in vielen Fällen nicht vorhandene oder sogar falsche Informationen vor.

Wir lernen gleich in Unterkapitel 5.4 bessere, wirkungsvollere Methoden kennen.

$y(t)$-Diagramme

Ganz häufig kommt das x-y-Diagramm bei zeitlichen Abläufen zum Einsatz. Ob es Temperaturverläufe über eine Zeitspanne sind, Wasserstände eines Sees oder die Geschwindigkeiten eines Gegenstands als Funktion der Zeit, immer wird eine x-y-Darstellung in der Form $y(t)$ sinnvoll sein. Alle oben aufgeführten Rezepte gelten damit auch hier.

R **5.3.2**
ezept: Keine Verbindungslinien

Für die meisten Diagramme gilt:

Verbinden Sie die Datenpunkte in dem Diagramm nicht durch Linien.

Bemerkung: Nur in ganz seltenen Fällen können Verbindungslinien Vorteile bieten. Beispielsweise bei Aktienkursen kann man an ihnen die Ausschläge besser erkennen. Vorteile gibt es aber wirklich nur bei streng sortierten Werten. Sind viele Datenpunkte vorhanden, kann die Reihenfolge mit einer dünnen, nicht zu aufdringlichen Linie sichtbar gemacht werden.

5

5.3.b x-y-Diagramme – mehrere Datensätze

Führt man mehrere verschiedene Messungen zum gleichen Thema durch, dann möchte man deren Ergebnisse miteinander vergleichen. Diagramme, die dafür hilfreich sind, basieren auf den Grundüberlegungen des vorangegangenen Kapitels.

Gleiche Größen

Wir wollen die monatliche Regenmenge einer Region aus zwei Jahren miteinander vergleichen. Wir haben die Datensätze für das Jahr 1 und das Jahr 2 vorliegen.

Das bedeutet, wir haben zwei gleiche physikalische Größen f (hier Regenmenge), nämlich $f_1(x)$ und $f_2(x)$, die als Funktion einer anderen Größe x (hier der Monat) bekannt sind.

Dann können wir die beiden Datensätze in das gleiche Diagramm eintragen. Wir müssen nur darauf achten, dass die Daten eindeutig zuordenbar sind. Zum Beispiel wählt man eine blaue Linie für alle Daten aus

---

R **5.3.3 Diagramm mit zwei**
ezept: Datensätzen gleicher Größe

Wenn Sie zwei (oder mehr) Datensätze haben, die die gleiche physikalische Größe beschreiben:

- Wählen Sie für jede Datenreihe eine eigene Kennzeichnung (Form und Farbe).
- Ordnen Sie in der Legende die Kennzeichnung eindeutig zu.

Jahr 1 und eine rote Linie für die aus Jahr 2 (siehe Abbildung 5.5).

Da im Diagrammbeispiel für jeden Datenwert eine horizontale Linie (Länge: 1 Monat) gewählt wurde und nicht nur ein einzelner Punkt, ergibt sich ein Säulendiagramm. Das hat noch einen Vorteil: Die Niederschlagsmenge im gesamten Jahr entspricht der gesamten Fläche unter der Linie. Diese ist auch grafisch einfach zu ermitteln.

Niederschläge in Konstanz
Niederschalg in ℓ/m²
250
200
150
100
50
0
2021
2022
1 2 3 4 5 6 7 8 9 10 11 12
Monat

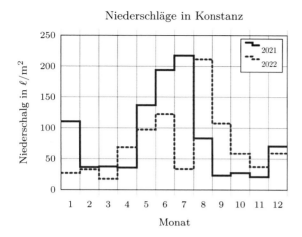

Abbildung 5.5: Diagramm mit zwei Datensätzen. Als Beispiel die monatliche Regenmenge in Konstanz in den Jahren 2021 und 2022. Quelle: [13]

Unterschiedliche Größen

Rezept: 5.3.4 Grafik mit unterschiedlichen Größen

Wenn Sie zwei (oder mehr) Datensätze haben, die unterschiedliche physikalische Größen beschreiben:

- Wählen Sie zwei unterschiedliche y-Achsen. Achsengrößen jeweils optimal an Daten anpassen.
- Sie können die beiden Achsen im linken Bereich des Diagrammes anbringen. Manchmal empfiehlt sich zur besseren Übersicht, eine Achse links, eine rechts zu positionieren.
- Wählen Sie für jede Datenreihe eine eigene Kennzeichnung (Form und Farbe).
- Ordnen Sie in der Legende die Kennzeichnung eindeutig zu.

Sollen wir die monatliche Regenmenge und Sonnenscheindauer in einem einzigen Diagramm darstellen, dann haben wir zwei verschiedene physikalische Größen die wir in Abhängigkeit der dritten Größe x (hier der Monat) kennen. Wir benötigen daher zwei y-Achsen: $f(x)$ und $g(x)$ (siehe Abbildung 5.6).

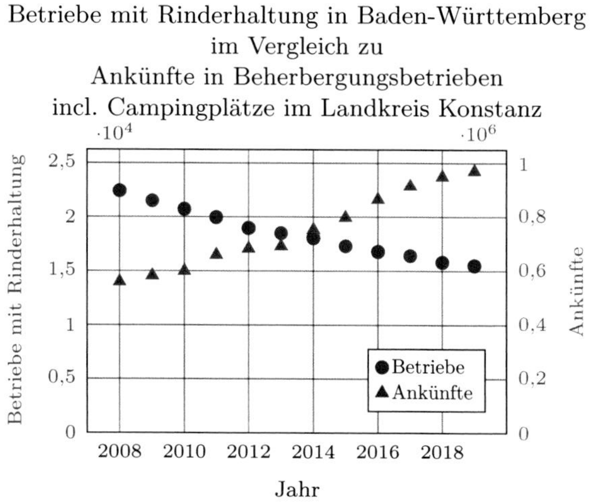

Betriebe mit Rinderhaltung in Baden-Württemberg
im Vergleich zu
Ankünfte in Beherbergungsbetrieben
incl. Campingplätze im Landkreis Konstanz
·10⁴
·10⁶
Betriebe mit Rinderhaltung
2,5
2
1,5
1
0,5
0
1
0,8
0,6
0,4
0,2
0
Ankünfte
Betriebe
Ankünfte
2008 2010 2012 2014 2016 2018
Jahr

Abbildung 5.6: Darstellung der Verläufe von zwei unterschiedlichen Größen zwischen den Jahren 2008 und 2019. Der Tatsache, dass diese beiden Größen fast perfekt antikorreliert sind ($r = -0.97$), sollten wir nicht zu viel Bedeutung beimessen (siehe auch Abschnitt 1.4.a und Abschnitt 3.2.f „Korrelation"). Quelle: [14, 15]

Phasenraum-Diagramme

Nicht immer sind aus Diagrammen mit zwei verschiedenen Größen sofort Zusammenhänge zu erkennen. Dann können sogenannte Phasenraum-Diagramme weiterhelfen. Schauen wir dazu ein Beispiel zweier gemessener Zeitreihen für die Geschwindigkeit $v(t)$ und den Ort $s(t)$ eines Gegenstands an:

Tabelle 5.3: Zeitreihen für Messungen von der Geschwindigkeit $v(t)$ und dem Ort $s(t)$ eines Gegenstands.

Zeit t in s	Ort s in cm	Geschw. v in cm/s
0	0	12
4	−9	−8
8	12	−2
12	−6	10
16	−3	−11
20	11	5
24	−11	5
28	3	−12

Tragen wir Geschwindigkeit und Ort zusammen über der Zeit auf, so kann nicht viel aus dem Diagramm herausgelesen werden (Abbildung 5.7). Die Werte scheinen willkürlich zu schwanken.

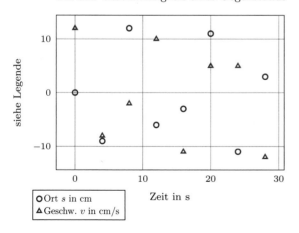

Abbildung 5.7: Diagramm s(t) und v(t) der Daten aus Tabelle 5.3. Es sind keine Zusammenhänge zu erkennen.

Tragen wir nun aber $v(t)$ über $s(t)$ auf, generieren wir ein so genanntes Phasenraum-Diagramm. Wir erkennen, dass alle Punkte auf einer Ellipse liegen (Abbildung 5.8). Diese gehört in diesem Beispiel zu einer harmonischen Schwingung $s(t) = s_0 \sin(\omega t)$ mit $s_0 = 12$ cm und $\omega = 12\,\mathrm{s}^{-1}$ (vgl. Abschnitt 12.1.e).

$$\mathrm{R}^{5.3.5}_{\text{ezept: Phasenraum-Diagramm}}$$

Wenn Sie Punktepaare $(f(x), g(x))$ von verschiedenen physikalischen Größen als Funktion einer weiteren Größe x haben, kann eine Phasenraumdarstellung weiterhelfen. Tragen Sie dazu die Paare $f(x)$ über $g(x)$ auf.

Sie verlieren dann zwar die Information in Bezug auf x, können aber andere Zusammenhänge erkennen.

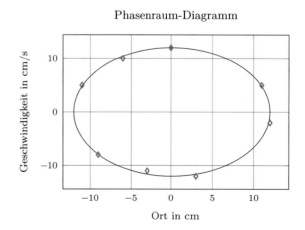

Abbildung 5.8: Darstellung von gleichzeitig gemessenem Ort und Geschwindigkeit aus Tabelle 5.3 in einem Phasenraum-Diagramm.

5.3.c   Logarithmische Darstellung

Rezept: **5.3.6   Doppellogarithmische Darstellung**

Geht der Wertebereich eines Datensatzes über mehrere Größenordnungen und sind die Werte nicht negativ, dann kann eine doppellogarithmische Darstellung hilfreich sein.

- Wählen Sie für jede Größe eine Referenzgröße x_{Ref} und y_{Ref}. In den Ingenieurwissenschaften werden hier meist die SI-Einheit $x_{\mathrm{Ref}} = 1 \cdot [x]_{\mathrm{SI}}$ und $y_{\mathrm{Ref}} = 1 \cdot [y]_{\mathrm{SI}}$ verwendet.

  Tragen Sie statt der Datenpunkte (x_i, y_i) in Ihr Diagramm den Logarithmus der Datenpunkte ein, also

  $$\left(\log\left(\frac{x_i}{x_{\mathrm{Ref}}}\right), \log\left(\frac{y_i}{y_{\mathrm{Ref}}}\right) \right).$$

- Sie können auch logarithmisch skalierte Achsen verwenden.

Manchmal kann es sinnvoll sein, nur eine Achse logarithmisch darzustellen. Die andere bleibt linear.

Diagramme sollen helfen, Strukturen in Daten zu erkennen. Datensätze, die sich über große Wertebereiche erstrecken, lassen sich in Diagrammen mit linearen Achsen nicht gut darstellen. In solchen Fällen kann es hilfreich sein, eine sogenannte halb- oder doppellogarithmische Darstellung zu wählen.

Dabei kann man entweder die Werte logarithmieren bevor man sie in ein Diagramm einzeichnet oder man zeichnet die Datenpunkte in ein Diagramm ein, bei dem die zugehörige Achse logarithmisch skaliert ist. In beiden Fällen ist das Ergebnis, der Verlauf der Datenpunkte im Diagramm, gleich.

Wenn man die Werte logarithmieren möchte, muss man aber beachten, dass der Logarithmus nur von dimensionslosen Zahlen existiert (Rezept 2.4.2). Daher müssen wir die Daten einheitenlos machen, in dem wir durch einen (beliebigen, aber sinnvollen) Referenzwert dividieren. Wählen wir eine logarithmisch skalierte Achse, können wir direkt die Maßzahlen unserer Werte einzeichnen und die Einheiten an den Achsen angeben.

Schauen wir uns wieder unser Beispiel mit der Luftdichte in den doppellogarithmischen Darstellungen in Abbildung 5.9 an. Wir erkennen, dass die Datenpunkte nun nahezu auf einer Geraden liegen. In Abschnitt 5.4.e, werden wir sehen, wie wir aus dieser Tatsache einen funktionalen Zusammenhang ableiten können.

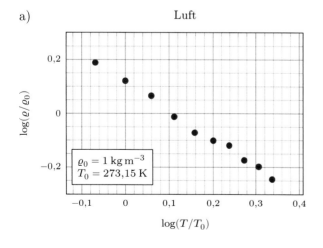
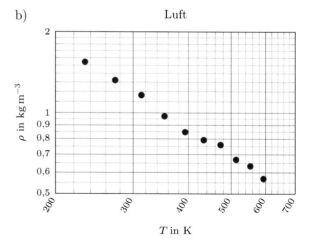

Abbildung 5.9: Dichte ϱ der Luft in Abhängigkeit der Temperatur T in doppellogarithmischer Darstellung. a) Hier wurden die Werte umgerechnet. b) Hier hat man logarithmische Skalen verwendet. In beiden Darstellungen liegen die Punkte an den gleichen Stellen.

5.4   Ausgleichskurven

In Rezept 5.3.2 haben wir uns vorgenommen, dass wir keine Verbindungslinien zwischen Punkten zeichnen wollen. Aber so ganz ohne Kurven? Das ist doch auch keine gute Idee. Kurven und insbesondere die mathematische Beschreibung durch Funktionen helfen uns doch, Daten übersichtlicher darzustellen und zu nutzen.

Im folgenden Abschnitt werden wir uns anschauen, wie man zu „guten" Kurven kommt, den sogenannten Ausgleichskurven.

5.4.a   Grundgedanken zu Ausgleichsfunktionen

Wir wollen versuchen, eine Funktion zu finden, die zu den Messpunkten passt.

Der Vorteil solch einer an die Messung angepassten Funktion soll sein, dass die Funktion viel weniger Parameter enthält, als die Anzahl der Messwerte. Haben wir beispielsweise eine Messung mit 40 Datenpaaren gemacht, so entspricht das 80 Zahlenwerten (x- und y-Wert). Angenommen die Messwerte liegen alle in guter Näherung auf einer Geraden, dann können wir mit zwei Zahlen (Achsenabschnitt und Steigung) die Messung ausreichend genau beschreiben. Statt 80 Werten benötigen wir nur noch zwei. Das ist doch eine hervorragende Vereinfachung. Einen Nachteil hat das Ganze doch. Selbstverständlich verlieren wir dabei Information, dafür gewinnen wir Übersicht!

Grundsätzlich können wir alle Funktionen als Ausgleichsfunktion nutzen. Es ist aber nahezu unmöglich, eine passende Funktion zu erraten. Vielmehr werden wir einen Funktionentyp vermuten, beispielsweise eine Gerade oder eine Exponentialfunktion (siehe auch Rezept 5.4.8). Alle Geraden, die es gibt, können mit nur in zwei Parametern beschrieben werden. Auch die e-Funktion besitzt nur zwei freie Parameter.

Wenn wir uns für einen Funktionstypen entschieden haben, müssen wir die Funktionsparameter an die Messdaten anpassen. Vielleicht reicht zunächst eine grobe handgezeichnete Kurve. Das funktioniert bei Geraden recht gut.

Bei anderen Funktionen, oder wenn mehr Genauigkeit gefordert ist, bemüht man ein Minimierungsverfahren, bei dem die freien Parameter der Funktion optimal gewählt werden. Dieses basiert häufig auf dem Konzept der kleinsten quadratischen Abweichungen (Abschnitt 3.2.g).

Mathematik-Programme bieten viele Ausgleichsfunktionen an. Neben der besten Kurve erhalten wir zusätzlich einen Wert, der die Güte der Übereinstimmung zwischen Messdaten und Kurve beschreibt, das Bestimmtheitsmaß R^2.

D$^{5.4.1}$**efinition: Ausgleichsfunktion**

Eine Funktion, die den Verlauf von Messpunkten ausreichend gut beschreibt, heißt Ausgleichsfunktion.

Diese kann allein aus der Beobachtung der Daten in einem Diagramm grob von Hand gezeichnet werden. Oder man kann sie durch mathematische Verfahren finden. Das mit dem Verfahren gleichzeitig berechnete Bestimmtheitsmaß R^2 beschreibt die Qualität der Übereinstimmung. $R^2 = 1$ bedeutet, dass alle Messpunkte exakt auf der Ausgleichskurve liegen.

R$^{5.4.2}$**ezept: Ausgleichsfunktion**

Wenn Sie Daten grafisch aufbereitet haben und Sie eine Ausgleichsfunktion vermuten:

- Tragen Sie diese als Ausgleichskurve in das Diagramm mit ein.
- Scheuen Sie sich nicht, die Ausgleichsfunktion zunächst händisch zu skizzieren. Insbesondere bei Geraden klappt das sehr gut (siehe auch Rezept 5.4.4).
- Wenn Sie die Funktion rechnerisch bestimmt haben und daher die Gleichung der Kurve, sowie das Bestimmtheitsmaß R^2 kennen, schreiben Sie beides in das Diagramm.

Das Bestimmtheitsmaß ist verwandt mit dem Korrelationskoeffizienten r aus Abschnitt 3.2.f.

5

5.4.b   Polynome

R 5.4.3
ezept: Polynome als Ausgleichskurven

Wenn Sie einen funktionalen Zusammenhang zwischen Messwert und Ausgangswert vermuten, Sie aber nicht wissen, welcher es ist, dann verwenden Sie Polynome als Funktion (siehe auch Rezept 3.3.17).

- Beginnen Sie mit der Einfachsten (Konstante).
- Wenn das nicht genügt, die Nächstkomplizierte (Gerade).
- Nutzen Sie Mathematikwerkzeuge, um aus Ihren Daten die Funktionen zu generieren.

R 5.4.4   Handauswertung
ezept: Ausgleichsgerade

Manchmal haben Sie keinen Rechner dabei und nur ein Diagramm vorliegen. Dann können Sie sich dennoch einen ersten Überblick verschaffen.

- Ist eine Gerade eine sinnvolle Ausgleichsfunktion, so tragen Sie die so ein, dass sie möglichst nahe an den Punkten liegt.
- Über ein Steigungsdreieck und den Achsenabschnitt erhalten Sie die Geradengleichung.

In vielen Fällen gibt so eine Grobanalyse schon wichtige Hinweise, was aus den Daten geschlossen werden kann. Erwähnen Sie immer, dass dies eine erste, ganz grobe Betrachtung ist.

Hat man gar keine Vorstellung, welche Funktionen passen, dann probiert man zunächst die einfachsten Funktionen aus, die Polynome. Wir beginnen mit dem einfachsten aller Polynome, also einer Konstanten. Wenn das nicht ausreicht, probieren wir eine Gerade, dann eine Parabel und so weiter. Das machen wir, bis wir eine für unsere Zwecke ausreichende Übereinstimmung gefunden haben.

Polynomnäherung Gasgleichung   Für das Beispiel der Luftmessung (Abbildung 5.4) wollen wir Polynome als Ausgleichskurven versuchen.

Die Dichte ändert sich mit der Temperatur. Eine Konstante ist möglicherweise eine zu grobe Näherung. Deshalb versuchen wir die lineare und die quadratische Näherung. Beide Kurven, die dazugehörigen Gleichungen und Bestimmtheitsmaße sind in das Diagramm in Abbildung 5.10 eingetragen.

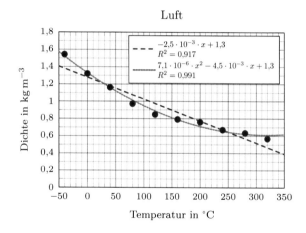

Abbildung 5.10: Messung der Luftdichte in Abhängigkeit der Temperatur mit einer Ausgleichsgeraden und einer Ausgleichsparabel.

Erkennbar ist, dass die quadratische Näherung viel besser dem Verlauf der Daten angepasst ist. Mit dieser Kurve lassen sich auch Zwischenwerte mit guter Qualität vorhersagen. Beispielsweise wird eine Dichte von 0,95 kg/m^3 bei einer Temperatur von 100°C erwartet.

Damit haben wir eine gute, rein empirische Vorhersagemöglichkeit geschaffen, die in vielen technischen Anwendungen bereits ausreicht. So könnten beispielsweise Luft-Ansaug-Anlagen bei verschiedenen Temperaturen ausgelegt werden.

Allerdings müssen wir mit weiterreichenden Schlüssen vorsichtig sein. Wir kennen den kausalen Zusammenhang (die Theorie) nicht. Insbesondere darf man die

Funktion nicht extrapolieren, also für Werte außerhalb des gemessenen Bereichs anwenden. Vermutlich wird die Funktion falsche Prognosen liefern für Temperaturen über 400°C.[1]

5.4.c   Andere empirische Funktionen

Es gibt viele weitere Funktionen, die sich für empirische Ausgleichskurven eignen. Je nach Arbeitsgebiet könnten das sein:

- Exponentialfunktion
- Potenzfunktion
- Logarithmus
- ...

Versuchen Sie selbst, ob Ihnen diese bei Ihrer Auswertung hilfreich sind.

5.4.d   Theoriebasierte Ausgleichsfunktion

Können Sie sich noch an Abschnitt 1.5.d erinnern? **Nutze, wenn immer möglich, die Theorie. Es gibt nichts Praktischeres**. Hilft das auch beim Finden von Ausgleichsfunktionen?

Wir schauen uns gleich ein Beispiel dazu an.

Messung Luftdichte und Theorie

Betrachten wir noch einmal die Luftmessung (Seite 118). Laut Theorie des Idealen Gases gilt:

$$\varrho = \frac{p\,M}{R\,T}$$

mit Dichte ϱ, Druck p, Molmasse M, absolute Temperatur T und Gaskonstante $R = 8{,}314\,\frac{\mathrm{J}}{\mathrm{mol\,K}}$.

Daraus gewinnen wir gleich zwei wichtige Erkenntnisse.

- Die bessere Größe zur Beschreibung der Temperatur ist die absolute Temperatur T.
- Wir erwarten: $\varrho \propto T^{-1}$.

Beides wollen wir nun nutzen.

Zuerst tragen wir alle Daten über der absoluten Temperatur T in Kelvin auf. Nun eröffnet sich die Möglichkeit eine Potenzfunktion als Ausgleichsfunktion zu wählen (siehe Abbildung 5.11).

Sie können beliebige eigene Funktionen auf Ihre Messdaten selbst anpassen.

> **R5.4.5 ezept: Least-Square-Fit**
>
> Nutzen Sie das Verfahren der kleinsten Fehlerabweichungen (Definition 3.2.12), wenn Sie eigene, selbst entwickelte Funktionen an Ihre Messdaten anpassen wollen.

Kennt man die theoretischen Zusammenhänge zwischen den Messgrößen, kann man die Daten noch besser auswerten.

> **R5.4.6   Theoriebasierte ezept: Ausgleichskurve**
>
> Wenn Sie den funktionalen Zusammenhang aus der Theorie kennen (oder ihn vermuten), so nutzen Sie diesen für die Bestimmung der Ausgleichskurve.
>
> - Schreiben Sie die vermutete Funktion auf.
> - Passen Sie die freien Parameter der Funktion an die Messdaten an.

---

[1]Hinweis: An dieser Stelle könnte es hilfreich sein, wenn Sie nochmals Kapitel 1 durchlesen und dort insbesondere auf Unterkapitel 1.6 achten.

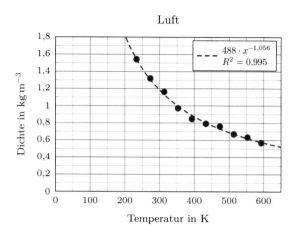

Abbildung 5.11: Diagramm der Dichte von Luft in Abhängigkeit von der absoluten Temperatur mit einer Ausgleichs-Potenzfunktion.

Wie man erkennt, ist der Exponent etwa -1, was sehr gut zur Theorie passt. Zudem ist das Bestimmtheitsmaß nochmals gestiegen, was bedeutet, dass die Potenzfunktion zu den Daten noch besser passt als die Parabel.

Vermutlich hätte niemand erkannt, dass diese Kurve eine T^{-1}-Funktion entspricht. Man sieht es einer gekrümmten Kurve nicht an, welche Gleichung hinter ihr steckt. Eigentlich gibt es nur eine Funktion, bei der man sofort erkennt, dass die Messpunkte auf der Funktion angeordnet sind. Und das ist eine Gerade.

Anpassen der Achsen

Ist der theoretische Zusammenhang zwischen den gemessenen Größen bekannt, so können die Achsen häufig so angepasst werden, dass alle Messpunkte nahe einer Geraden liegen sollten.

R5.4.7
Rezept: Achsen anpassen

Wenn es möglich ist, die Achsen so zu definieren, dass die Messwerte in der Nähe einer Geraden liegen, so wählen Sie bevorzugt diese Darstellung. Siehe auch Rezept 5.4.8.

Solche Kurven sind wegen ihrer Klarheit und Einfachheit meist sehr überzeugend.

Da sie meist theoriebasiert sind, können noch weitere Informationen aus den Parametern der Ausgleichsfunktion entnommen werden.

Wenn man also die Daten so darstellen könnte, dass die Werte alle auf einer Geraden zu liegen kommen, so könnte man sich visuell überzeugen, dass die Daten gut zur Theorie passen. Aber wie macht man aus einer T^{-1}-Kurve eine Gerade?

Laut Theorie gilt:

$$\varrho = \frac{p\,M}{R\,T} = \frac{p\,M}{R}\,\frac{1}{T}$$

mit $\varrho = y$, $a = \dfrac{p\,M}{R}$ und $x = \dfrac{1}{T}$ erhält man die Geradengleichung $y = a\,x$. Trägt man also die Dichte ϱ über dem Kehrwert der absoluten Temperatur T auf, erwartet man eine Gerade mit der Steigung a (siehe Abbildung 5.12).

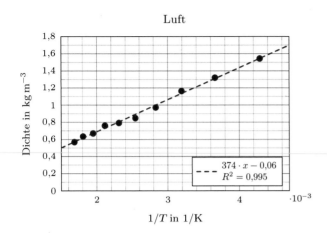

Abbildung 5.12: Dichte von Luft in Abhängigkeit vom Kehrwert der absoluten Temperatur $1/T$ mit einer Ausgleichsgeraden.

Die Messdaten liegen sehr gut auf der Geraden und auch das Bestimmtheitsmaß ist groß. Wir können aber noch mehr durch diesen Vergleich von Theorie und Experiment gewinnen:

Die Steigung a hat den Wert $\{a\}_{\mathrm{SI}} = 374$ wie man der Gleichung entnimmt. Wie erhält man die Einheit von a?

Es gilt

$$[a]_{\mathrm{SI}} = \frac{[y - \mathrm{Achse}]_{\mathrm{SI}}}{[x - \mathrm{Achse}]_{\mathrm{SI}}} = \frac{\mathrm{kg}}{\mathrm{m}^3}\,\frac{\mathrm{K}}{1}.$$

Damit lässt sich nun die Molmasse von Luft aus der Steigung $a = \frac{p \cdot M}{R}$ bestimmen:

$$M = \frac{R\,a}{p} = \frac{8314\,\mathrm{J} \cdot 374\,\mathrm{kg} \cdot \mathrm{K} \cdot \mathrm{m}^2}{\mathrm{kmol} \cdot \mathrm{K} \cdot \mathrm{m}^3 \cdot 10^5\,\mathrm{N}}$$

$$= 31{,}1\,\frac{\mathrm{kg}}{\mathrm{kmol}}.$$

Bei der Berechnung wurde der Druck 1 bar aus der Aufgabenstellung eingesetzt.

Wie man sieht, kann man durch Vergleich von Experiment und Theorie zusätzliche Information aus Messwerten gewinnen. Auch an diesem Beispiel zeigt sich wieder das, was in Unterkapitel 1.6 beschrieben wurde. Die Kombination aus beiden Methoden ist besonders wertvoll.

5

5.4.e Empirische Funktionen suchen

R$^{5.4.8}$**ezept: Funktionale Zusammenhänge**

Bei folgenden Zusammenhängen ergibt sich in der entsprechenden Darstellung ein linearer Zusammenhang mit der Steigung a:

- x- und y-Achse logarithmisch:

$$y = k_1\, x^a \quad \text{mit} \quad a = \frac{\log(y_2/y_1)}{\log(x_2/x_1)}$$

- y-Achse logarithmisch, x-Achse linear:

$$y = y_0\, 10^{a\,x} \quad \text{mit} \quad a = \frac{\log(y_2/y_1)}{x_2 - x_1}$$

- x-Achse logarithmisch, y-Achse linear:

$$y = a\,\log(x) + y_1 \quad \text{mit} \quad a = \frac{y_2 - y_1}{\log(x_2/x_1)}$$

Die Parameter k_1, y_0 bzw. y_1 lassen sich durch Einsetzen eines Punktes auf der Ausgleichsgeraden bestimmen.

B$^{5.4.i}$**eispiel: Doppellogarithmische Darstellung**

Bestimmung der Steigung Abbildung 5.13:

$$a = \frac{\log(\varrho_2/\varrho_1)}{\log(T_2/T_1)} = \frac{\log\left(\frac{0{,}58\ \mathrm{kg\,m^3}}{3\ \mathrm{kg\,m^3}}\right)}{\log\left(\frac{600\ \mathrm{K}}{300\ \mathrm{K}}\right)}$$

$$\approx \frac{\log\left(\frac{1}{2}\right)}{\log(2)} = \frac{\log(2^{-1})}{\log(2)} = \frac{-\log(2)}{\log(2)} = -1.$$

Bestimmung der Proportionalitätskonstante k mit Hilfe des Punktes (T_1, ϱ_1):

$$\varrho_1 = k\,\frac{1}{T_1}$$

$$\Rightarrow \quad k = \varrho_1\, T_1$$

$$= 1{,}2\ \frac{\mathrm{kg}}{\mathrm{m^3}} \cdot 300\ \mathrm{K} = 360\ \frac{\mathrm{kg\,K}}{\mathrm{m^3}}.$$

Für viele praktische Anwendungen möchten wir nur unsere Daten mit einer einfachen Funktion beschreiben, die ausreichend genau den Verlauf wiedergibt. Dabei ist es uns egal, ob es zu der Funktion eine passende Theorie gibt oder nicht. Wenn wir aber einen passenden funktionalen Zusammenhang gefunden haben, kann das ein Hinweis auf eine Theorie sein, die hinter der Beobachtung steckt.

Wenn eine Kurve irgendwie gekrümmt ist, ist es, wie bereits erwähnt, schwer mit bloßem Auge den funktionalen Zusammenhang zu erraten. Eine Gerade hingegen, erkennt man sofort.

Im letzten Abschnitt haben wir gesehen, dass die Datenpunkte eine Gerade ergeben, wenn man in dem Beispiel mit der Luftdichte auf der x-Achse $1/T$ aufträgt. Mit dieser Hilfe haben wir eine Ausgleichsgerade gefunden, bei der die Koeffizienten sogar eine physikalische Bedeutung haben.

Was ist, wenn wir keine Theorie haben? Dann können wir alle möglichen Skalierungen ausprobieren, und schauen, ob die Daten eine Gerade bilden.

Wir können auch systematischer vorgehen, wenn wir uns an Abschnitt 5.3.c orientieren. Dort haben wir gesehen, dass die Daten aus unserem Beispiel auch in einer doppellogarithmischen Darstellung eine Gerade ergeben (siehe Abbildung 5.13).

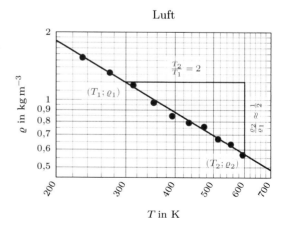

Abbildung 5.13: Dichte ϱ der Luft in Abhängigkeit der Temperatur T in doppellogarithmischer Darstellung, bei der logarithmische Skalen verwendet werden.

Wir können in dieses Diagramm wieder eine Ausgleichsgerade einzeichnen. Aber wie müssen wir das Steigungsdreieck interpretieren, wenn die Achsen logarithmisch skaliert sind?

Auf einer linearen Achse bezeichnet ein Strecke eine Differenz. Bei einer logarithmischen Skala entspricht eine Strecke dem Logarithmus eines Verhältnisses: $\log(x_2) - \log(x_1) = \log(x_2/x_1)$. Das scheint jetzt noch nicht sehr hilfreich. Aber häufig ist ein Verhältnis eine einfache Potenz des anderen Verhältnisses: $y_2/y_1 = (x_2/x_1)^a$. In diesem Fall entspricht die Steigung genau dem Exponenten:

$$\frac{\log(y_2) - \log(y_1)}{\log(x_2) - \log(x_1)} = \frac{\log(y_2/y_1)}{\log(x_2/x_1)} = \frac{\log((x_2/x_1)^a)}{\log(x_2/x_1)}$$
$$= \frac{a \log(x_2/x_1)}{\log(x_2/x_1)} = a.$$

Der funktional Zusammenhang, den wir somit gefunden haben, ist

$$y = k\,x^a.$$

Die Konstante k kann durch Einsetzen aus einem Punkt auf der Ausgleichsgeraden bestimmt werden.

5.5   Wie liest man Diagramme

Die Interpretation und die anschließende Erläuterung von Diagrammen vor Zuhörern gehört zum Handwerkszeug in vielen Disziplinen. Da Art und Inhalt von Diagrammen so vielfältig sind, lässt sich der Umgang mit ihnen am besten an nicht zu schwierigen Beispielen üben. Schauen wir uns hier ein mittelschweres Beispiel an:

Die Coronakrise hat die Welt im Jahr 2020 sehr getroffen. In Deutschland waren vielen Menschen infiziert und viele sind an oder mit Corona gestorben. Zum Jahresende 2020 stellte sich der Verlauf der Epidemie wie in Abbildung 5.14 gezeigt dar.

Beginnen wir mit der Erläuterung des Diagrammes gemäß Rezept 5.5.1 und Rezept 5.5.2.

1. Die Corona-Fallzahlen sowohl hinsichtlich der Neuinfektionen als auch der Todesfälle waren eine Kenngröße, die den Umgang mit dem Virus stark beeinflusste. So wurden im Februar und Mitte Dezember harte Lock-Downs beschlossen. In dem Diagramm ist der Verlauf für beide Ereignisse (Neuinfektion und Todesfall) sichtbar.

2. Die y-Achse des Diagrammes beschreibt die Anzahl der neuen Ereignisse pro Tag. Dabei ist eine logarithmische Auftragung gewählt, weil die darzustellenden Zahlenwerte über mehrere Größenord-

Die Einsatzgebiete von Diagrammen sind so vielfältig, dass es schwerfällt, allgemeingültige Rezepte für den Umgang mit diesen Schaubildern aufzustellen. Dennoch gelingt es oft mit einer Abfolge einfacher Schritte, den Zugang zu einem Diagramm zu erleichtern.

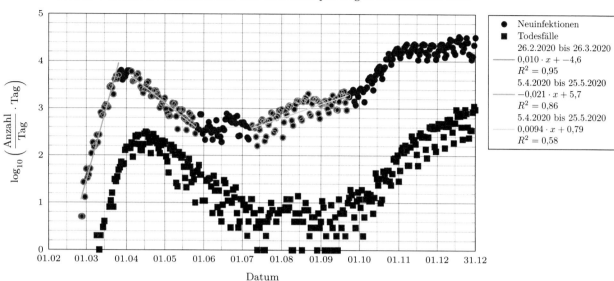

Abbildung 5.14: Corona Fallzahlen in Deutschland 2020. Bei den Ausgleichsgeraden bedeutet x die Anzahle der Tage seit dem 1.1.2020. Quelle der Werte: [11]

**R 5.5.1   Start in die Erklärung eines
ezept: Diagrammes**

Wenn Sie ein Diagramm präsentieren, orientieren Sie sich an folgendem Ablauf:

1. Erläutern Sie, in welchem Zusammenhang das Diagramm steht. Was ist der Grund, warum es zu diesem Schaubild kam.

2. Erklären Sie zunächst, was auf der y-Achse aufgetragen ist. Das ist ja meist eine gesuchte oder gemessene Größe.
   Weisen Sie auf den Wertebereich und die Einheit der Achse hin.

3. Danach erläutern Sie im gleichen Stil die x-Achse.

4. Falls Sie mehrere Kurven in einem Diagramm haben, erläutern Sie, worin sich die einzelnen Kurven unterscheiden.

5. Danach beschreiben Sie (ohne zu interpretieren) einen Datensatz bzw. eine Kurve. Erklären Sie gerne auch das, was alle sehen können, beispielsweise, wo die Kurve beginnt, wo sie den höchsten Punkt hat usw.

6. Gegebenenfalls wiederholen Sie das für die anderen Datensätze und Kurven.

nungen gehen.[2] Ein Achsenwert von 4 bedeutet, dass die darunter liegenden Punkte höchstens einen vierstelligen Wert haben (also kleiner als 10000). Jeder Punkt entspricht einem gemessenen Wert.

3. Auf der x-Achse ist das Datum aufgetragen. Man erkennt, dass die Epidemie in Deutschland etwa Ende Februar startete.

4. Man erkennt zwei Datensätze. Der erste Datensatz (blaue Punkte) beschreibt die Anzahl der täglichen Neuinfektionen. Die dunkelroten Quadrate des zweiten Datensatzes zeigen die Anzahl der an den jeweiligen Tagen an Covid verstorbenen Menschen.

5. Die blauen Punkte des ersten Datensatzes zeigen zunächst bis etwa Ende März einen linearen Anstieg, danach einen weniger steilen, ebenfalls fast linearen Abfall. Ab Mitte Juli steigt die Kurve wieder an, mit einem erneut steilen, linearen Teil im Oktober. Die höchsten Werte werden Mitte Dezember erreicht.

6. Die Anzahl der täglich Verstorbenen zeigt einen ähnlichen Verlauf (dunkelrot Punkte). Allerdings sind die Werte deutlich niedriger (etwa eineinhalb Größenordnungen) und der Hochpunkt um ca. 2 Wochen verzögert.

7. Deutlich zu erkennen sind die jeweiligen Hochpunkte Ende März bei den Neuinfektionen und Mitte

[2]Da man nur dimensionslose Größen logarithmieren kann (vgl. Wissen 2.4.1), wurde hier die Anzahl pro Tag jeweils mit dem Betrachtungszeitraum (ein Tag) multipliziert, so dass sich eine reine Anzahl ergibt.

April bei den Todesfällen. Diese Werte wurden aber im November überschritten, was zeigt, dass die Situation im Winter eher kritischer war. Im Datensatz der Neuinfektionen (blaue Punkte) findet man im Diagramm für die ersten drei linearen Verlaufsabschnitte auch Ausgleichsgeraden in den Farben gelb, grün und pink. Da im Diagramm auf der y-Achse eine logarithmische Darstellung gewählt wurde, bedeutet ein linearer Anstieg im Diagramm tatsächlich ein exponentielles Wachstum der Fallzahlen! Die Geradengleichungen für die Ausgleichsgeraden findet man in der Legende zur Grafik. Die Geradensteigung der ersten Phase von 0,1 bedeutet, dass sich alle 10 Tage die Anzahl der Neuinfektionen verzehnfacht hat.

8. und 9. werden hier nicht ausgeführt, da es kein physikalisches Thema ist.

Nach dieser Einführung in das Diagramm haben Sie Ihre Zuhörer soweit informiert, dass sie den weiteren Ausführungen folgen können.

> **R**ezept: **5.5.2 Erläuterungen der Aussagen eines Diagrammes**
>
> Nun kommt der für Sie spannende Teil, nämlich die Erkenntnisse aus dem Diagramm zu erläutern.
>
> 7. Erläutern Sie den Zuhörern die inhaltliche Bedeutung folgender Kenngrößen für Ihre Aussage, so sie eine Bedeutung haben:
>
>   • Extremwerte
>   • Werte an den Grenzen
>   • Steigungen und deren Werte; Extremwerte davon
>   • Flächen unter der Kurve
>
> 8. Erklären Sie, inwieweit der Verlauf der Funktion den Erwartungen entspricht.
>
> 9. Runden Sie die Besprechung des Schaubildes ab, in dem Sie Erkenntnisse aus dem Diagramm zu dem o.a. Punkt 1 in Bezug setzen.

5

Aufgaben und Zusatzmaterial zu diesem Kapitel

https://sn.pub/6gVugY

6 Symmetrien, Skalierungen, Bezugssysteme

Symmetrien umgeben uns an vielen Stellen. Viele Gebäude sind näherungsweise achsensymmetrisch. Alltagsgegenstände wie Teller und Tassen, Besteck, Kleidung und Werkzeuge sind auch oft symmetrisch angelegt. Rechte und linke Seite sehen gleich aus. Eine andere Art von Symmetrie ist der Tagesablauf, der sich, zumindest in groben Zügen, in einem 24 Stunden Rhythmus wiederholt.

Wir werden in diesem Kapitel zunächst das Konzept der Symmetrie verallgemeinern, wodurch es zu einem sehr schlagkräftigen Werkzeug bei der Lösung von vielen Problemen wird (Unterkapitel 6.1). Dieses Konzept hilft uns, zu verstehen, warum und wie Skalierungen funktionieren (Unterkapitel 6.2). In Unterkapitel 6.3 werden wir sehen, dass uns Symmetrien auch einen Hinweis geben, welche Bezugssysteme sich besonders gut eignen, ein Problem zu beschreiben.

6.1 Symmetrien

Was macht eine Symmetrie aus? Wie erkennt man eine Symmetrie, wie beschreibt man sie? Am besten versuchen wir, das an einem einfachen Beispiel zu ergründen.

In Abbildung 6.1 sehen wir einen Stern aus Papier, wie wir ihn vielleicht in Kinderzeiten gebastelt haben.

Abbildung 6.1: Symmetrie eines Bastelsterns

D **6.1.1**
efinition: Symmetrie

Wenn man eine Operation (Transformation) $\mathcal{O}$ auf „Etwas" χ anwendet und dieses Etwas sich dadurch nicht verändert, spricht man von einer Symmetrie:

$$\mathcal{O}(\chi) = \chi.$$

Diese Definition ist bewusst sehr allgemein gehalten, weil Symmetrien in vielen verschiedenen Situationen auftreten können und daher auch bei der Lösung von vielen Problemen helfen.

Daraus ergibt sich trivialerweise, dass eine Operation, die nichts mit dem „Etwas" zu tun hat, an dem „Etwas" nichts ändert und somit als Symmetrieoperation betrachtet werden kann.

B **6.1.i**
eispiel: Symmetrie

- Der Stern ändert seine Form (Etwas = Form des Sterns) nicht, wenn man ihn an der Achse zwischen zwei langen Armen spiegelt (Operation).

...

Fortsetzung Beispiel 6.1.i:

- Wird der Stern um einen Winkel von 45° gedreht (Operation), dann ändert sich die Lage der weißen Spitzen (Etwas) nicht.

- Einen Fußball kann man beliebig um seinen Mittelpunkt drehen (Operation), ohne dass sich sein Form (Etwas) ändert. Die Farbverteilung auf der Oberfläche kann sich dagegen schon ändern. Die Form ist daher rotationssymmetrisch, nicht aber der Aufdruck.

- Den Graf der Parabel $f(x) = x^2$ kann man an der y-Achse spiegeln, ohne dass er sich ändert.

- Man kann eine Zahl (Etwas) mit Eins multiplizieren (Operation), ohne dass sich ihr Wert ändert.

- Wenn man ein Haus (Etwas) betrachtet, um das Haus herumläuft (Operation) und das Haus von hinten anschaut, dann sieht das Haus zwar anders aus, aber das Haus selber bleibt dadurch unverändert.

- Bei einem Fußballspiel wechseln die Mannschaften nach der Halbzeit die Seiten (Operation), damit das Ergebnis (Etwas) unabhängig (symmetrisch) bezüglich der Spielrichtung ist.

- Wenn ein Wecker 24 Stunden später (Operation) wieder klingelt (Etwas), ist das auch eine Symmetrie.

Führt man eine Symmetrieoperation mehrfach aus, so entspricht der gesamte Effekt wieder einer Symmetrieoperation. Das Gleiche gilt, wenn man verschiedene Symmetrieoperationen durchführt.

Kurze Erläuterung: Seien $\mathcal{O}_1$ und $\mathcal{O}_2$ Symmetrieoperationen, die Etwas χ unverändert lassen:

$$\chi = \mathcal{O}_1(\chi) \quad \text{und}$$
$$\chi = \mathcal{O}_2(\chi),$$

dann ist die Kombination der beiden Operationen $\mathcal{O}_2 \star \mathcal{O}_1(\chi) = \mathcal{O}_2(\mathcal{O}_1(\chi)) = \chi$ auch eine Symmetrieoperation.

Wenn man einen Körper einmal um sich selbst dreht, also um 360°, hat man die ursprüngliche Situation wieder hergestellt. Dies ist immer eine Symmetrieoperation. Deshalb findet man oft Drehsymmetrien, die mehrfach hintereinander ausgeführt wieder 360° ergeben, wie beispielsweise eine 180°-, 120°- oder 90°-Symmetrie.

Ist der Stern symmetrisch? Irgendwie schon. Wir erkennen, dass er vier etwa gleich lange Arme hat. Wir könnten einen Spiegel an die Achse zwischen zwei gegenüberliegenden Spitzen stellen und in den Spiegel blicken. Der dann sichtbare Stern wäre (fast) gleich zu dem hier gezeigten.

Damit haben wir schon ein erstes Verständnis von Symmetrien gefunden:

- Wir betrachten „Etwas". In unserem Fall ist es die Form des Bastelsterns.

- Dann machen wir etwas mit dem Stern. Wir führen eine sogenannte Operation $\mathcal{O}$ durch. Hier ist es das Spiegeln an einer Achse.

- Danach schauen wir das Ergebnis an. Wenn das „Etwas" gleich geblieben ist, dann haben wir eine Symmetrie gefunden.

In diesem Fall sagen wir auch, die Form des Sterns hat eine Achsensymmetrie.

Der Stern weist noch weitere Symmetrien auf. Wenn wir ihn um 45° um den Mittelpunkt drehen, dann liegen die ausgeschnittenen, weißen Pfeilspitzen (fast) wieder aufeinander. Dagegen stimmt die äußere Form nicht mehr mit dem Original überein. Lange Arme liegen auf kurzen.

Wir können daher sagen, dass bei einer Drehung um 45° um den Mittelpunkt (Operation) die Anordnung der weißen Pfeilspitzen in recht guter Näherung symmetrisch ist, nicht jedoch die Anordnung der Armlängen.

Fassen wir kurz zusammen, was wir herausgefunden haben. Für eine Symmetrie brauchen wir immer zweierlei:

1. eine Operation (Transformation)[1] und

2. ein Etwas, dass sich durch diese Operation nicht ändert.

Perfekte Symmetrien, also dass sich nach einer Operation gar nichts ändert, sind selten. Aber auch Symmetrien, die näherungsweise vorhanden sind, können hilfreich sein beim Verständnis und der Beschreibung von Problemen in vielen Bereichen von Wissenschaft und Arbeit.

Oft fällt es uns nicht schwer, Symmetrien zu finden, weil uns Regelmäßigkeiten gleich ins Auge fallen. Beispielsweise werden wir auf Musik auch in einer lauten Umgebung aufmerksam, weil sich der Rhythmus von

[1]Im Deutschen könnte man das auch als „Änderung" bezeichnen. Hier ist dieser Begriff aber ungeschickt, weil man bei einer Symmetrie ja genau nach etwas sucht, das sich trotz dieser Änderung nicht verändert.

den anderen Geräuschen absetzt. Nach unserer Definition ist der Rhythmus eine Symmetrie (Operation: Verschiebung in der Zeit, Etwas: Tonfolge).[2]

Symmetrien helfen uns auch oft bei der Lösung von Problemen: Wenn wir eine Aufgabe haben, bei der sich etwas verändert (Operation), und wir suchen nach Sachen (Etwas), die sich dabei nicht verändern, dann sind wir häufig der Lösung ein gutes Stück näher gekommen. Das ist auch der Grund, warum Erhaltungssätze (siehe Kapitel 9) so nützlich sind.

Schauen wir uns noch eine Aufgabe an: Stellen wir uns vor, dass eine Spaziergängerin mit ihrem Hund zu einem Wirtshaus in 3 km Entfernung läuft. Der Hund ist doppelt so schnell wie sein Frauchen. Da er den Weg kennt, läuft er zum Wirtshaus voraus, dreht dort um und läuft wieder zur Spaziergängerin zurück. Diese ist mittlerweile dem Wirtshaus ein Stück näher gekommen. Nun läuft der Hund wieder zum Wirtshaus und so weiter. Wenn die Spaziergängerin nach 30 Minuten ankommt, wie weit ist dann der Hund gelaufen?

Wenn man diese Aufgabe einer Gruppe von Menschen stellt, dann fangen viele an, wie wild zu rechnen. Andere haben die Antwort in Sekunden. Was ist dabei der Trick?

Eine offensichtliche Operation in dieser Problemstellung ist: Der Hund läuft zum Wirtshaus und wieder zurück. Dieser Prozess findet immer wieder statt. Die Suche nach einer Größe, die sich bei dabei nicht ändert, hilft. — Die Geschwindigkeit des Hundes zum Beispiel ändert sich nicht! Damit ist sofort klar, dass der Hund wohl 6 km gelaufen sein muss.

Wenn Sie ein Problem lösen wollen, dann suchen Sie nach Symmetrien. Diese sind oft sehr hilfreich.

R6.1.2 Rezept: Symmetrien finden

Wenn Sie eine Aufgabe haben, dann analysieren Sie die Problemstellung:

- Wenn die Aufgabenstellung eine Operation beinhaltet, dann suchen Sie nach Etwas, das sich durch die Operation nicht ändert.
- Wenn sie Etwas beinhaltet, das sich nicht ändern soll, dann suchen Sie nach Operationen, die Sie ausführen können, ohne dass sich das Etwas dabei ändert.

B6.1.ii Beispiel: Symmetrien finden

Sie sind Architekt und wollen Einfamilienhäuser bauen. Die Anforderungen an einen Wohnraum für Familien bleibt gleich. Wenn Sie eine Lösung für dieses Problem haben, können Sie die Operation „Copy-Paste" anwenden, um weitere Häuser zu bauen. Diese Operation ändert nämlich nichts an Ihrer Lösung. Damit haben Sie die Serienproduktion von Häusern erfunden.

6.1.a Mathematische Beschreibung von Symmetrien

Symmetrien eindimensionaler Funktionen

Zuerst wollen wir uns Symmetrieeigenschaften von eindimensionalen Funktionen $x \longrightarrow f(x)$ anschauen. Wir prüfen also, wie sich die Funktion – das „Etwas" – verhält, wenn wir auf x eine Operation anwenden.

Dazu stellen wir uns als Beispiel folgende Frage: Wie verhält sich die Quadratfunktion $f(x) = x^2$, wenn wir zu x den Wert a addieren? Das Etwas ist also die Quadratfunktion und die Operation können wir schreiben als: $\mathcal{O}_1(x) = x + a$.[3]

Mathematische Funktionen haben häufig Symmetrieeigenschaften. Diese können beim Umgang mit den Funktionen hilfreich sein, weil man nur Teile der Funktion kennen muss und auf andere Bereiche wegen der Symmetrie schließen kann.

---

[2]In der Musik werden noch viele weitere Symmetrien eingesetzt, was hier aber zu weit führen würde.
[3]Die Operationen werden im Folgenden einfach durchnummeriert. Dabei haben die Indizes keine besondere Bedeutung.

R6.1.3 Rezept: Symmetrien von Funktionen

Sollen Sie Funktionen auf Symmetrieeigenschaften hin untersuchen, dann versuchen Sie es zuerst mit folgenden Operationen:

$$\mathcal{O}_1(x) = x + a$$
$$\mathcal{O}_2(x) = -x.$$

Wenn Sie Symmetrien finden, können Sie diese folgendermaßen einordnen.

Tabelle 6.1: Häufig vorkommende Symmetrien und Antisymmetrien von Funktionen.

Symmetrie	Bezeichnung
$\mathcal{O}_1$: $f(x + a) = f(x)$	periodisch, Periode a
$\mathcal{O}_2$: $f(-x) = f(x)$	symmetrisch
$\mathcal{O}_2$: $f(-x) = -f(x)$	antisymmetrisch

Manchmal ist es hilfreich zu wissen, dass jede Funktion $f(x)$ durch die Summe einer symmetrischen Funktion $f_s(x)$ und einer antisymmetrischen $f_a(x)$ geschrieben werden kann:

$$f(x) = f_s(x) + f_a(x),$$

wobei $f_s(x) = \dfrac{1}{2}(f(x) + f(-x))$

und $f_a(x) = \dfrac{1}{2}(f(x) - f(-x)).$

B6.1.iii Beispiel: Symmetrie der Sinusfunktionen

Die Sinusfunktion $f(x) = \sin(k\,x)$ soll auf Symmetrie untersucht werden für:

$$\mathcal{O}_1(x) = x + a \quad \text{und}$$
$$\mathcal{O}_2(x) = -x.$$

Die Sinusfunktion ist periodisch mit $\frac{2\pi}{k}$, denn mit $\mathcal{O}_1(x)$ ergibt sich

$$\sin(k\,(x + a)) \overset{!}{=} \sin(k\,x) \quad \Rightarrow \quad k\,a = 2\pi$$

und antisymmetrisch zu $x = 0$, denn mit $\mathcal{O}_2(x)$ folgt $\sin(k(-x)) = -\sin(k\,x).$

Nun schauen wir, wie die Funktion nach dieser Operation aussieht:

$$f(\mathcal{O}_1(x)) = f(x + a) = (x + a)^2 \neq f(x).$$

Bis auf den trivialen Sonderfall $a = 0$ hat sich die Funktion durch die Operation verändert. Daher ist dies keine Symmetrieoperation für die Quadratfunktion.

Gibt es überhaupt Funktionen, die gegenüber der eben erwähnten Operation symmetrisch sind? Wie müssten die aussehen? Wir haben jetzt eine zweite, ganz andere Frage gestellt. Wir kennen nicht mehr die Funktion und die Operation und untersuchen deren Verhalten. Vielmehr prüfen wir, ob es Funktionen gibt, die sich unter einer vorgegebenen Operation nicht ändern.

Dazu nehmen wir an, es gibt eine Funktion $g(x)$ die symmetrisch gegenüber $\mathcal{O}_1(x) = x + a$ ist. Dann muss folgendes gelten:

$$g(\mathcal{O}_1(x)) = g(x + a) \overset{!}{=} g(x).$$

Wir können die Operation auch auf den Wert $x + a$ anwenden und erhalten

$$g(\mathcal{O}_1(x + a)) = g(x + 2\,a).$$

Damit muss auch gelten:

$$g(x + n\,a) = g(x) \quad \text{mit} \quad n \in \mathbb{Z}.$$

Die Funktion wiederholt sich immer wieder. Funktionen mit dieser Symmetrieeigenschaft nennt man periodisch mit der Periode a. Sie haben eine Verschiebungssymmetrie. Solche kommen relativ häufig vor. Bei gepflasterten Wegen, Nadeln an Tannenzweigen oder Schaufeln einer Turbine sind sie leicht zu erkennen. Töne in der Musik sind periodisch bezüglich der Zeit. Schwingungen mit gleicher Zeitperiode nehmen wir als gleiche Tonhöhe wahr.

Nun wollen wir aber eine Symmetrieoperation zu unserer vorgegebenen Funktion $f(x) = x^2$ finden. Das ist noch einmal eine andere, eine dritte Fragestellung. Die Antwort fällt vermutlich hier nicht so schwer. Wir versuchen eine Operation, bei der wir jeden x-Wert durch seinen negativen Wert ersetzen, also $\mathcal{O}_2(x) = -x$. Damit wird

$$f(\mathcal{O}_2(x)) = f(-x) = (-x)^2 = x^2 = f(x).$$

Die Quadratfunktion ist daher gegen des Vertauschen von x mit $-x$ symmetrisch. Alle Funktionen, die diese Symmetrieeigenschaft haben, nennt man symmetrische oder gerade Funktionen.

Zum Schluss wollen wir die Operation $\mathcal{O}_2(x)$ auf $h(x) = x^3$ anwenden. Es ergibt sich:

$$f(\mathcal{O}_2(x)) = h(-x) = (-x)^3 = -x^3 = -h(x)\,.$$

Funktionen, die sich so verhalten, werden antisymmetrisch[4] oder ungerade genannt.

Symmetrie in der Ebene

Nun wollen wir uns zweidimensionalen Funktionen widmen, also $f(x,y)$. Das könnte zum Beispiel ein Rechteck auf einer Ebene sein. Im Bereich des Rechtecks könnte die Funktion den Wert eins haben an allen anderen Stellen den Wert null.

Bei der Betrachtung in der Ebene, wird das Argument der Funktion (x,y) häufig als Ortsvektor $\vec{r}$ geschrieben. Dann lautet die Funktion $f(\vec{r})$.

Zur Untersuchung von Symmetrieeigenschaften solcher zweidimensionaler Funktionen helfen die Überlegungen aus den eindimensionalen Beispielen. Wir können nämlich die eindimensionalen Operationen auf jede Komponente getrennt anwenden. Beispielsweise:

$$\mathcal{O}_3(\vec{r}) = \mathcal{O}_3 \begin{pmatrix} x \\ y \end{pmatrix} = \begin{pmatrix} x + a_x \\ y + a_y \end{pmatrix} = \vec{r} + \vec{a}\,.$$

Wenn sich eine Funktion nach dieser Operation nicht verändert, hat sie offensichtlich eine Verschiebungssymmetrie. Beispielsweise kann ein unendlich großes Schachbrettmuster um eine Kachel nach oben und nach rechts verschoben werden, ohne dass man es bemerkt.

Ein anderes Beispiel ist die Spiegelsymmetrie an der y-Achse, mit der Operation:

$$\mathcal{O}_4(\vec{r}) = \mathcal{O}_4 \begin{pmatrix} x \\ y \end{pmatrix} = \begin{pmatrix} -x \\ +y \end{pmatrix}\,.$$

Die y-Komponente bleibt gleich, dagegen ändert die x-Komponente ihr Vorzeichen.

Zum Schluss schauen wir noch an, wie Funktionen aussehen, die gegenüber folgender Operation symmetrisch sind:

$$\mathcal{O}_5(\vec{r}) = \mathcal{O}_5 \begin{pmatrix} x \\ y \end{pmatrix} = \begin{pmatrix} +y \\ +x \end{pmatrix}\,.$$

Das entspricht einer Spiegelung an einer Achse, die unter 45° als Winkelhalbierende verläuft. Die x- und y Komponenten werden einfach vertauscht.

Im zweidimensionalen Raum können die Symmetrieoperationen aus dem eindimensionalen auf jede Komponente angewendet werden. So ergibt eine Vielfalt von Symmetrien.

> ## W 6.1.4 issen: Symmetrien in der Ebene
>
> Ist eine Funktion gegenüber einer der folgenden Operationen $\mathcal{O}$ unveränderlich, so werden die Bezeichnungen verwendet:
>
> Tabelle 6.2: Zweidimensionale Symmetrieoperationen
>
> | Operation | Symmetrie |
> |---|---|
> | $\mathcal{O} \begin{pmatrix} x \\ y \end{pmatrix} = \begin{pmatrix} x + a_x \\ y + a_y \end{pmatrix}$ | Verschiebe-Symmetrie |
> | $\mathcal{O} \begin{pmatrix} x \\ y \end{pmatrix} = \begin{pmatrix} -x \\ -y \end{pmatrix}$ | Punktspiegelung |
> | $\mathcal{O} \begin{pmatrix} x \\ y \end{pmatrix} = \begin{pmatrix} -x \\ +y \end{pmatrix}$ | Spiegelung y-Achse |
> | $\mathcal{O} \begin{pmatrix} x \\ y \end{pmatrix} = \begin{pmatrix} +x \\ -y \end{pmatrix}$ | Spiegelung x-Achse |
> | $\mathcal{O} \begin{pmatrix} x \\ y \end{pmatrix} = \begin{pmatrix} +y \\ +x \end{pmatrix}$ | Spiegelung 45°-Achse |

Mehrere solcher Operationen hintereinander ausgeführt ergeben neue Operationen. Wird zuerst die Spiegelung an der y-Achse angewendet und danach an der 45°-Achse, so ergibt sich:

$$\begin{pmatrix} x \\ y \end{pmatrix} \overset{y\text{-Achse}}{\longrightarrow} \begin{pmatrix} -x \\ y \end{pmatrix} \overset{45°\text{-Achse}}{\longrightarrow} \begin{pmatrix} +y \\ -x \end{pmatrix}\,.$$

Das entspricht einer Drehung um 90° im Uhrzeigersinn.

---

[4]Antisymmetrisch bedeutet somit etwas anderes als asymmetrisch (gar keine Symmetrie).

W 6.1.5 Spiegelungen und Matrizenschreibweise

Spiegelungen in der Ebene lassen sich durch eine Matrixmultiplikation mit einer 2x2 Matrix formulieren:

$$\mathcal{O}\begin{pmatrix} x \\ y \end{pmatrix} = \boldsymbol{A} \cdot \begin{pmatrix} x \\ y \end{pmatrix}.$$

Tabelle 6.3: Matrizen der Spiegelsymmetrien

Matrix $\boldsymbol{A}$	Art der Symmetrie
$\begin{pmatrix} -1 & 0 \\ 0 & -1 \end{pmatrix}$	Punktspiegelung
$\begin{pmatrix} -1 & 0 \\ 0 & 1 \end{pmatrix}$	Spiegelung y-Achse
$\begin{pmatrix} 1 & 0 \\ 0 & -1 \end{pmatrix}$	Spiegelung x-Achse
$\begin{pmatrix} 0 & 1 \\ 1 & 0 \end{pmatrix}$	Spiegelung 45°-Achse

Durch Hintereinanderausführen solcher einfacher Operationen, können wir Spiegelungen um beliebige Punkte und Achsen in der Ebene beschreiben. Selbst im dreidimensionalen Raum helfen diese Betrachtungen weiter. Es gibt dann nur mehr Möglichkeiten. Neben den Spiegelungen an Punkten und Geraden kommen noch Spiegelung an Flächen hinzu.

Drehungen

W 6.1.6 Wissen: Drehungen

Im zweidimensionalen Raum wird eine Drehung mit Hilfe einer Drehmatrix $\boldsymbol{U}_\alpha$ beschrieben:

$$\boldsymbol{U}_\alpha = \begin{pmatrix} \cos(\alpha) & -\sin(\alpha) \\ \sin(\alpha) & \cos(\alpha) \end{pmatrix}.$$

Es ergibt sich folgende Abbildung (Operation):

$$\vec{r} \to \boldsymbol{U}_\alpha \vec{r}.$$

Eine Rotationssymmetrie um den Winkel α besteht, wenn gilt:

$$f(\vec{r}) = f(\boldsymbol{U}_\alpha \vec{r}).$$

Auch Drehungen sind Operationen, die wir auf „Etwas" anwenden können. Um Drehungen durchführen zu können, benötigen wir mindestens einen zweidimensionalen Raum. Konsequenterweise werden Drehungen daher durch 2x2 Matrizen beschrieben.

Auch im dreidimensionalen Raum gibt es Rotationssymmetrien. Eine perfekte Kugel ist rotationssymmetrisch hinsichtlich Drehungen um beliebige Achsen durch den Kugelmittelpunkt und beliebige Winkel. Man spricht dann von Kugelsymmetrie oder Isotropie.

6.1.b Physikalische Symmetrien

Wie schon oben erwähnt, sind Symmetrien in der Natur gar nicht so selten, wenn auch nicht immer in mathematisch perfekter Ausprägung. Menschen und viele Tiere sind annähernd spiegelsymmetrisch. Rotationssymmetrie um bestimmte Winkel ist ansatzweise in Kristallen, wie beispielsweise in Schneeflocken zu sehen. Auch bei manchen Blumen findet man sie. Verschiebesymmetrien kennt man aus Fliesenmustern in Badezimmern oder bei der Anordnung von Rebstöcken im Weinberg. Ein Beispiel für eine zeitliche Verschiebesymmetrie ist die 24-Stunden-Rhythmus im Tagesverlauf.

Obwohl solche Alltags-Symmetrien nicht perfekt sind, ist es lohnenswert, sich mit ihnen zu beschäftigen. Nun befinden wir uns in einem kleinen Dilemma. Auf der einen Seite haben wir physikalische, nicht perfekte Symmetrien, die wir nutzen wollen. Auf der anderen Seite bietet die Mathematik einen umfangreichen Werkzeugkasten zur Beschreibung von mathematischen Symmetrien.

Gehen wir pragmatisch vor: Wir nehmen an, die physikalischen Symmetrien seien perfekt und beschreiben sie mit den mathematischen Methoden. Wir ziehen aus den Berechnungen unsere Schlüsse und berücksichtigen, dass diese dann auch nur ungefähr gelten.

Die wenigen perfekten Symmetrien in der Physik sind dagegen etwas ganz Bemerkenswertes. Bisher scheinen sie in allen Bereichen der bekannten Welt zu gelten. Man kann sie vereinfachend folgendermaßen beschreiben:

Die Naturgesetze gelten, unabhängig davon

- an welchem Ort wir sind,
- zu welchem Zeitpunkt wir sie betrachten und
- in welche Richtung wir uns gedreht haben.

Aus diesen Symmetrien (Verschiebung in Ort und Zeit sowie Drehung im Raum) ergeben sich die Erhaltungssätze für Impuls, Energie und Drehimpuls. Da diese Symmetrien so zentral wichtig für die Physik sind, sollen sie an dieser Stelle hier nur angesprochen werden. Eine weitergehende Behandlung erfolgt in Unterkapitel 10.9.

Wissen: **6.1.7 Physikalische Symmetrien und Erhaltungsgrößen**

Die drei perfekten physikalischen Symmetrien der Raum-Zeit[a] sind:

Tabelle 6.4: Fundamentale Symmetrien in der Physik und die zugehörigen Erhaltungsgrößen.

Symmetrie	Operation	Erhaltungsgröße
Homogenität des Raums	beliebige Verschiebung/ Translation	Impuls
Homogenität der Zeit	beliebige Zeitverschiebung	Energie
Isotropie	beliebige Drehung/ Rotation	Drehimpuls

Eine weitergehende Behandlung erfolgt in Kapitel 10.

[a]Die Mathematikerin Emmy Noether hat diesen Zusammenhang entdeckt.[16, 17]

6

6.1.c   Nutzen von Symmetrien

R6.1.8 ezept: Suche nach Symmetrien

Wenn Sie Dinge oder Vorgänge analysieren wollen, dann suchen Sie zunächst nach Symmetrien. Überlegen Sie beispielsweise:

- Wie verhält sich Ihr System bei Spiegelungen?
- Was geschieht bei Umkehr der Bewegungsrichtung oder der Drehrichtung?
- Was passiert beim Vertauschen zweier Körper?
- Wiederholt sich etwas in regelmäßigen Zeit- oder Ortsabständen?
- ...

Wenn wir eine Symmetrie erkennen, dann kann uns dieses Wissen bei der Konstruktion, bei der Fertigung, bei der Optimierung von Abläufen und bei vielen weiteren Punkten helfen.

Bei einem symmetrischen Gegenstand lässt sich der Schwerpunkt leichter finden. Rotationssymmetrische Körper lassen sich leicht auf einer Drehbank fertigen. Symmetrien im Zeitablauf, beispielsweise das Wissen, dass samstags besonders viele Menschen zum Einkaufen gehen, hilft der Optimierung von Einsatzplänen für Personal.

Häufig wird dieses Wissen mathematisch beschrieben. Die dazugehörigen Gleichungen spiegeln die enthaltenen Symmetrien wider. Sie sind gegenüber der erkannten Symmetrieoperation invariant. Es hat sich gezeigt, dass viele Fehler in Theorien und mathematischen Beschreibungen allein durch Kontrolle von Symmetrieeigenschaften erkannt werden.

Herleitung sowie Plausibilität einer Gleichung

R6.1.9   Gleichungen auf Symmetrie ezept: prüfen

Haben Sie eine Gleichung zur Lösung eines Problems erarbeitet, dann prüfen Sie durch Symmetrieüberlegungen Ihre Gleichung. Zum Beispiel:

- Wenn zwei Körper vorkommen, vertauschen Sie deren Massen (in Gedanken).
- Kommt ein Winkel vor, fragen Sie, was geschieht, wenn Sie die Anordnung horizontal oder vertikal spiegeln.
- Sind Teile des Systems bewegt, setzen Sie sich auf eines der bewegten Teile.
- ...

Sind die von der Gleichung vorausgesagten Ergebnisse dann noch plausibel?

B6.1.iv eispiel: Zwei Körper an Seil mit Rolle

Zwei verschieden schwere Körper sind mit einem Seil verbunden und hängen frei an einer reibungsfreien Rolle (Abbildung 6.2). Wie groß ist die Kraft, die ein Körper jeweils auf das Seil ausübt?
...

Mit Hilfe von Symmetrieüberlegungen können wir gelegentlich überprüfen, ob eine Gleichung, die wir gefunden haben, plausibel ist. Wir können uns fragen, wie sich die Lösung eines Problem ändert, wenn wir die Fragestellung spiegeln oder in Gedanken verschieben. Manchmal kann es sogar gelingen, eine Lösungsgleichung ohne tiefere physikalische Theorie, allein auf Basis der Symmetrie zu erraten.

Dazu wollen wir ein Beispiel anschauen.

Zwei verschieden schwere Körper sind mit einem Seil verbunden und hängen frei an einer reibungsfreien Rolle (Abbildung 6.2). Welche Beschleunigung erfährt der Körper auf der linken Seite?

Die Grundidee ist, dass durch Vertauschen der beiden Massen die Beschleunigung nur das Vorzeichen ändert. Das ist die Symmetrie, die wir ausnutzen wollen.

- Dimensionsanalyse

  Welche Größen spielen eine Rolle? Beschleunigung a, Massen der Körper m_1, m_2 und das Schwerefeld der Erde g.

Größe	Dimension
a	$\mathbf{L\,T}^{-2}$
m_1	$\mathbf{M}$
m_2	$\mathbf{M}$
g	$\mathbf{L\,T}^{-2}$

Unter Verwendung von Abschnitt 2.4.c ergibt sich:

$$a = g \cdot f(m_1, m_2) \quad \text{mit} \quad \dim(f(m_1, m_2)) = \mathbf{1}.$$

- Symmetrie

Beim Austausch der Massen $m_1 \leftrightarrow m_2$ gilt für die Beschleunigung des Körpers:

$$a \propto f(m_1, m_2) = -f(m_2, m_1).$$

Die Beschleunigung hat den gleichen Betrag, zeigt aber in die andere Richtung.

- Suchen einer geeigneten Funktion

Wir benötigen eine Funktion f, die die Dimension eins hat und antisymmetrisch ist:

$$f(m_1, m_2) = -f(m_2, m_1).$$

Eine einfache Lösung für eine antisymmetrische Funktion wäre $f(m_1, m_2) = (m_1 - m_2)$, denn $(m_1 - m_2) = -(m_2 - m_1)$.

Diese Funktion muss nun noch dimensionslos gemacht werden, indem wir durch einen Masseterm m_x mit der Dimension $\mathbf{M}$ dividieren. In m_x müssen beide Massen vorkommen und die Funktion symmetrisch sein. Das ist fast offensichtlich die Summe der beiden Massen $m_x = (m_1 + m_2)$. So erhält man die gewünschte Funktion.

$$f(m_1, m_2) = \frac{m_1 - m_2}{m_1 + m_2},$$

oder den Kehrwert des Bruchs.

Für den Sonderfall, dass $m_1 = m_2$ ist, wird ersichtlich, dass $(m_1 - m_2)$ nicht unter dem Bruchstrich stehen kann. Somit ist die Beschleunigung a bis auf einen Faktor k_a festgelegt:

$$a = g\, k_a \frac{m_1 - m_2}{m_1 + m_2}.$$

Nun müssen wir nur noch k_a bestimmen. Dazu betrachten wir den anderen Sonderfall $m_2 = 0$. Wenn keine zweite Masse vorhanden ist, fällt der Körper 1 mit $a = g$ im freien Fall. Also wird $k_a = 1$.

Damit haben wir, ohne Anwendung von Bewegungsgleichungen oder Kräftebilanzen folgende korrekte Gleichung für die Beschleunigung erhalten:

$$a = g \frac{m_1 - m_2}{m_1 + m_2}.$$

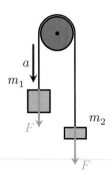

Abbildung 6.2: Zwei Körper an einer Seilrolle. Auch wenn die Massen unterschiedlich sind, ziehen beide mit der gleichen Kraft am Seil.

Fortsetzung Beispiel 6.1.iv:

Die Gleichung für die Kraft, die aus der Impulsbilanz (siehe Unterkapitel 10.4) hergeleitet wurde, lautet:

$$F = 2\, g\, \frac{m_1\, m_2}{m_1 + m_2}.$$

Sie soll auf Plausibilität geprüft werden.

Durch Symmetriebetrachtung erkennt man, dass bei Vertauschen der beiden Körper und damit der Massen $(m_1 \leftrightarrow m_2)$ sich die Kraft auf das Seil nicht ändert.

$$F(m_2, m_1) \quad = 2\, g\, \frac{m_2\, m_1}{m_2 + m_1} = F(m_1, m_2),$$

Die Gleichung zeigt die erwartete Symmetrieeigenschaft.

6

Symmetrien brechen

R6.1.10 **Symmetrien brechen bei**
ezept: Gefahren

Wenn Sie ein System haben mit zwei Eigenschaften A und B, von denen A potenziell kritisch oder gefährlich ist, dann schauen Sie, ob es Operationen gibt, die A verändern, aber B unverändert lassen.

Wenn Sie so etwas finden, sollten Sie darüber nachdenken, diese Symmetrie von B zu brechen, am besten durch konstruktive Maßnahmen.

B6.1.v   **Verpolungsschutz eines**
eispiel: Steckers

Ein elektrischer Stecker benötigt zwei Kontakte. Sind die beiden Stifte des Steckers gleich dick und befinden sich in einem zylindrischer Gehäuse, so kann der Stecker auch um 180° gedreht eingesteckt werden. Der Stecker hat eine 180°-Symmetrie. Dabei werden aber elektrisch Phase und Nullleiter vertauscht, was bei einem Kabel mit E27-Lampensockel dazu führen kann, dass am Schraubgewinde die Spannung anliegt.

Hier wäre es sinnvoll, die 180°-Symmetrie zu brechen (was leider bei den deutschen Schuko-Steckern im Allgemeinen nicht umgesetzt ist).

Das Brechen der Symmetrie kann also zur einfachen Vermeidung von Fehlern genutzt werden. Diese Methode ist auch unter dem Namen Poka-Yoke Prinzip bekannt.

Bisher haben wir gesehen, wie hilfreich Symmetrien sein können. Aber sie können einem das Leben auch erschweren.

Kennen Sie das Problem mit dem Klebefilm? Die Rolle mit der dünnen Klebefolie hat sich so aufgewickelt, dass Sie den Anfang nicht mehr finden. Die Rolle scheint perfekt rotationssymmetrisch. Es erfordert einige Geduld und ein gutes Auge, um den Anfang zu finden. Die Symmetrie hat die Suche nach dem Anfang des Films wesentlich erschwert. Damit das beim nächsten Mal schneller geht, opfert man ein wenig des Films und klebt ein kleines bisschen am Anfang zusammen, so dass sich eine kleine, hochgestellte Filmschicht ergibt. Die Rolle ist nun nicht mehr rotationssymmetrisch. Man sagt, die Symmetrie wurde gebrochen.

Dieses Brechen von Symmetrie findet sich gar nicht so selten in technischen Anwendungen. Eine Markierung zur Positionierung von zwei Gegenständen zueinander ist eine einfache Variante davon. Beispiele sind Punktmarkierungen auf Foto-Wechselobjektiven, aber auch der Bleistiftpunkt an der Stelle an der ein Loch in die Wand gebohrt werden soll.

Manchmal können Symmetrien auch gefährlich werden. Beispielsweise kann ein mögliches Verdrehen eines elektrischen Anschlusses zur unfallträchtigen Situationen führen. In solchen Fällen wird die Symmetrie des Anschlusses so gebrochen, dass ein versehentliches Verpolen gar nicht mehr vorkommen kann. Drehstromsteckdosen in Betrieben sind so aufgebaut. In der Schweiz sind auch normale Haushaltssteckdosen verpolungssicher, in Deutschland allerdings nicht.

Das Problem besteht ausschließlich dann, wenn eine Eigenschaft des Systems bezüglich einer Operation sich nicht verändert, eine andere dagegen schon.

6.2   Skalierungen

D6.2.1
efinition: Skalierung

Wird bei einem System eine physikalische Größe um einen Faktor verändert, so spricht man von einer Skalierung des Systems, wenn das System dabei ähnlich bleibt.

Dabei werden oder können sich andere Größen des Systems auch verändern. Die Untersuchung von Skalie-

Sie haben Ihren Freunden versprochen, für sie Spaghetti Carbonara zu kochen. Sie hatten mit drei Gästen gerechnet, die zusagen würden. Mit Ihnen wären das vier Personen. Für so viele haben Sie das Gericht schon oft zubereitet. Nun haben sich aber auf Ihre Einladung hin drei weitere angemeldet. Ihre Carbonara scheint etwas Besonderes zu sein.

Allerdings müssen Sie nun für sieben Personen kochen. Und Carbonara muss es sein. Jetzt haben Sie ein sogenanntes Skalierungsproblem. Eigentlich scheint die Problemlösung einfach. Sie müssen alles nur mit dem Faktor 7/4 multiplizieren und schon sind Sie fertig. Hier kommt auch der Name „Skalierung" her. Er bedeutet, mit einem Skalar, also einer Zahl, zu multiplizieren.

Tatsächlich skalieren in Ihrem Fall die meisten Ihrer Größen mit dem erwähnten Faktor: die Spaghettimenge, die Menge an Salz, Anzahl der Eier, Teller und Gläser. Beim Kochwasser ist es nicht ganz so sicher. Der Durchmesser der Kochplatte muss nicht fast doppelt so groß sein. Und die Kochzeit der Spaghetti wird sich nicht ändern, sie muss sogar gleich bleiben!

Verändert man den Wert einer physikalische Größe durch multiplizieren mit einem Zahlenfaktor, so nennt man das Skalieren. Im engeren Sinne wollen wir den Begriff verwenden, um eine Methode zu beschreiben, mit der Probleme gelöst werden können, die in ähnlichen Fällen schon eine Lösung gefunden haben. In unserem obigen Beispiel können wir Carbonara für 4 Personen kochen, dann werden wir es auch für 7 schaffen. Es ist eine einfache und sehr wirkmächtige Methode.

Skaliert wird an ganz vielen Stellen. Frachtschiffe haben enorme Längen erreicht. Sie müssen immer mehr Container transportieren. Also baut man sie größer. Wie viel länger muss ein Schiff sein, das doppelt so viel Container trägt? Wieviel mehr Energie benötigt es? Wie müssen die Häfen angepasst werden? Das sind typische Fragen, die bei der Skalierung auftauchen.

Wenn in einem System eine Größe skaliert wird, stellt sich die Frage: wie ändern sich die anderen Größen? Das ist eine allgemeine Frage, die die Physik beantworten will; das Besondere an der Skalierung ist, dass man etwas „Ähnliches" beschreiben möchte. Ein größeres Container Schiff, Carbonara für mehr Personen, eine Automodell im Maßstab 1:4.

Diese „Ähnlichkeit" ist der Kern von Skalierungen und macht sie zu einem besonderen Hilfsmittel.

6.2.a Skalierungsfaktor und Skalierungsexponent

Was also geschieht, wenn wir eine physikalische Größe G eines Systems verändern? Diese Größe hat dann nach der Skalierung einen anderen Wert als vorher:

$$G_{\text{nach}} = s\, G_{\text{vor}}.$$

Dabei wird s Skalierungsfaktor genannt. Als nächstes fragen wir uns, wie sich dann eine andere Größe H des System verändert. Dazu müssen wir wissen, durch welche Funktion der Zusammenhang zwischen H und G beschrieben wird. In vielen Fällen werden wir in guter Näherung eine Potenzbeziehung finden. H ist

rungen stellt die Frage, wie sich diese anderen Größen in Bezug auf die erste verhalten.

B$\begin{smallmatrix}\text{6.2.i}\\\text{eispiel:}\end{smallmatrix}$ **Skalierung erfordert Ähnlichkeit**

Ähnlich:

- Eine Turm wird im Maßstab 1:5 verkleinert als Modell gebaut.
- Ein Ofen soll größer gebaut werden, damit er die 10-fache Menge Getreide pro Stunde trocknen kann. Dabei soll die Form gleich bleiben.
- Die Bettenkapazität eines Krankenhauses soll um 20 % erhöht werden.

Nicht ähnlich:

- In den letzten Jahren sind die Autos immer größer geworden. Weil sich aber auch der c_W-Wert sowie die Effizienz des Motors geändert haben, sind die alten und neuen Autos nicht mehr ähnlich. Aus Skalierungsbetrachtungen kann daher nicht einfach auf den Benzinverbrauch geschlossen werden.

6

D 6.2.2 efinition: Skalierungsfaktor und Skalierungsexponent

Bei Skalierungsaufgaben wird die Frage gestellt, wie sich die Eigenschaften einer bekannten Anlage oder eines Prozesses verändern, wenn die Anlage erweitert, also eine hierfür charakteristische Größe G mit einem Faktor s multipliziert wird:

$$G_{\text{nach}} = s\, G_{\text{vor}}.$$

Der Wert s heißt Skalierungsfaktor.

Andere Eigenschaften werden beispielsweise durch eine weitere Größe H beschrieben. Dabei gilt für den Zusammenhang zwischen G und H oft ausreichend genau eine Potenzbeziehung:

$$H \approx \kappa\, G^b \quad \text{mit} \quad b \in \mathbb{R}.$$

Der Wert b heißt Skalierungsexponent. κ ist die meist dimensionsbehaftete Proportionalitätskonstante.

In diesem Fall skaliert H mit s^b:

$$H_{\text{nach}} \approx s^b\, H_{\text{vor}}.$$

dann proportional zu einer Potenz von G. Dabei ist die Proportionalitätskonstante κ häufig nicht dimensionslos:

$$H \approx \kappa\, G^b \quad \text{mit} \quad b \in \mathbb{R}.$$

Die Zahl b wird Skalierungsexponent genannt. Er ist ein Maß für die Abhängigkeit der Größe H von G. Jetzt können wir den Skalierungsfaktor von H berechnen:

$$H_{\text{nach}} \approx \kappa\, G_{\text{nach}}^b = \kappa\, (s\, G_{\text{vor}})^b = \kappa\, s^b\, G_{\text{vor}}^b$$
$$= s^b\, H_{\text{vor}}.$$

Somit ist s^b der Skalierungsfaktor für H, wenn G mit s skaliert wird.

Wir erkennen, dass wir nur den Skalierungsexponenten finden müssen und schon haben wir meist unser Skalierungsproblem gelöst. Das ist allerdings nicht immer ganz einfach, aber in vielen Fällen hilft uns die Dimensionsanalyse (Abschnitt 2.4.b) ein Stück weiter.

W 6.2.3 issen: Ähnlichkeit

Zwei Sachen sind ähnlich bezüglich der Größen G und H mit

$$H \approx a\, G^b \quad \text{mit} \quad a,b \in \mathbb{R},$$

wenn für beide Sachen die Werte von a und b gleich sind.

6.2.b Geometrische Skalierungen

D 6.2.4 efinition: Geometrische Skalierungen

Geometrische Skalierungen betreffen nur die Änderung von Längen, Flächen und Volumen eines Körpers zueinander.

Die Form des Körpers bleibt dabei ähnlich.

Skalierungen, die die Geometrie von Körpern betreffen, wie beispielsweise der Zusammenhang zwischen Durchmesser und Fläche, sind meistens nicht so kompliziert. Aber selbst Fragen hierzu werden intuitiv oft falsch beantwortet.

Ein Beispiel:
In einer Gaststätte habe eine Pizza für eine Person einen Durchmesser D von 23,5 cm. Wie groß muss die Pizza für zwei Gäste sein:

a) 33 cm, b) 40 cm, c) 47 cm, d) 55 cm?

Die richtige Antwort zu finden, fällt nicht jedem leicht. Dabei kann man mit ein wenig Übung solche Fragen ganz schnell, sicher und richtig beantworten.

Wir nehmen an, der Boden bleibt gleich dick, dann hat die Zweipersonenpizza die doppelte Fläche, also $A_2 = 2 A_1$. Aus der Dimensionsanalyse wissen wir, dass die Fläche quadratisch vom Durchmesser abhängen muss:

$$A = a D^2 \Rightarrow D = a^* A^{1/2}.$$

Die Konstanten a und a^* haben etwas mit dem Kreis zu tun, aber wir müssen sie gar nicht kennen. Die Pizza muss nur weiterhin kreisförmig sein.

Damit kennen wir den Skalierungsfaktor für A: $s = 2$ und den Skalierungsexponenten für D: $b = 0,5$. Somit ergibt sich für den Skalierungsfaktor von D ein Wert von $\sqrt{2} \approx 1,4$. Die Zweipersonenpizza hat den Durchmesser $D_2 = 1,4 \cdot 23,5\,\text{cm} = 33\,\text{cm}$.

Nun wollen wir uns ein etwas weitergehendes Beispiel anschauen, einen Prozess in dem Nano-Pulver hergestellt wird:

Ein Stein mit dem Volumen von etwa einem Liter soll immer feiner zermahlen werden, bis Teilchen mit der Korngröße d von einem Nanometer entstehen. Wie groß wird die gesamte Oberfläche A aller Teilchen zusammen?

Wir wissen, dass das Volumen V eines Körpers mit d^3 skaliert, die Oberfläche A mit d^2. Also gilt für das Verhältnis von Oberfläche zu Volumen bei jedem Körper des Mahlguts:

$$\frac{A}{V} = k \frac{1}{d}.$$

Wenn die Steinchen beim Zermahlen ähnlich bleiben, ist k eine Konstante. Wird die linke Seite mit der Anzahl N der entstandenen Teilchen erweitert, ergibt sich:

$$\frac{N A}{N V} = \frac{A_{\text{ges}}}{V_{\text{ges}}} = k \frac{1}{d}.$$

Weil V_{ges} konstant bleibt, steigt die gesamte Oberfläche mit dem Kehrwert der Teilchendurchmesser an. Damit kennen wir den Skalierungsexponenten $b = -1$.

Jetzt brauchen wir noch den Skalierungsfaktor s. Wir modellieren den Stein als Würfel mit $d = 10\,\text{cm}$ und $A = 6 \cdot (0,1\,\text{m})^2 = 6 \cdot 10^{-2}\,\text{m}^2$. Wird er zu Staub mit der Korngröße von $1\,\text{nm} = 10^{-9}\,\text{m}$ zermahlen, so ergibt sich ein Skalierungsfaktor $s = \dfrac{10^{-9}\,\text{m}}{10^{-1}\,\text{m}} = 10^{-8}$. Die neue Oberfläche aller Teilchen ist:

$$A_{nach} = A_{vor}\, s^b = 6 \cdot 10^{-2}\,\text{m} \cdot (10^{-8})^{-1} = 6\,\text{km}^2.$$

Tabelle 6.5: Dimensionen typischer geometrischer Größen beliebiger Körper.

Größe	Dimension
charakteristische Länge D	$\mathbf{L}$
Umfang U	$\mathbf{L}$
Oberfläche A	$\mathbf{L}^2$
Volumen V	$\mathbf{L}^3$

Mit Hilfe der Dimensionsanalyse ergeben sich aus Tabelle 6.5 drei dimensionslose Konstanten k_i für die Beschreibung eines Körpers:

Länge und Umfang: $\quad U = k_1 D$

Länge und Fläche: $\quad A = k_2 D^2$

Länge und Volumen: $\quad V = k_3 D^3$

Der Zusammenhang zwischen V, A und U untereinander lässt sich daraus herleiten. Körper sind ähnlich zueinander, wenn sie die gleichen Konstanten haben.

Beispiel: B 6.2.ii — Geometriekonstanten Kugel und Würfel

Ähnliche Körper haben alle die gleichen Konstanten bezüglich einer charakteristischen Länge D bei der Berechnung anderer geometrischer Eigenschaften, wie Umfang U, Oberfläche A und Volumen V:

Tabelle 6.6: Proportionalitätsfaktoren für die geometrischen Größen von Kugeln und Würfeln.

Körper	charakteristische Länge D	U	A	V
		k_1	k_2	k_3
Kugel	Radius R	2π	4π	$\frac{4}{3}\pi$
Würfel	Kantenlänge a	4	6	1

6

Für Skalierungsbetrachtungen werden die Konstanten aber nicht benötigt. Es genügt das Wissen, dass die Körper ähnlich sind.

W^{6.2.5}
issen: Geometrische Skalierungen

Bei ähnlichen Körpern verhalten sich Volumen V, Fläche A und Länge D zueinander wie

$$D \propto A^{1/2} \propto V^{1/3}.$$

B^{6.2.iii}
eispiel: Weideland einzäunen

Sie haben die Aufgabe Weideland einzuzäunen. Dazu haben Sie Angebote eingeholt und kennen in etwa die Kosten. Jetzt stellt sich heraus, dass die Weidefläche doppelt so groß sein wird, wie ursprünglich vorgesehen.

Ohne weitere Abgabe muss für eine Überschlagsbetrachtung reichen: die Form des Weidegebiets wird ähnlich sein und die Kosten K sind proportional zur Zaunlänge ℓ. Damit ergibt sich:

$$K \propto \ell \propto A^{1/2}$$

Der Skalierungsexponent ist also $b = 1/2$ und der Skalierungsfaktor $s = 2$. Somit ergibt sich:

$$K_{nach} = K_{vor}\, s^b = K_{vor}\, \sqrt{2} \gtrsim 1{,}4\, K_{vor}.$$

Sie sollten etwa 50 % mehr Ausgaben einplanen.

6.2.c   Allgemeine Skalierungen

R^{6.2.6}   **Skalierung**
ezept: Was bleibt konstant?

Wenn Sie ein System skalieren, nutzen Sie eine Dimensionsanalyse (Unterkapitel 2.4), um die dimensionslose Ausdrücke zu finden. Bei ähnlichen Systemen ändern sich diese nämlich nicht.

Bei vielen Skalierungen interessieren uns aber nicht nur die geometrischen Veränderungen. Wie ändern sich die Rechengeschwindigkeiten, wenn die Leiterbahnen im PC-Prozessor immer kleiner werden? Was geschieht mit dem Umsatz, wenn eine Firma von 10 Mitarbeitern auf über 100 anwächst? Muss man dann die Verwaltung mitwachsen lassen? Die meisten dieser Fragen lassen sich gar nicht so leicht beantworten, aber eine Dimensionsanalyse (Abschnitt 2.4.b) kann wie gesagt helfen, den Antworten näher zu kommen. Das wollen wir an einem Beispiel anschauen:

Haben Sie sich schon einmal gefragt, ob Sie schneller gehen könnten, wenn Sie größer wären? Können große Menschen schneller gehen, bevor sie ins Traben kommen?

Beginnen wir mit ein paar Annahmen. Größere Menschen haben meist längere Beine und können daher größere Schritte machen. Auch das Schwerefeld der Erde hat einen Einfluss. Mit einem schwachen Erdfeld würde man nicht so schnell zurück auf den Boden kommen. Die Beine würden langsamer pendeln [18].

Also analysieren wir die Dimensionen der Gehgeschwindigkeit v, der Körperlänge h und des Schwerefeldes der Erde g:

Größe	Dimension
v	$\mathsf{L\,T^{-1}}$
h	L
g	$\mathsf{L\,T^{-2}}$

Wir erkennen, dass die Dimension T genau zweimal vorkommt. Daher wissen wir sofort (Rezept 2.4.4), wie Geschwindigkeit und Erdfeld zueinander in der Gleichung stehen. Mit der Größe h können wir noch die Dimension L kürzen. Wir sehen, es gibt genau eine dimensionslose Größe k:

$$k = \frac{v^2}{g\,h}.$$

Den Wert von k kennen wir nicht. Diesen müsste man durch Datenanalyse herausfinden. Wir finden aber den von uns nachgefragten Zusammenhang zwischen Körpergröße und Geschwindigkeit:

$$v \propto \sqrt{h}.$$

Was bedeutet dieses Ergebnis? Große Menschen können schneller gehen. Kleinere beginnen schon bei niedrigeren Geschwindigkeiten zu laufen.

Spannende Beispiele, bei denen uns Skalierungen helfen können, sind

- Garzeit eines Bratens im Ofen,
- Strömungswiderstand eines Schiffes
  (es tauchen zwei dimensionslose Kennzahlen auf),
- Sprunghöhe Tiere
  (sie skaliert nicht mit der Körpergröße) und
- Strömungslehre
  Reynolds-Zahl, Fourier-Zahl, Prandtl-Zahl, etc.

Weitere interessante Anwendungen finden sich in der Literatur (zum Beispiel: [19]).

B$^{6.2.iv}$**eispiel: Masse und Umfang**

Wie ändert sich die Masse m eines Körpers, wenn dessen Umfang U mit s skaliert wird?

Was bleibt konstant? Die Dichte ϱ! Die Dimensionsanalyse

Größe	Dimension
m	M
U	L
ϱ	$\mathsf{M\,L^{-3}}$

führt zum dimensionslosen Ausdruck:

$$k = \frac{m}{\varrho\,U^3},$$

der auch konstant ist, falls das System beim Skalieren ähnlich bleibt.

Damit ist der Skalierungsexponent $b = 3$. Somit skaliert skaliert m mit s^3.

Wird die Skalierung eines System mit der Dimensionsanalyse untersucht, muss man alle Einflussgrößen berücksichtigen. Dann bekommt man eventuell mehrere dimensionslose Ausdrücke (siehe Abschnitt 2.4.c „Dimensionsanalyse für Experten").

Beim Skalieren ähnlicher Systeme ändern sich die Einflussgrößen so, dass sich der Wert eines dimensionslosen Ausdrucks nicht verändert.

Man erkennt die Ähnlichkeit der Systeme an diesen Konstanten.

6

6.3   Bezugssysteme

Die Wahl eines sinnvollen Bezugssystem ist eine starke und wirkungsvolle Methode. Dies hat auch etwas mit Symmetrien zu tun, denn der Wechsel des Bezugssystems ist eine Art von Symmetrieoperation. Bei dem Wechsel bleibt nämlich etwas unverändert: die Welt.

Wenn Sie ein Problem lösen sollen, ganz gleich ob in der Physik oder in anderen Disziplinen, dann werden Sie es zunächst von Ihrem Standpunkt, Ihrem Bezugssystem aus versuchen. Denn dafür benötigen Sie ja die Lösung. Oft werden Sie feststellen, dass Ihr Bezugssystem nicht optimal geeignet ist, das Problem zu beschreiben. In der Physik kann es sein, dass das System, das Sie beschreiben sollen, ungeschickt im Raum platziert ist. Oder es bewegt sich. Dann kann es sinnvoll sein, sich ein neues Bezugssystem zu wählen, das die Beschreibung vereinfacht.

Auch wenn die Wahl eines Bezugssystems immer ein gedankliches Konstrukt ist, können Sie dies auch zunächst ohne mathematischen Formalismus machen. Sie führen dann ein Gedankenexperiment (vgl. Unterkapitel 1.8) durch:

> ### R 6.3.1   In Gedanken den Bezugspunkt
> ### ezept: wechseln
>
> Stellen Sie sich vor, Sie betrachten eine Situation von einem anderen (geometrischen) Standpunkt aus, auch wenn das in der Praxis unmöglich ist. Beispielsweise:
>
> - Bewegen Sie sich in Gedanken mit einem Körper mit.
> - Betrachten Sie einen Körper oder eine Situation aus verschiedenen Richtungen.

Schon dieser gedankliche Schritt kann Ihnen neue Einsichten und Erkenntnisse vermitteln. Tatsächlich hat diese Methode in der Wissenschaftsgeschichte zu großen Fortschritten, ja Revolutionen geführt.

> ### B 6.3.i   In Gedanken den
> ### eispiel: Bezugspunkt wechseln
>
> - Albert Einstein hat sich schon als Jugendlicher mit der Frage beschäftigt, wie die Welt aussehen würde, wenn er mit einem Lichtstrahl mitreisen würde. Dieser gedankliche Wechsel des Bezugssystems hat ihn nicht mehr losgelassen und hat schließlich zur Entwicklung der Relativitätstheorie geführt.
>
> ...

Ganz zu Beginn des Buches haben wir vereinbart, von der Prämisse auszugehen, dass die Welt real sei (Wissen 0.0.1). Egal von welchem Standpunkt aus man die Welt betrachtet: sie ist, wie sie ist. Ein Haus bleibt eben dieses Haus, egal von wo aus es betrachtet wird. Selbstverständlich ändern sich Blickwinkel, Ansicht und Perspektive, aber nicht das Haus (vgl. Beispiel 6.1.i). Auch während wir auf das Haus zu rennen oder von oben auf das Haus herabfallen, wird es nichts am Haus ändern. Natürlich ändert sich die Geschwindigkeit des Hauses, wenn wir es aus unserer Sichtweise heraus beschreiben. Wer in einem Zug sitzt hat manchmal den Eindruck, dass die Häuser an ihm „vorbeifliegen". Aber das, was das Haus ausmacht, auch der Rauch, der durch das Kamin das Haus verlässt, bleibt unverändert.

Diese Erkenntnis erlaubt uns, unseren Standpunkt ganz beliebig zu wählen. Wir können zur mathematischen Beschreibung ein beliebiges Koordinatensystem wählen. Das Koordinatensystem kann sich sogar frei gegenüber dem Haus bewegen. Dieses gewählte System nennt man Bezugssystem. Sinnvollerweise wird ein Bezugssystem gewählt, in dem die Beschreibung besonders leicht fällt.

Beim Haus definieren wir vermutlich ein kartesisches Koordinatensystem, in dem es sich nicht bewegt. Zwei Achsen (vermutlich x und y) legen wir horizontal entlang der Außenmauern, die z-Achse weist senkrecht nach oben. In diesem Bezugssystem kann ganz einfach die Lage eines Zimmers gekennzeichnet werden. Das Zimmer bewegt sich in diesem System nicht.

Bei anderen Problemen sucht man ebenfalls angepasste Bezugssysteme.

Stellen wir uns vor, ein sehr teurer Sportwagen fährt in Richtung Osten mit 100 km/h auf einen stehenden, 10-Jahre alten Kleinwagen auf, beide verkeilen sich und rutschen weiter. Wohin und mit welcher Geschwindigkeit bewegen sich die Wracks unmittelbar nach dem Aufprall?

Lösungsansatz:

- Zuerst reduzieren wir die Komplexität der Aufgabe (Rezept 0.0.4):
  Beide Autos sind Körper, die durch Masse und Geschwindigkeit ausreichend genau beschrieben werden. Um überhaupt in das Problem hineinzukommen, nehmen wir an, dass beide Autos die gleiche

Masse haben. Diese Annahme können wir später wieder fallen lassen, sie ist aber in einem ersten Schritt sehr hilfreich.

- Wahl des Koordinatensystems
  Wir drehen das System so, dass die Bewegungsrichtung mit einer Achse zusammenfällt. Dann zeigt diese Achse (beispielsweise die x-Achse) nach Osten.

- Wir setzen uns (in Gedanken) auf den Massenmittelpunkt (Schwerpunkt) zwischen beiden Autos; da wir gleiche Massen angenommen haben, liegt dieser Punkt immer genau in der Mitte zwischen den beiden Autos. Logischerweise bewegt der Punkt sich auch nach Osten, und zwar mit der halben Geschwindigkeit. In unserem Falle sind das 50 km/h.

Die Drehung und das Bewegen mit 50 km/h ist die Transformation in ein neues Bezugssystem.

- Vom diesem neuen Bezugssystem aus betrachtet ergibt sich ein ganz anderes Bild: Beide Körper bewegen sich mit genau 50 km/h auf diesen neuen Betrachtungspunkt zu.

- Wir können nun gar nicht mehr unterscheiden, welcher der beiden Körper der Sportwagen ist (denn außer Masse und Geschwindigkeit haben wir alle weiteren Informationen zum Zwecke der Vereinfachung ausgeblendet). Die Situation ist vollkommen symmetrisch. Das, was nach dem Unfall passiert, muss daher auch symmetrisch sein. Da wir aber wissen (Aufgabenstellung), dass sich beide Autos bei dem Unfall verkeilen, gibt es nur eine Lösung: Beide Körper ruhen nach dem Unfall im Ursprung des neuen Bezugssystems.

- Jetzt müssen wir nur noch alles vom ursprünglichen Bezugssystem aus betrachten. Wir führen die Rücktransformation durch. Da wir wissen, dass sich der neue Betrachtungspunkt mit 50 km/h nach Osten bewegt, kennen wir die Antwort auf die ursprüngliche Fragestellung:

- Beide Autos rutschen gemeinsam mit 50 km/h nach Osten.

Die Frage danach, was geschieht, wenn die beiden Massen unterschiedlich sind, wird hier nicht beantwortet. Dazu benötigen wir weitere Werkzeuge der Physik, nämlich Erhaltungssätze Kapitel 9.

Fortsetzung Beispiel 6.3.i:

- Wenn Sie verstehen wollen, wie eine Raumsonde durch ein Swing-By-Manöver am Planeten Jupiter beschleunigt wird, betrachten Sie den Vorbeiflug der Sonde so, als ob Sie ihn von Jupiter aus beobachten würden.

Aber auch bei der konkreten, quantitativen Lösung von Aufgaben mit Hilfe der mathematischen Formelsprache hilft Ihnen die Wahl eines geeigneten Bezugssystems:

R6.3.2 Gutes Bezugssystem
ezept: verwenden

Versuchen Sie, ein Bezugssystem zu finden, in dem sich das System und das Problem relativ leicht beschreiben lassen. Es kann helfen,

- ein angepasstes Koordinatensystem, z.B. Achsen entlang von Symmetrielinien, zu wählen,
- ein Bezugssystem zu definieren, das sich mit dem bewegten Körper oder mit dem Schwerpunkt mitbewegt.

Notieren Sie, mit welchen mathematischen Operationen Sie das neue System aus Ihrem gewohnten System erzeugt haben (Transformation). Die Umkehrung der Schritte erlaubt Ihnen, nach der Bearbeitung Ihrer Aufgabe in das alte System zurückzukehren (Rücktransformation).

In diesem neuen Bezugssystem fällt es oft viel leichter, das ursprüngliche Problem zu lösen. Und einen weiteren Vorteil bietet der Wechsel des Bezugssystems: Sie erhalten eine andere Sicht auf Ihr Problem.

R6.3.3
ezept: Rücktransformation

Wenn Sie Ihr Problem im neuen Bezugssystem gelöst haben, müssen Sie es wieder in Ihr altes Bezugssystem zurückbringen. Die gefundene Lösung muss aus der ursprünglichen Sichtweise betrachtet werden.

Nutzen Sie dafür Ihr Wissen über die Transformation. Sie benötigen die dazu gehörende Rücktransformation, mit der Sie die Lösung in das alte System zurückrechnen können.

Galilei-Transformation

In der Physik gibt es viele Beispiele für den sinnvollen Einsatz von Transformation und Rücktransformation. Ein besonders einfaches Beispiel für ein wirkungsvolles Werkzeug ist die Galilei-Transformation.

R $^{6.3.4}_{\text{ezept: Galilei-Transformation}}$

Wenn Sie zwei Bezugssysteme $\mathcal{B}$ und $\tilde{\mathcal{B}}$ betrachten möchten, von denen sich $\tilde{\mathcal{B}}$ mit einer konstanten Geschwindigkeit $\vec{v}_{\tilde{\mathcal{B}}}$ bezüglich $\mathcal{B}$ bewegt, dann wählen Sie in jedem Bezugssystem ein Koordinatensystem so, dass die Achsen der beiden Koordinatensysteme in die gleiche Richtung zeigen und sich deren Ursprünge zum Zeitpunkt $t = 0$ an der selben Stelle befinden.

Dann können Sie einen Ort $\vec{x}$ im Bezugssystem $\mathcal{B}$ in den Ort $\tilde{\vec{x}}$ bezüglich $\tilde{\mathcal{B}}$ umrechnen:

$$\tilde{\vec{x}} = \vec{x} - \vec{v}_{\tilde{\mathcal{B}}}\, t.$$

Eine Geschwindigkeit $\vec{v} = \dot{\vec{x}}$ im Bezugssystem $\mathcal{B}$ können Sie in die Geschwindigkeit $\tilde{\vec{v}}$ im Bezugssystem $\tilde{\mathcal{B}}$ transformieren, indem Sie die Zeitableitung der Gleichung oben verwenden:

$$\tilde{\vec{v}} = \vec{v} - \vec{v}_{\tilde{\mathcal{B}}}.$$

Für die Rücktransformation kann man einfach diese Gleichungen nach den Größen in den $\vec{x}$ und $\vec{v}$ auflösen:

$$\vec{x} = \tilde{\vec{x}} + \vec{v}_{\tilde{\mathcal{B}}}\, t,$$
$$\vec{v} = \tilde{\vec{v}} + \vec{v}_{\tilde{\mathcal{B}}}.$$

Die Verwendung geeigneter Betrachtungspunkte hilft in der Wissenschaft an vielen Stellen. Allein schon durch die Transformation einer Fragestellung in eine geeignete Umgebung kann es vorkommen, dass uns die Lösung eines Problems ganz leicht fällt. Das gerade erwähnte Beispiel, bei dem zwei Autos zusammenstoßen, zeigt eine Frage – Transformation – Lösung – Rücktransformation Kette, bei der sich die Transformation mathematisch einfach beschreiben lässt. Man nennt diese Koordinatentransformation von bewegten Systemen „Galilei-Transformation".

Wir wollen nun diese Galilei-Transformation für den Crash der Autos durchrechnen. Dazu legen wir das Koordinatensystem so, dass wir nur noch Bewegungen in x-Richtung haben. Dann benötigen wir für die Berechnung keine Vektoren.

Wenn also die Autos vor dem Zusammenstoß die Geschwindigkeiten $v_1 = 100$ km/h und $v_2 = 0$ km/h haben, dann bewegt sich der Mittelpunkt M zwischen den beiden Autos mit

$$v_M = \frac{v_1 + v_2}{2} = 50 \,\text{km/h}.$$

Die Geschwindigkeiten der Autos bezüglich des Mittelpunkts ergeben also:

$$\tilde{v}_1 = v_1 - v_M = +50 \,\text{km/h} \quad \text{und}$$
$$\tilde{v}_2 = v_2 - v_M = -50 \,\text{km/h}.$$

In dem Mittelpunktsystem stoßen also zwei gleichgroße Massen mit entgegengesetzten Geschwindigkeiten aufeinander und verkeilen sich. Aus der Symmetrie, dass man die beiden Autos austauschen kann, ohne dass sich die Situation ändert, folgt dass für die gemeinsame Geschwindigkeit $\tilde{v}_{1,2}$ gelten muss:

$$\tilde{v}_{1,2} = -\tilde{v}_{1,2} \quad \Rightarrow \quad \tilde{v}_{1,2} = 0.$$

Mit der Rücktransformation erhalten wir dann die Geschwindigkeit im ursprünglichen Bezugssystem:

$$v_{1,2} = \tilde{v}_{1,2} + v_M = 50 \,\text{km/h}.$$

Aufgaben und Zusatzmaterial zu diesem Kapitel

https://sn.pub/P4Dx11

7 Modellbildung - nicht nur zur Lösung von Fermiaufgaben

Es gehört beruflichen wie zum privaten Alltag, dass wir gelegentlich mit einer Fragestellung konfrontiert werden, über die wir zunächst einmal nichts wissen. Im Beruf kann die Frage lauten: „Wie viel wird dieses Projekt etwa kosten?", „Ist es möglich, mit diesen Ressourcen jenes zu tun?", „Kann es stimmen, was in diesem Zeitungsartikel steht?" Im Gespräch mit Kunden, mit Vorgesetzten oder mit Kolleginnen und Kollegen können wir nicht dauernd sagen „Ich werde das prüfen und durchrechnen, wir sprechen nächste Woche weiter." Obwohl die Frage oft sehr allgemein gehalten ist, wird von uns erwartet, dass wir recht schnell eine grobe Schätzung liefern können. Und dies, ohne zunächst auf eine Messung oder auf Literatur zurückzugreifen. Wir sind dann mit einer Situation konfrontiert, die man in der Literatur auch „Fermi-Problem" oder „Fermi-Aufgabe" nennt. Der Name geht auf den italienischen Physiker Enrico Fermi (1901-1954) zurück. Fermi war dafür bekannt, dass er für komplexe Fragestellungen schnelle Abschätzungen machen konnte.[20] Man spricht auch gerne von „Schätzaufgaben".

Eine Schätzaufgabe ist also eine Fragestellung, bei der kaum oder keine Informationen über die wichtigen Variablen vorliegen oder auch nur gesagt wird, welches die wichtigen Variablen sind und wie sie zusammenhängen. Trotzdem soll eine quantitative Abschätzung gemacht werden, die für die gesuchte Größe einen Schätzwert liefert. Von diesem wird erwartet, dass er natürlich die korrekte Einheit (Dimension) aufweist. Was den Zahlenwert betrifft, reicht für eine erste Annäherung in vielen Fällen die Angabe der korrekten Zehnerpotenz (Größenordnung). Einfache Modelle werden in der Regel eine Genauigkeit von einer signifikanten Stelle liefern. Nur in ganz seltenen Ausnahmefällen dürfte bei einer solchen Problembearbeitung ein Ergebnis mit einer Genauigkeit von mehr als zwei signifikanten Stellen seriös begründbar sein.

Wenn wir uns die so formulierten Ziele einer Schätzung anschauen, wird deutlich, dass dies die gleichen Ziele wie bei einer Messung sind (siehe Kapitel 8). Wir können höchstens einen graduellen Unterschied zwischen Messung und Schätzung ausmachen: von einer Messung erwarten wir eher eine größere Genauigkeit als von einer Schätzung. Diese Unterscheidung ist aber willkürlich und die Grenze ist fließend.

Es soll hier ausdrücklich betont werden: „Schätzen", wie wir es hier kennen lernen, ist nicht gleichbedeutend mit blindem Raten. Das Ergebnis einer Schätzung entsteht aus einem analytischen Denkprozess. Eigentlich machen wir das im Alltag häufig, ohne uns diesen Vorgang immer bewusst zu machen. In diesem Kapitel wird versucht, dieser alltäglichen Methode eine nachvollziehbare Struktur zu geben.[1]

---

[1]In diesem Buch werden nur einfache Modelle ohne Rückkopplungen oder Ähnliches betrachtet.

© Der/die Autor(en), exklusiv lizenziert an
Springer-Verlag GmbH, DE, ein Teil von Springer Nature 2023
C. Hettich et al., *Physik Methoden*,
https://doi.org/10.1007/978-3-662-67906-7_7

7.1   In vier Schritten zur Lösung

Es hat sich bei der Bearbeitung solcher Probleme bewährt, in vier Stufen vorzugehen:

1. Wir erstellen ein grafisches Modell der Lösung,
2. anschließend formulieren wir eine mathematische Formel.
3. Im dritten Schritt machen wir Annahmen für die erforderlichen Parameter
4. und schließlich berechnen wir das Ergebnis.

Diese Strukturierung hilft auch dabei, die Fragestellung zu analysieren und die Zusammenhänge gedanklich besser zu erfassen.

Die eigentliche **Modellbildung** besteht aus den ersten beiden Schritten. In diesem Kontext bedeutet das die Analyse der Struktur des Problems und die Übertragung in ein Abbild dieser Struktur, eben das Modell. Das Abbild der Struktur kann gewissermaßen in „verschiedene Sprachen" übersetzt werden. Ein reiner Prosatext ist ingenieurwissenschaftlichen und technischen Fragestellungen meist nicht angemessen. Wir stützen uns hier stattdessen auf ein grafisches Modell und das sich daraus ergebende mathematische Modell, die „Formel". Wer mit seiner Problemanalyse so weit gekommen ist, könnte dies noch in ein Computerprogramm übersetzen, was nichts weiter wäre, als eine weitere Darstellung desselben Modells.

Bevor wir ein Modell erstellen, müssen wir ein paar vorbereitende Fragen beantworten. Wir stürzen uns nicht sofort in die Aufgabe, sondern klären zunächst, was wir mit dem Modell erreichen wollen und welche Genauigkeit wir vom Ergebnis erwarten. Daraus ergeben sich Information darüber, wie detailliert das Modell sein muss. Was müssen wir berücksichtigen und was können wir weglassen? Immer gilt aber: Wir geben dem Modell nur so viel Komplexität und Tiefe, wie für die angestrebte Genauigkeit erforderlich ist. Nicht mehr. Diese erste Phase ist wichtig für den Erfolg eines Modells. Wird diese Phase übersprungen, kann es vorkommen, dass das Modell viel zu einfach ist oder auf der anderen Seite im Gegenteil viel zu aufwändig.

7.1.a   Variablen und grafisches Modell

> ### R 7.1.1   Variablen und grafisches ezept: Modell
>
> Erstellen Sie in einer Art Mind-Map die Struktur Ihres Modells:
>
> 1. Oben an die Spitze notieren Sie die gesuchte Größe, geben ihr ein Größensymbol und ergänzen dazu die Dimension der Größe.
> 2. Darunter schreiben Sie in einer tieferen Modellebene die Variablen (mit Symbolen und Dimensionen), aus denen Sie die gesuchte Größe einfach berechnen könnten.
> 3. In nächsten Schritt visualisieren Sie den Wirkzusammenhang zwischen den Größen durch Pfeile.
>   Die Wirkpfeile zeigen zur gesuchten Größe. Neben einen Pfeil schreiben Sie den funktionalen Zusammenhang, z.B. eine 2 bei einer quadratischen Abhängigkeit.
>
> ...

Wie erstellen wir ein grafisches Modell? Ganz oben schreiben wir die gesuchte Größe auf und geben ihr ein Größensymbol. Zusätzlich ist es hilfreich, die Dimension der Größe daneben zu notieren.

Anschließend überlegen wir uns, welche Variablen[2] wir bräuchten, um die gesuchte Größe direkt zu berechnen. Wir benennen alle Variablen und legen für sie Größensymbole fest (vgl. Rezept 2.1.2) und notieren die jeweiligen Dimensionen der Größen.

Vor allem suchen wir Variablen, die uns zugänglich sind, deren Werte wir also bereits kennen, oder die wir schätzen, messen oder nachschlagen können.

Nun erstellen wir ein grafisches Modell, das den Wirkzusammenhang der Variablen aufzeigt. Ganz oben an die Spitze schreiben wir die gesuchte Größe. Darunter in einer ersten Modellebene die Variablen, aus denen man die gesuchte Größe einfach berechnen könnte.

Von diesen Variablen zeichnen wir Wirkpfeile zur gesuchten Größe. Neben die Pfeile schreiben wir möglichst, wie der funktionale Zusammenhang ist: Hängt

---

[2]Man könnte noch zwischen Variablen und Parametern unterscheiden. Der Einfachheit halber nennen wir hier alle relevanten Größen „Variablen".

die Größe oben quadratisch von der unteren Variablen ab, schreiben wir eine 2 neben den Pfeil; bei einer Wurzel-Proportionalität schreiben wir $\frac{1}{2}$ und bei einer reziproken Proportionalität eine -1. Bei einer linearen Abhängigkeit können wir auf die 1 neben dem Pfeil verzichten. Wenn wir unsicher sind, mit welcher Potenz sich eine Variable auf die gesuchte Größe auswirkt, hilft in der Regel ein Blick auf die Dimensionen (siehe Unterkapitel 2.4).

Falls jetzt in dieser Ebene eine Größe steht, die uns noch nicht zugänglich ist, müssen wir diese Größe ihrerseits auch noch modellieren und eine weitere Ebene darunter anfügen. Dieses Spiel kann sich mehrere Ebenen in die Tiefe fortsetzen. In jedem Zweig dieses grafischen Modellbaumes stehen schließlich ganz unten Größen, für die wir in einer Rechnung Werte einsetzen können.

Ein gutes grafisches Modell gibt die Abhängigkeiten sehr anschaulich wieder. Es kann auch hilfreich sein bei Diskussionen mit Kolleginnen und Kollegen. Oder es kann in Publikationen, auf Postern oder in Berichten verwendet werden (vgl. Unterkapitel 1.9).

Die Idee des grafischen Modells wurde dem Buch „The Art of Insight in Science and Engineering" von Sanjoy Mahajan entnommen [21].

Angenommen, wir wollen die mittlere Dichte eines Druckers wissen, wie gehen wir vor?

Oben schreiben wir die Dichte auf. Diese kann man aus Masse und Volumen berechnen. Die beiden Variablen kommen deshalb in die nächste Ebene. Dazu wählen wir die Symbole m und V und schreiben die Dimensionen M und L^3 daneben (Abbildung 7.1).

Die Wirkzusammenhänge kennzeichnen wir durch Pfeile von Masse und Volumen zur Dichte. Da wir aus den Dimensionen erkennen, dass die Dichte umgekehrt proportional zum Volumen ist, notieren wir den Wert -1 neben den Volumenpfeil (Abbildung 7.2).

Während wir für die Masse eines Druckers eine Vorstellung haben, gilt das nicht für das Volumen. Deshalb modellieren wir dieses in einer zweiten Modellebene aus Länge, Breite und Höhe (Abbildung 7.3).

Fortsetzung Rezept 7.1.1:

4. Für welche dieser Größen haben Sie Erfahrungswerte oder können Sie einfach so einen Schätzwert angeben? Mit diesen Teilen sind Sie am Ziel.

5. Für die übrigen Größen beginnen Sie wieder bei Schritt 2 und fügen eine weitere Ebene hinzu. Wenn Sie zu allen „unteren" Größen einen Wert angeben können, ist Ihr Modell fertig. Sie kennen dann alle Einflussgrößen.

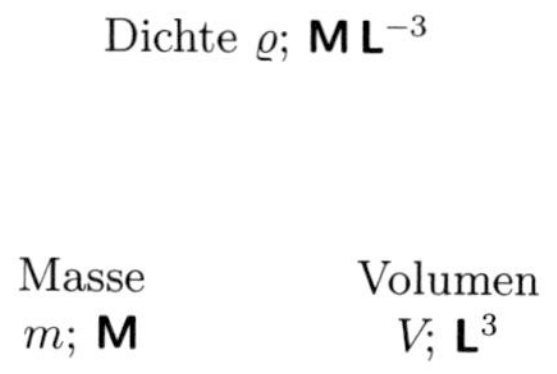

Dichte ϱ; $\mathsf{M}\,\mathsf{L}^{-3}$

Masse $\qquad$ Volumen
m; M $\qquad$ V; L^3

Abbildung 7.1: Grafisches Modell: Gesuchte Größe und die direkten Einflussgrößen.

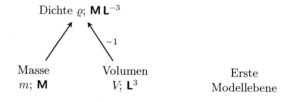

Abbildung 7.2: Grafisches Modell: fertige erste Ebene.

Beispiel: **Grafisches Modell**
7.1.i   Dichte eines Druckers:

Die (mittlere) Massendichte eines Heim-Tintenstrahldruckers soll bestimmt werden.

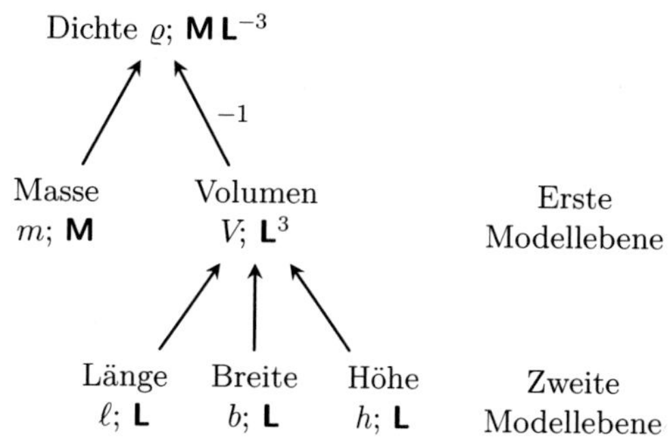

Abbildung 7.3: Fertiges grafisches Modell für die mittlere Dichte eines Druckers.

7.1.b Mathematisches Modell: Die Formel

R7.1.2 ezept: Mathematisches Modell: Formel

Formulieren Sie nun explizit die Funktion für die gesuchte Größe X:

$$X = f(A, B, C, ...)$$

Diese Gleichung können Sie nach den Vorarbeiten direkt aus Ihrem grafischen Modell ableiten.

B7.1.ii eispiel: Dichte eines Druckers: Mathematisches Modell

In dem Druckerbeispiel lautet die Formel

$$\rho = \frac{m}{V} = \frac{m}{l\,b\,h}.$$

In vielen Fällen ist es jetzt nicht mehr schwierig, ein mathematisches Modell zu erstellen. Das bedeutet, dass die im vorigen Schritt gefundenen Zusammenhänge nun als Größengleichung formuliert werden. Dabei verwenden wir die Größensymbole, die wir im grafischen Modell definiert haben. Damit haben wir eine Formel für die gesuchte Größe gefunden.

Da unser Modell nun steht und wir die Formel für die Lösung kennen, könnten wir an dieser Stelle auch zum Computer als Werkzeug der Berechnung wechseln. Mit dem Modell und der Formel haben wir alle Vorarbeit geleistet, um für dieses Problem ein Computerprogramm zu erstellen.

Möglicherweise dient unser Modell auch zur Vorbereitung eines Experimentes, mit dem wir eine nicht direkt messbare Größe bestimmen möchten. Dann modellieren wir diese Größe so weit, dass am Ende nur noch messbare Größen erscheinen. Jetzt wissen wir, was wir messen müssen und wie wir die Messergebnisse verknüpfen müssen, um das gesuchte Ergebnis zu bekommen. Anstatt im nächsten Schritt Annahmen für die Variablen zu machen, führen wir experimentelle Messungen durch und setzen die Messergebnisse in das mathematische Modell ein. Die vorbereitenden Schritte zur Analyse der Zusammenhänge bis hierher sind dieselben.

Machen wir uns diesen Schritt am Druckerbeispiel von oben klar. In der Formel (also im mathematischen Modell) spiegeln sich die Ebenen des grafischen Modells wieder. Zunächst haben wir $\varrho = \frac{m}{V}$. Dann ersetzen wir V durch $l\,b\,h$. Rechts stehen jetzt nur noch Größen, über die wir Aussagen machen können, weil wir sie kennen, oder messen beziehungsweise schätzen können.

7.1.c Annahmen treffen, Werte schätzen

R7.1.3 ezept: Annahmen

Bestimmen Sie Werte für alle benötigten Größen mit der geforderten Genauigkeit und der richtigen Einheit.

Gehen Sie dabei von Ihrer eigenen Erfahrung aus.

Sollten Sie gar keine Ahnung über den Wert haben, verfeinern Sie Ihr Modell, indem Sie eine weitere Modellierungsebene hinzufügen.

...

Nun benötigen wir für die Variablen plausible Werte mit Einheiten. Diese Werte sollten nachvollziehbar sein und nicht völlig unmotiviert „vom Himmel fallen". Zumindest sollten wir in der Lage sein, zu begründen, weshalb wir diesen Wert so und nicht anders annehmen. Manchmal werden wir bei der Begründung merken, dass wir in Gedanken das Modell auf eine tiefere Ebene gebracht haben. Das sollten wir dann aber in das grafische Modell und die Formel einarbeiten.

Wenn wir uns hinsichtlich des Wertes einer Größe nicht sicher sind, können wir unterschiedlich vorgehen: Wir können eine Internet- oder Literaturrecherche durchführen. Wir können auch eine Messreihe für diese Größe erstellen. Wenn beides in der aktuellen Situation nicht möglich, erwünscht oder sinnvoll ist, können wir (zumindest für den Moment) diese Größe auch direkt schätzen. Auch hier gibt es Möglichkeiten, die Schätzung etwas abzusichern (Abschnitt 7.2.b).

7.1.d Ausrechnen

Nun können wir das eigentliche Ergebnis berechnen. Für die Variablen setzen wir die Werte mit Einheiten ein. Dabei ist es irrelevant, ob diese Werte geschätzt oder gemessen wurden, oder ob sie aus Internet oder Literatur stammen.

Bei der Rechnung achten wir zuerst auf die Einheit: wenn diese nicht stimmt, ist vermutlich das Modell falsch. Nur wenn die Einheit passt, kümmern wir uns um den Zahlenwert. Die Größenordnung („Zehnerpotenz") des Ergebnisses sollte auch bei einer Schätzaufgabe korrekt sein. Bei einer experimentellen Messung dürfte man höhere Ansprüche an die Genauigkeit haben. Über die Grundideen der Messunsicherheitsanalyse findet sich mehr im Kapitel 8.

Auf jeden Fall sollten wir, wenn möglich, das Ergebnis auf Plausibilität prüfen. Kann das sein, was da herausgekommen ist? Wenn wir beispielsweise eine Abschätzung machen, wie viele PKW in Deutschland zugelassen sind und wir bekommen als Ergebnis 4000 PKW, dann ist das schlicht nicht glaubwürdig. Genauso wenig wären 4 Milliarden PKWs plausibel.

Beides, Kontrolle der Einheiten und Plausibilitätsprüfung, kann uns helfen, Fehler im Modell, in der Formel, in den Annahmen oder in der Rechnung zu entdecken.

Fortsetzung Rezept 7.1.3:

> Haben Sie eine grobe Ahnung, fühlen sich aber nicht sicher damit, so können Sie mit zusätzlichen Methoden Ihre Schätzung absichern (Abschnitt 7.2.b).

Beispiel: **7.1.iii Dichte eines Druckers: Annahmen**

Für den Heim-Tintenstrahldrucker können Sie beispielsweise folgende Annahmen machen:

$$
\begin{aligned}
m &= 6\,\text{kg}, \\
l &= 40\,\text{cm} = 4 \cdot 10^{-1}\,\text{m}, \\
b &= 20\,\text{cm} = 2 \cdot 10^{-1}\,\text{m} \quad \text{und} \\
h &= 20\,\text{cm} = 2 \cdot 10^{-1}\,\text{m}.
\end{aligned}
$$

Rezept: **7.1.4 Ausrechnen und Kontrolle**

„Füttern" Sie nun Ihr mathematisches Modell („Ihre Formel") mit den Annahmen aus dem vorigen Schritt. Dabei verwenden Sie selbstverständlich Einheiten.

Kontrollieren Sie, ob die Einheit des Ergebnisses korrekt ist. Wenn nicht, deutet das auf einen Fehler in Ihrem Modell hin.

Wenn möglich, bewerten Sie die Plausibilität des Ergebnisses („kann das sein?").

Beispiel: **7.1.iv Dichte eines Druckers: Ausrechnen**

Nun setzen Sie die angenommen Werte (wie immer mit Einheiten) in die gefundene Formel ein und berechnen das Ergebnis:

$$
\begin{aligned}
\rho &\approx \frac{6\,\text{kg}}{4 \cdot 10^{-1}\,\text{m} \cdot 2 \cdot 10^{-1}\,\text{m} \cdot 2 \cdot 10^{-1}\,\text{m}} \\
&= \frac{6\,\text{kg}}{16 \cdot 10^{-3}\,\text{m}^3} = \frac{6 \cdot 10^3\,\text{kg}}{16\,\text{m}^3} = \frac{60 \cdot 10^2\,\text{kg}}{16\,\text{m}^3} \\
&\approx 4 \cdot 10^2\,\frac{\text{kg}}{\text{m}^3}.
\end{aligned}
$$

...

Fortsetzung Beispiel 7.1.iv:

> Die Rechnung liefert eine korrekte Einheit für die Dichte.
>
> Außerdem ist das Ergebnis insofern plausibel, dass man sich vorstellen kann, dass ein Drucker zunächst in Wasser schwimmen wird, bevor er mit Wasser vollläuft.
> Ein Praxistest ist nicht zu empfehlen.

7.2 Grundlegendes und Tipps zur Modellbildung

Im vorangegangenen Abschnitt haben wir eine Methode kennengelernt, die eng verwandt ist mit der Formulierung von Hypothesen und Theorien Kapitel 1. Die Übergänge sind fließend, scharfe Grenzziehungen sinnlos. Die Wirtsleute, die wir in Kapitel 1 Unterkapitel 1.4 begleitet haben, hätten ihre Beobachtungen auch in ein Modell gießen können.

Im folgenden Abschnitt werden wir ein paar Tipps und Tricks kennen lernen, die bei der Erstellung von Modellen und der Berechnung der gesuchten Größe hilfreich sind.

7.2.a Reduktion der Komplexität

Rezept: **7.2.1 Goldene Regel der Modellbildung**

- Ein Modell soll so einfach wie möglich sein.
- Ein Modell soll so genau wie nötig sein.

Klären Sie für sich die gewünschte (erforderliche) Genauigkeit, bevor Sie weiterarbeiten. Die beiden Punkte des Rezepts definieren ein Spannungsfeld, in dem man die richtige Balance finden muss. Hier muss man ein Gefühl entwickeln und Erfahrung sammeln. Häufig wird man ein Modell später noch korrigieren, weil man entdeckt, dass das Modell noch vereinfacht werden kann oder vertieft werden muss.

Das Konzept, alles zunächst möglich einfach zu betrachten, findet sich an mehreren Stellen wieder (Rezept 0.0.4, Rezept 8.1.5).

Wie zuvor beschrieben, stürzen wir uns nicht sofort in die Aufgabe, sondern klären zunächst, was wir mit dem Modell erreichen wollen und welche Genauigkeit wir vom Ergebnis erwarten. Wir wollen dem Modell nur soviel Komplexität und Tiefe geben, wie für die angestrebte Genauigkeit erforderlich ist. Nicht mehr. Das ist nun leider nicht immer so einfach. Es erfordert vielmehr einiges an Übung, damit wir schnell zu brauchbaren Modellen kommen.

Bei den hier vorgestellten Fermi-Aufgaben lässt sich diese erste Phase besonders leicht üben.

Vielleicht hilft noch ein Tipp: Wir lassen zunächst lieber zu viel weg bei der Beschreibung des Problems. Das Modell kann ja jederzeit nachgebessert werden, wenn wir feststellen, dass die Qualität des Ergebnisses uns nicht überzeugt.

7.2.b   Rückführen auf Bekanntes

Wie an vielen anderen Stellen in der Physik, wollen wir bei einer Schätzaufgabe etwas uns noch Unbekanntes herausfinden. Das heißt immer, dass wir die gesuchte Größe auf Bekanntes zurückführen wollen. Es ist daher sinnvoll, zu überlegen, welche Werte wir kennen können. Also wie wir die physikalischen Größen finden, auf die wir unser Modell aufbauen wollen. Dabei sollten wir uns auf das verlassen, was wir wissen oder was sich einfach herleiten lässt. Dazu gibt es einige Techniken, die uns helfen. Schauen wir uns also an, zu welchen Größen wir einen einfachen Zugang haben.

Wissen

Am einfachsten ist es natürlich, wenn wir den Wert einer Größe kennen. Die Menge dieses Wissens ist begrenzt. Daher ist es bemerkenswert, dass wir oft mit wenig Allgemeinwissen schon ganz weit kommen. Einige Größen sind uns so geläufig, dass wir gar nicht darüber nachdenken müssen. Die Körperlänge und die Masse eines erwachsenen Menschen wird jeder mit ca. 1,7 m und ca. 75 kg angeben können. Vermutlich gehört auch der Wert der Zahl $\pi = 3{,}14 \ldots$ und die Höhe eines großen Baumes mit 40 Metern dazu. Andere Werte sind nicht mehr ganz so geläufig und wir sollten sie uns aneignen, falls wir sie öfter benötigen. Eine kleine Auswahl von solchen „Gut-zu-wissen" Größen findet sich in Tabelle A.1.

> **R** 7.2.2
> **ezept: Größen, die man wissen sollte**
>
> Die Werte einiger weniger Größen sollten Sie immer parat haben. Welche das sind, hängt davon ab, in welchem Bereich Sie arbeiten.
>
> Einige finden Sie in Tabelle A.1. Lernen Sie diese Werte gegebenenfalls auswendig.

Informationsquellen und Messungen

In den meisten Fällen werden wir die benötigten Werte in Büchern oder im Internet nachschauen. Wir können sie vielleicht auch messen. Allerdings ist dieser Zugang in manchen Fällen erschwert, beispielsweise, wenn wir in einer Diskussion auf der Baustelle etwas überschlagen wollen. Dann werden wir auf andere Methoden zurückgreifen.

Längen und Zeiten

Wenn wir analysieren, zu welchen Größen wir einen leichten Zugang haben, werden wir feststellen, dass ganz häufig Längen dabei sind. Die Entfernung von der Südgrenze Deutschlands bis an die Nordsee können wir mit grob 1000 Kilometern angeben und ein A4 Blatt Papier hat eine Länge von 30 cm. Weil solche Längen in unserem Leben häufig vorkommen, haben wir ein Gespür für diese Größen entwickelt.

Eine andere gut zugängliche Größe ist die Zeit. Wir haben Erfahrung wie lang eine Sekunde, eine Minute oder ein Jahr dauert.

Bei Massen wird es schon etwas schwerer, aber ein Kilogramm werden wir mit einem Liter Wasser (auch Milch oder Bier) in Verbindung setzen, 100 Kilogramm mit der Masse eines Menschen.

> **R** 7.2.3
> **ezept: Längen und Zeiten**
>
> Längen und Zeiten sind die geläufigsten Größen, sodass Sie diese möglichst als Basis Ihrer Überlegungen heranziehen sollten.
>
> - Längen:
>   Körperlänge, Entfernung zwischen Städten
> - Zeiten:
>   Minute und Stunden, Lebenserwartung eines Menschen
>
> Versuchen Sie andere Größen auf diese, leicht zugänglichen zurückzuführen.

7

Größen durch Vergleich und Zählen

> **R 7.2.4   Größen durch Vergleich und Zählen**
>
> Wenn Ihnen eine Länge oder Zeit unbekannt ist, dann vergleichen Sie diese mit etwas Bekanntem. Schätzen Sie, wie oft das Bekannte in die gesuchte Größe passt.
>
> Legen Sie dazu die bekannte Länge auf die unbekannte und zählen Sie, wie oft sie hineinpasst, notfalls auch nur in Gedanken.

> **R 7.2.5   Schätzhilfe: Faktor 3**
>
> Häufig benötigen Sie letztlich für die Berechnung Längen-, Anzahl- und Zeitangaben.
>
> Schätzen Sie diese durch Vergleich mit bekannten Größen. Das geht sehr gut für Faktoren zwischen 1/3 und 3.

> **B 7.2.i   Schätzhilfe: Faktor 3**
>
> Es fällt Ihnen leicht, zu schätzen, ob die Breite Ihres Bildschirmes eher zwei- oder dreimal die Breite eines DIN A4 Blattes beträgt.
>
> Es fällt aber schwer, die Breite Ihres Zimmers so zu schätzen.

Mit diesem Wissen können wir unseren Anzahl an zugänglichen Größen erweitern, in dem wir andere Längen, Zeiten oder Massen mit diesen bekannten Werten vergleichen. Ein Bildschirm hat eine Breite von zwei DIN-A4 Blättern. Bei Längen erkennen wir auf einen Blick recht gut, ob eins, zwei oder drei bekannte Längen in eine unbekannte passen. Bis zur 10-fachen Länge funktioniert das noch leidlich gut, aber viel mehr können wir nicht „einfach so" sehen.

Eine ganz hilfreiche Methode ist dann natürlich das Zählen. Wenn wir die Länge eines Raums genauer wissen wollen, schreiten wir den Raum ab und zählen die Schritte. Dabei ist es gar nicht so wichtig, die Schritte tatsächlich zu machen. Es reicht manchmal, wenn wir uns dies nur vorstellen. Auch das funktioniert in vielen Fällen schon ausreichend genau.

Grenzen der sinnvollen Annahmen ausloten

> **R 7.2.6   Schätzhilfe: Geometrischer Mittelwert**
>
> Wenn Sie unsicher sind bezüglich des Zahlenwertes einer Größe A, gehen Sie so vor:
>
> Schätzen Sie ein größtmögliches Minimum $A_{\min}$, das Sie gerade noch für plausibel halten.
>
> Schätzen Sie ein kleinstmögliches Maximum $A_{\max}$, das Sie gerade noch für plausibel halten.
>
> Bilden Sie aus diesen beiden Werten den geometrischen Mittelwert [22]:
> $$A_{\text{geschätzt}} = \sqrt{A_{\min} \cdot A_{\max}}.$$

Wenn wir uns bei einem Parameter, den wir für unser Modell benötigen, ganz unsicher sind, können wir mehrere Personen bitten, diesen unabhängig voneinander zu schätzen und dann den Mittelwert dieser Schätzungen bilden.

Aber auch wenn wir alleine arbeiten, haben wir eine Möglichkeit: Wir suchen einen größtmöglichen Zahlenwert für den Mindestwert der Größe und einen kleinstmöglichen Zahlenwert für den Maximalwert. Gewissermaßen formulieren wir in Gedanken: „Ich bin sicher und würde eine Wette darauf abschließen, dass dieser Wert mindestens so und so groß ist." Damit haben wir eine Schätzung eines Minimums. Ebenso grenzen wir den Wert nach oben zu einem Maximum ab. Aus diesen beiden Eckwerten bilden wir das geometrische Mittel und verwenden diesen Wert in unserem Modell.

Egal welchen Weg wir gehen, wir müssen einen Mittelwert bilden. Und in beiden Fällen ist der geometrische Mittelwert meist die bessere Wahl als das arithmetische Mittel.

B 7.2.ii Schätzhilfe: eispiel: Geometrischer Mittelwert

Sie sind unsicher hinsichtlich der durchschnittlichen Masse eines typischen Druckers.

Also schätzen Sie:

Sicherlich ist die durchschnittliche Masse aller Drucker nicht kleiner als $m_{min} = 3\,\text{kg}$. Und Sie sind sich auch sicher, dass deren Durchschnittsmasse nicht größer ist als $m_{max} = 10\,\text{kg}$.

Für die Rechnung im Druckermodell nehmen Sie dann als Masse des Druckers an:

$$m = \sqrt{3\,\text{kg} \cdot 10\,\text{kg}} = \sqrt{30}\,\text{kg} \approx 5{,}5\,\text{kg}.$$

Additionen und Subtraktionen vermeiden

Im Modell sollten wir möglichst nur Multiplikationen und Divisionen verwenden. Additionen benötigt man meist nicht. Entweder ein Summand ist so klein, dass er sowieso nicht zur Lösung beiträgt, oder beide sind etwa gleich groß, was man dann besser mit einem einfachen Faktor beschreibt. Die Bevölkerung von Liechtenstein und Deutschland beträgt zusammen in etwa soviel wie die von Deutschland allein. Benötigt man die Anzahl der Menschen in Deutschland und Frankreich zusammen, dann wird das knapp doppelt soviel sein, wie die von Deutschland allein.

Für Subtraktionen treffen die obigen Überlegungen auch zu. Nur bekommen wir ein zusätzliches, großes Problem bei der Differenz zweier fast gleich großer Werte. Wir müssen nämlich beide Werte sehr genau kennen, wenn wir die Differenz auch nur grob wissen wollen. Daher müssen wir auf alle Fälle die Differenz ähnlich großer Werte vermeiden.

R 7.2.7 Addition und Subtraktionen in ezept: Modellen vermeiden

Additionen und Subtraktionen sind in den Modellen meist nicht nötig.

- Bei starken Unterschieden von Werten berücksichtigen Sie nur den großen.
- Bei gleich großen Werten arbeiten Sie besser mit einem Faktor.
- Vermeiden Sie auf jeden Fall die Differenz von Werten, die ähnlich groß sind oder sein könnten.

B 7.2.iii eispiel: Vermeiden von Subtraktion

Sie sollen die Fläche A eines Kreisringes berechnen. Innenradius 5,8 cm, Außenradius 6 cm.

Das bedeutet: $A = \pi \cdot (6^2 - 5{,}8^2)\,\text{cm}^2$.

Dies lässt sich im Kopf nur sehr schwer ausrechnen. Besser gelingt es, wenn man die Fläche nähert durch den Umfang U und die Breite des Rings von $b = 0{,}2$ cm, also

$$A \approx U \cdot b = 2 \cdot \pi \cdot 6\,\text{cm} \cdot 0{,}2\,\text{cm}$$
$$\approx 2 \cdot 3 \cdot 6\,\text{cm} \cdot 0{,}2\,\text{cm} \approx 7{,}2\,\text{cm}^2.$$

Flächen und Volumen

R 7.2.8
ezept: Einfache Volumen und Flächen

- Wenn Sie mit Flächen und Volumen zu tun haben, führen Sie diese zurück auf Längen.
- Verwenden Sie einfache Modelle von Fläche und Volumen.
  Nähern Sie Flächen durch Rechtecke.
  Volumen werden durch Quader angenähert.
- Nähern Sie bei Bedarf einen Kreis durch ein Quadrat und eine Kugel durch einen Würfel.

B 7.2.iv
eispiel: Erdwürfel

Wie groß ist das Volumen der Erde?
Während man früher dachte, die Erde sei eine Scheibe, wissen wir heute, dass die Erde — ein Würfel ist.
Für eine Abschätzung reicht dieses einfache Modell tatsächlich aus:
Betrachten wir einen Würfel mit dem uns bekannten Erdumfang von $U = 40.000\,\text{km} = 4 \cdot 10^4\,\text{km}$. Dann hat dieser Würfel eine Kantenlänge von $a = 10^4\,\text{km}$.

Für das Volumen finden wir somit

$$V = a^3 = 10^{12}\,\text{km}^3.$$

Im Gegensatz zu gängigen Längen, fällt es uns viel schwerer, für Flächen und Volumina direkt einen vernünftigen, nachvollziehbaren Wert anzugeben.

Beispielsweise sollen wir angeben, welche Oberfläche die Hülle eines Einfamilienhauses hat? Jetzt hilft es, diese Frage auf Längen zurückführen. Wenn das Haus allein steht, dann gibt es fünf Flächen. Die Länge und Breite jeder Seite ist etwa 10 m. So ergibt sich eine Oberfläche von $500\,\text{m}^2$.

Eine gute Idee ist es also oft, Flächen und Volumen auf einfache Körper wie Rechtecke und Quader zurückzuführen. Deren Gleichungen sind so einfach, dass wir sie nicht einmal auswendig lernen müssen.

Im grafischen Modell zeigt sich dieser Schritt darin, dass wir eine neue Ebene hinzufügen, in der wir das Volumen oder die Fläche aus Längen berechnen.

In Strömen denken

R 7.2.9
ezept: In Strömen denken

Wenn Sie eine Frage vorfinden, in der nach einer bestimmten Menge pro Zeiteinheit gesucht wird, denken Sie in Strömen.

Versuchen Sie die Stromstärke herauszufinden. Die mittlere Stromstärke ist nämlich unabhängig davon, welche Zeiteinheit Sie wählen. Durch einfaches Umrechnen der Einheiten können Sie dann die Aufgabe meist leichter lösen.

Ein Art von Fragestellung kommt so häufig vor, dass wir sie hier vorab schon einmal im Grundsatz anschauen wollen. Das ist die Frage „Wie viel ist in dieser Zeitspanne passiert?" Beispiele dafür sind Fragen wie: Wieviel Bier trinkt ein Deutscher im Jahr? Wieviel Kohlendioxid emittiert die Menschheit in der Sekunde? Wieviele Brücken müssen in den nächsten fünf Jahren saniert werden?

Wenn wir uns klar machen, dass es sich bei den nachgefragten Größe im weitesten Sinne um einen Strom handelt, werden wir den Lösungsweg leichter finden. Wir benötigen dann die gesuchte Menge nur für eine zunächst beliebige Zeiteinheit. Das ist dann die gesuchte Stromstärke. Denn wenn wir die Stromstärke in einer Einheit kennen, müssen wir möglicherweise die Größe nur in einer anderen Einheit angeben.

B^{7.2.v}**eispiel: Brücken-Strom**

Sie sollen bestimmen, wie viele Brücken in Ihrer Region in den nächsten Jahren durch Neubauten ersetzt werden müssen.

Angenommen, in der Region stehen 1000 Brücken und die Lebensdauer einer Brücke beträgt 120 Jahre, dann ist

$$I_B = \frac{1000 \text{ Brücke}}{120 \text{ Jahr}} \approx 8 \frac{\text{Brücke}}{\text{Jahr}}$$

die Brückenstromstärke.

7.3 Prognose oder Szenario?

Wenn wir zu einer Fragestellung ein Modell entwickelt haben und dieses in eine Formel gegossen haben, versuchen wir in der Regel, die „richtigen" Werte in die Parameter und Variablen einzusetzen. Wir erhalten dann ein Ergebnis, dem wir im Rahmen der Genauigkeit des Modells vertrauen und von dem wir annehmen, dass es „stimmt". Dies ist dann unsere Prognose, also Vorhersage für die Lösung.

Was hindert uns aber daran, probeweise einmal andere Werte in die Parameter einzusetzen? Wir können uns ja auch fragen: „Welche Antwort liefert unser Modell, wenn dieser oder jener Wert anders wäre?"

Modellierer machen das regelmäßig. Sie berechnen verschiedene Szenarien. Sie behaupten aber nicht, dass dieses oder jenes Szenario tatsächlich eintreten wird. Stattdessen beschreiben sie, welche Ergebnisse ihre Modelle liefern, wenn diese oder andere Randbedingungen angenommen werden. Beispielsweise werden in Klimamodellen verschiedene Szenarien für unterschiedliche Emissionen von CO_2 gerechnet. Welches Szenario dann tatsächlich eintritt, hängt von politischen Rahmenbedingungen und dem Verhalten der Menschen ab.

R^{7.3.1}**ezept: Szenarien**

„Füttern" Sie Ihr mathematisches Modell probeweise mit verschiedenen Werten.

Testen Sie also: „Was wäre wenn ..."

Wenn Ihr Modell von verschiedenen Variablen abhängt, variieren Sie nicht alle gleichzeitig, um die Effekte der einzelnen Parameter nicht zu vermischen.

7

Aufgaben und Zusatzmaterial zu diesem Kapitel

https://sn.pub/cj6GxX

8 Messungen und Auswertung

Physik soll und will die Welt beschreiben. Dazu stellt sie eine Menge an physikalischer Größen bereit, die dabei helfen sollen (siehe Kapitel 2). Beispiele für diese Größen sind Länge, Masse und Temperatur. In einem nächsten Schritt können verschiedene Systeme, verschiedene Körper bezüglich dieser Größen verglichen werden. Schon recht früh sind die Menschen auf die Idee gekommen, die physikalische Größe eines Systems mit einem Größenstandard der gleichen Art zu vergleichen. Man hat eine feste Größe als Referenz festgelegt und dann geschaut, wie oft die Referenz in die zu messenden Größe passt.

Das Vergleichen einer Größe eines Körpers mit einem Größenstandard und das Notieren des Ergebnisses nennt man eine Messung. Konkret wäre das beispielsweise die Messung der Länge (die Größe) eines Schiffs (der Körper) mit den Füßen (der Größenstandard). Das Einheitensystem wurde in der Zwischenzeit verbessert (siehe Abschnitt 2.2.b), aber die Grundidee ist die selbe geblieben. Messungen, also die zahlenmäßige Erfassung von Eigenschaften, sind ein Fundament der Physik.

Messungen können aber nie perfekt sein. Sie werden immer Unsicherheiten haben. Für den korrekten Umgang mit Messunsicherheiten (auch: „Messabweichungen" oder „Messfehler") gibt es Normen, beispielsweise die DIN 1319 [23–26] oder GUM („Guide to the Expression of Uncertainty in Measurement") [27]. Im Detail kann es unterschiedliche Normen für verschiedene Anwendungsgebiete geben. Des Weiteren werden die Normen von Zeit zu Zeit überarbeitet, so dass sich wiederum Änderungen in der Behandlung der Messunsicherheiten ergeben. Ziel dieser Einführung ist es, die grundlegenden Prinzipien zu verstehen und anzuwenden. Ist dieses Ziel erreicht, ist der Schritt zum Verständnis und zur Anwendung konkreter Normen klein.

Wenn im Folgenden von „Unsicherheit" die Rede ist, ist die „Messunsicherheit" gemeint. Die Unsicherheit wird im Deutschen manchmal auch „Fehler" genannt. Das bedeutet jedoch nicht, dass etwas bei der Messung falsch gemacht wurde.

Auf den folgenden Seiten werden wir die wichtigsten Grundbegriffe und Techniken für das Durchführen und Auswerten von Messungen kennenlernen. Dabei wird bewusst nur auf Teile eingegangen, die man als Basiswissen bezeichnen könnte.

8.1 Grundlagen einer Messung

Wie groß sind Sie? Das haben Sie sicher schon einmal gemessen.

Sie nehmen ein Metermaß und bitten jemanden, den Maßstab an Sie anzulegen und Ihnen die abgelesene Zahl zu nennen. Angenommen, diese sei 183. Nun wissen Sie, dass Sie 183 cm groß sind, denn die Einheiten auf dem Maßstab sind Zentimeter. Und nun erwarten Sie, wenn alles richtig gemacht wurde, dass dieser Wert Ihrer Körperlänge entspricht. Dass dies mit einer gewissen Unsicherheit verbunden ist, ist auch klar, da dieser Wert sehr wahrscheinlich nicht auf ein Mikrometer stimmt. Aber er ist sicher genauer als 10 cm. Die tatsächliche Unsicherheit liegt irgendwo dazwischen. Ein großer Teil dieses Kapitels wird sich damit beschäftigen, wie wir diese Unsicherheit abschätzen können.

© Der/die Autor(en), exklusiv lizenziert an
Springer-Verlag GmbH, DE, ein Teil von Springer Nature 2023
C. Hettich et al., *Physik Methoden*,
https://doi.org/10.1007/978-3-662-67906-7_8

8.1.a Aufgabe einer Messung

D^{8.1.1}
efinition: Ziel einer Messung

Die Messung einer Größe X besteht grundsätzlich aus zwei Teilen:

- Bestimmen des besten Schätzwertes $\tilde{X}$ (Bestwert) der Größe.

- Ermitteln der Unsicherheit dieser Messung $\boldsymbol{u}(X)$.

Zwischen dem Bestwert einer Größe $\tilde{X}$, also dem konkreten Ergebnis einer bestimmten Messung und der Größe selbst X wird oft nicht unterschieden, da aus dem Zusammenhang ersichtlich wird, was gemeint ist. Im Folgenden wird aber meist durch eine Tilde (˜) angezeigt, wenn der Bestwert gemeint ist.

D^{8.1.2}   **Direkte und indirekte**
efinition: Messung

- Wenn die zu messende Größe von dem Messgerät direkt angezeigt wird, spricht man von einer direkten Messung.

- Bei einer indirekten Messung muss eine Rechnung durchgeführt werden, um auf die gesuchte Größe zu kommen.

B^{8.1.i}   **Direkte und indirekte**
eispiel: Messung

- Balkenwaage: Hier handelt es sich um eine direkte Messung, da das Gewicht direkt mit Referenzgewichten verglichen wird.

- Volumen eines Würfels: Wenn man hier die Kantenlänge misst, und daraus das Volumen berechnet, handelt es sich um eine indirekte Messung.

Bei der Messung der Körperlänge konnten wir diese direkt mit einer Längenreferenz (Meterstab) vergleichen, daher wird dies auch „direkte Messung" genannt.

Es gibt aber auch Messungen, bei denen die gesuchte Größe gar nicht direkt messbar ist, ja dass sie sogar zu einer andern Größenart gehört als die gemessene Größe. Beispielsweise wird in einer elektronischen Waage eine elektrische Spannung gemessen. Diese wird erst in eine Masse umgerechnet. Solche Messungen nennt man „indirekte Messungen".

Dies ist eine sehr strenge Auslegung der Begriffe und hat insbesondere für Entwickler von Messgeräten eine Bedeutung. Da wir aber die Benutzer von Messgeräten sind, können wir die Definition etwas weiter fassen: Wenn wir eine Größe messen, die ein Messgerät direkt angibt, nennen wir das direkte Messung, und wenn wir eine Rechnung durchführen müssen, um auf die gesuchte Größe zu kommen, nennen wir das indirekte Messung.

Was wollen wir nun mit einer Messung, egal ob einer direkten oder indirekten, denn nun erreichen? Ganz offensichtlich wollen wir die Information über den Messwert. Im Falle der Bestimmung der Körpergröße, eben einen Wert der so gut es geht mit unserer Länge übereinstimmt. Nicht ganz so offensichtlich ist, dass noch eine weitere Angabe von einer Messung erwartet wird. Wie sicher sind wir denn, dass unsere Angabe stimmt? Wie genau waren wir bei unserer Messung? Im alltäglichen Gebrauch genügt es meist anzugeben, wie wir gemessen haben. Beispielsweise können wir uns mit dem Rücken an die Wand gestellt, mit einem Buch unsere Körperlänge an die Wand projiziert und dann mit einem Meterstab an der Wand gemessen haben.

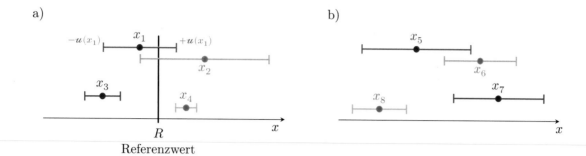

Abbildung 8.1: a) Vergleich von Messwerten mit einem vorgegebenen Referenzwert R: x_1 und x_2 überlappen mit der Referenz. Man kann nicht sicher sein, ob deren Wert oberhalb oder unterhalb von R liegt. Dagegen ist ziemlich sicher $x_3 < R$ und $x_4 > R$. b) Vergleich von zwei Messwerten miteinander: Die Werte x_5 und x_6 passen zueinander, denn ihre Intervalle überlappen. Dagegen passen x_7 und x_8 nicht zueinander (siehe Text).

Entscheidungen fällen auf Basis von Messungen

Bei der Messung der Körperlänge waren wir am Wert selbst interessiert. Häufig sollen auf Grund einer Messung aber Entscheidungen getroffen werden. Für das Versenden eines Briefs reicht das Standardporto, falls er maximal 20 g wiegt. Darüber kostet er mehr.

Wenn wir ihn also zu Hause wiegen und 13 g messen, sind wir vermutlich auf der sicheren Seite. Bei einem Messwert von 42 g gehen wir davon aus, dass er mehr kosten wird. Was aber, wenn unsere Waage 19 g anzeigt? Falls wir wissen, dass unsere Waage auf 0,1 g genau misst, können wir das günstigere Porto nehmen. Beträgt die Messgenauigkeit der Waage aber 2 g oder ist sie gar unbekannt, können wir auf Basis dieser Messung nicht herausfinden, welches das passende Porto ist.

In Abbildung 8.1 a) sehen wir genau diese Fälle: Unsere Referenz ist $R = 20$ g. Der Wert x_3 entspricht den 19 g mit einer Unsicherheit von 0,1 g. Wir sind uns bei unserer Entscheidung wenig Porto zu bezahlen recht sicher. Bei x_1 dagegen liegt der Referenzwert in dem Intervall Messwert ± Unsicherheit, wie bei den 19 g mit einer Unsicherheit von 2 g und wir sind uns in unserer Entscheidung nicht mehr sicher.

In Abbildung 8.1 b) liegt eine andere Fragestellung vor. Manchmal wollen wir ganz sicher sein, wenn wir den Wert einer Größe bestimmen. Dann werden wir die selbe Größe mit zwei verschiedenen Messmethoden bestimmen. In der Regel bekommen wir dann aber auch zwei unterschiedliche Messwerte. In dem Fall möchten wir die Entscheidung treffen, ob die Messungen zusammen passen oder nicht. Auch hierbei hilft uns die Messunsicherheit. Wenn die Intervalle, Messwert ± Unsicherheit, überlappen, wie bei x_5 und x_6 ist ver-

> ### R 8.1.3 Entscheidung auf Grund von ezept: Messungen
>
> Möchten Sie auf Grundlage von Messungen eine Entscheidung treffen, dann betrachten Sie das Intervall von **Messwert ± Unsicherheit**. Damit können Sie verschiedene Anwendungsfälle untersuchen:
>
> - **Vergleich des Messwerts mit einem festen Referenzwert ohne Unsicherheit (beispielsweise mit einer Spezifikation)**
>
>   Liegt der Referenzwert außerhalb des Intervalls, können Sie ziemlich sicher sein, dass der Wert der gemessenen Größe über oder unterhalb des Vergleichswerts liegt. Liegt der Referenzwert in dem Intervall sind Sie in der Bewertung nicht sicher. (Abbildung 8.1 a).
>
> - **Vergleich von zwei Messungen ein und derselben Größe**
>
>   Überlappen die Intervalle beider Messungen, dann passen die beiden Messungen zueinander.
>
>   Wenn nicht, widersprechen sich die beiden Messungen, und Sie müssen auf Fehlersuche gehen.
>
> - **Vergleich von zwei Messungen von zwei verschiedenen Größen**
>
>   Wenn die Intervalle (Messwert ± Unsicherheit) überlappen, können die gemessenen Größen den gleichen Wert haben.
>
> ...

8

Fortsetzung Rezept 8.1.3:

> Wenn die Intervalle nicht überlappen, haben die beiden Größen wahrscheinlich verschiedene Werte.
>
> In Abschnitt 3.2.h finden Sie Informationen, wie Sie die Wahrscheinlichkeiten abschätzen können.

mutlich alles in Ordnung. Wenn nicht, wie bei x_7 und x_8, müssen wir nach einem Fehler suchen.

Aufgabe einer Messung ist es also, beide Informationen herauszufinden: Was ist der gemessene Wert und wie genau ist dieser?

8.1.b Einzelmessung

> **D**$^{8.1.4}$**efinition: Einzelmessung**
>
> Bei einer Einzelmessung wird der Wert einer Größe X durch einen einzigen Messvorgang geschätzt.
>
> Ergebnis einer Einzelmessung ist immer genau **eine** Zahl und eine Einheit. Dieses Ergebnis ist der Messwert oder Bestwert $\tilde{X}$.

In ganz vielen Fällen genügt eine Einzelmessung schon unseren Ansprüchen, beispielsweise zum Bestimmen der Körperlänge oder des Gewichts eines Menschen. Oder wenn wir einen Kuchen backen möchten, wiegen wir das Mehl ab, bestimmen das Volumen der Milch und zählen (auch eine Messung) die Anzahl der Eier genau ein einziges Mal.

Mit solch alltäglichen Einzelmessungen sind wir gut vertraut. Dennoch ist es wertvoll, wenn wir uns in den nächsten Abschnitten ein paar grundlegende Gedanken zur Einzelmessung zu machen, da sie Basis aller Messreihen und Experimente ist.

8.1.c Messstrategie

> **R**$^{8.1.5}$**ezept: Aufstellen einer Messstrategie**
>
> Bevor Sie eine Messung durchführen, sollten Sie sich ein paar Gedanken über Ihre Vorgehensweise machen. Klären Sie dabei folgende Punkte:
>
> - Welche Größe soll gemessen werden? (siehe Rezept 2.1.2)
> - Mit welcher Genauigkeit muss die Größe gemessen werden?
> - Mit welchem Konzept soll die Größe gemessen werden?
> - Welche Messmittel (Messgeräte/Vorrichtungen) werden benötigt?
> - Wie soll die Messung durchgeführt werden?
>
> Beachten sie aber stets:
>
> **Messen Sie so ungenau wie möglich!**
>
> Oder anders gesagt: Messen Sie nur so genau wie nötig (siehe auch Rezept 0.0.4).

Bevor wir anfangen zu messen, sollten wir uns ein paar Punkte überlegen. Schauen wir uns dazu wieder das einfache Beispiel der Messung der Körperlänge an, aber diesmal ein wenig genauer:

- Was genau verstehen wir unter der physikalischen Größe Körperlänge? Wir können das vielleicht so definieren: Die Körperlänge ist die Entfernung des obersten Punktes des Kopfes, Haare werden nicht mitgezählt, zum Fußboden, wenn der Mensch so aufrecht wie er kann auf den Fersen steht. Wir merken, dass das gar nicht so einfach ist. Aber wir sollten trotzdem die gesuchte Größe möglichst genau definieren, weil damit sehr viele Missverständnisse verhindert werden. (Messgröße definieren)

- Wie genau möchten wir die Körperlänge wissen? Da nehmen wir mal an, dass wir sie auf 1 cm genau wissen möchten. (Notwendige Messgenauigkeit festlegen)

- Wir möchten die Körperlänge direkt mit einem Längenmaßstab messen. Dazu müssen wir aber Körperlänge auf diesen übertragen, was man zum Beispiel mit zwei rechten Winkeln machen kann. (Messkonzept überlegen)

- Wir benötigen also einen Längenmaßstab, wobei uns hier ein einfacher Meterstab ausreicht, und zwei rechte Winkel zum Beispiel in Form des Übergangs vom Boden zur Wand und in Form eines Buches. (Messmittel auswählen)

- Bei der Durchführung müssen wir also darauf achten, dass der Mensch aufrecht auf seinen Fersen nahe an einer Wand steht. Mit Hilfe eines Buches übertragen wir dann den obersten Punkt des Kopfes auf die Wand. Anschließend messen wir mit dem Meterstab die Entfernung dieses Punktes zum Boden. (Messdurchführung beschreiben)

Für das Aufstellen einer guten Messstrategie benötigt man viel Erfahrung. Die bekommen wir aber nur, wenn wir probieren, Messstrategien zu entwickeln und diese dann immer wieder überarbeiten und verbessern. Häufig sind dazu viele Vorversuche nötig.[1]

8.1.d Dokumentation

Eine Messung muss unbedingt genau dokumentiert werden. Ungenügende Dokumentation von Messungen führt erfahrungsgemäß häufig zu viel Mehrarbeit. Dabei schreibt man die Ergebnisse nicht einfach auf irgendein Stück Papier. Es ist hilfreich, für wichtige Messungen eine einheitliche und eindeutig erkennbare Form zu wählen. Dies geschieht oft in Form von Messblättern.

In das Messblatt wird der Messwert eingetragen. Dazu kommen weitere Informationen, wie Name des Messenden und das Datum. Ganz wichtig ist es, das verwendete Messmittel genau festzuhalten, am besten durch die Messmittelnummer, wenn vorhanden. Auch die Unsicherheit des Messmittels, die man im Datenblatt oder direkt auf dem Messgerät findet, sollte notiert werden. Im Prinzip sollte in den Metadaten alles dokumentiert sein, was einen relevanten Einfluss auf das Messergebnis haben könnte.

Bei einem solchen Messblatt handelt es sich um ein wichtiges Original-Dokument und es muss entsprechend behandelt werden. Man darf es nicht einfach nachträglich verändern. Was aber tun, wenn man einen Fehler darauf entdeckt? Bewährt hat sich in solchen Fällen, wenn für alle erkennbar ein ergänzender Kommentar dem Messblatt zugefügt wird, mit einem Hinweis auf Fehler und Verbesserung (siehe Abbildung 8.2).

> **B** **8.1.ii**
> **eispiel: Wahl des Messmittels**
>
> - Zum Messen Ihrer Körperlänge wählen Sie kein Laser-Interferometer (zu genau und zu teuer), aber auch nicht Ihre Elle (zu ungenau, schlecht definiert).
> - Wenn Sie Ihr Gewicht bestimmen wollen, um zu sehen, ob Sie zugenommen haben, so benötigen Sie offensichtlich keine Waage, die auf Milligramm genau misst. Eine Lkw-Waage wäre genauso unangebracht.

> **R** **8.1.6   Dokumentation von**
> **ezept: Messungen**
>
> Dokumentieren Sie Ihre Messung.
>
> Dazu gehören:
>
> - Zahl und Einheit (ergeben zusammen den Messwert),
> - erzielbare Genauigkeit (Messmittel notieren),
> - Metadaten (Tag, Uhrzeit, weitere Infos).

Gerade bei wichtigen Messungen sind die ergänzenden Informationen nützlich für die spätere Weiterverwendung der Ergebnisse.

> **R** **8.1.7   Nachträgliche Korrekturen auf**
> **ezept: Messblättern**
>
> Wenn Sie später feststellen oder glauben, dass auf Ihrem Messblatt ein Fehler vorliegt, dann
>
> - machen Sie das auf dem Messblatt deutlich.
> - Nennen Sie den Grund für die Korrektur.
> - Schreiben Sie gegebenenfalls auch die Verbesserung auf.
> - Lassen Sie den ursprünglichen, fehlerhaften Eintrag lesbar stehen.
> - Notieren Sie Ihren Namen und Datum, damit eindeutig erkennbar wird, wer die Änderung vorgenommen hat.

8

---

[1]In Laborversuchen in der Ausbildung ist meist schon sehr viel vorgegeben.

Falls es sich um längere Kommentare und Änderungen handelt, die nicht auf das Messblatt passen, dann schreiben Sie einen unübersehbaren Hinweis auf das Messblatt, mit einem Verweis auf ein weiteres Dokument.

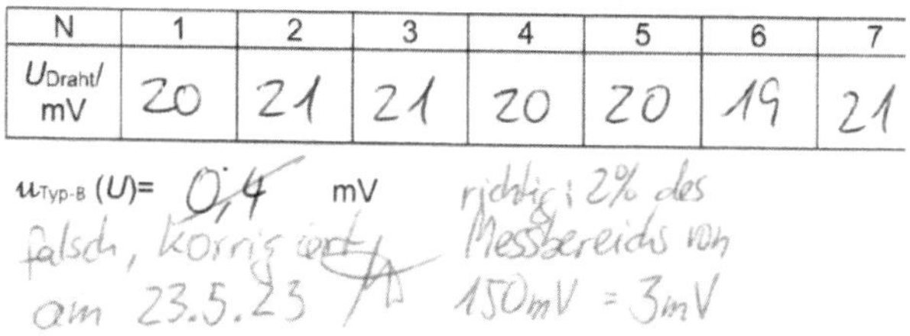

N	1	2	3	4	5	6	7
U_{Draht}/ mV	20	21	21	20	20	19	21

$u_{Typ\text{-}B}(U)$= 0,4 mV
falsch, korrigiert am 23.5.23
richtig: 2% des Messbereichs von 150mV = 3mV

Abbildung 8.2: Verbesserung auf einem Messblatt. Durch Datum, Unterschrift und kurzer Begründung wird der Vorgang nachvollziehbar.

8.1.e Messunsicherheiten

präzise und richtig
präzise aber nicht richtig
unpräzise aber richtig
unpräzise und nicht richtig

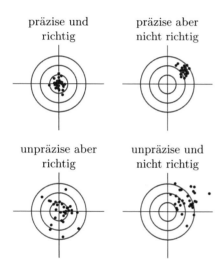

Abbildung 8.3: Veranschaulichung des Unterschieds zwischen Präzision und Richtigkeit. Wenn man den unbekannten Wert einer Größe messen möchte, kennt man die Lage des Fadenkreuzes nicht.

D 8.1.8 Definition: Präzision und Richtigkeit

Man unterscheidet zwei Arten von Messabweichungen:

- Wenn man eine bestimmte Messung mehrfach wiederholt, wird der Messwert mehr oder weniger streuen. Die **Präzision** ist ein Maß für die Streuung.
- Die Abweichung des Zentrums der Streuung vom Wert der zu messenden Größe nennt man **Richtigkeit**.

Kommen wir nochmal auf unsere Beispiel mit der Körperlänge zurück: Wenn wir 183 cm messen, wird die Körperlänge eher nicht genau 183 cm sein, aber sehr wahrscheinlich in dem Bereich zwischen 182 cm und 184 cm liegen. Wir sollten uns bewusst machen, dass wir die Körperlänge nie exakt wissen werden. Auch die beste Messung wird eine gewisse Unsicherheit haben. So wird das bei jeder Größe sein, die wir messen, am Ende bleibt es eine Schätzung.

Bevor wir versuchen, einen Wert für die Unsicherheit zu bestimmen, machen wir uns erst einmal ein paar Gedanken über verschiedene Arten von Messabweichungen. Es gibt Messungen, bei denen wir bei jeder Wiederholung stark schwankende Messwerte erhalten. Solche Messungen bezeichnen wir als unpräzise. Aber auch wenn wir bei vielen Messungen (fast) die gleichen Messwerte ermitteln, können diese trotzdem vom Wert der zu messenden Größe abweichen. Eine solche Messung wäre zwar präzise aber nicht richtig. Die Präzision, die auch Wiederholgenauigkeit genannt wird, und die Richtigkeit[2] sind also zwei verschiedene Arten von Messabweichungen, die unabhängig voneinander sind (siehe Abbildung 8.3 und [28]).

Diese beiden Arten der Messabweichung unterscheiden sich auch im Vorgehen, wenn wir sie reduzieren wollen:

- Die Präzision können wir verbessern, in dem wir Wiederholungsmessungen durchführen, und davon ausgehen, dass sich durch Mittlung die Streuung reduziert (siehe Unterkapitel 8.2).
- Die Richtigkeit können wir nur durch eine Kalibrierung (siehe Definition 8.1.11) ermitteln und dann gegebenenfalls verbessern (siehe Definition 8.1.14).

[2] Die Richtigkeit wird oft auch als Genauigkeit bezeichnet, aber hier soll die Genauigkeit beides umfassen. Eine große Genauigkeit bedeutet also eine kleine Unsicherheit.

Da man die Messabweichungen nicht kennt, führen diese zu einer Unsicherheit des Messergebnisses. Im „Leitfaden zur Angabe der Unsicherheit beim Messen" (GUM [27]) werden zwei Arten von Unsicherheiten unterschieden: Unsicherheiten, die mit statistischen Verfahren ermittelt werden, nennt man Typ-A Unsicherheit, alle anderen Typ-B.

Die Typ-A Unsicherheit sagt nur etwas über die Präzision aus, aber nichts über die Richtigkeit. Aber aufgepasst, eine Typ-B Unsicherheit enthält beide Arten von Abweichungen. Wenn wir aus einem Datenblatt eines Messgerätes die Unsicherheit ablesen, ist damit meist eine Kombination von Richtigkeit und Präzision gemeint.

Wie wir die Typ-A Unsicherheit bestimmen, schauen wir uns in Unterkapitel 8.2 an. Zur Ermittlung der Typ-B Unsicherheit gibt es viele verschiedene Vorgehensweisen: Nachschauen im Datenblatt des Messgeräts, Abschätzen aus der Auflösung der Messskala oder sogar Abschätzen aus dem Bauchgefühl. Hier ist fast alles erlaubt, aber wie immer müssen wir genau dokumentieren, wie wir zu unseren Werten kommen.

Der Unterschied zwischen diesen beiden Typen bezieht sich nur auf die Ermittlung der Unsicherheit. Wenn wir Unsicherheiten kombinieren (siehe Rezept 8.2.10 und Unterkapitel 8.3) werden beide Arten gleich behandelt.

D **8.1.9**
efinition: Typ der Unsicherheit

In Anlehnung an GUM wird zwischen zwei verschiedenen Arten von Unsicherheiten einer Messgröße y unterschieden:

- Typ-A Unsicherheit $\boldsymbol{u}_{\text{Typ-A}}(y)$
  Unsicherheit aus statistischer Analyse

- Typ-B Unsicherheit $\boldsymbol{u}_{\text{Typ-B}}(y)$
  Mit anderen Mitteln bestimmte Unsicherheit

R **8.1.10**
ezept: Unsicherheit des Messgeräts

Verwenden Sie die Unsicherheit des Messgeräts als Typ-B Unsicherheit.

Der Wert steht oft auf dem Messmittel oder dem Datenblatt dazu.

B **8.1.iii**
eispiel: Unsicherheit des Messgeräts

Bei einem Voltmeter der Genauigkeitsklasse 2 beträgt die Messunsicherheit 2 % des Messbereichs.

Wenn man also eine Spannung U im 100 mV-Bereich misst, beträgt die Typ-B Unsicherheit:

$$\boldsymbol{u}_{\text{Typ-B}}(U) = 2\ \% \cdot 100\,\text{mV} = 2\,\text{mV}.$$

8.1.f Kalibrieren, Eichen, Korrektion und Justierung

Haben Sie sich überlegt, wie genau so ein Meterstab ist? Woher wissen Sie, dass der Meterstab wirklich einen Meter anzeigt? Vielleicht wenden Sie jetzt ein, solche Fragen seien im täglichen Leben unwichtig. Darum müssen sich vielleicht Spezialisten kümmern. Und ob jetzt 1 % mehr oder weniger, das spielt eh keine Rolle.

Das wollen wir uns doch genauer anschauen.

Wenn Sie ein Auto besitzen und durchschnittlich unterwegs sind, fahren Sie ca. 20000 km/Jahr. Bei einem Verbrauch von 6 Litern pro 100 km und 1,50 €/l ergibt das Ausgaben für Benzin von ca. 2000 €/Jahr. Wenn die Tankstellen 1 % zu wenig Benzin abgeben, entstünde Ihnen im Jahr ein Schaden von 20 €.[3]

D **8.1.11**
efinition: Kalibrieren

Mit einem zu kalibrierenden Messgerät wird eine festgelegte Messung durchgeführt, bei der der Messwert vorher bekannt ist. Durch Vergleich des gemessenen Wertes mit dem vorher bekannten, kann eine Aussage über die Qualität des Messgeräts erfolgen.

Bei einer Kalibrierung wird am Messgerät nichts verändert oder eingestellt. Es wird nur die Qualität (die Messabweichung) des Messgeräts bestimmt.

---

[3]Für diejenigen, die nachrechnen: In Kapitel 4 und Kapitel 7 haben wir gelernt, dass die Genauigkeit der Rechnung nicht besser sein muss, als die Genauigkeit der Werte, mit denen wir rechnen.

D8.1.12 efinition: Rückführbarkeit

Wenn eine Messung durch eine ununterbrochene Kette von Kalibrierungen auf die Definitionen der SI Einheiten zurückverfolgt werden kann, nennt man sie rückführbar.

R8.1.13 Messgeräte regelmäßig ezept: kalibrieren

Achten Sie darauf, dass Ihre Messgeräte richtig messen.

Messen Sie dazu immer wieder zwischendurch Dinge, von denen Sie den Messwert kennen.

Oder fachlich ausgedrückt: Kalibrieren Sie Ihre Messgeräte regelmäßig.

B8.1.iv eispiel: Kalibrieren

• Halten Sie Ihr Thermometer in Eiswasser. Es sollte 0°C anzeigen.

• Wenn Sie Ihr Spannungsmessgerät an eine Zink-Kohle-Batterie anlegen und es zeigt nicht 1,5 V an, haben Sie vielleicht den falschen Messbereich gewählt oder Wechselspannung eingestellt oder eine schwache Batterie.

• Ein Messschieber soll kalibriert werden. Dazu werden sogenannte Parallelendmaße mit dem Gerät gemessen. Parallelendmaße sind Gegenstände, deren Maße man ganz genau kennt. Stimmen die Messwerte mit den bekannten Größen gut genug überein, kann der Messschieber weiter verwendet werden.

D8.1.14 efinition: Korrektion und Justierung

Wird bei einer Kalibrierung eine Abweichung festgestellt, kann

• diese rechnerisch korrigiert werden.
  Dies ist eine Korrektion.

• das Gerät so eingestellt werden, dass es möglichst kleine Abweichungen anzeigt.
  Dies ist eine Justierung.

Deutschlandweit für alle PKW wäre der Schaden 800 Millionen Euro!

Für eine Einzelperson mögen die 20 Euro zu verkraften sein, aber volkswirtschaftlich gesehen kann das ein großes Problem werden. Wenn Firmen untereinander Waren austauschen und die Messgeräte zeigen unterschiedliche Werte an, was soll dann verrechnet werden?

Deshalb ist es ganz besonders wichtig, dass die Messgrößen stimmen. Ein Meter muss ein Meter sein, zumindest im Rahmen der benötigten Messgenauigkeit. Deshalb müssen Firmen ihre Messmittel regelmäßig kontrollieren und kalibrieren.

Die internationale Staatengemeinschaft hat mit dem SI (siehe Abschnitt 2.2.b) große Anstrengungen unternommen, damit alle Einheiten mit höchster Präzision nachprüfbar übereinstimmen. Es gibt nationale Metrologieinstitute, die jeweils für ihr Land die Größenstandards festlegen. In Deutschland ist das die Physikalisch Technischen Bundesanstalt in Braunschweig (PTB). Diese nationalen Institute tauschen sich regelmäßig untereinander aus, so dass weltweit die gleichen Standards gelten. In den Ländern gibt es dann meist weitere akkreditierte Kalibrierlabore die ihre Messgeräte mit den nationalen Instituten abgleichen und dann wiederum Messgeräte von Firmen mit ihren abgleichen. Es existiert also eine ununterbrochene Kaskade von Kalibriermessungen von jedem Messgerät bis zu den jeweiligen internationalen Standards. Dabei ist es egal ob das Messgerät ein Geodreieck, eine Küchenwaage oder etwas Komplizierteres ist. Diesen Prozess nennt man Rückführung.

Bei einer Kalibration wird die Abweichung zu einem Normal (einer Referenz) bestimmt. Sowohl das Normal als auch die bei der Kalibration durchgeführten Messungen haben eine Unsicherheit und somit hat auch die ermittelte Abweichung eine Unsicherheit. Ist die Abweichung aber groß gegen die Unsicherheit der Abweichung, kann man diese auf zwei Arten verwenden, um die Messabweichung zu kompensieren: Man kann die Messwerte rechnerisch korrigieren, das nennt man Korrektion, oder man kann eine Justierung am Messgerät vornehmen, so dass es in Zukunft kleinere Abweichungen aufweist.

Nach einer Änderung am Messgerät, zum Beispiel durch eine Justierung, muss anschließend wieder eine Kalibrierung durchgeführt werden.

Eine Justierung ändert daher die Messwerte, die das Gerät anzeigt. Eine Korrektion verändert nichts am Messgerät.

> **B**$^{8.1.v}$**eispiel: Korrektion und Justierung**
>
> - Sie messen auf der Autobahn die Zeit, die Sie für einen Kilometer benötigen. Dabei stellen Sie fest, dass der Tacho 5 % zu viel anzeigt. Sie können im Kopf die 5 % immer berücksichtigen, wenn Sie Ihre Geschwindigkeit wissen wollen. Das ist eine Korrektion. Das Messgerät wird nicht verändert.
> - Mit einem barometrischen Höhenmesser bestimmt man die Höhe aus dem Luftdruck. Ändert sich das Wetter, dann wird der Höhenmesser einen falschen Wert liefern. Deshalb muss er vor Gebrauch auf die richtige Höhe eingestellt, darauf justiert werden.

8.2 Statistische Analyse von Wiederholungsmessungen

Jede Messung ist also mit einer Unsicherheit verbunden. Insbesondere wenn die Messwerte streuen, können wir diesen Teil der Unsicherheit mit statistischen Methoden (Typ-A Unsicherheit siehe Definition 8.1.9) ermitteln. Dafür benötigen wir viele Messewerte, wir müssen also die Messung oft wiederholen.

Wenn eine Messung stark streut, das heißt unpräzise ist, können wir hoffen, dass wir durch Mitteln von vielen Messungen die Präzision verbessern.[4]

Diese beiden Anwendungen von Wiederholungsmessungen – Bestimmung der Unsicherheit und Verbesserung der Präzision – schauen wir uns jetzt genauer an.

Nehmen wir mal an, im Foyer einer Hochschule steht ein Sofa und es werden 60 Personen gebeten, die Breite auf 1 cm genau zu messen. Wir erhalten diese Messwerte in cm:

```
140 140 113 118 140 138 139 119 116 143
139 140 118 139 123 121 120 120 118 136
116 155 115 116 137 140 120 119 117 120
141 117 124 120 142 117 139 140 138 123
129 115 122 137 138 142 136 139 143 124
119 117 141 127 141 141 139 139 137 142
```

Wiederholungsmessungen werden in der nun folgenden Reihenfolge ausgewertet.

> **D**$^{8.2.1}$**efinition: Wiederholungsmessungen**
>
> Bei Wiederholungsmessungen (oft auch Messreihe genannt) wird die Messung einer Größe unter identischen Bedingungen N-mal wiederholt.

> **R**$^{8.2.2}$ **Nutzen von**
> **ezept: Wiederholungsmessungen**
>
> Führen Sie Wiederholungsmessungen durch,
> - um ein Maß für die Streuung einer Messung (Typ-A Unsicherheit) zu bestimmen oder
> - um durch Mittlung der Messwerte die Präzision des Mittelwertes zu verbessern.

---

[4]Die Richtigkeit der Messung können wir so nicht verbessern.

8.2.a   Verteilung der Messwerte – Histogramm

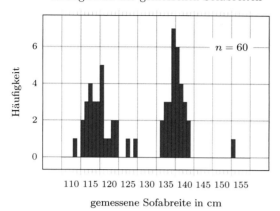

Abbildung 8.4: Im Histogramm der Messwerte können viele Fehler einer Messung erkannt werden.

Rezept: **8.2.3   Histogramm von Wiederholungsmessungen**

Erstellen Sie ein Histogramm von den Werten der Wiederholungsmessungen (siehe Abschnitt 5.2.b).

Dadurch können oft Fehler wie zum Beispiel Messausreißer oder eine unklare Definition der Messgröße erkannt werden.

Wir sehen auf den ersten Blick, dass die Werte sehr stark streuen. Wir könnten jetzt, ohne viel nachzudenken, den Mittelwert der Zahlen bilden, um einen präziseren Wert für die Breite zu bekommen. Das wäre aber hier keine gute Idee, wie wir gleich sehen werden.

Wir sollten uns nämlich zuerst einen Überblick über die Struktur der Daten verschaffen. Dazu erstellen wir ein Histogramm der Messwerte (siehe Abschnitt 5.2.b). Die kleinste gemessene Breite ist 113 cm und die größte 155 cm. Da wir sehr viele Messwerte haben, können wir hier Klassen von nur 1 cm Breite nehmen.

Wie man erkennt, haben sich zwei Maxima ergeben. Anscheinend war die Größe „Breite des Sofas" nicht eindeutig definiert.[5] Vermutlich haben die Einen die Breite der Sitzfläche und die Andern die Breite inklusive der Armlehne gemessen. Dieses Beispiel zeigt deutlich, dass hier der Mittelwert eine ziemlich sinnlose Zahl ergäbe.

Des Weiteren liegt Messwert 155 cm so weit von den anderen entfernt, dass man annehmen kann, dass es sich hierbei um einen Messfehler handelt.

Was kann man nun tun? Sind die Messungen dennoch nutzbar?

8.2.b   Auswahl der Messwerte

Rezept: **8.2.4   Bereinigen der Daten**

Wenn Sie feststellen, dass Ihre Daten Werte enthalten, die Ihrer Meinung nach nicht zu der Messaufgabe passen (so genannte Messausreißer oder Fehlmessungen), in diesem Sinne also falsch sind, dann:

- Markieren Sie diese Werte eindeutig.
- Notieren Sie, weshalb Sie diese Werte für falsch halten.
- Weisen Sie in der Auswertung explizit auf diesen Schritt hin.

Wir haben gesehen, dass es in unserem Beispiel nicht sinnvoll ist, alle Messwerte zu verwenden. In diesem Fall können wir aber die Messung noch „retten", wenn wir nur einen bestimmten Teil der Werte verwenden. Wir müssen also die „Falschen" ausklammern. Wie geht man hier vor?

Zunächst müssen wir festlegen, was unter Sofabreite zu verstehen ist. Angenommen, wir entscheiden uns für die Breite inklusive Armlehne. Dann werden wir alle anderen Werte aus den zu untersuchenden Daten entfernen.

Das Legen von sinnvollen Schnittgrenzen, also das Auswählen zutreffender Daten, ist zunächst willkürlich. Man darf selbst entscheiden, wo man die Grenzen legt. Daher ist es umso wichtiger, dass man diesen Schritt sauber dokumentiert und allen Interessierten

---

[5]Da wurde wohl Rezept 8.1.5 nicht befolgt.

zugänglich macht. Wir werden also nur Messwerte größer als 135 cm berücksichtigen.

In ganz vielen Fällen ist die Auswahl der Schnittgrenzen offensichtlich, wie hier in unserem Beispiel. Es kommt aber immer wieder vor, dass durch das Legen von Schnitten scheinbare Erkenntnisse erzeugt werden.

Aber auch den Messwerte 155 cm werden wir entfernen, da es sich hier vermutlich um eine Fehlmessung (Messausreißer) handelt.

8.2.c Erste Schnellanalyse von Wiederholungsmessungen

Nachdem wir uns für eine Auswahl von den Messdaten entschieden haben, können wir mit dem Histogramm (Abbildung 8.5) eine Schnellanalyse vornehmen.

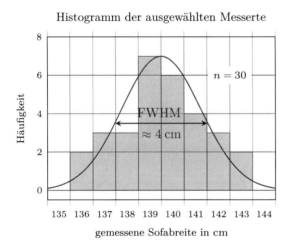

Abbildung 8.5: Histogramm der ausgewählten Messwerte, und eine grob mit dem Auge geschätzte Verteilungsfunktion. Die eingezeichnete Halbwertsbreite ist ein Maß für die Unsicherheit der Messung.

Die wahrscheinlichste Breite des Sofas (der Bestwert aus der Wiederholungsmessung) wird beim Maximum der Verteilung liegen. In unserem Beispiel wird das Sofa vermutlich 139 cm oder 140 cm breit sein.

Aus der Breite der Verteilung erhalten wir ein Maß für die Streuung jeder einzelnen Messung. Dazu können wir für eine Schnellanalyse die Halbwertsbreite der Verteilung verwenden. Das ist die volle Breite auf halber Höhe der Verteilung, oder auf englisch Full Width at Half Maximum FWHM. In unserem Beispiel ist die Maximale Häufigkeit 7. Wenn wir uns in das Histogramm eine Häufigkeitsverteilung denken, wann hätte diese einen Wert von 3,5? Vermutlich ungefähr bei $\approx$ 138 cm und bei $\approx$ 142 cm. Die Halbwertsbrei-

R^{8.2.5} **Erste Schnellanalyse mit Rezept: Histogrammen**

Nutzen Sie das Histogramm, um wichtige Größen von Wiederholungsmessungen ohne viel zu rechnen grob abzuschätzen:

- Als besten Wert für das Ergebnis nimmt man den Wert des **Maximums**.
- Als Wert für die Streuung einer Einzelmessung verwendet man Halbwertsbreite. Das ist die volle **Breite** auf halber Höhe (FWHM: full width at half maximum).

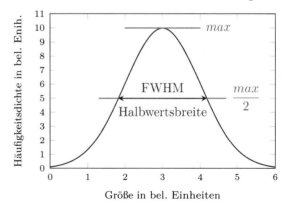

Abbildung 8.6: Veranschaulichung der Halbwertsbreite (Full Width at Half Maximum).

8

te wäre also $142\,\mathrm{cm} - 138\,\mathrm{cm} = 4\,\mathrm{cm}$. Dies ist eine erste Schätzung für die Unsicherheit jeder einzelnen Messung.[6]

8.2.d   Mittelwert und Standardabweichung

Wissen: **8.2.6   Statistische Analyse von Wiederholungsmessungen**

Wenn Sie N Messwerte $\{x_i | i = 1 \ldots N\}$ haben, dann ist der

arithmetischen Mittelwert

$$\langle x \rangle := \frac{1}{N} \sum_{i=1}^{N} x_i$$

und die

Standardabweichung der Verteilung[8]

$$\sigma_x := \sqrt{\frac{1}{N-1} \sum_{i=1}^{N} (x_i - \langle x \rangle)^2}.$$

Rezept: **8.2.7   Bestwert bei Wiederholungsmessungen**

Wenn Sie N Wiederholungsmessungen der Größe x mit den Messwerten $\{x_i\}$ durchgeführt haben und im Histogramm nur ein einzelnes, näherungsweise symmetrisches, Maximum sehen, dann verwenden Sie als „Bestwert" $\tilde{x}$ für das Ergebnis einer Wiederholungsmessung den **arithmetischen Mittelwert** $\langle x \rangle$:

$$\tilde{x} = \langle x \rangle.$$

Die Standardabweichung charakterisiert die Präzision des Messverfahrens. Sie ist (fast) unabhängig von der Anzahl der Messungen (siehe auch Rezept 3.2.4).

Jetzt möchten wir die Wiederholungsmessungen ein bisschen mathematischer auswerten (siehe auch Unterkapitel 3.2). Schauen wir uns noch mal die Ausgangssituation an: Wenn wir eine Messung mehrfach wiederholen, gehen wir davon aus, dass die Messwerte einer bestimmten Verteilung entsprechen. Es ist nun unser Ziel, diese Verteilungsfunktion zu bestimmen.

Wenn wir im Histogramm gesehen haben, dass eine Verteilung wahrscheinlich nur ein Maximum hat, dann kann sie meist durch zwei Parameter gut beschrieben werden: das Zentrum der Verteilung (Erwartungswert μ bzw. den Mittelwert $\langle x \rangle$, siehe Abschnitt 3.2.b) und die Breite der Verteilung (Standardabweichung σ).

Wenn wir in unserem Beispiel nur die gemessenen Sofabreiten um 140 cm betrachten, haben wir noch genau $N = 30$ Messwerte $\{b_i\}$.

Wir erhalten:[7]

$$\langle b \rangle = 139{,}533\,\mathrm{cm} \quad \text{Mittelwert der Breiten}$$
$$\sigma_b = 1{,}907\,\mathrm{cm} \quad \text{Standardabweichung}$$

---

[6] Der große Wert könnte daran liegen, dass beim Messen nicht besonders sorgfältig vorgegangen wurde oder die Armlehnen gepolstert sind und daher die Messung schwierig ist.

[7] Führen Sie solche Rechnungen in Büchern immer auch selbst durch. Ihr Lernerfolg erhöht sich dadurch deutlich.

[8] Diese Definition unterscheidet sich von der Definition 3.2.7 in Unterkapitel 3.2. Unter der Wurzel steht hier im Nenner ein $N-1$ statt ein N. Diese mathematische Feinheit kommt daher, dass hier die Standardabweichung der zugrundeliegenden Verteilung geschätzt werden soll und nicht die Standardabweichung der Messpunkte selbst. „Standard" bedeutet also nicht, dass es nur eine Standardabweichung gibt. Es empfiehlt sich aber, dass man N so groß wählt, dass der Unterschied nicht mehr relevant ist.

8.2.e Typ-A Unsicherheit des Bestwertes

Wie sicher können wir sein, dass der berechnete Mittelwert tatsächlich dem Zentrum der Streuung der Messwerte entspricht? Irgendwie scheint es doch so, dass man mit mehr Messungen mehr Vertrauen in seinen Wert bekommt. Wenn wir nur 100 Messungen mitteln, ist die Unsicherheit doch größer, als wenn wir 1000 Werte mitteln. Je mehr Messwerte wir haben, um so präziser (nicht richtiger, siehe Definition 8.1.8) wird die Gesamtmessung.

Aber sowohl der Mittelwert als auch die Standardabweichung sind (fast) nicht davon abhängig, ob man 100 Messwerte oder 10000 Messwerte hat. Und in der Tat ist es so, dass die statistische Unsicherheit des Mittelwerts $\boldsymbol{u}_{\text{Typ-A}}(\langle x \rangle)$ mit $1/\sqrt{N}$ skaliert. Das heißt, bei vier mal so vielen Wiederholungsmessungen halbiert sich diese Unsicherheit.

R **8.2.8   Typ-A Unsicherheit des Rezept: Mittelwertes**

Wenn Sie als Bestwert einer Wiederholungsmessung den Mittelwert verwenden, dann ist die Typ-A Unsicherheit des Bestwertes die Standardabweichung des Mittelwertes:

$$\boldsymbol{u}_{\text{Typ-A}}(\tilde{x}) = \frac{\sigma_x}{\sqrt{N}}.$$

B **8.2.i   Beispiel: Statistische Kennzahlen**

Aus den vier Messwerten für eine Länge a von $2\,\text{cm}, 3\,\text{cm}, 4\,\text{cm}, 3\,\text{cm}$, ergibt sich:

Mittelwert
$$\langle a \rangle = 3\,\text{cm}$$
Standardabweichung der Einzelmessung
$$\sigma_a = 0{,}81649658\,\text{cm}$$
Standardabweichung des Mittelwerts
$$\boldsymbol{u}_{\text{Typ-A}}(\langle a \rangle) = 0{,}408248\,\text{cm}$$

Einzelne Messung

Jetzt wissen wir, wie wir bei Wiederholungsmessungen die Typ-A Unsicherheit bestimmen. Was aber, wenn wir nur eine einzige Messung durchführen wollen? Dann können wir keine Standardabweichung bestimmen, denn dazu müssten wir durch $N - 1$ dividieren. Natürlich gilt weiterhin die Gleichung $\boldsymbol{u}_{\text{Typ-A}}(\langle x \rangle) = \frac{\sigma_x}{\sqrt{N}}$. Die Standardabweichung charakterisiert, wie wir gesehen haben, das Messverfahren. Wir können daher mit einer Wiederholungsmessung die Standardabweichung des Verfahrens bestimmen und diese dann für die Einzelmessung verwenden.

R **8.2.9   Typ-A Unsicherheit Rezept: Einzelmessung**

Wenn Sie nur eine einzelne Messung machen, dann können Sie die Standardabweichung σ des Messverfahrens aus einer Wiederholungsmessung übernehmen. Mit $N = 1$ ergibt sich:

$$\boldsymbol{u}_{\text{Typ-A}}(\tilde{x}) = \frac{\sigma_x}{\sqrt{N}} = \sigma_x.$$

8.2.f Addition der Unsicherheiten

Als Ergebnis einer Messung beziehungsweise von Wiederholungsmessungen wird erwartet, dass neben dem Messwert auch noch ein Maß für die Unsicherheit angegeben wird. Wie wir in Definition 8.1.8 gesehen haben, besteht eine mögliche Messabweichung aus der Richtigkeit einer Messung und der Präzision (Streuung) der Messung. Wenn wir eine Messunsicherheit angeben, müssen wir beide Bestandteile berücksichtigen.

8

R 8.2.10 Rezept: Addition von Unsicherheiten

- Die **Typ-A Unsicherheit** $\boldsymbol{u}_{\text{Typ-A}}(\tilde{x})$
  ergibt sich durch Auswerten von Messreihen
  (siehe Rezept 8.2.7 und Rezept 8.2.8)

- Die **Typ-B Unsicherheit** $\boldsymbol{u}_{\text{Typ-B}}(x)$
  müssen Sie als Experimentator selbst abschätzen. Geben Sie an, wie genau Sie denken,
  dass Sie mit dem verwendeten Messmittel Ihre Messung durchführen können. Oft gibt es
  eine Angabe auf dem Messmittel.

- Die **Gesamtunsicherheit** $\boldsymbol{u}(\tilde{x})$
  ergibt sich aus der Summe der beiden Quadrate:

$$\boldsymbol{u}(\tilde{x})^2 = \boldsymbol{u}_{\text{Typ-A}}(\tilde{x})^2 + \boldsymbol{u}_{\text{Typ-B}}(x)^2 .$$

Durch Wiederholungsmessungen können wir nur etwas über die Stärke der Streuung in Erfahrung bringen und durch Mittelwertbildung die Präzision verbessern. Wie wir aus einer Messreihe die Typ-A Unsicherheit bestimmen, haben wir schon gesehen: Für eine Einzelmessung in Rezept 8.2.7 und für den Mittelwert einer Wiederholungsmessung in Rezept 8.2.8.

Die Richtigkeit eines Messgerätes wird unter anderem bei der Kalibration ermittelt. In der Unsicherheit, die wir zum Beispiel im Datenblatt ablesen (Typ-B Unsicherheit, siehe Rezept 8.1.10), ist die Richtigkeit daher enthalten.

Wie meist werden Unsicherheiten quadratisch addiert.

8.2.g   Darstellung eines Messergebnisses

R 8.2.11 Rezept: Darstellung des Messergebnisses

Erst wenn Sie die Unsicherheit kennen, wissen Sie, wie viele Stellen Sie für den Bestwert benötigen.

1. Verzichten Sie in den Rechenschritten zunächst auf Rundungen und schreiben ausreichend viele Stellen auf.

2. Wenn Sie die Unsicherheit $\boldsymbol{u}(\tilde{x})$ berechnet haben, runden Sie diese auf zwei signifikante Stellen (siehe Rezept 4.1.3).
   Hier immer aufrunden.

3. Schreiben Sie die Unsicherheit gegebenenfalls mit einer Zehnerpotenz so auf, dass die Zahl vor der Zehnerpotenz kleiner als 100 bleibt. Sie hat dann vor dem Komma maximal zwei Ziffern.

4. Notieren Sie den Bestwert in der Einheit und Größenordnung (10-er Potenz), die Sie für die Unsicherheit gewählt haben.

5. Runden Sie den Bestwert auf die gleiche Dezimalstelle wie die Unsicherheit.
   Hier kaufmännisch runden.

6. Klammern Sie die Einheit aus und wenn möglich auch die Größenordnung. Schreiben Sie das Ergebnis in der Form:

$$x = \tilde{x} \pm \boldsymbol{u}(\tilde{x}) \quad \text{oder} \quad x = \tilde{x}\,(\,\boldsymbol{u}(\tilde{x})\,).$$

Jetzt können wir das Ergebnis einer Messung berechnen. Wir müssen uns nur noch einigen, wie viele Dezimalstellen wir hinschreiben wollen. Sinnvollerweise gibt man ein Ergebnis nicht genauer an, als es die Unsicherheit zulässt. Wir wollen uns hier darauf einigen, die Unsicherheit auf zwei signifikante Stellen (siehe Definition 4.1.2) zu begrenzen (siehe auch Rezept 4.1.3).

Schauen wir uns das für unser Beispiel mit der Sofabreite an:

- Wir haben Wiederholungsmessungen durchgeführt und wollen durch die Mittelwertbildung eine höhere Präzision erreichen. Daher ist unser Bestwert der Mittelwert:

$$\tilde{b} = \langle b \rangle = 139{,}5333 \,\text{cm}$$

- Typ-B Unsicherheit (im Text angegeben)

$$\boldsymbol{u}_{\text{Typ-B}}(b) = 1 \,\text{cm}$$

- Typ-A Unsicherheit

$$\boldsymbol{u}_{\text{Typ-A}}(\tilde{b}) = \frac{\sigma_b}{\sqrt{N}} = \frac{1{,}9070 \,\text{cm}}{\sqrt{30}}$$
$$= 0{,}3482 \,\text{cm}$$

Zunächst werden die zwei Unsicherheiten quadratisch addiert und auf zwei signifikante Stellen aufgerundet.

- Gesamtunsicherheit

$$\boldsymbol{u}\left(\tilde{b}\right) = \sqrt{(1\,\mathrm{cm})^2 + (0{,}3482\,\mathrm{cm})^2}$$
$$= 1{,}0589\,\mathrm{cm} \approx 1{,}1\,\mathrm{cm}$$

Zum Schluss wird der Mittelwert auf die gleiche Dezimalstelle wie die Unsicherheit gerundet (hier also auf 0,1 cm).

- **Messergebnis**:

$$b = \tilde{b} \pm \boldsymbol{u}\left(\tilde{b}\right)$$
$$= (139{,}5 \pm 1{,}1)\,\mathrm{cm}$$

Kompaktere Darstellung des Messergebnisses

Es gibt noch eine weitere, recht kompakte Form, ein Messergebnis mit Unsicherheit aufzuschreiben. Dabei schreiben wir hinter den gerundeten besten Schätzwert in Klammern die beiden Ziffern der zwei signifikanten Stellen der Unsicherheit. Diese „wirken", wie oben mit dem PlusMinus-Zeichen, auf die letzten beiden Ziffern des Bestwertes.

Unser Messergebnis von eben sieht dann folgendermaßen aus:

- **Messergebnis**:

$$b = 139{,}5\,(11)\;\mathrm{cm}$$

Beispiel: **8.2.ii Darstellung des Messergebnisses**

Bei der Auswertung einer Messung zeigt Ihr Taschenrechner genau folgende Werte im Display: Für die Zeit in Sekunden: 0,5213 und für die Unsicherheit in Millisekunden: 0,0292822. Das bedeutet also:

$$\langle t \rangle = 0{,}5213\,\mathrm{s},$$
$$\boldsymbol{u}(\langle t \rangle) = 0{,}0292822\,\mathrm{ms}$$

1. Die Unsicherheit ist ausreichend genau angegeben (viele Nachkommastellen). Beim Bestwert hat der Taschenrechner nicht mehr Stellen angezeigt.

2. Unsicherheit auf zwei signifikante Stellen aufrunden:
   $\boldsymbol{u}(\langle t \rangle) = 0{,}0292822\,\mathrm{ms} \approx 0{,}030\,\mathrm{ms}$

3. Der Zahlenwert der Unsicherheit ist kleiner als 100 und kann deshalb so verwendet werden.

4. $\langle t \rangle = 521{,}3\,\mathrm{ms}$ (auch in ms angeben)

5. Sie müssen den Bestwert hier auf drei Nachkommastellen runden. Der Taschenrechner lieferte dafür aber zu wenige Stellen, weil er Nullen hinter der letzten Nachkommadezimalen nicht anzeigt. Also ergänzen Sie diese Nullen:
   $\langle t \rangle \approx 521{,}300\,\mathrm{ms}$.

6. Als Ergebnis können Sie schreiben:

$$t = (521{,}300 \pm 0{,}030)\,\mathrm{ms}$$
$$= 521{,}300\,(30)\;\mathrm{ms}$$
$$= (52130{,}0 \pm 3{,}0) \cdot 10^{-5}\,\mathrm{s}$$
$$= 52130{,}0\,(30) \cdot 10^{-5}\,\mathrm{s}$$

Achtung: die Nullen am Ende der Werte sind wichtig!

8

8.3   Kombinierte Unsicherheiten

Wir haben gesehen, wie man mit einer Messung eine Größe bestimmt. Was aber, wenn wir eine Größe benötigen, die gar nicht direkt messbar ist (siehe Definition 8.1.2)? Wir wissen vielleicht, wie die gesuchte Größe mit messbaren Größen zusammenhängt. Da jede der gemessenen Größen aus Messwert und Unsicherheit besteht, müsste es doch möglich sein, Wert und Unsicherheit der gesuchten Größe zu bestimmen. Aber wie geht das?

Im folgenden Kapitel lernen wir, wie man die Unsicherheit der Messgrößen kombiniert, um die Unsicherheit der gesuchten Größe zu erhalten. Daher auch der Begriff „kombinierte Unsicherheit". Weil man manchmal auch sagt, dass sich die Unsicherheit der gemessenen Größen sich in die Unsicherheit der gesuchten Größe fortpflanzt, findet man älteren Büchern auch häufig den Begriff „Fehlerfortpflanzung".

Angenommen eine Firma vertreibt Kunststoffdosen. Kleine Dosen werden als Schüttgut lose in größere Transportkartons verpackt. Wir sollen herausfinden, wie viele Dosen in eine Standardkiste passen. Die Brute-Force Methode, Dosen in die Kiste schütten bis sie voll ist und dann zählen, hat mehrere Nachteile, die Sie gerne selbst überlegen können. Also gehen wir einen anderen Weg, indem wir das Volumen einr zylinderförmigen Dose bestimmen und dieses dann in Relation zum Kartonvolumen setzen. Dazu müssen wir nur das Volumen der Dose messen.

8.3.a   Aufstellen eines mathematischen Modells

> **R**ezept: **8.3.1   Mathematisches Modell für die Unsicherheitsanalyse**
>
> Stellen Sie bei einer indirekten Messung ein mathematische Modell auf. Schreiben Sie Ihre Gleichung so, dass auf der rechten Seite nur gemessene Größen oder Konstanten auftauchen. **Nicht direkt gemessene Größen müssen ersetzt werden!**
>
> $$y = f(r, s, t)$$
>
> mit y: gesuchte Größe,
> r, s, t: direkt gemessene Größen.

Wie misst man das Volumen einer zylindrischen Dose? Direkte Messungen, zum Beispiel Eintauchen in Wasser, sind oft ungenau und produzieren vielleicht Wasserpfützen.

Wir können das Volumen besser indirekt mit Hilfe einer Berechnung ermitteln. Dafür benötigen wir ein mathematisches Modell (eine Formel) und Messwerte für die darin vorkommenden Größen. Wir wissen, dass das Volumen eines Zylinders eine Funktion der Höhe h und der Grundfläche A ist:

$$V(h, A) = h\,A.$$

Die Höhe h können wir direkt messen, doch bei der Grundfläche A haben wir wieder dasselbe Problem, eine direkte Messung ist nicht so einfach. Wir können die Fläche mit

$$A(r) = \pi\,r^2$$

berechnen, wofür wir aber den Radius r benötigen, der wiederum direkt nicht so einfach messbar ist. Doch wissen wir alle, dass der Radius vom gut messbaren Durchmesser d abhängt und

$$r(d) = \frac{d}{2}$$

ist. Zugegeben, dass ist ein sehr einfaches Beispiel, aber hier können wir sehr gut nachvollziehen, wie wir verschiedene Wissensaspekte zusammentragen müssen, um ein Gesamtbild der Aufgabe zu erhalten.

Also messen wir Durchmesser d und Höhe h der Dose. Wir erhalten jeweils den Wert und eine Angabe der Unsicherheit, zum Beispiel:

$$h = (2{,}75 \pm 0{,}12)\,\text{mm},$$
$$d = (13{,}44 \pm 0{,}53)\,\text{mm}.$$

Was jetzt?

Wir könnten jetzt aus dem Durchmesser den Radius berechnen und mit dem Radius die Grundfläche. Zusammen mit der Höhe ergibt sich dann das Volumen. Dieses Ausrechnen von Zwischenergebnissen ist zunächst mathematisch nicht falsch, in der Praxis führt dies aber oft zu Rechen- und Rundungsfehlern. Auch bei der Kombination von Unsicherheiten, wie wir es im nächsten Abschnitt kennen lernen werden, kann dieses Vorgehen zu falschen Ergebnissen führen.

Wir werden also nicht diesen Weg gehen, sondern versuchen eine einzige Formel für die gesuchte Größe aufzustellen, bei der auf der rechten Seite nur direkt gemessene Größen oder Konstanten vorkommen.

In unserem Beispiel nehmen wir also nicht $V(h, A)$, was eigentlich ein $V(h, A\left(r(d)\right))$ ist, sondern setzen die Formeln ineinander ein, bis wir

$$V(h, d) = h\,\frac{\pi}{4}\,d^2$$

erhalten.

8.3.b Bestwert bei einer indirekten Messung

In unsere Gleichung können wir die besten bekannten Werte für die Messgrößen einsetzen: die Bestwerte. Und so erhalten wir auch den besten Wert für die gesuchte Größe.

Für das Dosenvolumen aus dem obigen Beispiel bedeutet das, dass wir mit

$$\tilde{V} = V\left(\tilde{h}, \tilde{d}\right) = \tilde{h}\,\frac{\pi}{4}\,\tilde{d}^2$$

rechnen und die Werte für $\tilde{h}$ und $\tilde{d}$ einsetzen. Wir erhalten $\tilde{V} = 390{,}1406\,\text{mm}^3$

Beispiel: **8.3.i** **Trägheitsmoment einer massiven Kugel**

Sie möchten das Trägheitsmoment Θ der Vollkugel bestimmen. In einer Formelsammlung finden Sie folgendes:

$$\Theta = \frac{2}{5}\,m\,r^2,$$

mit der Masse m und dem Radius r.

Sie haben aber nur einen Messwert von der Dichte ϱ (Masse pro Volumen) des Materials und vom Durchmesser der Kugel d.

Das mathematische Modell, mit dem Sie arbeiten lautet also:

$$\Theta = \frac{\pi}{60}\,\varrho\,d^5.$$

Rezept: **8.3.2** **Bestwert indirekt gemessener Größen**

Für den Bestwert Ihrer gesuchten Größe setzen Sie die Bestwerte der Messgrößen ein:

$$\tilde{y} = f(\tilde{r}, \tilde{s}, \tilde{t})$$

mit y: gesuchte Größe,
r, s, t: direkt gemessene Größen.

8

8.3.c   Kombination von Unsicherheiten (Fortpflanzung)

Den Bestwert kennen wir jetzt. Aber wie kommen wir an die ebenfalls benötigte Unsicherheit des Volumens $\boldsymbol{u}(V)$?

Einfach die Unsicherheiten in die Gleichung einsetzen führt zu einem total unsinnigen Wert von 0,026 mm³. Damit wäre das Volumen auf 0,007 % genau, obwohl die Einzelmessungen im Bereich von 4 % liegen. Da stimmt etwas nicht.

Unsicherheit bei einer Messgröße

Der Beitrag einer Messgröße r zur Unsicherheit $\boldsymbol{u}(y)$ einer gesuchten Größe y ergibt sich aus der Steigung der Funktion und der Unsicherheit von r.

> **D**$^{8.3.3}$**efinition: Teilunsicherheit**
>
> Die Unsicherheit, die die Messung $r = \tilde{r} \pm \boldsymbol{u}(\tilde{r})$ zur Unsicherheit von $y = f(r)$, also $\boldsymbol{u}_r(y)$ beiträgt, berechnet sich aus:
>
> $$\boldsymbol{u}_r(y) := \underbrace{\frac{\partial f(r)}{\partial r}}_{\text{Ausgewertet bei } r = \tilde{r}.} \boldsymbol{u}(\tilde{r}).$$

Wir wollen also die Unsicherheit von y bestimmen, obwohl wir andere Größen gemessen haben. Um zu verstehen, wie der Mechanismus der Berechnung der Unsicherheit funktioniert, nehmen wir zunächst an, es gäbe nur die Abhängigkeit von einer Messgröße

$$y = f(r).$$

Als einfaches Beispiel wählen wir eine einfache Parabel $y = r^2$.

Übertragen von Unsicherheiten

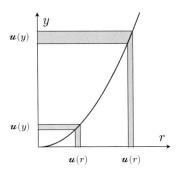

Abbildung 8.7: Beispiel für die Abhängigkeit einer gesuchten Größe y von der gemessenen Größe r und wie sich die Unsicherheit überträgt.

In Abbildung 8.7 können wir gut erkennen, wie stark sich der Funktionswert y verändert, wenn wir die Messgröße r leicht variieren. Ist die Steigung[9] der Kurve groß, reagiert y sehr empfindlich auf eine Änderung von r, ist die Kurve flach, verändert sich der Funktionswert nur sehr wenig.

Wie stark die Unsicherheit der Messgröße $\boldsymbol{u}(r)$ in die Unsicherheit des Funktionswertes $\boldsymbol{u}(y)$ eingeht, hängt also von dem Messwert r selbst ab.

Meist ist die Steigung der Kurve in dem kleinen Unsicherheitsbereich $\boldsymbol{u}(r)$ um einen Messwert sehr ähnlich. Daher gilt Unsicherheit von y = Steigung der Kurve mal Unsicherheit von r.

---

[9]Die Steigung der Kurve ist die Ableitung der Funktion nach der Messgröße (siehe auch partielle Ableitung in Abschnitt 3.3.i).

Unsicherheit bei mehreren Messgrößen

Wir können nach der eben beschriebenen Methode die Teilunsicherheit jeder Teilmessung berechnen. Aus diesen Einzelbeiträgen müssen wir noch die Gesamtunsicherheit ausrechnen. Dazu werden die Einzelwerte nur noch quadratisch addiert.[10]

Betrachten wir wieder das Beispiel, bei dem wir das Volumen des Zylinders bestimmen wollen. Den Wert für $\tilde{V}$ haben wir bereits berechnet. Jetzt kümmern wir uns um die Unsicherheit. Die Gleichung für das Volumen lautet:

$$V(h, d) = h \frac{\pi}{4} d^2.$$

Die Gleichung für die Unsicherheit des Volumens wird bestimmt durch:

$$\begin{aligned} \boldsymbol{u}(V)^2 &= \boldsymbol{u}_h(V)^2 + \boldsymbol{u}_d(V)^2 \\ &= \left(\frac{\partial V(h, d)}{\partial h} \, \boldsymbol{u}(h) \right)^2 \\ &\quad + \left(\frac{\partial V(h, d)}{\partial d} \, \boldsymbol{u}(d) \right)^2. \end{aligned}$$

Wir müssen also partiell (siehe Abschnitt 3.3.i) ableiten:

$$\begin{aligned} \boldsymbol{u}_h(V) &= \frac{\partial V(h, d)}{\partial h} \, \boldsymbol{u}(h) = \frac{\pi d^2}{4} \, \boldsymbol{u}(h), \\ \boldsymbol{u}_d(V) &= \frac{\partial V(h, d)}{\partial d} \, \boldsymbol{u}(d) = 2 \frac{\pi h d}{4} \, \boldsymbol{u}(d). \end{aligned}$$

Jetzt sind alle Werte bekannt und können eingesetzt werden. Für die Werte von h und d verwenden wir wieder die Bestwerte. $\tilde{h}$ und $\boldsymbol{u}(\tilde{h})$ sowie $\tilde{d}$ und $\boldsymbol{u}(\tilde{d})$ stammen aus den Auswertungen der Teilmessungen. Für die Teilunsicherheiten ergibt sich also

$$\begin{aligned} \boldsymbol{u}_h(V) &= \frac{\pi \, (13{,}44 \,\text{mm})^2}{4} \, 0{,}12 \,\text{mm} \\ &= 17{,}024 \,\text{mm}^3 \end{aligned}$$

und

$$\begin{aligned} \boldsymbol{u}_d(V) &= \frac{\pi \cdot 2{,}75 \,\text{mm} \cdot 13{,}44 \,\text{mm}}{2} \, 0{,}53 \,\text{mm} \\ &= 30{,}77 \,\text{mm}^3. \end{aligned}$$

Wir können die beiden Unsicherheiten nun quadratisch zur Gesamtunsicherheit $\boldsymbol{u}(V) = 35{,}165 \,\text{mm}^3$ addieren.

Wird der gesuchte Wert y aus mehreren Messgrößen ermittelt

$$y = f(r, s, t),$$

so trägt jeder Messwert zur Gesamtunsicherheit des gesuchten Wertes bei. Die einzelnen Teilunsicherheiten $\boldsymbol{u}_r(y)$, $\boldsymbol{u}_s(y)$ und $\boldsymbol{u}_t(y)$ werden berechnet. Zur Bestimmung der Gesamt-Unsicherheit müssen diese nur noch richtig addiert werden.

R$\mathrm{ezept:}$ **8.3.4   Kombination von Teilunsicherheiten**

In den meisten Fällen ist es am sinnvollsten, die Quadrate der Unsicherheiten zu addieren:

$$\boldsymbol{u}(y)^2 = \boldsymbol{u}_r(y)^2 + \boldsymbol{u}_s(y)^2 + \boldsymbol{u}_t(y)^2.$$

Dabei gilt Definition 8.3.3 für die Teilunsicherheiten:

$$\boldsymbol{u}_a(y) = \frac{\partial f(a)}{\partial a} \, \boldsymbol{u}(a) \quad \text{mit} \quad a = r, s, t.$$

R$\mathrm{ezept:}$ **8.3.5   Teilunsicherheiten berechnen**

- Berechnen Sie die einzelnen Teilunsicherheiten $\boldsymbol{u}_a(y)$ immer gesondert.
- So vermeiden Sie aufwändig aussehende Gleichungen und damit Fehlerquellen.
- Außerdem können Sie feststellen, welche Teilunsicherheit den größten Beitrag zur Gesamtunsicherheit $\boldsymbol{u}(y)$ leistet.

---

[10]Hinweis: Wenn Unsicherheiten korreliert (siehe Abschnitt 3.2.f) sind, wird die Gesamtunsicherheit mit diesem Verfahren zu klein geschätzt. Aber fast immer sind Unsicherheiten ausreichend unkorreliert.

Außerdem sehen wir, dass die Teilunsicherheit von d größer ist und daher stärker zur Gesamtunsicherheit beiträgt. Diese Erkenntnis werden wir später noch verwenden.

Wenn wir jetzt wieder auf das richtige Runden achten (Rezept 8.2.11), lautet das Messergebnis für das Volumen:

$$V = (390 \pm 36)\,\text{mm}^3 \quad \text{oder}$$
$$V = 390(36)\,\text{mm}^3$$

8.3.d Vereinfachungen

Oft hat es Vorteile, das Verhältnis von Unsicherheit zum Messwert anzugeben, was man auch als „relative Unsicherheit" bezeichnet. Dieser dimensionslose Ausdruck sagt auch etwas über die Schwierigkeit einer Messung: Auf 10 % genau zu messen ist einfacher als auf 0,1 %. Man kann so sogar Messungen verschiedener Größen miteinander vergleichen.

D$^{8.3.6}$**efinition: Relative Unsicherheit**

Das Verhältnis von Unsicherheit $\boldsymbol{u}(a)$ zum besten Wert einer Größe a

$$\frac{\boldsymbol{u}(a)}{a}$$

wird relative Unsicherheit genannt.

R$^{8.3.7}$ **Vereinfachung bei der** **ezept: Kombination**

In vielen Fällen können Sie die resultierenden Gleichungen deutlich vereinfachen. Wenn Ihnen das gelingt, werden Sie mehr Erkenntnisse aus Ihren Messungen erhalten können. Zusammenhänge können leichter erkannt werden.

- Schreiben Sie jede Teilunsicherheit nach Definition 8.3.3 auf.
- Erweitern Sie jeden Term mit der Größe, nach der Sie abgeleitet haben.
- Fassen Sie geschickt zusammen. Oft steckt in jedem Term die gesuchte Größe.
- Jetzt dividieren Sie jede Teilunsicherheit noch durch die gesuchte Größe.

Mit ein paar Zwischenschritten können die Gleichungen für die Gesamtunsicherheit meist deutlich vereinfacht werden.

Das schauen wir uns am besten gleich bei unserem Beispiel mit dem Volumen der Dose an.

- Wir schreiben jede Teilunsicherheit nach Definition 8.3.3 auf:

$$\boldsymbol{u}_h(V) = \frac{\partial V(h,d)}{\partial h}\,\boldsymbol{u}(h) = \frac{\pi d^2}{4}\,\boldsymbol{u}(h),$$
$$\boldsymbol{u}_d(V) = \frac{\partial V(h,d)}{\partial d}\,\boldsymbol{u}(d) = 2\,\frac{\pi h d}{4}\,\boldsymbol{u}(d).$$

- Wir erweitern jeden Term mit der Größe nach der wir abgeleitet haben.
- Wenn wir die Ausdrücke geschickt zusammenfassen, finden wir in jedem Term das gesuchte Volumen V:

$$\boldsymbol{u}_h(V) = \frac{\pi d^2}{4}\,\frac{h}{h}\,\boldsymbol{u}(h) \qquad = V\,\frac{\boldsymbol{u}(h)}{h},$$
$$\boldsymbol{u}_d(V) = 2\,\frac{\pi h d}{4}\,\frac{d}{d}\,\boldsymbol{u}(d) \qquad = 2\,V\,\frac{\boldsymbol{u}(d)}{d}.$$

- Schließlich dividieren wir jede Teilunsicherheit noch durch die gesuchte Größe V:

$$\frac{\boldsymbol{u}_h(V)}{V} = \frac{\boldsymbol{u}(h)}{h},$$
$$\frac{\boldsymbol{u}_d(V)}{V} = 2\,\frac{\boldsymbol{u}(d)}{d}.$$

Wir sehen, dass die Ergebnisse jetzt sehr übersichtlich geworden sind.

8

Schnellformel

Besonders einfach wird die Rechnung, wenn nur Produkte und Potenzen von Messwerten in der Gleichung für den gesuchten Wert stehen.

Für unser Beispiel zur Messung des Volumens trifft das zu. Wenn wir die Gleichung für die Gesamtunsicherheit durch V dividieren, so erhalten wir:

$$\left(\frac{\boldsymbol{u}(V)}{V}\right)^2 = \left(\frac{\boldsymbol{u}_h(V)}{V}\right)^2 + \left(\frac{\boldsymbol{u}_d(V)}{V}\right)^2$$

und mit den oben ausgerechneten Gleichungen ergibt sich:

$$\left(\frac{\boldsymbol{u}(V)}{V}\right)^2 = \left(\frac{\boldsymbol{u}(h)}{h}\right)^2 + \left(2\,\frac{\boldsymbol{u}(d)}{d}\right)^2.$$

Wir wissen, dass wir die relativen Unsicherheiten quadratisch addieren müssen, um zur relativen Gesamtunsicherheit zu gelangen. In den Klammern der jeweiligen Summanden steht ein Gewichtungsfaktor. Dieser ist genau der Exponent, mit dem die Messgröße in die Gleichung für das Volumen eingeht.

Wenn wir das verstanden haben, können wir zukünftig in solchen Fällen auf das Ableiten verzichten und die Gleichung für die relative Unsicherheit direkt hinschreiben.

R 8.3.8   Kombinierte Unsicherheit – Rezept: Schnellformel

Besteht das mathematischer Modell für die gesuchte Größe nur aus Produkten und Potenzen von Messgrößen a, b, c, ...,

$$y = a^\alpha\, b^\beta\, c^\gamma \dots \qquad \text{mit } \alpha, \beta, \gamma, \dots \in \mathbb{R}$$

so lassen sich die Ableitungen stark vereinfachen. Für die relative Gesamtunsicherheit ergibt sich:

$$\left(\frac{\boldsymbol{u}(y)}{y}\right)^2 = \left(\alpha\,\frac{\boldsymbol{u}(a)}{a}\right)^2 + \left(\beta\,\frac{\boldsymbol{u}(b)}{b}\right)^2 + \left(\gamma\,\frac{\boldsymbol{u}(c)}{c}\right)^2 + \dots$$

Die relative Gesamtunsicherheit addiert sich quadratisch aus den relativen Teilunsicherheiten der Messwerte, gewichtet mit der Potenz der jeweiligen Messgröße.

B 8.3.ii   Schnellformel Kombinierte Beispiel: Unsicherheit

Sei

$$y = \frac{4\,\pi\,r\,s^5}{t^2} = 4\,\pi\,r^1\,s^5\,t^{-2},$$

durch Umsetzen von Rezept 8.3.8 ergibt sich dann:

$$\frac{\boldsymbol{u}(y)}{y} = \sqrt{\left(1\,\frac{\boldsymbol{u}(r)}{r}\right)^2 + \left(5\,\frac{\boldsymbol{u}(s)}{s}\right)^2 + \left(2\,\frac{\boldsymbol{u}(t)}{t}\right)^2}$$

Das Vorzeichen des Exponenten spielt keine Rolle mehr, weil quadriert wird. Es ist also egal, ob eine Größe im Zähler oder im Nenner steht.

8

Addition oder andere funktionale Zusammenhänge in der Gleichung

Wenn man Rezept 8.3.7 anwendet, lassen sich auch komplizierte Gleichungen oft einfacher darstellen.

> ### B 8.3.iii Kombinierte Unsicherheit bei Beispiel: Summe
>
> Sei A die gesuchte Größe als Funktion der Messgröße t bekannt:
>
> $$A(t) = \frac{k}{t} + a\,t^2 \quad \text{mit} \quad a, k: \text{Konstanten.}$$
>
> Unter Verwendung der Schritte des Rezeptes ergibt sich:
>
> - Schreiben Sie die Teilunsicherheit nach Definition 8.3.3 auf:
>
> $$\boldsymbol{u}_t(A) = \frac{\partial A(t)}{\partial t}\boldsymbol{u}(t) = (-\frac{k}{t^2} + 2\,a\,t)\boldsymbol{u}(t).$$
>
> - Erweitern Sie den Term mit der Größe, nach der Sie abgeleitet haben:
>
> $$\boldsymbol{u}_t(A) = (-\frac{k}{t^2} + 2\,a\,t)\,\boldsymbol{u}(t)\cdot\frac{t}{t}$$
> $$= (-\frac{k}{t} + 2\,a\,t^2)\frac{\boldsymbol{u}(t)}{t}.$$
>
> - Fassen Sie geschickt zusammen. Oft steckt in dem Term die gesuchte Größe.:
>
> $$\boldsymbol{u}_t(A) = (-A + 3\,a\,t^2)\frac{\boldsymbol{u}(t)}{t}.$$
>
> - Jetzt dividieren Sie die Teilunsicherheit noch durch die gesuchte Größe:
>
> $$\frac{\boldsymbol{u}_t(A)}{A} = \frac{-A + 3\,a\,t^2}{A}\frac{\boldsymbol{u}(t)}{t}$$
> $$= \left(\frac{3\,a\,t^2}{A} - 1\right)\frac{\boldsymbol{u}(t)}{t}.$$
>
> Wieder ergibt sich die relative Unsicherheit aus der relativen Unsicherheit der Messgröße. Nur der Gewichtungsfaktor ist komplizierter als in Rezept 8.3.8.

Schwieriger wird es, wenn Additionen und Subtraktionen oder auch trigonometrische Funktionen in der Gleichung für den gesuchten Wert vorkommen. Dann lässt sich die gesuchte Gleichung für die kombinierte Unsicherheit nicht so einfach sofort hinschreiben.

Dennoch kann die Anwendung von Rezept 8.3.7 sinnvoll sein. Oft können wir die einzelnen Faktoren gut zusammenfassen. Dann entsteht eine leichter interpretierbare Gleichung.

8

8.4 Zusammenfassung zum Auswerten von Messungen

Wir wollen den gesamten Auswerteprozess nochmal am Stück an einem kleinem Beispiel exemplarisch anschauen.

Beispiel: Messung Dichte

Die Dichte eines Würfels soll bestimmt werden. Dazu werden die Masse m mit einer 1 Milligramm genauen Waage und die Kantenlänge a mit einem Messschieber ($u_{\text{Typ-B}}(a) = 0,05$ mm) gemessen, mit digitaler Anzeige auf zwei Nachkommastellen.

Die Messreihe[11] zur Bestimmung der Masse ergab (in Milligramm):

121 122 119 120 340 121
118 121 .

Die Messreihe für die Kantenlänge lautet (in Millimeter):

3,31 3,32 3,34 3,35 3,33 3,30
3,33 .

Wir wollen diese Aufgabe nun lösen. Dabei halten wir uns an die einzelnen Schritte aus Rezept 8.4.1.

Auswertung Massemessung

1. Das ist bereits geschehen und ergibt die Aufgabenstellung.
2. Typ-B Unsicherheit $u_{\text{Typ-B}}(m) = 1$ mg (Name der Waage)
3. Ist hier nicht erforderlich.
4. Ein offensichtlicher Messfehler (340 mg), ansonsten eine Verteilung mit nur einem Maximum. Daraus ergeben sich 7 Messwerte.
5. Hier gibt es nur ein Maximum.
6. Mittelwert (aus Rechner) $\langle m \rangle = 120{,}285714$ mg
7. Standardabweichung des Mittelwerts $u_{\text{Typ-A}}(\langle m \rangle) = 0{,}521640$ mg
8. Gesamt-Unsicherheit: $u(m) = 1{,}1279$ mg $\approx 1{,}2$ mg
9. Masse $m = (120{,}3 \pm 1{,}2)$ mg

Werten Sie die Messung der Kantenlänge selbst aus. Sie erhalten:

Kantenlänge $a = (3{,}326 \pm 0{,}051)$ mm.

Jetzt kommt der zweite Teil, die Berechnung der Dichte.

R **8.4.1**
ezept: Auswertung Einzelmessung

Wenn Sie Messungen, bestehend aus mehreren Teilmessungen mit Wiederholungsmessungen auswerten wollen, so gehen für jede Teilmessung Sie folgendermaßen vor:

1. Messung durchführen und sauber dokumentieren (Rezept 8.1.6)
2. Typ-B Unsicherheit abschätzen (Rezept 8.2.10)
3. Falls erforderlich Erstellen eines Histogramms (Rezept 5.2.2)
4. Wegstreichen offensichtlicher Fehlmessungen (mit genauer Begründung) (Rezept 8.1.7, Rezept 8.2.4)
5. Bei Verteilungen mit mehreren Maxima, eines auswählen (Begründung) (Rezept 8.2.4)
6. Mittelwert berechnen (Rezept 8.2.7)
7. Standardabweichung des Mittelwerts berechnen (Rezept 8.2.8)
8. Gesamt-Unsicherheit bestimmen (Rezept 8.2.10)
9. Ergebnis der Wiederholungsmessung angeben (Rezept 8.2.11)
   Achten Sie auf richtiges Runden!

---

[11]Hinweis: Eigentlich ist diese Stichprobe zu klein (siehe Rezept 3.2.4). Für Übungszwecke verwenden wir sie hier trotzdem, denn größere Datensätze erhöhen nur den Rechenaufwand, ohne das Verständnis zu fördern.

R$^{8.4.2}$ezept: Auswertung Mess-Kombination

Tragen mehrere unterschiedliche Messungen zur gesuchten Größe bei, so werten Sie alle Messreihen aus (Rezept 8.4.1). Dann kombinieren Sie die Unsicherheiten.

10. Stellen Sie die Gleichung für den gesuchten Wert auf. Dabei dürfen auf der rechten Seite nur gemessene Größen oder Konstanten auftauchen (Rezept 8.3.1).

11. Berechnen Sie den Bestwert des gesuchten Wertes durch Einsetzen der gemessenen Werte in die Formel, (Rezept 8.3.2).

12. Berechnen Sie die Teilunsicherheiten der gesuchten Größe (Definition 8.3.3, evtl. Rezept 8.3.8).

13. Berechnen Sie die Gesamt-Unsicherheit (Rezept 8.3.4).

14. Geben Sie das Ergebnis für den gesuchten Wert an (Bestwert und Gesamt-Unsicherheit) (Rezept 8.2.11).

10. Volumen V ist nicht gemessen, also ersetzen:

$$\rho = \frac{m}{V} = \frac{m}{a^3}.$$

11. Bestwert berechnen:

$$\tilde{\rho} = \frac{120,3 \ \text{mg}}{3,326^3 \ \text{mm}^3} = 3269,6321 \ \text{kg/m}^3.$$

12. Teilunsicherheit berechnen:

$$\frac{\boldsymbol{u}_m(\rho)}{\rho} = 1 \ \frac{\boldsymbol{u}(\tilde{m})}{\tilde{m}} = \frac{1,2}{120,3} = 0,009975\ldots,$$

$$\frac{\boldsymbol{u}_a(\rho)}{\rho} = 3 \ \frac{\boldsymbol{u}(\tilde{a})}{\tilde{a}} = 3 \cdot \frac{0,051}{3,326} = 0,046001\ldots.$$

Wir sehen, dass sich die Einheiten kürzen.

13. Damit wird

$$\frac{\boldsymbol{u}(\rho)}{\rho} = \sqrt{\left(\frac{\boldsymbol{u}_m(\rho)}{\rho}\right)^2 + \left(\frac{\boldsymbol{u}_a(\rho)}{\rho}\right)^2}$$
$$\approx 0,047070$$

und

$$\boldsymbol{u}(\rho) = 0,047070 \cdot \tilde{\rho} = 153,903 \ \text{kg/m}^3.$$

14. Nach dem Runden ergibt sich

$$\rho = (3270 \pm 160) \ \text{kg/m}^3$$
$$= (3,27 \pm 0,16) \cdot 10^3 \ \text{kg/m}^3$$
$$= 3,27(16) \cdot 10^3 \ \text{kg/m}^3.$$

Alle drei Darstellungen sind korrekt.
Die letzten beiden entsprechen der Vorgehensweise in Rezept 8.2.11.

8

8.5 Analyse und Optimierung von Experimenten

Nun haben wir unsere Messung ausgewertet. Wir kennen den Messwert und dessen Unsicherheit. Damit haben wir schon viel erreicht.

Was aber, wenn wir feststellen, dass die erzielte Genauigkeit nicht ausreichend ist? Das wird gar nicht so selten vorkommen. Wir müssen dann die Messung wiederholen. Aber was sollen wir am Versuch verbessern?

Dank unserer Vorarbeit haben wir die Antwort praktisch schon vorliegen. Wir müssen sie nur noch finden und richtig interpretieren. Auf gar keinen Fall sollten wir einfach drauf los probieren und aus dem Gefühl heraus den Messaufbau verbessern. Wir nutzen besser unsere Theorie, um die richtige Entscheidung für die Verbesserung unserer Messung in der Praxis vorzubereiten.

Die Unsicherheitsanalyse hat uns ja gezeigt, wie stark jeweils die Unsicherheit der einzelnen Größen in die Gesamtunsicherheit eingeht. Da setzen wir an, um die richtigen Maßnahmen zu identifizieren. Schauen wir wieder unser Beispiel aus Unterkapitel 8.4 an:

Wir haben festgestellt, dass wir die Dichte auf knapp 5 % relative Unsicherheit genau bestimmt haben. Angenommen das Ziel sei eine Genauigkeit von besser 1 %.

Beginnen wir mit der Gleichung, aus der wir die 5 % erhalten haben (Punkt 13). In ihr sind alle Informationen enthalten, die wir benötigen. Sie ist praktisch das theoretische Abbild unserer Messung.

$$\frac{\boldsymbol{u}(\rho)}{\rho} = \sqrt{\left(\frac{\boldsymbol{u}_m(\rho)}{\rho}\right)^2 + \left(\frac{\boldsymbol{u}_a(\rho)}{\rho}\right)^2}$$

$$= \sqrt{\left(\frac{\boldsymbol{u}(m)}{m}\right)^2 + \left(3\,\frac{\boldsymbol{u}(a)}{a}\right)^2}$$

$$= \sqrt{0{,}009975^2 + 0{,}046001^2}$$

Größter Anteil zur Unsicherheit zuerst

Wir erkennen, dass der Term, der die Messung der Kantenlänge beschreibt, den größten Anteil zur Gesamtunsicherheit beiträgt. Deshalb müssen wir den als erstes verbessern. Dabei haben wir zwei Möglichkeiten.

1. Verkleinern von $\boldsymbol{u}(a)$. Das bedeutet eine genauere Messmethode als mit dem Messschieber zu arbeiten, denn dessen Typ-B-Unsicherheit von 0,05 mm ist zu groß für unsere Anforderung. Die Mindestanforderung an das neue Messgerät erhalten wir durch Auflösen der obigen Gleichung nach $\boldsymbol{u}(a)$ (unter der Annahme $\boldsymbol{u}(m)$ sei klein):
   $$\boldsymbol{u}_{\text{Typ-B}}(a) < \frac{\boldsymbol{u}(\rho)}{\rho} \cdot \frac{a}{3} \approx 1\,\% \cdot \frac{3{,}3\,\text{mm}}{3} \approx 10\,\mu\text{m}.$$
   Eine Bügelmessschraube würde genügen.

2. Wir haben aber noch eine zweite Möglichkeit, nämlich den Wert von a zu vergrößern. Mit der gleichen

Wenn Ihr Messergebnis nicht genau genug ist, müssen Sie sich Maßnahmen überlegen, mit denen Sie Ihren Versuch verbessern. Auch dabei hilft die Unsicherheitsanalyse.

R$^{8.5.1}$ezept: Verbesserung eines Versuchs

1. Schreiben Sie die Gleichung der relativen Unsicherheit Ihrer Messgröße nochmals auf.

2. Notieren Sie unter den jeweiligen Termen die entsprechenden Zahlenwerte.

3. Betrachten Sie zunächst die Teilunsicherheit mit dem größten Wert.

   Schauen Sie jede in dem Term enthaltene Größe an und fragen Sie:

   (a) Muss man sie überhaupt ändern?

   (b) In welche Richtung muss man sie ändern?

   (c) Wie groß/klein muss sie werden?

   (d) Welche Einflüsse hat die Änderung auf den Rest des Versuchs

   (e) Was sind die Vor- und Nachteile der Änderung?

4. Danach verfahren Sie mit allen anderen Termen genauso.

8

Überlegung berechnen wir:

$$a > 3\,\boldsymbol{u}(a)\ \frac{\rho}{\boldsymbol{u}(\rho)} \approx \frac{3 \cdot 0{,}051\,\text{mm}}{1\,\%} \approx 15\,\text{mm}$$ Wir
müssten also aus dem Material einen neuen Würfel
herstellen, mit einer größeren Kantenlänge.

Danach zweitgrößter Anteil

Nun widmen wir uns dem zweiten Term, der Massemessung. Auch der ist mit knapp 1 % relativer Unsicherheit nah an der Grenze. Auch hier haben wir wieder zwei Möglichkeiten:

1. Wir können den Wert der Masse m vergrößern. Mit der Maßnahme Punkt 2 machen wir das sowieso.
2. Wenn wir den Würfel beibehalten wollen, müssen wir $\boldsymbol{u}_{\text{Typ-B}}(m)$ verkleinern, sprich eine genauere Waage besorgen.

8.6   Andere Unsicherheiten

Wir haben in diesem Kapitel viel über Messunsicherheiten gelernt. Es gibt aber noch viele andere Unsicherheiten im Leben, zum Beispiel Herstellungsschwankungen. Wenn wir beispielsweise 1000 Schrauben produzieren, die alle 20 mm lang sein sollen, wird die Schraubenlänge vermutlich mit einer gewissen Verteilung um den Nominalwert streuen. Wenn man also eine beliebige Schraube aus der Produktion nimmt, kennt man die Schraubenlänge auch nur mit einer gewissen Unsicherheit. Oder wenn wir einen Sitz für einen Zug konstruieren möchten, müssen wir die durchschnittliche Körperlänge der Personen kennen, die dort Platz nehmen werden. Idealerweise kennen wir auch die Verteilung, damit möglichst viele Menschen bequem sitzen.

> ### R 8.6.1
> **ezept: Andere Unsicherheiten**
>
> Wenden Sie die Methoden für die Behandlung von Messunsicherheiten auch auf andere Unsicherheiten, Streuungen oder Toleranzen an.

In all diesen Fällen können wir die gleichen Methoden wie bei der Messunsicherheit anwenden. Wir müssen nur kleine Änderungen vornehmen. Auch die Kombination oder das Aufteilen von Unsicherheiten geschieht mit den gleichen mathematischen Methoden.

Fertigungsschwankungen

Statt einer Wiederholungsmessung an ein und der selben Schraube, messen wir die Länge von verschiedenen Schrauben. Die Standardabweichung der Längen beschreibt jetzt die Fertigungsschwankungen. Dieser Wert für die Streuung enthält aber auch die Unsicherheit der Messung. Daher sollte eine Messung hier entsprechend genau sein.

In Abschnitt 3.2.h „Gauß-Verteilung" hatten wir die Schraubenfertigung in einer Fabrik angeschaut. Bei einer Spezifikation der Länge von (20 ± 1) mm hatten wir eine Stichprobe von etwa 1000 Schrauben gemessen, mit einer Messgenauigkeit, die deutlich besser als 1 mm war. Aus den Messungen berechneten wir einen

Mittelwert von 20 mm und eine Standardabweichung von 1 mm. Wir haben damit gesehen, dass 31,7 % der gesamten Produktion Ausschuss waren.

Budgetierung von Toleranzen

Nehmen wir einmal an, wir wollen Kugelschreiberminen herstellen und unseren Kunden garantieren, dass sie einen mindestens 5 km langen Strich damit zeichnen können. Am Anfang des Entwicklungsprozesses möchten wir diese Eigenschaft in greifbare Produktparameter herunterbrechen. Dafür benötigen wir wieder ein Modell. Die Strichlänge hängt vermutlich ab von Größen wie der Füllmenge, der Viskosität der Tinte, dem Kugeldurchmesser, u.s.w. Nehmen wir weiterhin an, dass die Strichlänge $(5{,}20 \pm 0{,}05)$ km betragen soll, damit möglichst viele Minen die Vorgabe erfüllen. Wir können nun diese Gesamtunsicherheit mit der Methode aus Unterkapitel 8.5 auf die Teilunsicherheiten der Modellparameter aufteilen. Mit dieser Information können wir schauen, ob wir die Komponenten mit den notwendigen Unsicherheiten (Toleranzen) herstellen oder kaufen können.

Wenn diese Komponenten vorliegen, können wir sie vermessen und die Streuung der Parameter bestimmen. Durch die Kombination der Unsicherheiten können wir dann wieder eine Vorhersage für die Streuung der Strichlänge machen, noch bevor wir den Kugelschreiber zusammengebaut haben.

Dieses Vorgehen ist ein Teil des Entwicklungsprozesses, wie er bei technischen Produkten vorkommt. Aber das Grundkonzept ist dasselbe wie beim Umgang mit Messunsicherheiten.

8

Aufgaben und Zusatzmaterial zu diesem Kapitel

https://sn.pub/qG9JbK

9 Erhaltungsgrößen und Bilanzen

Wer kennt die Situation nicht? Sie sind nach Hause gekommen, haben das Haus oder die Wohnung aufgeschlossen und sich einige Zeit drinnen aufgehalten. Nun wollen Sie wieder aufbrechen, nur - wo ist der Schlüsselbund? Sie suchen und suchen. Obwohl Sie die Schlüssel nirgends finden, sind Sie sicher, dass die Schlüssel im Haus sein müssen: Schließlich haben Sie ja damit aufgeschlossen. Und bekanntlich gilt: „Das Haus verliert nichts".

Doch warum können wir hier so sicher sein? Der Grund ist gewissermaßen ein Erhaltungssatz: Niemand hat im Haus Schlüssel vernichtet oder hergestellt, und niemand hat Schlüssel nach draußen weggetragen oder von draußen hereingebracht; deshalb müssen im Haus noch gleich viele und sogar die gleichen Schlüssel vorhanden sein, wie nach unserer Ankunft im Haus. Das mag beruhigend sein, hilft aber leider nicht beim Suchen.

Manche physikalische Größen benehmen sich diesbezüglich wie unsere Schlüssel. Für sie gilt, dass alle Erfahrungen, alle Beobachtungen, alle Experimente und Messungen zeigen: diese Größen können nicht erzeugt oder vernichtet werden.

Der Klassiker einer solchen Erhaltungsgröße ist die Energie. Doch wir werden in diesem Kapitel sehen: Aussagen, die wir für die Energie als Erhaltungsgröße machen können, gelten in gleicher Weise auch für andere Erhaltungsgrößen.

Es ist interessant zu beobachten, dass es üblich ist, im Zusammenhang mit elektrischen Ladungen von Ladungstrennung zu sprechen und die Ladung als Erhaltungsgröße zu betrachten. Ebenso spricht man von elektrischen Strömen, Stromstärken und Stromdichten. Dieses Konzept werden wir hier auf andere Erhaltungsgrößen übertragen.

9.1 System

Wir haben alle den Begriff „System" schon einmal gehört, aber vermutlich nur eine grobe Vorstellung davon, was sich dahinter verbirgt.

Im Folgenden benötigen wir nur eine sehr einfache Vorstellung: Ein System ist ein Gebilde, das sich von allem anderen zumindest gedanklich abgrenzen lässt. Beispielsweise gehören zu unserem Sonnensystem die Sonne, die Planeten und ihre Monde und noch weitere Fels- und Eisbrocken weiter draußen (Kuipergürtel). Danach fängt irgendwann der interstellare Raum an. Der Übergang ist fließend. Das scheint jetzt erst einmal problematisch, weil wir nicht erkennen können, wo hier genau die Grenze liegt. Das Tolle an dem Sys-

In diesem Buch wird ein einfacher Systembegriff verwendet.

9

191

D9.1.1 efinition: System

Ein System ist ein Gebilde, das durch eine willkürliche Definition der Systemgrenzen von seiner Umgebung abgegrenzt wird.

Die Grenze ist frei wählbar, muss aber angegeben werden.

Alle Größen, die das System beschreiben, werden Systemgrößen genannt.

Für die Bearbeitung einer ganz konkreten Aufgabe benötigt man nie alle Systemgrößen. Vielmehr wählt man einen Satz von Größen aus, die hier relevant sind. Meist reichen erstaunlich wenige Größen.

D9.1.2   Zustand und efinition: Zustandsgrößen

Die ausgewählten, für die konkrete Aufgabe relevanten Systemgrößen nennt man Zustandsgrößen.

Alle Zustandsgrößen zusammen beschreiben den Zustand eines Systems. Der Zustand eines Systems ist genau dann bekannt, wenn die Werte aller Zustandsgrößen bekannt sind.

In der Praxis geht man nicht vom System zu den Zustandsgrößen, sondern meist umgekehrt. Man wird in der Regel zunächst überlegen, welche Größen relevant sind. Erst danach definiert man die Systemgrenzen.

R9.1.3 ezept: Wahl der Zustandsgrößen

Verwenden Sie Ihr Wissen und Ihre Erfahrung aus den Fachdisziplinen. Machen Sie sich Gedanken darüber, mit welchen Größen Sie das konkrete Problem lösen können.

- In der Thermodynamik sind dies häufig Volumen, Druck, Temperatur, Stoffmenge, Entropie, Energie ...
- In der Mechanik sind dies beispielsweise Masse, Geschwindigkeit, Impuls, kinetische Energie ...
- In der Elektrotechnik sind es Ladung, elektrisches Potenzial, Kapazität, Induktivität, Widerstand ...

temkonzept ist aber, dass wir im Allgemeinen selber festlegen dürfen, was wir zu unserem System dazu zählen und was nicht. Wichtig ist, dass wir das genau definieren und mitteilen, wenn wir mit anderen über unser System reden.

Es gibt also keine richtigen oder falschen Systeme, aber es gibt für eine Problemstellung geschickte und ungeschickte Systeme. Wenn wir zum Beispiel zählen wollen, wie viele Menschen sich in einem Hörsaal befinden, dann wählen wir das System so, dass es genau dem Raum entspricht. Es ist ungeschickt, wenn wir auch noch das Stockwerk darüber mit in unser System aufnehmen.

Oft findet diese Abgrenzung, wie bei dem Sonnensystem, räumlich statt. Man wählt ein Volumen, alles darin gehört zu dem System und die Oberfläche des Volumens ist die Systemgrenze. Es gibt aber auch abstraktere Systeme wie zum Beispiel das Gesundheitssystem. Hier ist es nicht sinnvoll, dieses durch einen räumlichen Bereich zu definieren. Aber trotzdem kann man eine Liste erstellen, die angibt, was dazu gezählt wird: beispielsweise medizinisches Personal, Kliniken und Krankenkassen.

Alles andere außerhalb eines Systems ist übrigens wieder ein System. Dieses wird häufig als „Umgebung" bezeichnet. Meist ist es notwendig, auch dies genauer zu betrachten.

Da wir die Grenze eines Systems erst einmal nur gedanklich irgendwo hinlegen, stellt die Grenze an sich keine Barriere dar. Diese gedachte Grenze ist zunächst einmal für alles Mögliche durchlässig. In das Sonnensystem gelangt zum Beispiel Licht von anderen Sternen oder kosmische Strahlung. Und Licht unserer Sonne verlässt unser Sonnensystem.

Bei vielen Systemen legen wir geschickterweise die Systemgrenzen dorthin, wo es physische Barrieren gibt. Bei dem Hörsaal wählen wir Wände, Decke und Fußboden. Um die Änderung der Anzahl an Personen im Hörsaal festzustellen, müssen wir nur Türen und Fenster beobachten.

Systeme selber lassen sich neben der Abgrenzung und dem Austausch mit der Umgebung noch über Systemgrößen beschreiben. Ein Hörsaal hat eine Zahl an Personen, die sich darin befinden, und eine Anzahl an Sitzplätzen. Im Prinzip gibt es sehr viele Systemgrößen, aber je nach Problemstellung reicht es meist, wenn wir nur wenige davon betrachten. Diese nennen wir Zustandsgrößen des Systems.

Manchmal hilft es, wenn wir ein System in Teilsysteme aufteilen, zum Beispiel, wenn wir in der Buchhaltung eines Betriebs Kostenstellen einführen. Oder wir können mehrere Systeme zu einem Gesamtsystem zusammenfassen, um einen besseren Überblick zu bekommen.

Systeme sollen uns bei der Lösung von Problemen helfen. Dazu müssen wir zu einer Aufgabe ein passendes, beziehungsweise ein möglichst geschicktes System finden. Nehmen wir als Beispiel an, wir möchten das Abkühlen einer mit heißem Kaffee gefüllten Thermoskanne beschreiben. Das System soll also irgendwie die Kanne und ihren Inhalt beschreiben.

Nun gibt es aber sehr viele Größen, die zur Beschreibung verwendet werden können: beispielsweise Höhe, Durchmesser, Ort, Geschwindigkeit, Temperatur, Innere Energie, Koffeingehalt, Volumen.

Bei einigen dieser Größen ist uns schnell klar, dass sie keinen relevanten Einfluss auf die Lösung haben werden, zum Beispiel wird sich der Ort nicht auf das Abkühlen auswirken. Andere Größen benötigen wir unbedingt, um das Problem zu beschreiben, wie zum Beispiel die Temperatur des Kaffees. Und dann gibt es noch eine ganze Reihe an Größen, bei denen es nicht so offensichtlich ist, wie zum Beispiel das Volumen des Kaffees. Hier sind unser physikalisches Verständnis und unsere Erfahrung gefragt. Es gibt aber eine allgemeingültige Regel: Wir wählen so viele Zustandsgrößen wie nötig aus, aber so wenige wie möglich.

Zur Beschreibung der Abkühlung benötigen wir sicher

- die Temperatur des Kaffees,
- die spezifische Wärmekapazität,
- die Menge des Kaffees und
- das thermische Verhalten der Hülle.

Die Umgebungstemperatur wird man auch benötigen, um das Problem zu lösen. Aber wie der Name schon sagt, gehört diese Größe nicht zum System, sondern zur Umgebung.

Wenn wir uns jetzt das System anschauen, erkennen wir nicht mehr, dass es sich um eine Thermoskanne handelt. Genau da liegt der Nutzen dieses Konzepts. Wir können nämlich unsere Erkenntnisse auf alle Problemstellungen übertragen, die sich mit diesem System beschreiben lassen, beispielsweise auf einen Warmwasserspeicher.

R 9.1.4 ezept: Wie man ein System festlegt

Überlegen Sie, welche Zustandsgrößen Sie mindestens zur Beschreibung der Fragestellung benötigen. Ordnen Sie nun diese Zustandsgrößen entweder dem System oder der Umgebung zu.

So haben Sie die Systemgrenze, und damit System und Umgebung definiert.

Prüfen Sie nun, ob das System sinnvoll ist, in dem Sie sich vorstellen, dass die Systemgrenze undurchsichtig ist. Sie sehen nicht mehr die innere Struktur des Systems, sondern nur noch Vorgänge und Größen, die das gesamte System betreffen (Gesamtimpuls, Gesamtmasse, Gesamtenergie usw.). Wenn diese Sichtweise ausreicht, dann haben Sie ein sinnvolles System definiert.

B 9.1.i eispiel: Systemgrenzen eines Elektro-Autos

Sie wollen den Bremsweg eines Elektro-Autos mit Rekuperation berechnen.

Sinnvolle Zustandsgrößen für diese Fragestellung sind: kinetische Energie, Geschwindigkeit, Gesamtmasse, Impuls. Das System besteht aus diesen Eigenschaften des Autos.

Die Fragestellung ist gelöst, wenn Sie klären, wann der gesamte Impuls und die gesamte kinetische Energie über die Systemgrenzen an die Umgebung abgegeben worden sind.

Bei dieser mechanistischen Betrachtung ist die durch Rekuperation gewonnene chemische Energie der Batterie außerhalb des Systems. Es ist für den Bremsweg irrelevant, dass die Energie nun in der Batterie steckt.

9

9.2   Mengenartige Größen

> ### D 9.2.1
> **efinition: Mengenartige Größe**
>
> Wenn man für eine Größe angeben kann, welche Menge von ihr in einem System enthalten ist, dann nennt man diese Größe mengenartig.

Bei manchen physikalischen Größen ergibt es Sinn zu sagen: „In diesem Becken befindet sich so und soviel von dieser Größe" oder „In diesem Zimmer befindet sich so und soviel von dieser Größe" oder - in einer etwas wissenschaftlicheren Sprache: „In diesem System befindet sich so und soviel dieser Größe". Welche Größen können das sein? Da fallen uns sofort die Masse und das Volumen ein. Ich kann sagen: „In diesem Becken befinden sich 1000 Kubikmeter Wasser" oder „In diesem Zimmer befinden sich 200 kg Kartoffeln". Das sind typische Aussagen für Größen, für die wir eine **Menge** angeben können. Konsequenterweise nennt man solche Größen „mengenartige Größen". Die Angabe der Menge einer Größe bezieht sich immer auf ein bestimmtes System, das heißt meist auf einen bestimmten Raumbereich oder ein bestimmtes Volumen.

9.2.a   Mengenartige Größen finden

> ### R 9.2.2
> **ezept: Mengenartige Größen finden**
>
> Wenn Sie wissen möchten, ob eine Größe G mengenartig ist, dann denken Sie sich ein System, in dem diese Größe G enthalten ist. Dann stellen Sie sich vor, das System wird genau in der Mitte geteilt.
>
> Ist die Größe G mengenartig, dann hat sie in jedem Teilsystem genau den halben Wert.

> ### B 9.2.i
> **eispiel: Mengenartige Größen finden**
>
> Wenn Sie einen Zwei-Liter-Behälter mit Benzin genau in der Mitte teilen (könnten), so erhält eine Hälfte die
>
> - halbe Teilchenzahl,
> - halbe Masse,
> - halbe Energiemenge.
>
> Diese drei Größen sind daher mengenartig. Sie sind in dem Raumbereich enthalten.
>
> Andere Größen wie z.B. Dichte und Temperatur halbieren sich dagegen nicht. Also sind diese Größen nicht mengenartig.

Was passiert, wenn wir unser System teilen, etwa wenn wir in der Mitte des Beckens eine vertikale Trennwand einziehen? Dann erhalten wir natürlich zwei kleinere Becken, in jedem werden sich 500 Kubikmeter Wasser befinden. Die Größe Volumen wurde ebenfalls geteilt. Gilt das nicht für alle physikalische Größen? Nein, was sofort klar wird, wenn wir beispielsweise an die Temperatur oder die Dichte denken. Hatte das Wasser vor der Teilung des Beckens die Temperatur 20°C, dann haben wir nach der Teilung nicht etwa jeweils 10°C in jedem Becken, sondern weiterhin überall 20°C. Entsprechendes gilt für die Dichte. Nach der Teilung des Beckens ist die Dichte des Wassers immer noch unverändert 1000 kg/m³. Temperatur und Dichte sind also Beispiele für nicht mengenartige Größen.

Mengenartige Größen spielen bei der Beschreibung unseres Lebens eine wichtige Rolle. Wenn wir wissen, wie viel Weinflaschen im Keller liegen, können wir ein Fest genauer planen. Die Geldmenge auf Ihrem Konto, die Ladung auf einem Kondensator, die Zuschauer im Fußballstadion oder die Menge von CO_2 in der Atmosphäre, alle beschreiben eine mengenartige Größe in einem System. Diese Beispiele sollen zeigen, wie häufig wir im Alltag mit mengenartigen Größen umgehen.

Wenn wir die (relevanten) mengenartigen Größen unseres Systems kennen, können wir daraus oft sinnvolle Handlungen ableiten und richtige Entscheidungen treffen.

Aus diesen Betrachtungen kann man schließen, dass mengenartige Größen gespeichert werden können. Sie können sich ansammeln in einem System. Wenn Sie etwas sammeln oder teilen können, dann ist dieses Etwas vom Wesen her mengenartig.

9.2.b   Erhaltungsgrößen

Manche mengenartige Größen kann man prinzipiell nicht erzeugen oder vernichten. Diese Größen nennen wir Erhaltungsgrößen. Nur mengenartige Größen können in diesem Sinne Erhaltungsgrößen sein. Die bekannteste Erhaltungsgröße ist vermutlich die Energie. Mit der Energie und weiteren Erhaltungsgrößen werden wir uns weiter unten beschäftigen, nachdem wir uns einige prinzipielle Eigenschaften angeschaut haben, die für alle Erhaltungsgrößen gelten.

Ebenso werden wir die elektrische Ladung, den Impuls und Drehimpuls als Erhaltungsgrößen kennen lernen. Aber wie ist das mit den in der Einleitung genannten Schlüsseln? Man kann Schlüssel doch produzieren oder einschmelzen. Hier kommen wir an einen Punkt, an dem wir erkennen können, wie gute Konzepte und Methoden in einem größeren Bereich angewendet werden können. Wenn wir unsere Schlüssel suchen, können wir ziemlich sicher sein, dass diese nicht vernichtet wurden. In diesem Kontext ist der Schüssel (in ausreichend guter Näherung) eine Erhaltungsgröße. Wir können alles, was wir über solche Größen an Methoden kennen, für unsere Aufgaben einsetzen. Im Falle der Suche wäre es das Wissen: „Irgendwo muss er sein." Bei einem Stück Kuchen, das gestern noch im Kühlschrank stand, wären wir uns dessen nicht so sicher. Kuchen können vernichtet, naja aufgegessen, werden.

Betrachten wir noch ein Beispiel: Angenommen wir planen ein großes Veranstaltungszentrum. In diesem Zusammenhang können wir die Anzahl von Menschen als Erhaltungsgröße betrachten. Während einer Veranstaltung sind sehr viele Menschen in dem Gebäude, sonst nur wenige. Die Menge unserer Erhaltungsgröße, Menschen, in dem System, Veranstaltungszentrum, ändert sich also. Wo die Menschen herkommen, ist dabei eine wichtige Frage, die wir beantworten müssen. Wie viele Menschen aus der direkten Umgebung, vom Bahnhof oder von der Autobahn kommen, wird die Planung maßgeblich beeinflussen. Die Frage, wie die Menschen in das Gebäude reinkommen, ist mindestens genauso wichtig. Sie führt uns zur Auslegung der Laufwege oder der Zufahrtsstraßen und deren Beschilderung.

Dieses Vorgehen können wir verallgemeinern auf jede Erhaltungsgröße, deren Menge sich in einem System ändert. Die Antworten auf die zwei Fragen,

• wo kommt die Menge her bzw. geht sie hin und

D9.2.3 efinition: Erhaltungsgrößen

Es gibt mengenartige Größen, die man nicht erzeugen oder vernichten kann.

Diese Größen nennt man Erhaltungsgrößen.

Oft ist es hilfreich auch Größen als Erhaltungsgrößen zu betrachten, die nur unter den gegebenen Umständen nicht erzeugt oder vernichtet werden. Die im folgenden besprochenen Methoden und Erkenntnisse, können auf diese Größe übertragen werden.

D9.2.4 efinition: Erhaltungssatz

Die kürzeste Formulierung eines Erhaltungssatzes lautet:

Die Größe G ist eine Erhaltungsgröße.

Daraus ergibt sich direkt eine andere, gleichwertige Formulierung des Erhaltungssatzes:

Wenn sich die Menge der Erhaltungsgröße in einem System ändert, dann muss diese Menge über die Systemgrenzen herein- oder herausgeflossen sein.

Eine Konsequenz daraus ist, dass sich in einem System, das vollständig gegen seine Umgebung abgeschottet ist, die Gesamtmenge der Größe nicht ändert. Sie bleibt konstant.

Es ist aber nicht richtig, wenn gesagt wird, eine Größe sei eine Erhaltungsgröße, weil sich ihr Wert in einem System nicht ändert. Und genauso wenig stimmt es, dass Erhaltungsgrößen und damit Erhaltungssätze nur in solch abgeschotteten Systemen gelten.

Aus dem Erhaltungssatz lassen sich direkt ein paar Schlussfolgerungen ziehen, die bei der Lösung von Problemen oft sehr hilfreich sind.

9

R⁹·²·⁵ezept: Anwendung Erhaltungssatz

Wenn Sie ein Problem haben, bei dem sich die Menge einer Erhaltungsgröße in einem System ändert, dann sollten Sie versuchen, folgende Fragen zu beantworten:

- Wo kommt die Menge der Erhaltungsgröße her bzw. wo geht sie hin?
- Wie strömt/kommt die Menge der Erhaltungsgröße in das System hinein oder aus ihm heraus?

B⁹·²·ⁱⁱeispiel: Erhaltungsgrößen

Energie ist eine perfekte Erhaltungsgröße. Es ist kein Prozess bekannt, bei dem Energie erzeugt oder vernichtet wird.

Anzahl Menschen kann dann als Erhaltungsgröße betrachtet werden, wenn Geburten und Sterbefälle keine Rolle spielen. Zum Beispiel, wenn man die Anzahl Menschen in einem Stadtbus im Verlauf der Fahrt verfolgt.

- wie strömt die Menge über die Systemgrenzen,

sind meist entscheidend für die Lösung des Problems.

Um die nächsten Schritte zu veranschaulichen, wollen wir noch eine weitere Größe betrachten, die uns aus dem Alltag vertraut ist: das Bargeld. Natürlich ist es genau so wenig eine Erhaltungsgröße wie Schlüssel oder Menschen, da wir sehr wohl Geldscheine verbrennen oder Münzen einschmelzen können. Aber diese Aktionen schließen wir im Folgenden einmal aus.[1] Geld ist also unsere Erhaltungsgröße: Geld wird nicht erzeugt oder vernichtet.

9.2.c Dichte einer mengenartigen Größe G

D⁹·²·⁶efinition: Dichte (volumenbezogen)

Es sei G eine mengenartige Größe. Dann gibt es zu G eine Größe, die angibt, welche Menge der Größe dG sich in einem Volumen dV befindet. Diese Größe heißt **Dichte** ϱ_G:

$$\varrho_G = \frac{dG}{dV}.$$

Für die Dimension der Dichte gilt:

$$\dim \varrho_G = \frac{\dim G}{\dim V} = \dim G \cdot \mathbf{L}^{-3}.$$

Wenn man aus der Dichte einer Größe die Menge der Größe in einem Volumen bestimmen will, muss man die Dichte über dieses Volumen integrieren.

Wir können für jede mengenartige Größe und somit auch für jede Erhaltungsgröße G angeben, welche Menge der Größe sich in einem bestimmten Volumen befindet. Diese Größe nennt man Dichte ϱ_G der Größe G. Ein Beispiel ist die Massendichte ϱ_m. Im SI gibt diese an, wie viele kg sich in einem Kubikmeter eines Stoffes befinden.

Eine andere Dichte bezieht sich auf die Masse. Diese Größe bezeichnet man als spezifische Dichte $\varrho_{spez,G}$. Im SI gibt sie an, wie viel der Größe sich in einem kg eines Stoffs befindet. Für die Größe Masse ist diese Angabe der spezifischen Massendichte uninteressant: In jedem kg eines Stoffes befindet sich ein kg des Stoffes. Das ist trivial. Bei anderen Größen ist die spezifische Dichte aber sehr wichtig. Beispielsweise ist es wichtig zu wissen, wie viel Energie in einem kg eines Energieträgers wie Benzin enthalten ist. Die spezifische Energiedichte erzählt uns also, wie viel J/kg ein Energieträger speichert. So können wir verschiedene Energieträger oder auch Nahrungsmittel vergleichen.

---

[1]Dass Sie auf die Idee kommen, Geld selbst drucken zu wollen, möchten wir ebenfalls ausschließen.

In unserem monetären Beispiel ist schnell klar: sowohl die volumenbezogene also auch die spezifische Geld-dichte ist bei Papiergeld viel größer als bei Münzgeld. Jeder wird einen Koffer voll Papiergeld einem Koffer voll Euromünzen vorziehen. Hundert Euro in der Ho-sentasche können unsichtbar sein, wenn wir uns zwei 50 Euro Scheine einstecken, sie können Tasche aber auch extrem ausbeulen, wenn wir die 100 Euro in Form von 200 50 Cent Münzen mitnehmen. Papiergeld hat mehr Euro pro kg und auch mehr Euro pro Kubikmeter als Münzgeld.

D **9.2.7**   **Spezifische Dichte**
efinition: (massebezogen)

Es sei G eine mengenartige Größe. Dann gibt es zu G eine Größe, die angibt, welche Menge der Größe dG sich in einer Masse dm befindet. Diese Größe heißt **spezifische Dichte** $\varrho_{spez,G}$:

$$\varrho_{spez,G} = \frac{dG}{dm}.$$

Für die Dimension der spezifischen Dichte gilt:

$$\dim \varrho_{spez,G} = \dim G \cdot \mathsf{M}^{-1}.$$

9.2.d   Erhaltungsgrößen aus dem Nichts?

Erhaltungsgrößen können nicht erzeugt oder vernichtet werden. Nie und nirgends. Das war ja der Kern der Erhaltungsgrößen.

Können wir dann diese Größen nur austauschen, wenn wir sie schon in unserem Besitz haben. Oder physika-lisch gefragt: Wenn im System A die Erhaltungsgröße $G_A = 0$ ist, können wir dann dennoch G_A nach außen abgeben?

Helfen wir uns wieder mit dem Beispiel Geld weiter. Können wir Geld ausgeben, wenn wir keines haben? Stellen wir uns vor, wir stehen in einem Laden, wollen etwas kaufen, aber unser Geldbeutel ist leer. Dann können wir sicherlich kein Geld ausgeben.

Auf der anderen Seite können wir aber beim Hausbau mehr Geld ausgeben, als wir im Moment besitzen. Wir benötigen einen Kredit. Nach dem Hauskauf ist auf unserem Konto ein negativer Geldbetrag. Diese Mög-lichkeit eines negativen Geldbetrags (eines Kredits), erlaubt es, Geld auszugeben, auch wenn man keines hat.

Dahinter steckt ein weiter reichendes, allgemein gülti-ges Prinzip. Wenn die Erhaltungsgröße G positiv und negative Werte annehmen kann, dann ist es möglich, das scheinbare Nichts, also $G = 0$ in negative und positive Anteile zu trennen. Einen Teil geben wir ab, den anderen behalten wir.

Aber machen wir uns nichts vor: auch hier haben wir nichts von der Erhaltungsgröße geschaffen. Immer noch ist die Summe von G null.

R **9.2.8**
ezept: Erhaltungsgrößen trennen

Prüfen Sie, ob Ihre betrachtete Erhaltungsgröße G negative Werte annehmen kann.

In diesem Fall können Sie, selbst wenn der Wert der Größe $G = 0$ ist, die Größe G in einen po-sitiven und einen, betragsmäßig gleich großen, negativen Anteil trennen. Mit beiden Anteilen können Sie arbeiten.

B **9.2.iii**
eispiel: Größe trennen

Man kann

- aus ungeladenen Körpern elektrische Ladung trennen in $+Q$ und $-Q$ und den negativen Anteil ableiten,

- als ruhender Mensch (Impuls ist null) dennoch einen Ball werfen.

Meist müssen Sie für den Trennvorgang Energie einsetzen.

9.3 Ströme und Zustandsänderung

> ## D 9.3.1 efinition: Prozess und Prozessgrößen
>
> Ein System kann seinen Zustand ändern. Der Vorgang durch den das System von einem in einen anderen Zustand kommt, heißt Prozess.
>
> Die Größen, die diesen Vorgang, diesen Prozess beschreiben, heißen Prozessgrößen.

> ## B 9.3.i Prozess: eispiel: Füllen einer Badewanne
>
> Eine Badewanne sei zunächst leer (Anfangszustand). Will man baden, muss sie mit Wasser gefüllt sein (Endzustand). Der Vorgang zwischen den beiden Zuständen, also das Füllen der Wanne, ist der Prozess. Eine wichtige beschreibende Prozessgröße ist der Wasserstrom aus dem Hahn.

Jetzt haben wir uns schon ein wenig vorgearbeitet. Mit den Zustandsgrößen können wir beschreiben, welche Eigenschaften ein System hat.

Was aber tun, wenn sich der Zustand eines Systems ändert? Das kann er sehr wohl, es muss sich ja nur eine Zustandsgröße verändert haben und schon haben wir zwar das gleiche System, aber einen anderen Zustand.

Der Vorgang, der zwischen dem Ausgangszustand und dem Endzustand liegt, nennt man einen „Prozess". Um einen Prozess beschreiben zu können, benötigt man weitere Größen. Sie heißen Prozessgrößen. Eine wichtige Gruppe von Prozessgrößen wollen wir nun genauer anschauen, das sind die Ströme.

9.3.a Das Stromkonzept

Ein Strom transportiert irgendetwas von einem Ort an einen anderen. Ströme sind sinnvolle Größen bei:

- Bilanzierung von Systemen
  Wie verändert sich eine Größe G im System im Laufe der Zeit.

- Beschreibung von Transportprozessen
  Welche Probleme entstehen beim Transport? Wo gibt es Engstellen, wo Überlastungen?

- Energieketten
  Wie kommt die Energie von A nach B? Was sind die Energieträger?

Besonders viele Vorteile bietet die Beschreibung mit Strömen, wenn G eine Erhaltungsgröße ist.

> ## B 9.3.ii Alltagsfragen, die mit eispiel: Strömen zu tun haben
>
> Fragestellungen zu Strömen im Alltag finden wir bei der Betrachtung von Transportvorgängen:
>
> - Warum gibt es Staus auf der Autobahn?
> - Wie viel Ware kann man auf der Schiene transportieren?
> - Wie entleert man ein Fußballstadion bei Panik?
>
> ...

Sicher haben Sie den Begriff Strom schon gehört. Elektrotechniker denken bei „Strom" immer erst mal an elektrischen Strom, Piloten denken an Luftströmungen und Geographen an Wasserströme. Warenströme, Finanzströme, Menschenströme, irgendwie scheint alles zu strömen. Tatsächlich ist es so, dass das Konzept oder die Methode von Strömen ganz weit in den Wissenschaften verbreitet ist. Wie bei vielen Methoden ist es so: Hat man einmal verstanden, wie das Werkzeug funktioniert, so kann man es leicht auf andere Fragestellungen übertragen.

Deshalb möchten wir uns in diesem Teilkapitel anschauen, ob es Gemeinsamkeiten dieser doch sehr unterschiedlichen Ströme gibt. Was ist das Wesentliche an Strömen? Immer wird anscheinend etwas von einem Ort an einen anderen transportiert, sei es Ladung, Luft oder Wasser. Jede mengenartige Größe kann strömen. Daher muss immer mit angegeben werden, was strömt. Über diesen Gedanken, dass etwas von einem Ort zu einem anderen fließt, wollen wir uns dem Begriff Strom nähern.

Ströme innerhalb eines Systems sind oft uninteressant. Sollen dennoch interne Ströme betrachtet werden, unterteilt man das System in Teilsysteme und betrachtet dann Ströme zwischen diesen.

9

Wir wollen zunächst nur Ströme von Erhaltungsgrößen betrachten. An diesen lässt sich die Methode sehr gut erläutern. Eine Erweiterung auf andere mengenartige Größen kann später erfolgen.

9.3.b Strom von Erhaltungsgrößen

Wir wollen das Konzept von Strömen anhand von Erhaltungsgrößen erarbeiten. Als Erhaltungsgröße wollen wir Geld G verwenden, weil uns der Umgang mit Geld einigermaßen vertraut ist. Wir wissen zwar, dass man Geld grundsätzlich drucken und verbrennen kann. Aber da das für unsere Betrachtung keine Option ist, können wir Geld als eine Erhaltungsgröße ansehen.

Jetzt definieren wir noch ein System A so, dass sich in ihm unser Geld G_A befindet. Der Index in G_A deutet an, dass es sich um die Geldmenge im System A handelt. Wäre das System A nun eine einsame Insel auf der wir sitzen, wäre unsere Welt langweilig. Wir besäßen einen Haufen Geld, wären steinreich, hätten aber nichts davon.

Wir merken recht schnell: Wenn wir das Geld ausgeben möchten, benötigen wir noch mindestens ein weiteres System B, zum Beispiel ein Bekleidungsgeschäft. Dann ist es uns möglich, an das System B Geld zu übertragen und ein Produkt dafür zu erhalten.

Das Geld geht von A nach B. Auf welchem Weg das geschieht, wollen wir erst später genauer anschauen. Wichtig ist nur die Richtung des Transfers. Man nennt es auch Bilanzrichtung oder Zählrichtung.

Diesen Vorgang, den Transport einer mengenartigen Größe G von einem System A in ein System B, nennt man einen Strom, oder präziser G-Strom.

Zur Beschreibung eines Stroms fehlt uns noch die Information, wie viel der Größe G transportiert wird. Lassen wir uns auch hier von unseren Erfahrungen leiten. Wann würden wir von einem starken Geldstrom reden?

Fortsetzung Beispiel 9.3.ii:

- Wie schafft unser Stromnetz den Umstieg auf Elektromobilität?
- Wie stark muss das Halteseil eines Aufzugs sein?

D 9.3.2 **efinition: Strom und Stromstärke**

Seien A und B Systeme, die die mengenartige Größe G enthalten können. Weitere Systeme seien nicht beteiligt.

Ein Strom beschreibt, wie G von dem einen in das andere System übertragen wird.

Die Stromstärke $I_{G(AB)}$ gibt an, welche Menge dG der Größe G während der Zeit dt aus dem System A heraus und in das System B hinein fließt:

$$I_{G(AB)} = \frac{dG_B}{dt}.$$

Mit dem Index (AB) wird die Richtung der Betrachtung festgelegt.

R 9.3.3 **ezept: Angabe von Strömen**

Wenn Sie wie in Abbildung 9.1 Ströme skizzieren wollen, gehen Sie folgendermaßen vor:

- Machen Sie sich klar, welche Größe G fließt.
- Zeichnen Sie einen Bilanzpfeil vom Ausgangssystem A zum Zielsystem B.
- Notieren Sie an den wichtigen Stellen bei dem Bilanzpfeil die dazugehörige Stromstärke $I_{G(AB)}$.
  Die Stromstärke ist an jeder Stelle des Bilanzpfeils gleich groß, denn G ist eine Erhaltungsgröße.

Die Indizes an der Stromstärke bedeuten: Es fließt ein Strom der Größe G (erster Index) von System A (zweiter Index) zum System B (dritter Index). Siehe Abbildung 9.2.

9

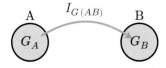

Abbildung 9.1: G-Strom zwischen zwei Systemen. Zur vollständigen Beschreibung wird ein Bilanzpfeil benötigt und die Stromstärke angegeben. Die Reihenfolge der Indizes ist wichtig.

B^{9.3.iii} **eispiel: Badewanne mit Wasser füllen**

Eine Badewanne B wird aus einem Hahn H mit 100 Litern in 5 Minuten gefüllt. Berechnen Sie die Stromstärke von H nach B.

Welche Größe fließt? Wasser W

Ausgangssystem: Hahn H

Zielsystem: Badewanne B

$$I_{W(HB)} = \frac{\mathrm{d}W}{\mathrm{d}t} = \frac{100\,\mathrm{l}}{5\,\mathrm{min}} = 20\,\mathrm{l/min}$$

Vermutlich, wenn wir viel Geld in kurzer Zeit ausgeben. Dies wollen wir „Geldstromstärke" nennen.

Fassen wir alle diese Gedanken zusammen:

Für einen Strom benötigen wir mindestens zwei Systeme A und B. Für die Beschreibung des Stroms müssen wir angeben:

- die Bilanzrichtung (von A nach B),
- welche Größe fließt (G) und
- die Stromstärke I.

Wir bezeichnen dann die Geldstromstärke von A nach B mit $I_{G(AB)}$ (siehe Abbildung 9.2). In dieser Schreibweise stecken alle notwendigen Informationen, Richtung, Größe und Stromstärke. Wir wollen hier für den Bilanzpfeil die Farbe Grün und für die Stromstärke Blau verwenden.

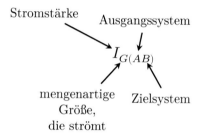

Abbildung 9.2: Bezeichnung von Stromgrößen mit Bilanzrichtung.

9.3.c   Umdrehen der Bilanzrichtung

Für viele Anwendungen ist es hilfreich, dass man bei der Beschreibung eines Vorgangs die Bilanzrichtung frei wählen und daher umdrehen kann.

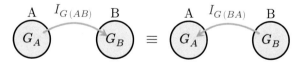

Abbildung 9.3: Umkehrung der Bilanzrichtung bei Strömen (vgl. Abbildung 9.1). Da beide Skizzen den gleichen Prozess beschreiben, gilt $I_{G(AB)} = -I_{G(BA)}$.

Beim Vergleich der Skizzen in Abbildung 9.3 erkennt man:

1. Die Bilanzrichtung, der Pfeil, dreht seine Richtung um.

Beim Wasser sehen wir, dass es aus dem Hahn fließt. Aber nicht immer ist die Bilanzrichtung so offensichtlich. Beispielsweise müssen wir beim Geld Rechnungen bezahlen, erhalten unseren Lohn und Miete wird vom Konto abgezogen. Was ist hier eine sinnvolle Bilanzrichtung? Wir werden gleich sehen, dass das Umdrehen der Blickrichtung eine sehr wirksame Methode beim Bilanzieren ist.

Zunächst zeichnen wir eine weitere Skizze, in der wir die Bilanzrichtung umdrehen, also in der G von B nach A fließt (Abbildung 9.3). Wir machen uns klar, dass diese Grafik exakt das Gleiche beschreiben soll, wie Abbildung 9.1. Daher betrachten wir die Unterschiede genauer. Die Bilanzrichtung, der Pfeil, hat seine Richtung getauscht. Und die Stromstärke lautet jetzt $I_{G(BA)}$, hier hat sich die Benennung im Index geändert.

Versuchen wir das wieder am Beispiel Geld zu verstehen. Wir kaufen eine Hose und bezahlen an der Kasse dafür 80 Euro in bar. Wir seien das System A, das Bekleidungsgeschäft sei das System B. Damit ergibt sich eine Geldstromstärke von

$$I_{G(AB)} = 80 \; \frac{\text{€}}{\text{Hosenkauf}} \; .$$

Das Geschäft hat 80 Euro eingenommen und wir sind um eine Hose reicher, aber um 80 Euro ärmer.

Wie sieht das aus, wenn wir den Bilanzpfeil umdrehen? Dann fließt das Geld vom Laden B auf uns, also auf das System A. Da diese Grafik aber das Gleiche beschreiben soll, müssen wir auch in dieser Darstellung um 80 Euro ärmer werden. Wir erkennen schnell, dass dies genau dann der Fall ist, wenn

$$I_{G(BA)} = -80 \; \frac{\text{€}}{\text{Hosenkauf}}$$

ist. Beim bargeldlosen Zahlen entspricht beispielsweise eine Lastschrift einem negativen Strom zu uns hin.

Beim Umkehren der Bilanzrichtung ändert sich also das Vorzeichen der Stromstärke.

Das ist eine hilfreiche Erkenntnis. Sie erlaubt uns einen etwas unbeschwerteren Umgang mit der Bilanzrichtung. Wir können die Richtung ganz beliebig wählen.

2. Bei der Bezeichnung der Stromstärke sind die Indizes für die Systeme A und B vertauscht: $I_{G(AB)} \leftrightarrow I_{G(BA)}$.

Beide Skizzen sind gleichwertig und beschreiben den gleichen Vorgang.

R **9.3.4**
ezept: Umdrehen der Bilanzrichtung

Drehen Sie die Bilanzrichtung um, wenn die Betrachtung oder Rechnung dadurch einfacher wird. Machen Sie sich bewusst, dass sich dabei der Index der Stromstärke ändert. Aus $I_{G(AB)}$ wird $I_{G(BA)}$. Da der Vorgang gleich bleibt, gilt:

$$I_{G(AB)} = -I_{G(BA)}.$$

Die Stromstärke von A nach B ist genau gleich groß, aber mit umgekehrten Vorzeichen, wie die Stromstärke von B nach A.

Diese Beziehung stimmt immer, egal wie kompliziert die Vorgänge auch sein sollten. Es handelt sich ja nur um einen Wechsel der Blickrichtung. Und dennoch hat diese eigentlich simple Erkenntnis erstaunlich viele Anwendungen.

B **9.3.iv Badewanne mit Wasser füllen:**
eispiel: Teil 2

Eine Badewanne wird aus einem Hahn mit 100 Litern in 5 Minuten gefüllt. Berechnen Sie die Stromstärke von Wanne B zum Hahn H.

- Welche Größe fließt? Wasser W
- Ausgangssystem Badewanne B, Zielsystem Hahn H.

$$I_{W(BH)} = -I_{W(HB)} = -20 \, \text{l/min}$$

Die Stromstärke von der Wanne zum Hahn beträgt $-20 \, \text{l/min}$. Die Schreibweise ist beim Wasser zwar ungewohnt, formal aber richtig.

9

9.3.d   Mehrere Austauschkanäle zwischen zwei Systemen

R9.3.5   Effektive Stromstärke bei ezept: Austausch zweier System

Haben zwei Systeme A und B mehrere Kanäle (angenommen K an der Anzahl) auf denen sie die Größe G austauschen, dann schreiben Sie zunächst für jeden Kanal die Bilanzrichtung und die dazugehörige Stromstärke auf. Geben Sie jeder Stromstärke einen eigenen Index k (durchnummerieren).

Dabei ist es zunächst egal, wie Sie die Bilanzrichtung wählen. Sie haben dann K unterschiedliche Stromstärken: $I_{G(AB)_1}$, $I_{G(BA)_2}$, ..., $I_{G(BA)_K}$.

Die effektive Stromstärke zwischen den zwei Systemen ergibt sich aus der Addition der einzelnen Stromstärken:

$$I_{G(AB)} = \sum_{k=1}^{K} I_{G(AB)_k}.$$

Achten Sie darauf, dass Sie hier überall die gleiche Bilanzrichtung verwenden, also dass entweder nur (AB) oder nur (BA) im Index steht.

Statt von „effektiver Stromstärke" kann man auch von „resultierender Stromstärke" sprechen.

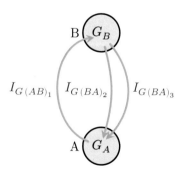

Abbildung 9.5: Systembetrachtung zum Brunnenbeispiel

Wir haben gesehen, wie man den Austausch einer Größe G zwischen zwei Systemen mit einem Strom beschreibt. Was aber tun, wenn der Austausch über viele, unterschiedliche Wege und Kanäle geht?

Wir können uns vorstellen, dass zwei Firmen (System A und B) im ständigen Warenaustausch stehen und daher viele Rechnungen und Gutschriften austauschen. Wie kommt man in so einem Fall zu dem effektiven Geld-Strom $I_{G(AB)}$, also dem, der insgesamt von A nach B fließt?

Betrachten wir ein Beispiel, bei dem 20 Liter Wasser pro Sekunde aus einem Brunnen in ein oben liegendes Gefäß gespritzt werden. Das Gefäß habe zwei unterschiedliche große Löcher am Boden, aus denen momentan 12 bzw. 5 Liter pro Sekunde wieder zurück in den Brunnen fließen (Abbildung 9.4 und Abbildung 9.5).

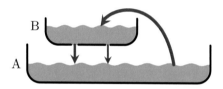

Abbildung 9.4: Wasserströme in einem Brunnen.

Wir sehen einen Strom von A nach B und zwei weitere von B nach A. Die notieren wir und geben jedem einen anderen Index k:

Spritzwasser	$I_{W(AB)_1} = 20\,\mathrm{l/s}$,
Loch links	$I_{W(BA)_2} = 12\,\mathrm{l/s}$ und
Loch mittig	$I_{W(BA)_3} = 5\,\mathrm{l/s}$.

Um jetzt festzustellen, wie viel Wasser effektiv in das System B fließt, müssen wir die Stromstärken nur noch richtig addieren. Wir betrachten also die Bilanzrichtung „zu B hin". Das bedeutet wir erhalten:

$$I_{W(AB)} = I_{W(AB)_1} + I_{W(AB)_2} + I_{W(AB)_3}.$$

Die beiden letzten Summanden können wir einfach durch Rezept 9.3.4 aus unseren Angaben berechnen. So erhalten wir:

$$I_{W(AB)} = 20\,\mathrm{l/s} - 12\,\mathrm{l/s} - 5\,\mathrm{l/s} = 3\,\mathrm{l/s}.$$

9.3.e   Bilanzgleichung eines Systems

Bisher haben wir uns auf die Betrachtung von zwei Systemen beschränkt. Das ist aber eine Annahme, die selten zutrifft. Firmen haben Finanztransaktionen mit vielen anderen, ein Mensch nimmt Energie auf und gibt sie über viele Wege ab. Im Sonnensystem tauschen die Sonne und die Planeten ständig miteinander Impuls aus. Nur wenn wir solche Fragen zum Austausch mit vielen Systemen beschreiben können, haben wir eine starke Methode zur Hand.

Mit den vorangegangenen Abschnitten haben wir alle Werkzeuge erarbeitet, mit denen wir diese ganz zentrale Fragen bei dem Austausch von Erhaltungsgrößen beantworten wollen.

Wie verändert sich die Menge eine Größe G in einem System A, wenn es mit vielen anderen Systemen im Austausch steht?

Wir wollen diese Situation zuerst einmal skizzieren. Uns interessiert das System A. Also zeichnen wir es zentral ein. Danach skizzieren wir alle anderen, am Austausch der Größe G beteiligten Systeme. Die nennen wir B, C, ... bis zum Namen N. Als nächstes benötigen wir den Strom zwischen A und dem jeweiligen anderen System. Dazu tragen wir in bekannter Weise die Bilanzrichtung ein und notieren die Stromstärke dazu (Abbildung 9.6).

Da die Größe G weder erzeugt noch vernichtet werden kann, wissen wir, dass sich G im System nur verändern kann durch die G-Ströme, die über die Systemgrenze hinein- oder herausfließen. Das heißt, wir müssen alles auf A hin bilanzieren. Wir summieren daher alle Stromstärken auf, in Bilanzrichtung auf A hin:

$$\frac{\mathrm{d}G_A}{\mathrm{d}t} = I_{G(BA)} + I_{G(CA)} + I_{G(DA)} + I_{G(NA)}.$$

Wir erkennen, dass einige Bilanzpfeile in Richtung zu A, einige weg davon gerichtet sind. Wie wir damit umgehen wissen wir aber durch Abschnitt 9.3.c. Wir müssen auf den Index achten:

$$\frac{\mathrm{d}G_A}{\mathrm{d}t} = -I_{G(AB)} + I_{G(CA)} + I_{G(DA)} - I_{G(AN)}.$$

Mit den vorangegangenen Abschnitten kann nun die Bilanzgleichung für jede Erhaltungsgröße hingeschrieben werden. Sie wird an ganz vielen Stellen in unterschiedlichen Weisen eingesetzt. Hat man einmal verstanden, weshalb sie gilt, kann man sie im Finanzwesen genauso gut verwenden wie bei der Berechnung von Kräften, in der Thermodynamik genauso wie in der Elektrotechnik.

W 9.3.6   Bilanzgleichung für issen: Erhaltungsgrößen

Sei G eine beliebige Erhaltungsgröße und wird ein System A betrachtet, das mit anderen Systemen B, C, D, ..., N die Größe G austauschen kann, dann gilt:

$$\frac{\mathrm{d}G_A}{\mathrm{d}t} = \sum_{i=B}^{N} I_{G(iA)}.$$

Die Änderungsrate der Größe G im System A entspricht der Summe aller G-Ströme, die von den anderen Systemen auf A hin bilanziert werden, daher der Index (iA) d.h. von i nach A.

Diese Bilanzgleichung ist die mathematische Formulierung des Erhaltungssatzes gemäß Definition 9.2.4.

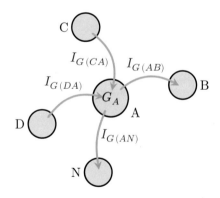

Abbildung 9.6: Austausch Erhaltungsgröße mit vielen Systemen

9

9.3.f   Zwischenstand Bilanzgleichung und deren Einsatzgebiet

Diese Erkenntnis aus Wissen 9.3.6 „Bilanzgleichung für Erhaltungsgrößen" ist so zentral und kommt an so vielen Stellen vor, dass wir uns hier ein wenig näher damit auseinandersetzen wollen.

Schauen wir uns doch die Gleichung ganz genau an:

$$\frac{\mathrm{d}G_A}{\mathrm{d}t} = \sum_{i=B}^{N} I_{G\,(iA)}.$$

Zuerst einmal wollen wir uns klar machen, dass diese Gleichung für alle Erhaltungsgrößen gilt, immer und ausnahmslos. Sie beinhaltet nur die Annahme, dass die Größe G weder erzeugt noch vernichtet werden kann. Das bedeutet, wir können Sie anwenden für Energie, Impuls, elektrische Ladung und Drehimpuls. Manchmal auch auf Geld, Menschen oder sogar Erbsen und Schlüssel, solange wir davon ausgehen können, dass nichts an G erzeugt oder vernichtet wurde.

Betrachtet man diese Gleichung für reale Anwendungen, dann erkennt man, wie sich ein System unter dem Einfluss von außen ständig verändert. Das nennt man Dynamik des Systems. In aller Regel kommt man mit diesem dynamischen Ansatz zu einer mathematischen Beschreibung mit Differenzialgleichungen.

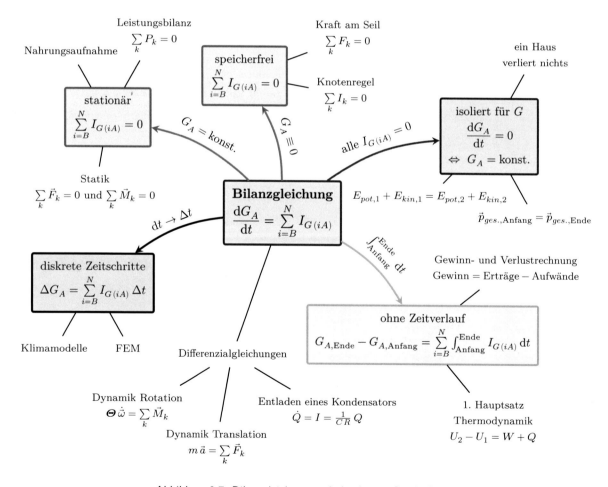

Abbildung 9.7: Bilanzgleichung und abgeleitete Sonderformen

Wie gesagt, diese Bilanzgleichung beschreibt die Änderung der Größe G im System A, abhängig von den Strömen I_G, die das System mit der Umgebung austauscht. Nun gibt es Situationen, in denen gar keine Ströme nach außen fließen können, weil die Systemgrenzen dies nicht zulassen. In diesem Fall sind alle Summanden auf der rechten

Seite null und damit ist die ganze Gleichung null. In diesem Sonderfall nennt man ein solches System: „ein für die Größe G isoliertes System". Oder in einer anderen Situation wissen wir, beispielsweise durch eine Messung, dass sich die Menge G im System nicht ändert, obwohl es Ströme über die Systemgrenzen gibt. Wir wissen also, dass die linke Seite der Gleichung null ist, rechts aber Summanden ungleich null stehen. Die Zu- und Abflüsse addieren sich aber zu null. Diesen Sonderfall nennt man „stationären Zustand".

Manchmal benötigt man den zeitlichen Verlauf auch gar nicht. Man interessiert sich nur, wie der Zustand nach einer gewissen Zeit, vielleicht nach einer Stunde, aussieht. Die ganzen Zwischenschritte sind unwichtig. Dazu wird die Gleichung über die Zeit t integriert. Auch das führt zu einer Vereinfachung und zu Gleichungen, denen man wieder eigene Namen gegeben hat. Der „erste Hauptsatz der Thermodynamik" ist hierfür ein Beispiel.

Dieses Integrieren nach dt kann man auch durch eine schrittweise Integration vereinfachen. Dazu geht man in diskreten, kleinen Schritten Δt weiter. Auf diese Weise lässt sich mit Hilfe von Rechnern die Gleichung numerisch integrieren. Wenn man sein System zudem noch in viele Teilsysteme unterteilt, ist es möglich, komplizierte Berechnungen von Bauteilen oder anderen Systemen in viele kleine Teilrechnungen aufzuteilen. Diese lassen sich mit Computern lösen. Ein solches Vorgehen wird „FEM" Finite Elemente Methode genannt und beispielsweise zur Wettervorhersage, Simulation von Autocrashs oder zur Optimierung der Auslastung von Verkehrswegen genutzt.

Aber hinter allen abgeleiteten Methoden steht die Bilanzgleichung. In Abbildung 9.7 ist der Zusammenhang zwischen den verschiedenen Näherungen und der zentralen Bilanzgleichung skizziert. Man erkennt, wie vielseitig der Nutzen ist.

Einige dieser genannten Sonderfälle werden im Anschluss erläutert. Andere werden in den folgenden Kapiteln aufgegriffen und vertieft.

Sonderfall: für die Größe G isoliertes System

Die Menge einer Erhaltungsgröße G, die in einem System vorhanden ist, kann sich nur ändern, wenn ein Strom dieser Größe in das System hinein oder daraus heraus strömt. Dazu muss das System für diese Größe **offen** sein. Wenn ein Strom in das System nicht möglich ist, nennt man das System für die betreffende Größe **isoliert**. Innerhalb des Systems bleibt dann die Menge der Erhaltungsgröße konstant, egal welche Prozesse auch ablaufen.

In unserem Beispiel Bargeld können wir als System ein Haus nehmen, beispielsweise ein Studentenwohnheim. Wenn wir annehmen, dass niemand „Geld zum Fenster hinaus wirft", sind die Haustüren die einzigen Stellen, an denen Geld in das Haus hinein oder daraus heraus „fließen" kann. Wenn wir alle Haustüren (und Fenster) schließen, ist unser System Haus isoliert. Die gesamte Bargeldmenge in dem Haus ist dann konstant, egal was die Hausbewohner machen. Sie können Handel treiben oder Geld verschenken; nichts wird sich an der gesamten Geldmenge im Haus ändern.

Wenn wir die Türen des Hauses aber wieder öffnen, kann sich die Menge des Geldes im Haus verändern. Allgemeiner: Bei offenen Systemen kann sich die Erhaltungsgröße G im System verändern, obwohl sie nach wie vor weder erzeugt noch vernichtet werden kann.

> ### D$^{9.3.7}$efinition: Isoliertes System
>
> Wenn ein System die Größe G nicht mit der Umwelt austauschen kann, nennt man es ein „für G isoliertes System".

Ein System, das für die Größe G isoliert ist, kann durchaus für eine andere Größe offen sein.

Falls es keinen Austausch mit der Erhaltungsgröße G gibt, vereinfacht sich die Bilanzgleichung stark.

> ### R$^{9.3.8}$ezept: Isoliertes System
>
> Wenn Sie sich darauf verlassen können, dass Ihr System für die Größe G isoliert ist, dann nutzen Sie das Wissen, dass es keine Ströme I_G zwischen System und Umgebung gibt. Damit wird Ihre Bilanz einfach, denn der gesamte Wert der Größe G im System ändert sich nicht.
>
> $$\text{Alle } I_{G\,(iA)} = 0 \quad \Rightarrow \quad \frac{\mathrm{d}}{\mathrm{d}t} G_A = \sum_i I_{G\,(iA)} = 0$$
>
> $$\Rightarrow \quad G_A(t) = \text{konstant}$$

9

Sonderfall: Stationärer Zustand

D 9.3.9 efinition: Stationärer Zustand

Ein System, bei dem sich der Wert einer Erhaltungsgröße nicht ändert, befindet sich hinsichtlich dieser Größe in einem stationären Zustand.

R 9.3.10 ezept: Stationärer Zustand

Wenn Sie wissen, dass bei einem für die Erhaltungsgröße G offenem System A sich der Wert von G im System nicht ändert, dann nutzen Sie das Wissen, dass die Summe aller Ströme zwischen System und Umgebung null ist. Denn aus der Bilanzgleichung folgt, dass gleich viel hinein wie hinaus fließt:

$$\frac{\mathrm{d}G_A}{\mathrm{d}t} = 0 = \sum_{i=B}^{N} I_{G\,(iA)}.$$

Häufig spricht man in diesem Fall auch davon, dass sich das System in einem Gleichgewichtszustand befindet.

Es gibt aber auch noch andere Fälle, in denen die Menge der Erhaltungsgröße G im System konstant bleibt, obwohl es Ströme gibt.

Auch hier wollen wir beim Beispiel Bargeld bleiben. Zur Zeit, als man sein Parkticket ausschließlich bar zahlen konnte, gab es Wechselautomaten, die Papiergeld in Münzen wechselten. Dafür wurde keine Gebühr erhoben. Man steckte einen 20 Euroschein in den Schlitz und bekam den Gegenwert in Münzen zurück und konnte so sein Ticket bezahlen.

Es gab täglich viele Transaktionen, da aber genau soviel Geld hinein wie herausfloss, blieb in diesem Automaten die Geldmenge G konstant. Ein solches System, bei dem sich der Wert von G nicht ändert, obwohl der Austausch von G mit anderen Systemen erfolgt, befindet sich in einem sogenannten „stationären Zustand".

Solche stationären Zustände spielen an vielen Stellen im Leben eine wichtige Rolle. Der menschliche Körper kennt Mechanismen, um sein Körpergewicht (einigermaßen) konstant zu halten, obwohl wir ständig Nahrung aufnehmen. Wenn ein Pkw mit konstanter Geschwindigkeit fährt, so ist sein Impuls konstant, obwohl er ständig Impuls mit der Umgebung austauscht. Die Statik im Bauingenieurwesen ist ein weiteres Beispiel für stationäre Zustände.

Ein System, das sich zunächst in einem stationären Zustand befindet, kommt aus dem Gleichgewicht, wenn sich die Größe G anhäuft. Durch Regelungstechnik oder einfache bauliche Maßnahmen kann man das verhindern. Manche Systeme kommen auf Grund von physikalischen Effekten sozusagen von selbst in einen Gleichgewichtszustand.

9

Sonderfall: Speicherfreie Systeme

D 9.3.11 efinition: Speicherfreie Systeme

Ein System, das die Größe G nicht speichern kann, nennt man speicherfrei.

Es gibt Systeme, die von der Erhaltungsgröße G so wenig aufnehmen können, dass die Speicherfähigkeit für manche praktische Fragestellungen keine Rolle spielt. Wir können diese Systeme so behandeln, als könnten sie G überhaupt nicht speichern. In diesen Fällen setzen wir den Wert von G in dem System gleich null. Das bedeutet, wenn etwas der Größe G in das System hineinfließt, muss es gleichzeitig wieder heraus.

Die Kapazität von elektrischen Leitungen ist im Vergleich zu den Kondensatoren in einem Schaltkreis in der Regel vernachlässigbar klein. Genauso verhält es sich mit der Wassermenge in einem Gartenschlauch im Verhältnis zum schier endlosen Reservoir der öffentlichen Wasserversorgung oder mit der Masse eines Seils, mit dem man einen Lkw abschleppt.

Systeme, die als speicherfrei behandelt werden können, erleichtern die Beschreibung von physikalischen Vorgängen, denn das, was sie an G bekommen, geben sie sofort weiter. Die Anwendung auf elektrische Ladungen und Leitungen führt ganz elegant zur Kirchhoffschen Knotenregel, einem wichtigen Werkzeug in der Elektrotechnik (siehe nebenstehendes Beispiel).

R 9.3.12 Rezept: Speicherfreie Systeme

Wenn Sie ein System A finden, das von der Erhaltungsgröße G vernachlässigbar wenig speichern kann, dann versuchen Sie in einem ersten Ansatz

$$G_A = 0$$

zu setzen. Somit gilt auch in diesem Spezialfall die einfache Gleichung:

$$\sum_{i=B}^{N} I_{G\,(iA)} = 0.$$

B 9.3.v Beispiel: Kirchhoff Knotenregel

In einer elektrischen Schaltung kommen an einer Stelle viele Leitungen zusammen. Alle sind elektrisch leitend in diesem einen Punkt verbunden. In allen Leitungen fließen Ströme. Welche Gleichung beschreibt den Zusammenhang der Stromstärken?

Zuerst wird der Punkt, an dem alle Leitungen verbunden sind, als System A bezeichnet. Man nennt einen solchen Verbindungspunkt auch „Knoten". Dieser Knoten kann praktisch keine elektrische Ladung Q speichern, daher ist die Näherung $Q_A = 0$ sinnvoll. Alle Leitungen führen zu anderen Systemen, die mit weiteren Buchstaben durchgezählt werden, also System B, C usw. Somit erhalten wir:

$$\sum_{i=B}^{N} I_{Q\,(iA)} = 0$$

oder in Worten: Die Summe aller elektrischen Ströme ist null. Das ist die Kirchhoff Knotenregel aus der Elektrotechnik.

9

9.3.g   Welche Mechanismen von Strömen gibt es? Stromarten

D 9.3.13 efinition: Strommechanismen

Es ist sinnvoll, Ströme in drei grundsätzliche Arten zu unterteilen:

- Konvektiver Strom
  Er ist immer gekoppelt an einen Strom von Teilchen mit Masse.

- Konduktiver Strom
  Die strömende Größe fließt durch Materie, aber dabei wird keine Masse bewegt. Man spricht auch von Stromleitung.

- Induktiver Strom
  Der Austausch der Größe erfolgt, ohne dass Material anwesend sein muss. Er erfolgt über Felder.

R 9.3.14 ezept: Strommechanismen

Die Begriffe der verschiedenen Strommechanismen können Sie sich folgendermaßen leicht merken:

- „kon" bedeutet „mit" Materie,
- bei „vektiv" an Bewegung denken.

kon-		in-
vektiv	duktiv	duktiv
mit Materie		ohne Materie
bewegt	unbewegt	

B 9.3.vi eispiel: Strommechanismen

- Konvektion
  Der Rotor von einer Windkraftanlage wird vom Wind angetrieben. Hier überträgt die strömende Luft Impuls auf die Rotorblätter. Der Wind ist bewegte Masse, also ein konvektiver Impulsstrom.

- Konduktion
  Wärme fließt aus dem warmen Wasser durch die Wand des Heizkörpers in die Zimmerluft. Es gibt keine bewegte Masse, aber das Material muss vorhanden sein.

...

Was wir bisher nicht betrachtet haben, ist die Frage nach der Art und nach dem Weg, auf dem die Größe G transportiert wird. Wir wollen auch hier versuchen, eine für alle Ströme nutzbare Systematik zu finden. Fangen wir mit der Art des Stromes an.

Konvektiver Strom

Wie transportiert man Geld? Wir können Geldscheine in den berühmten Koffer packen und an den Ort bringen, an dem das Geld gebraucht wird. Bei dieser Art von Strom wird immer Materie bewegt. Solche Ströme, die an bewegte Masse gebunden sind, nennt man konvektive Ströme. Typische Vertreter konvektiver Ströme sind Luftströme, Wasserströme, aber auch Menschenströme und Warenströme. Konvektive Ströme sind anschaulich und deshalb leicht verständlich. Es bewegt sich Materie, die die mengenartige Größe G von A nach B transportiert.

Konduktiver Strom

Warum wird eine Tasse außen warm, wenn man heißen Tee einschenkt? Die Wärme kann durch das Porzellan der Tasse nach außen strömen, ohne dass dabei Materie transportiert wird. Man spricht hier von Wärmeleitung. Auch andere physikalische Größen kennen diesen Transportmechanismus. Er heißt konduktiver Strom.

Konduktive Ströme sind nicht so anschaulich wie konvektive Ströme. Auf einer Seite geht eine Größe hinein, auf der anderen kommt sie heraus, ohne dass sich dazwischen Materie bewegt.

Bei der Wärme gibt es keine massebehafteten Teilchen, die die Wärme durch die Wand tragen. Beim elektrischen Strom in einem Kupferkabel ist die strömende Masse so gering, dass man in sehr guter Näherung diesen Strom als konduktiv beschreiben kann.

Materialien, durch die ein konduktiver Strom gut fließen kann, heißen Leiter. Allgemein bekannt sind elektrische Leiter und Wärmeleiter. Materialien, durch die kein oder fast kein Strom fließen kann, heißen Isolatoren.

9

Induktiver Strom

Kann es sein, dass eine mengenartige Größe ausgetauscht wird, also von einem System auf ein anderes strömt, obwohl dazwischen gar nichts ist? Nur Vakuum? Und da sind auch keine massebehafteten Teilchen, die die Größe durch das Vakuum transportieren?

Wir wissen beispielsweise, dass sich zwei massebehaftete Körper durch die Gravitation gegenseitig anziehen. Sie tauschen Impuls aus. Den Impuls, den ein Körper verliert, nimmt der andere auf. Der Strom fließt, scheinbar ohne einen Träger, durch das Vakuum. Man sagt, der Austausch wird durch ein Feld vermittelt. Die dazugehörigen Ströme nennen wir induktiv.

9.3.h   Beschreibung von Stromwegen

Wenn die beiden Systeme A und B räumlich getrennt sind, brauchen wir manchmal noch die Information, auf welchem Weg die Größe G transportiert wird.[2] Das ist beispielsweise eine wichtige Frage für Transportunternehmen. Gehen sie mit ihrer Ware auf die Straße, nutzen sie die Schiene? Auch im Energiesektor spielt der Stromweg eine wichtige Rolle. Wie kommt die Energie von den Windkraftanlagen im Norden in den Süden von Deutschland? Soll eine Gaspipeline gebaut werden?

Weil das weitreichende Fragen sind, wollen wir hier wenigstens die Grundzüge einer Beschreibung von Stromwegen durch den Raum erarbeiten.

Stromlinie

Wie kommt das Wasser in den Wasserhahn? Wenn beim Bau eines Hauses Wasserrohre verlegt werden sollen, schaut man in einen Plan und sieht darauf Linien für das Wasser und das Abwasser. Diese Linien deuten an, wo die Rohre verlegt werden müssen. Solche Linien nennen wir Stromlinien. Sie haben keine Ausdehnung, aber wir wissen immerhin, wo wir später keine Dübel in die Wand setzen dürfen.

Auch Straßen und Flüsse werden auf Landkarten als Linien dargestellt. Die Linienbreite hat aber meistens wenig Aussagekraft.

Fortsetzung Beispiel 9.3.vi:

- Induktive Ströme
  Durch ein elektromagnetisches Feld kann der Akku eines Handys aufgeladen werden. Dazu braucht es an keiner Stelle Materie, nur Felder.

D **9.3.15**
efinition: Stromlinie und Stromröhre

- Stromlinie:
  Der Weg, auf dem der Strom fließt, wird durch eine dünne Linie beschrieben. Sie hat keine Ausdehnung.

- Stromröhre:
  Ähnlich zur Stromlinie, nur mit einer Querschnittsfläche, durch die der Strom hindurchfließt.

Weder Stromlinien noch Stromröhren haben eine Richtung.

R **9.3.16**
ezept: Stromlinie und Bilanzpfeil

Versuchen Sie, Strömungen durch einfache Stromkonzepte zu beschreiben.

Verwenden Sie Stromlinien und, wenn erforderlich, Stromröhren.

Gelegentlich ist es sinnvoll, den Bilanzpfeil Ihres Stromes in die Stromlinie zu legen.

Nutzen Sie die Tatsache, dass sich, bei Erhaltungsgrößen, die Stromstärke entlang einer Stromlinie oder Stromröhre nicht ändert.

Manchmal ist es sinnvoll, die gesamte Strömung in viele kleine Teilströmungen zu zerlegen.

---

[2]Je nach Aufgabenstellung kann es hilfreich sein, den Weg als ein weiteres eigenes System aufzufassen. Für diese Transport- oder Leitungssysteme gelten dann wieder die gleichen Überlegungen wie für jedes andere System auch.

Stromröhre

Wenn wir untersuchen wollen, wie viel Wasser in der Leitung fließt, genügt das Modell einer unendlich dünnen Stromlinie nicht mehr. Wir benötigen zusätzlich die Information über die Querschnittsfläche des Rohres.

Diese Zusatzinformation macht aus der Stromlinie eine Stromröhre. Bei der Hausinstallation von Wasser und elektrischem Strom geht man genau so vor: Man zeichnet eine Stromlinie, gibt dieser aber eine Bezeichnung, aus der man den Leitungsquerschnitt ablesen kann.

9.3.i   Stromdichten

D **9.3.17**
efinition: Stromdichten

Ein Strom einer mengenartige Größe G mit der Stromstärke I_G fließt durch eine Fläche A. Dann gibt es eine Größe, die an jeder Stelle der Fläche angibt, wie ein Flächenelement $\mathrm{d}\vec{A}$ durch den Strom belastet ist. Diese Größe heißt Stromdichte $\vec{j}_G$.[a] Für sie gilt:

$$\mathrm{d}I_G = \vec{j}_G \cdot \mathrm{d}\vec{A}.$$

Die Dimension der Stromdichte ist

$$\dim(j_G) = \dim(G)\ \mathsf{T}^{-1}\,\mathsf{L}^{-2}.$$

---
[a]Ist G ein Vektor, dann ist j_G ein Tensor.

R **9.3.18 Mittlere Stromdichte**
ezept: verwenden

Klären Sie, welche Stromdichte ihr Stromweg aushält.

Schätzen Sie die Stromdichte anhand des Betrags der mittleren Stromdichte:

$$\bar{j}_G := \frac{I_G}{A}.$$

Da die Stromdichte über Sein oder Nicht-Sein entscheidet, verwenden Sie für diese Abschätzung die kleinste Querschnittsfläche auf dem betrachteten Stromweg.

Wo ist der Flaschenhals?

Da wir jetzt in der Lage sind, den Weg von Strömen durch den Raum zu beschreiben, können wir überlegen, wie stark ein durchflossenes Gebiet belastet wird. Wir wissen, dass Wasserströme Häuser mitreißen können und starke elektrische Ströme Metalle zum Schmelzen bringen. Wir wollen eine physikalische Größe finden, welche die Belastung eines Gebiets durch einen Strom charakterisiert.

Also schauen wir eine Fläche A an, durch die ein Strom der Größe G fließt. Die Stromstärke bezeichnen wir konsequenterweise wieder mit I_G. Das Verhältnis von Stromstärke I_G und Fläche A nennt man mittlere Stromdichte $\bar{j}_G$:

$$\bar{j}_G = \frac{I_G}{A}.$$

Wird die durchflossene Fläche kleiner, oder steigt die Stromstärke, so vergrößert sich die Stromdichte. Das hatten wir von der Größe erwartet, die die Belastung durch einen Strom kennzeichnen soll. In den meisten Fällen genügt uns die Beschreibung durch die mittlere Stromdichte.

Wenn ein Seil reißt, ein Kupferkabel durchschmort, ein Nagel ins Holz eindringt oder ein Laser ein Loch in einen Metallklotz bohrt, in allen Fällen wurde eine kritische Stromdichte überschritten. Die Stromdichte entscheidet, ob ein Material einer Belastung standhält oder nicht.

Fließt der Strom nicht gleichmäßig über der Fläche A verteilt, so variiert die Stromdichte innerhalb der Fläche. Zur Berechnung einer lokalen Stromdichte betrachten wir dann nur eine kleine Fläche $\mathrm{d}A$. So erhalten wir die lokale oder punktbezogene Stromdichte $j_G = \frac{\mathrm{d}I_G}{\mathrm{d}A}$. Wir sind fast am Ziel. Wir müssen nur noch die Orientierung des Flächenelementes berücksichtigen. Die kleine Fläche $\mathrm{d}A$ hat nämlich eine Richtung, die durch die Flächennormale gekennzeichnet ist. Für das

Flächenelement schreiben wir daher den Vektor $\mathrm{d}\vec{A}$ (siehe auch Definition 3.4.13). Weil aber nicht klar ist, wie man durch einen Vektor dividiert, schreiben wir die Gleichung um und erhalten

$$\mathrm{d}I_G = \vec{j}_G \cdot \mathrm{d}\vec{A}.$$

Wir haben so eine Gleichung gefunden, mit der aus der lokalen Stromdichte $\vec{j}_G$ die Stromstärke I_G berechnet werden kann. Dazu müssen wir nur die Stromdichte über der Fläche aufintegrieren (siehe auch in Abschnitt 3.3.e „Keine Angst vor Integralen").

Die Stromdichte beschreibt die Belastung durch den Strom an jedem Raumpunkt. Für skalare mengenartige Größen wie Energie und elektrische Ladung ist $\vec{j}_G$ ein Vektor. Für vektorielle mengenartige Größen wie den Impuls ist $\boldsymbol{j}_G$ in der Regel eine Matrix. Man sagt $\boldsymbol{j}_G$ ist dann ein Tensor.

B 9.3.vii Elektrische Stromdichte im Beispiel: Kupferkabel

Welche Stromstärke soll ein Kupferkabel gefahrfrei übertragen können?
In einem Privathaus ist ein Kabel mit einer Querschnittsfläche von 1,5 mm² mit einer Sicherung von 16 A abgesichert. Daraus errechnet sich eine mittlere Stromdichte von

$$\bar{j}_Q = \frac{16\,\mathrm{A}}{1{,}5\,\mathrm{mm}^2} \approx 10^7\,\frac{\mathrm{A}}{\mathrm{m}^2}.$$

Nun können wir leicht nachrechnen, welche Sicherung ein Kabel mit einer Querschnittsfläche von 2,5 mm² für einen Elektroherd benötigt.

9.4 Mengenartige Ströme und Energie

Wir wollen nun die grundsätzlichen Mechanismen untersuchen, wie Energie transportiert werden kann. Dabei werden wir feststellen, dass ein Energiestrom immer an den Strom einer anderen mengenartigen Größe gebunden ist. In Kapitel 11 werden wir tiefer in das Thema eindringen und konkrete Beispiele betrachten.

9.4.a Energieform

Energie kann nur mit Hilfe eines Energieträgers transportiert werden. Reine Energie kann man nicht übertragen. Ein Energiestrom ist immer an eine weitere strömende mengenartige Größe G gebunden. Die beiden Ströme, der Energiestrom I_E und der Trägerstrom I_G sind gekoppelt. Unmittelbar einsichtig wird das beim Gasstrom in der Pipeline oder dem elektrischen Ladungsstrom in einer elektrischen Leitung.

Wie sieht die Gleichung aus, die diese beiden Ströme verbindet?

Natürlich kommen die beiden Ströme in der Gleichung vor. Diese müssen zueinander proportional sein, da sonst Energie keine Erhaltungsgröße wäre. Man benötigt nun noch mindestens eine Größe ξ_G, damit die Dimensionen zueinander passen. Somit erhält man die einfachst mögliche Gleichung für den Energiestrom:

$$I_E = \xi_G\, I_G.$$

Die vollständige Theorie zu diesem Ansatz ist die Gibbs'sche Fundamentalgleichung, die von Josiah Willard Gibbs Ende des 19. Jahrhunderts mit großem Erfolg in die Physik eingeführt wurde. Wir werden später teilweise auf die Ausführungen von Gibbs zurückgreifen.

D 9.4.1 Definition: Energieform

Zu jedem Energieaustausch $\mathrm{d}E$ eines Systems gehört (mindestens) ein Austausch $\mathrm{d}G$ einer mengenartigen Größe G. Es gilt

$$\mathrm{d}E = \xi_G\, \mathrm{d}G.$$

Diese Gleichung legt die Energieform fest.

Man nennt ξ_G die zu G gehörende energiekonjugierte intensive Größe, oder einfach die intensive Größe oder auch das Potenzial zu G.
G ist der Energieträger.[a]

---
[a]Wenn G eine Vektorgröße ist, dann ist auch ξ_G ein Vektor.

Wenn die zeitliche Änderung der Energie E eines Systems, also $\dot{E} = \dfrac{\mathrm{d}E}{\mathrm{d}t}$ betrachtet werden soll, ergibt sich durch Vergleich mit der obigen Definition:

$$\dot{E} = \xi_G\, \dot{G}.$$

9

R 9.4.2 ezept: In Energiestromstärken denken

Da die Energie eine Erhaltungsgröße ist, kann sich die Energie in einem System nur durch einen Energiestrom über die Systemgrenze ändern. Betrachten Sie deshalb diesen Strom an der Systemgrenze. Der Energiestrom ist an einen Trägerstrom I_G gekoppelt. Somit ändert sich auch die Menge an G im System.

Also gilt hier: $\dfrac{\mathrm{d}G}{\mathrm{d}t} = I_G$.

Denken Sie daher bei der Energieübertragung in Energieströmen und Trägerströmen, die folglich ebenfalls über das Potenzial ξ_G gekoppelt sind:

$$I_E = \xi_G\, I_G.$$

Manchmal findet man auch die (für die Ströme nicht ganz präzise) Schreibweise $\dot{E} = \xi_G \dot{G}$ und meint mit $\dot{G}$ die G-Stromstärke. Dann bedeutet $\dot{E}$ aber nicht die Änderung der Gesamtenergie in einem System, sondern nur die Energiestromstärke, die mit der Stromstärke von G zusammenhängt.

9.4.b Intensive Größe finden

R 9.4.3 ezept: Intensive Größe suchen: System auffüllen

Stellen Sie sich vor, Sie füllen eine Größe G in ein System. Überlegen Sie, welche nicht mengenartige Größe dadurch zunimmt. Möglicherweise haben Sie die zu G gehörende intensive Größe (das Potenzial) ξ_G so gefunden. Da Sie sich darauf aber nicht verlassen können, kontrollieren Sie noch weitere Eigenschaften, wie beispielsweise die Dimension.

B 9.4.i eispiel: Füllen von Systemen

- Mehr Entropie in einem Eisenklotz erhöht die Temperatur.
- Mehr Ladung auf dem Kondensator erhöht das elektrische Potenzial.
- Mit mehr Wasser in der Tasse steigt die Füllhöhe. Aber die Füllhöhe allein kann nicht

...

Zusammenfassend und in einem Ausblick auf die Anwendungen (Kapitel 10) wollen wir nun in Tabelle 9.1 die wichtigsten Energieformen betrachten. Wir erkennen, dass bei jeder Energieform der Energiestrom über einen Vorfaktor mit einem Trägerstrom verbunden ist. Diese Vorfaktoren bezeichnet man auch als das Potenzial der Trägergröße. Je höher das Potenzial ist, umso mehr Energie wird transportiert.

Tabelle 9.1: Ströme von Energieformen und die zugehörigen Trägerströme. (siehe auch Tabelle 11.2)

Energieform	Träger	Gleichung
Translation	Impuls	$I_E = \vec{v} \cdot \vec{I}_p$
Rotation	Drehimpuls	$I_E = \vec{\omega} \cdot \vec{I}_J$
Kompression	Volumen	$I_E = -p\, I_V$
Wärme	Entropie	$I_E = T\, I_S$
Lage	Masse	$I_E = g\, h\, I_m$
Elektrisch	el. Ladung	$I_E = \varphi\, I_Q$
Chemisch	Teilchen	$I_E = \mu\, I_N$

Eine genauere Beschreibung folgt in Unterkapitel 11.4 „Gibbssche Fundamentalform".

Können wir eigentlich eine intensive Größe selbst finden? Betrachten wir dazu was geschieht, wenn wir ein System mit der mengenartigen Größe füllen. Wenn wir Wasser in eine Tasse schütten, so steigt die Füllhöhe. Bringen wir Impuls in ein zunächst stehendes Auto, dann steigt die Geschwindigkeit. Ähnliches gilt für andere mengenartige Größen. Mehr Entropie im System führt in der Regel zu höheren Temperaturen, mehr Drehimpuls zu höheren Winkelgeschwindigkeiten.

Wenn wir die zu einer Größe G gehörende intensive Größe suchen, hilft es daher die Frage zu stellen, was steigt, wenn wir G in das System füllen.

Eine weitere Möglichkeit bietet uns Definition 9.4.1. Wenn ξ_G groß ist, so hat man bei gleichem Strom von G einen größeren Energiestrom. Die intensive Größe beschreibt also so etwas wie das Energiepotenzial. Deshalb nutzt man Hochspannungsleitungen, um mit geringer Stromstärke viel elektrische Energie zu transportieren.

Und natürlich bleibt zum Schluss noch die Dimensionsanalyse, die auch hier sehr hilfreich ist.

Fortsetzung Beispiel 9.4.i:

> die intensive Größe sein, da Füllhöhe multipliziert mit der Masse des Wassers keine Energie ergibt.

Rezept: 9.4.4   Wie findet man die intensive Größe ξ_G?

Die Definition 9.4.1 gibt die Hinweise darauf. Es sei E die Energie und G die Trägergröße.

1. Die Dimension muss passen:
$$\dim \xi_G = \frac{\dim E}{\dim G}.$$

2. Die intensive Größe beschreibt das Energieniveau.
Fließt in ein System die Größe G, so steigt in der Regel ξ_G an.

Beispiel: 9.4.ii   Intensive Größe zum Impuls

Wie lautet die intensive Größe ξ_p zum Impuls $\vec{p}$?

1. Die Dimensionsanalyse ergibt:
$$\dim \xi_p = \frac{\dim E}{\dim p} = \frac{\mathsf{ML^2T^{-2}}}{\mathsf{MLT^{-1}}} = \mathsf{LT^{-1}}.$$

2. Fließt Impuls auf einen ruhenden Körper, so steigt seine Geschwindigkeit. Das passt.

Das ist zwar kein Beweis, aber eine gut begründete Annahme, dass $\xi_p = \vec{v}$ die Geschwindigkeit ist und die Energieform lautet
$$\mathrm{d}E = \vec{v}\,\mathrm{d}\vec{p}.$$

9

9.4.c   Reservoir

Das mit dem Ansteigen der intensiven Größe stimmt aber nicht immer.

Wenn Sie eine Tasse Wasser in einen See schütten, wird der Seespiegel praktisch nicht steigen. Systeme, die so groß sind, dass sie (beliebig) viel von der mengenartigen Größe G aufnehmen können, ohne dass die intensive Größe sich ändert, nennt man ein Reservoir.

Definition: 9.4.5   Reservoir

Als Reservoir für die Größe G bezeichnet man ein System, das so groß ist, dass es beliebig viel der Größe G aufnehmen oder abgeben kann, ohne dass sich dabei die intensive Größe ξ_G ändert.

B **9.4.iii**
eispiel: Reservoir

- Das Meer kann beliebig Wasser aufnehmen und abgeben, ohne voll oder leer zu werden.

- Die Atmosphäre kann beliebig viel CO_2 aufnehmen, ohne dass sich ihre chemische Eigenschaft ändert.

Spätestens am zweiten Beispiel erkennt man, dass Reservoire nur näherungsweise, für kleine Mengen von G existieren, dort aber ein sehr sinnvolles Konzept sein können. Aber das Abtauen von Grönlandeis bringt das scheinbare Reservoir „Weltmeere" an seine Grenzen und das Verbrennen von Öl überfordert das Reservoir Atmosphäre.

Der Begriff Reservoir wird in der Umgangssprache genau so verwendet, wie wir ihn in der Physik nutzen. Ein großer See ist ein Wasserreservoir.

9.4.d   Stromrichtung einer freien Strömung

D **9.4.6**
efinition: Natürliche Stromrichtung

Ströme physikalischer Größen fließen immer von Gebieten mit hohem Potenzial zu Gebieten mit niedrigem Potenzial.

Für die Bilanzierung definiert man hier sinnvollerweise die Stromrichtung immer vom Gebiet mit dem hohen ξ_G zum Gebiet mit dem niedrigen ξ_G.

Sei G die strömende Größe und ξ_G die intensive Größe zu G. Haben zwei Gebiete A und B unterschiedliche Werte von ξ_G und sei zudem $\xi_{G,A} > \xi_{G,B}$, dann kann der Strom nur von A nach B fließen. Falls der Strom von B nach A fließen soll, muss erzwungen werden, dass $\xi_{G,A} < \xi_{G,B}$ ist.

Siehe hierzu auch Unterkapitel 11.3.

In vielen Fällen machen wir uns gar keine Gedanken über die Stromrichtung. Schauen wir uns freie Strömungen in der Natur an. Wasser fließt alleine von oben nach unten. Luft von Gebieten mit hohem Druck zu niedrigem, Wärme von Bereichen hoher Temperatur zu kalten Gebieten. Wenn wir jetzt noch erkennen, dass die Begriffe Höhe, Druck und Temperatur solche intensiven Größe sind, wie wir sie in Definition 9.4.1 kennengelernt haben, dann haben wir eine Möglichkeit gefunden, natürliche Strömungsrichtungen zu definieren. Ströme fließen von alleine von hohem Niveau oder Potenzial zum niedrigen. In Abschnitt 11.3.d werden wir das gemeinsam herleiten.

Dieses Kapitel hilft uns nur zu verstehen, weshalb Ströme überhaupt fließen. Es bleibt aber bei der Feststellung aus Abschnitt 9.3.c, dass die Wahl der Bilanzrichtung frei ist. Wir müssen uns nicht an die hier festgestellten, natürlichen Strömungsrichtungen halten. Oft ist es aber sinnvoll.

9.5   Steckbriefe mengenartiger Größen

Nun haben wir uns viele Details über mengenartige Größen erarbeitet. Das waren Methoden zum Erkennen von mengenartigen Größen und zur Beschreibung von Strömen. Zentral waren die Bilanzgleichung und der Zusammenhang zwischen einer mengenartigen Größe und der Energie.

Nun sind wir in der Lage, alle diese Zusammenhänge aufzuschreiben, für jede beliebige mengenartige Größe

9

G. Es ist empfehlenswert sich für die wichtigsten davon eine Art Steckbrief zu verfassen, in der dieses Wissen zusammengefasst ist.

Hilfreich ist es, zunächst zu überlegen, ob und in welchem Zusammenhang die Größe eine Erhaltungsgröße ist und deren Dimension zu notieren. Im nächsten Schritt betrachtet man den Strom von *G*. Gibt es so etwas? Was könnte er bedeuten? Danach ergibt sich die Bilanzgleichung praktisch von selbst. Man muss nur die Grundgleichung aus Wissen 9.3.6 mit den entsprechenden richtigen Größen abschreiben.

Dann wird gefragt, ob sich die Größe für den Energietransport eignet. Falls ja, sucht man die intensive Größe und die dazugehörige Gleichung, die den Energiestrom beschreibt.

Im gesamten folgenden Kapitel 10 werden wir -in einer Art Übung- für viele Größen die Steckbriefe gemeinsam erstellen.

Geld

Wir wollen das gleich am Beispiel Geld *G* ausprobieren. Geld gehört eigentlich nicht zu den physikalischen Größen, aber es hat den Vorteil, dass wir den Umgang mit ihm gewohnt sind. Einige Punkte aus dem Steckbrief können wir deshalb schnell umsetzen.

Offensichtlich ist Geld mengenartig. Zwei identische Geldbeutel enthalten zusammen doppelt soviel Geld wie einer allein. Für uns ist Geld eine Erhaltungsgröße. Es kann weder erzeugt noch vernichtet werden. Es sei denn, wir verbrennen Geldscheine, oder versuchen selbst Geld zu drucken. Beides sollten wir aber sinnvollerweise nicht tun. Das gilt auch für Firmen und Betriebe. Die Betriebswirtschaft behandelt Geld daher als Erhaltungsgröße. Länder können dagegen Geld drucken. In der Volkswirtschaftslehre ist Geld keine Erhaltungsgröße.

Eine physikalische Dimension hat Geld nicht. Hilfreich ist es daher, wenn wir bei der Dimension von Geld einfach „Geld" hinschreiben. Eine Einheit können und müssen wir angeben. Schließlich ist es ein Unterschied, ob wir 500 Euro oder 500 Dänische Kronen bezahlen.

R 9.5.1 Rezept: Steckbrief erstellen

Wenn Sie eine neue mengenartige Größe *G* kennenlernen, machen Sie sich mit ihr vertraut, in dem Sie folgende Punkte notieren:

1. Erhaltungsgröße:
   Falls *G* nicht von Hause aus eine physikalische Erhaltungsgröße ist, klären Sie, ob es Bedingungen gibt, unter denen Sie *G* dennoch wie eine Erhaltungsgröße behandeln können.

2. Welche Dimension hat *G*?
   Welche Einheiten sind üblich?

3. Strom:
   Hat die Stromstärke I_G eine Bedeutung? Welche?

4. Bilanzgleichung:
   Schreiben Sie Bilanzgleichung explizit auf (Wissen 9.3.6).

5. Eignet sich *G* zum Energietransport?
   Suchen Sie die intensive Größe ξ_G, ihre Dimension und Einheit (Rezept 9.4.4).

6. Wie lautet die Gleichung für die Energieform? (Definition 9.4.1)

B 9.5.i Beispiel: Steckbrief Geld G

1. Erhaltungsgröße:
   Geld *G* ist vor allem in betriebswirtschaftlichen Fragestellungen näherungsweise eine Erhaltungsgröße.

2. Dimension: „Geld"
   Einheit: $[G] = €$

3. Strom:
   Die Geldstromstärke $I_{G(AB)}$ beschreibt, welcher Geldbetrag pro Zeit von Konto A zu Konto B fließt.

4. Bilanzgleichung:

$$\frac{dG_A}{dt} = \sum_{i=B}^{N} I_{G(iA)}$$

Die Änderung des Kontostands ist die Summe der Buchungen.
Die Änderungsrate des Geldes *G* auf dem

...

Fortsetzung Beispiel 9.5.i:

Konto A ist gegeben durch die Summe aller Geldströme über die Systemgrenzen.

5. intensive Größe: existiert nicht

6. Energieform: existiert nicht

7. Stromarten:

Es gibt: konvektive Geldströme
(Bargeld in der Tasche)
leitungsartige Geldströme
(bargeldlos)

In der Volkswirtschaftslehre ist Geld keine Erhaltungsgröße. Staaten oder deren Banken können Geld drucken und vom Markt nehmen. Diese Geldpolitik ist ein wichtiges volkswirtschaftliches Gestaltungswerkzeug.

Welche Bedeutung hat der Geldstrom? Angenommen, unsere Miete sei 500 €. Genau genommen sind das 500 € pro Monat. Es handelt sich um eine mengenartige Größe pro Zeiteinheit, also um eine Stromgröße. Das Geld geht von uns A zum Vermieter B. Wir können also schreiben:

$$I_{G(AB)} = 500 \text{ €/Monat}.$$

Kommen wir zur Bilanzgleichung. Die Veränderung unseres Kontostandes ergibt sich, indem wir alle Geldströme auf uns hin bilanziert aufsummieren. Der Geldstrom für die Miete ist dann minus 500 € pro Monat auf unser Konto. Dieses Aufsummieren aller Buchungen entspricht exakt dem Punkt 4 in dem Steckbrief. In der Betriebswirtschaftslehre heißt das Gewinn-und-Verlust-Rechnung.

Geld kann keine Energie transportieren. Daher gibt es keine dazugehörige intensive Größe und keine Energieform.

Eine Besonderheit von Geld haben wir schon im Abschnitt 9.2.d kennen gelernt. Es ist möglich Geld auszugeben, obwohl unser Konto leer ist. Wie wir gesehen haben liegt das daran, dass der Kontostand auch negative Werte werden kann. Wir können das scheinbare Nichts, also $G = 0$, in negative und positive Anteile zu trennen. Einen Teil geben wir ab, den anderen behalten wir.

Wir sehen: obwohl Geld keine physikalische Größe ist, können wir Techniken und Methoden der Physik auch hier im betriebswirtschaftlichen Umfeld anwenden und Nutzen daraus ziehen.

Aufgaben und Zusatzmaterial zu diesem Kapitel

https://sn.pub/8n7zUH

10 Spezielle mengenartige Größen und Ströme

Nun werden wir die in Kapitel 9 „Erhaltungsgrößen und Bilanzen" erarbeiteten Methoden, wie die Beschreibung und Bewertung von Strömen, auf einige besonders wichtige Größen anwenden. Wir werden jede dieser Größen in einem eigenen Abschnitt anschauen, immer nach dem gleichen Schema. Ziel ist es, zu erkennen, wie eng die Grundideen und Konzepte einzelner Teilgebiete von Naturwissenschaften und Technik beieinander liegen. Die Mechanik bilanziert Impuls, die Chemie Teilchen und die Elektrizitätslehre eben elektrische Ladung. Wenn wir mit einem Gebiet vertraut sind, können wir die anderen viel leichter verstehen.

Hier werden wir daher Steckbriefe für die verschiedenen mengenartigen Größen entwickeln. Alle nötigen Werkzeuge hierfür haben wir schon vorliegen. Allerdings gibt es die eine oder andere Besonderheit. Deshalb schauen wir uns hier die wichtigsten Punkte an.

10.1 Masse

Wissen Sie, dass Käse bei der Reifung leichter wird? Bei der Produktion hatte der Käselaib vielleicht eine Masse von 20 kg, beim Verkauf nur noch 15 kg.

Warum ist das überhaupt erwähnenswert? Intuitiv wird sich wohl jeder die Frage stellen: Wo ist der Rest geblieben? Anscheinend erwarten wir, dass die Gesamtmenge konstant bleiben sollte. Die fehlenden 5 kg müssen irgendwo geblieben sein. Nach unserer Erfahrung ist die Masse doch eine Erhaltungsgröße. Tatsächlich ist Wasser aus dem Käse verdampft, wodurch der Käse leichter wurde.

Masse kann in unserer gewohnten Umwelt nicht erzeugt oder vernichtet werden.

Bei der Erstellung des Steckbriefs gelingen die ersten vier Punkte daher leicht (siehe Rezept 9.5.1). Masse kann strömen, also gibt es einen Massestrom. Die Bilanzgleichung erhalten wir analog zu den Beispielen in Wissen 9.3.6. Nun kommt die Frage nach dem Energietransport. Wieso transportiert ein Massestrom in einem Gravitationsfeld Energie? Wenn ein Massestrom hinunterfällt kann er etwas antreiben. So entsteht die Idee, dass das Produkt aus der Gravitationsfeldstärke der Erde g und der Höhe h diese intensive Größe

---

B 10.1.i
Beispiel: Steckbrief Masse m

1. Erhaltungsgröße:
   Die Masse m ist fast immer in sehr guter Näherung eine Erhaltungsgröße.[a]
2. Dimension: $\dim m = \mathbf{M}$
   Einheit: $[m]_{\mathrm{SI}} = \mathrm{kg}$
3. Strom:
   Die Massestromstärke $I_{m\,(AB)}$ beschreibt, welche Masse pro Zeit vom System A in das System B fließt.
4. Bilanzgleichung:

$$\frac{\mathrm{d}m_A}{\mathrm{d}t} = \sum_{i=B}^{N} I_{m\,(iA)}$$

Die Änderungsrate der Masse m im System A ist gegeben durch die Summe aller Masseströme über die Systemgrenzen.

...

10

C. Hettich et al., *Physik Methoden*,
https://doi.org/10.1007/978-3-662-67906-7_10

Fortsetzung Beispiel 10.1.i:

---

5. Intensive Größe: Lage-Potenzial
   $\xi_m = gh$ mit g: Gravitationsfeldstärke;
   h: Höhe
   $[gh]_{SI} = \dfrac{m^2}{s^2}$

6. Energieform: $dE = gh\,dm$

7. Stromarten:

   Es gibt: nur konvektive Masseströme

   ---
   [a]Bei kernphysikalischen Prozessen braucht man den Masseverlust zur Erklärung der Energiebilanz.

---

sein könnte. Wir stellen fest, dass auch die Dimension passt:

$$\dim \xi_m = \frac{\dim E}{\dim m} = \mathsf{L}^2\,\mathsf{T}^{-2} = \dim(gh).$$

Also schreiben wir $\xi_m = gh$.

Ein wenig anders sieht der Zusammenhang bei inhomogenen Feldern aus (siehe Wissen 11.1.2).

10.2   Volumen

D10.2.1 efinition: Raumvolumen

Das Raumvolumen beschreibt, wie viel Raum ein System einnimmt.

Raum kann in der klassischen Physik nicht erzeugt werden. In diesem Sinne ist das Raumvolumen eine Erhaltungsgröße. Häufig verwendet man aber ein anderes Verständnis des Volumen-Begriffs. Man meint das Stoffvolumen.

D10.2.2 efinition: Stoffvolumen

Das Stoffvolumen beschreibt, wie viel Raum eine bestimmte Stoffmenge einnimmt.

B10.2.i eispiel: Steckbrief Raumvolumen V

1. Erhaltungsgröße:
   Das Raumvolumen V ist eine Erhaltungsgröße, da Raum weder erzeugt noch vernichtet werden kann.

2. Dimension: $\dim V = \mathsf{L}^3$
   Einheit: $[V]_{SI} = m^3$

3. Strom:
   Die Volumenstromstärke $I_{V(AB)}$ gibt an, welches Volumen pro Zeit von System A in das System B fließt.

...

Der Begriff „Volumen" begegnet uns im Alltag an vielen Stellen. Wir haben auch eine gute Vorstellung davon, was beispielsweise ein Liter ist. Das liegt daran, dass wir schon oft Getränke, zum Beispiel Milch, in dieser Packungsgröße gekauft haben. Die Milchflasche hat ein Fassungsvermögen von einem Liter oder anders ausgedrückt, sie umschließt einen Raum von einem Liter. Wir sprechen daher von Raumvolumen.

Oft wird auch die Menge eines Stoffs in Liter oder Kubikmeter angegeben: Ein Liter Milch oder ein Kubikmeter Luft. In diesem Fall wollen wir das Stoffvolumen nennen.

Worin liegt jetzt der Unterschied zwischen Raum- und Stoffvolumen?

Insbesondere bei Gasen hängt der Raum, den eine bestimmte Stoffmenge einnimmt, von mehreren Faktoren ab, zum Beispiel vom Druck und von der Temperatur. Stellen wir uns einen mit Luft gefüllten Zylinder vor, der von einem beweglichen Kolben verschlossen wird. Dann können wir die Luft mit Hilfe des Kolbens komprimieren (siehe Abbildung 10.1). Dadurch ändert sich das Stoffvolumen, obwohl die Stoffmenge gleich bleibt. Stoffvolumen kann also vernichtet werden. Damit ist das Stoffvolumen keine Erhaltungsgröße.

Anders sieht das bei dem Raumvolumen des Zylinders aus. Wenn wir den Kolben in den Zylinder hineinschieben, verringert sich zwar auch das eingeschlossene Raumvolumen, aber im gleichen Maße wird das Raumvolumen der Umgebung (alles außer dem Zylinder) größer (siehe Abbildung 10.1). Im klassischen Sinn kann nämlich Raum nicht erzeugt oder vernichtet werden. Das Raumvolumen ist somit eine Erhaltungsgröße.

Stoffvolumen   Raumvolumen

$$I_{V(A, \text{Umgebung})}$$

Abbildung 10.1: Komprimieren eines Gases in einem Kolben. Das Stoffvolumen verschwindet einfach. Das Raumvolumen jedoch ist eine Erhaltungsgröße und strömt aus dem Kolben in die Umgebung.

Wie wir im Kapitel 9 festgestellt haben, ist es sehr praktisch, mit Erhaltungsgrößen zu arbeiten. Wir können eine Bilanzgleichung aufstellen. Wenn wir dann noch die intensive Größe, hier den Druck p, finden, die uns angibt, in welcher Form ein Raumvolumen Energie transportieren kann, haben wir ein gutes Werkzeug zur Beschreibung von Energieübertrag durch Volumenänderung in der Hand.

Auf welche Art kann Raumvolumen in ein System fließen?

Das hängt stark damit zusammen, wie das System definiert ist. Wenn wir zum Beispiel festlegen, dass das Wasser in einem Tank unser System ist, dann entspricht das Raumvolumen unseres Systems genau dem Stoffvolumen des Wassers. Wenn jetzt Wasser hinzu fließt, vergrößert sich das System genau um das Raumvolumen, das das Wasser mitbringt. In diesem Fall handelt es sich um einen konvektiven Raumvolumenstrom. Bei dieser Systemdefinition muss man aber aufpassen: Wenn sich das Wasser zum Beispiel auf Grund von Wärme ausdehnt, fließt aus der Umgebung Raumvolumen in das System.

Wenn sich das Raumvolumen eines Systems aber dadurch ändert, dass sich wie beim beweglichen Kolben in einem Zylinder Systemgrenzen aus Materie bewegen, dann fließt keine Materie in das System hinein oder heraus. Die Stromart ist dann konduktiv.

Wir haben gesehen, dass das Raumvolumen eine Erhaltungsgröße ist, das Stoffvolumen aber nicht. Wir können das Stoffvolumen nicht so einfach bilanzieren, da es von Druck oder Temperatur abhängig ist. Wenn wir Stoffmengen oder Stoffströme betrachten, die zunächst mit Stoffvolumen beschrieben wurden, ist es deshalb ratsam, diese in Massen bzw. Massenströme umzurechnen und damit weiterzuarbeiten. Damit wechseln wir die Sichtweise und betrachten eine Erhaltungsgröße.

Fortsetzung Beispiel 10.2.i:

4. Bilanzgleichung:

$$\frac{dV_A}{dt} = \sum_{i=B}^{N} I_{V(iA)}$$

Die Änderungsrate des Volumens V im System A ist gegeben durch die Summe aller Volumenströme über die Systemgrenzen.

5. intensive Größe:
   $\xi_V = p$: Druck
   $$[p]_{SI} = \frac{kg}{m \cdot s^2} = \text{Pa} : \text{Pascal}$$

6. Energieform: $dE = -p\,dV$

7. Stromarten:

   Es gibt: konvektive Volumenströme
   konduktive Volumenströme

R 10.2.3
ezept: Mit Massenströmen rechnen

Wenn Sie einer Aufgabe mit Stoffströmen begegnen, rechnen Sie lieber mit Masseströmen als mit Stoffvolumenströmen.

Das Stoffvolumen kann sich verändern, während die Masse eine Erhaltungsgröße ist.

10

10.3   Elektrische Ladung

D **10.3.1**
efinition: Elektrische Ladung

Die elektrische Ladung ist eine physikalische Größe, die die Stärke der Wechselwirkung zwischen einem System und einem elektromagnetischen Feld beschreibt.

Diese Definition besagt eigentlich nur, dass die Ladung eine sinnvolle Größe ist, die auf keine anderen physikalischen Größen zurückgeführt werden kann. Sie hat sich bei der Beschreibung von Systemen und Prozessen bewährt.

B **10.3.i**
eispiel: Steckbrief Ladung Q

1. Erhaltungsgröße:
   Elektrische Ladung Q ist eine perfekte Erhaltungsgröße. Es gibt keine Ausnahme.

2. Dimension: $\dim Q = \mathsf{I\,T}$
   Einheit: $[Q]_{\mathrm{SI}} = \mathrm{A\,s} = \mathrm{C}$ (Coulomb)

3. Strom:
   Die Ladungsstromstärke $I_{Q\,(AB)}$ ist die elektrische Stromstärke.

4. Bilanzgleichung:

$$\frac{\mathrm{d}Q_A}{\mathrm{d}t} = \sum_{i=B}^{N} I_{Q\,(iA)}$$

   Die Änderungsrate der Ladung Q im System A ist gegeben durch die Summe aller Ladungsströme über die Systemgrenzen.

5. intensive Größe:
   $\xi_Q = \varphi$: Elektrisches Potenzial
   $[\varphi]_{\mathrm{SI}} = \mathrm{V}$: Volt

6. Energieform: $\mathrm{d}E = \varphi\,\mathrm{d}Q$

7. Stromarten:

   Es gibt: konvektive Ladungströme
              leitungsartige Ladungsströme

10

Ende des 18.ten Jahrhunderts war die Mechanik die wichtigste Disziplin in der Physik. Mit Newtons Gesetzen konnte erfolgreich so vieles erklärt werden, dass man glaubte und hoffte, damit alles beschreiben zu können. Allerdings gab es Effekte, die doch nicht in das mechanische Weltbild passten. Man nannte sie Elektrizität und Magnetismus. Die Erforschung und Formulierung dieser neuen Richtung in der Physik führte zu dem Begriff der Ladung. Bald wurde erkannt, dass elektrische Ladung eine Erhaltungsgröße ist.

Die Theorie wurde weiterentwickelt und die Ladungsbilanzierung sowie die dazu nötigen elektrischen Ströme wurden praktisch namensgebend für das Stromkonzept allgemein. Elektrischer Strom und elektrische Leitung sind für uns alltägliche Begriffe.

Bei der Erstellung des Steckbriefs für die Ladung werden die meisten Punkte daher nur abgeschrieben. Etwas mehr Aufwand erfordert dagegen die Suche nach der intensiven Größe ξ_Q zur Ladung. Dazu betrachten wir die Dimension von ξ_Q (Rezept 9.4.4):

$$\dim \xi_Q = \frac{\dim E}{\dim Q} = \mathsf{M\,L^2\,T^{-3}\,I^{-1}}.$$

Die Dimensionenliste (Tabelle A.2) zeigt, dass die dazugehörige SI-Einheit das Volt ist. Wir nennen diese intensive Größe „elektrisches Potenzial φ". Bekannter sind Potenzialdifferenzen. Sie heißen elektrische Spannungen.

Wir kennen konvektive Ladungsströme, wie Elektronenstrahlen oder Ionentransport in Elektrolyten und leitungsartige Ladungsströme, beispielsweise in Metallen wie Kupfer und Aluminium.

Noch etwas ist bemerkenswert bei der elektrischen Ladung. Selbst wenn ein Körper ungeladen ist, können wir ihm Ladung entnehmen. Wenn wir beispielsweise negative Ladung aus dem Körper entfernen, bleibt der Körper positiv geladen zurück. Wir sagen, die Ladung wurde getrennt. Ladungstrennung ist möglich, weil elektrische Ladung positive und negative Werte annehmen kann.

Die Natur macht das beim Beta-Zerfall eines Neutrons, bei dem das neutrale Neutron in ein Proton und ein Elektron zerfällt. Oder bei der Photosynthese. Dort wird auch ein Elektron von einem Molekül abgetrennt und dazu verwendet, CO_2 aufzuspalten. Die Gesamtladung ändert sich dabei selbstverständlich nicht, da Ladung weder erzeugt noch vernichtet werden kann.

10.4   Impuls

Die physikalische Größe Impuls spielt eine zentrale Rolle in der Physik. Die Beschreibung von Bewegungen gelingt mit dem Impulsbegriff oft erstaunlich einfach. Erschwert wird die Verwendung aber dadurch, dass „Impuls" in der Umgangssprache eine andere Bedeutung haben kann, als in der Physik. Daher ist das folgende Kapitel besonders gut geeignet, exemplarisch die grundlegenden Schritte der Erarbeitung einer Theorie zu üben. Ganz besonders wichtig erweist sich in diesem Fall eine saubere Begriffsdefinition (siehe Unterkapitel 1.1).

Der Impuls und die durch Impuls beschreibbaren Prozesse tauchen in diesem Buch an unterschiedlichen Stellen auf. Er ist ein schönes Beispiel, wie aus ganz grundlegenden Überlegungen ein Werkzeug zur Vorhersage von Abläufen geschaffen werden kann. Beginnend mit Unterkapitel 6.1, in dem Impulserhaltung auf eine Raumeigenschaft zurückgeführt wird, über Kapitel 9 mit der grundlegende Formulierung von Bilanzen für alle Erhaltungssätze wird im folgenden Kapitel erläutert, was mit Impuls beschrieben werden kann. Insbesondere die Nähe zum Kraftbegriff wird herausgearbeitet.

In Unterkapitel 12.2 findet sich eine Anwendung von Impuls, Impulsüberträgen und Strömen. Bewegungsprozesse können durch Kräfte oder durch Impulsbilanzen beschrieben werden. In Hinblick auf Rezept 0.0.3 kann es wertvoll sein, beide Blickwinkel einzunehmen.

10.4.a   Was ist Impuls?

Ein großes Hindernis bei der Anwendung der Größe „Impuls" ist die Tatsache, dass der Begriff in der Umgangssprache meist eine andere Bedeutung hat als in der Physik. Zm Beispiel nennt man einen Gedankenanstoß oder neue Ideen im täglichen Gebrauch auch Impuls.

Wenn ein Körper angestoßen wird, gibt man dem Körper umgangssprachlich einen Impuls. Auch das ist nicht das, was die Physik unter Impuls versteht. Dass so ein Stoß viel mit dem physikalischen Begriff Impuls zu tun hat, erschwert die Sache sogar.

Sehr gut ist der physikalische Impuls erklärt als die „Menge an Bewegung", die ein System, die ein Körper hat. Ein schneller, massereicher Körper hat mehr Impuls als ein langsamer Körper, der wenig Masse besitzt. Genau das besagt die nebenstehende Gleichung für den klassischen Impuls. Da die umgangssprachliche Verwendung des Begriffes Impuls häufig sehr nahe am physikalischen Begriff ist, kann es zu Missverständnissen kommen. Deshalb lohnt es sich, hier etwas Zeit aufwenden, um herauszuarbeiten, wann der Begriff im physikalischen Sinne richtig verwendet wird.

Die Unterscheidung fällt leichter, nachdem wir uns noch einmal klar gemacht haben, dass Impuls die Menge an Bewegung beschreibt. Der Impuls ist eine unzählbare mengenartige Größe, wie Wasser oder Butter. So wie Sie nicht *ein* Wasser oder *eine* Butter kaufen können (das, was jetzt manche denken, heißt richtigerweise: ein Stück Butter), können Sie nicht *einen* Impuls übertragen. Damit kann Impuls auch gar nicht im Plural stehen. Wenn Menschen über Impulse (in

Der Impuls $\vec{p}$ ist ein Maß dafür, wie viel Translationsbewegung in einem System steckt.

Je schneller sich etwas bewegt und je mehr Masse und Energie es hat, umso mehr Impuls steckt darin.

> **D**efinition: **10.4.1**
> **Impuls klassisch**
>
> Für klassische Körper mit der Masse m und der Geschwindigkeit $\vec{v}$ gilt:
>
> $$\vec{p} = m\,\vec{v}.$$

> **R**ezept: **10.4.2 Impuls – physikalisch oder umgangssprachlich?**
>
> Wenn Sie dem Begriff Impuls begegnen, prüfen Sie, in welchem Kontext oder in welchem Sinn er verwendet wird.
>
> Den „physikalischen Impuls" erkennen Sie,
>
> - wenn man dafür „Menge an Bewegung" oder einfach „Bewegung" sagen kann.
>
> Den „umgangssprachlichen Impuls" erkennen Sie,
>
> - wenn man dafür „Stoß", „Anstoß" sagen kann,
> - wenn das Wort „ein" davor steht,
> - wenn man das Wort in den Plural setzen kann.

10

> **B** **10.4.i Impuls – physikalisch oder**
> **eispiel: umgangssprachlich?**
>
> - „Die Kugel erhält einen Impuls"
>   Nichtphysikalischer Impuls, zu erkennen am
>   Wort „einen". Das Wort Impuls" könnte man
>   durch „Stoß" ersetzen.
> - „Beim Crash gibt das Auto Impuls an die
>   Wand ab"
>   Physikalischer Impuls, erkennbar daran, das
>   man „Impuls" durch „Bewegung" ersetzen
>   kann.

der Mehrzahl) reden, meinen sie sicher nicht den physikalischen Impuls.

10.4.b Impulserhaltung, die zentrale Rolle von Impuls in der Physik

Auch an den Steckbrief für den Impuls gelangt man auf dem bekannten Weg (Rezept 9.5.1).

> **B** **10.4.ii**
> **eispiel: Steckbrief Impuls** $\vec{p}$
>
> 1. Erhaltungsgröße:
>   Impuls $\vec{p}$ ist eine perfekte Erhaltungsgröße.
>   Es gibt keine Ausnahme.
> 2. Dimension: $\dim \vec{p} = \mathbf{M\,L\,T}^{-1}$
>   Einheit: $[p]_{\mathrm{SI}} = \mathrm{N\,s}$ (Newtonsekunde).
> 3. Strom:
>   Die Impulsstromstärke $\vec{I}_p$ ist die Kraft $\vec{F}$.
> 4. Bilanzgleichung:
>
> $$\frac{\mathrm{d}\vec{p}_A}{\mathrm{d}t} = \sum_{i=B}^{N} \vec{I}_{p\,(iA)}$$
>
>   auch hier die bekannte Gleichung.
> 5. intensive Größe:
> $\vec{\xi}_p = \vec{v}$: Geschwindigkeit
> 6. Energieform: $\mathrm{d}E = \vec{v}\,\mathrm{d}\vec{p}$.
> 7. Stromarten:
>
>   Es gibt: konvektive Impulsströme
>   (Wind)
>   konduktive Impulsströme
>   (Seil, Stäbe)
>   induktive Impulsströme
>   (Gravitationsfeld).

Da der Impuls eine Vektorgröße ist, gilt dies auch für die Impulsstromstärke $\vec{I}_p$ und die damit verbundene intensive Größe $\vec{\xi}_p$.

Der Weg zum Verständnis und zur sauberen Definition der Größe „Impuls" hat die Physik lange beschäftigt. Im Laufe der Jahre wurde immer klarer, dass Impuls ein sehr allgemeine und weitreichende Größe ist. Newton und Huygens führten die Idee erfolgreich ein. Bei der Entwicklung der Quantenmechanik zu Beginn des 20. Jahrhunderts spielte der Impuls eine zentrale Rolle. Wir wollen uns aber nicht mit der über hundertjährige Geschichte beschäftigen (obwohl sie interessant ist), sondern uns die relevanten Erkenntnisse anschauen.

Kurz zusammengefasst:
Impuls ist eine mengenartige Größe, die die Bewegung eines Systems beschreibt. Alle bewegten Systeme, wie Körper, Felder und Wellen haben Impuls. Durch viele Beobachtungen hat sich gezeigt, dass Impuls weder erzeugt noch vernichtet werden kann. Bisher hat man keine Ausnahme gefunden. Wie alle Erhaltungssätze kann auch die Impulserhaltung nicht bewiesen, sondern nur immer wieder geprüft und bestätigt werden.

Da Impuls eine Erhaltungsgröße ist, können wir die Bilanzgleichung (Wissen 9.3.6) direkt hernehmen und die allgemeine Größe G durch den Impuls $\vec{p}$ ersetzen:

$$\frac{\mathrm{d}G_A}{\mathrm{d}t} = \sum_{i=B}^{N} I_{G\,(iA)}$$

$$\Rightarrow \quad \frac{\mathrm{d}\vec{p}_A}{\mathrm{d}t} = \sum_{i=B}^{N} \vec{I}_{p\,(iA)}.$$

Damit erkennen wir: Die Änderungsrate des Impulses $\vec{p}$ in dem System A ist gegeben durch die Summe aller Impulsströme $\vec{I}_p$ über die Systemgrenzen.

Impulsvektor-Bilanz

Da der Impuls eine Vektorgröße ist, bestehen viele Gleichungen, in denen der Impuls steht, eigentlich aus drei Gleichungen.

Im ersten Moment mag das erschrecken. Da wir aber gelernt haben, wie wertvoll Erhaltungssätze sind, sollten wir uns darüber freuen. Die Impulsbilanz besteht sozusagen aus drei Bilanzgleichungen, die unabhängig voneinander gelten. Alle drei geben uns wertvolle Hinweise darüber, wie sich die Natur verhält.

Wir wollen ein einfaches Beispiel betrachten. Angenommen ein Körper fliegt von links oben ins Bild und nach rechts oben wieder weg (siehe Abbildung 10.2). Dabei bleibt er während des gesamten Vorgangs gleich schnell, ändert also den Betrag seiner Geschwindigkeit nicht.

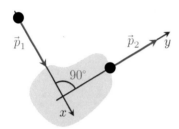

Abbildung 10.2: Bewegung eines Körpers, dessen Richtung sich ändert, aber dabei gleich schnell bleibt. Auch in diesem Fall muss der Körper Impuls mit der Umgebung austauschen.

Zuerst legen wir ein geeignetes Koordinatensystem fest. Danach erkennen wir, dass der Körper zunächst nur x-Impuls hatte und nachher nur y-Impuls besitzt. Wir sind also sicher, dass er den x-Impuls abgegeben haben muss und von irgendwoher y-Impuls aufgenommen hat. Daher muss irgendwo ein System gewesen sein, das an diesen beiden Austauschen beteiligt war.

Wenn wir Bewegungen sehen, die der Impulserhaltung scheinbar widersprechen, dann geben wir nicht einfach den Erhaltungssatz auf. Stattdessen nutzen wir das Wissen, dass diese Abweichung nur durch einen Impulsstrom erklärt werden kann, der bisher in der Bilanz nicht berücksichtigt wurde. Wir gehen also auf die Suche nach Systemen, von denen diese Impulsströme kommen könnten.

Auf diese Weise wurden Neptun und das Neutrino entdeckt. Heute sucht man nach Dunkler Materie, weil die beobachtete Bewegung des Universums nicht mit der Impulserhaltung vereinbar ist.

Rezept: **10.4.3** **Impuls-Vektor-Gleichungen**

Sind Sie an der Impulsänderung eines Systems A interessiert, dann fassen Sie die Bilanzgleichung für den Impuls als drei voneinander unabhängigen Erhaltungssätze auf.

$$\frac{\mathrm{d}\vec{p}_A}{\mathrm{d}t} = \sum_{i=B}^{N} \vec{I}_{p\,(iA)} = \begin{cases} \dfrac{\mathrm{d}p_x^{(A)}}{\mathrm{d}t} = \sum\limits_{i=B}^{N} I_{p_x\,(iA)} \\[2ex] \dfrac{\mathrm{d}p_y^{(A)}}{\mathrm{d}t} = \sum\limits_{i=B}^{N} I_{p_y\,(iA)} \\[2ex] \dfrac{\mathrm{d}p_z^{(A)}}{\mathrm{d}t} = \sum\limits_{i=B}^{N} I_{p_z\,(iA)} \end{cases}$$

Impuls in x-Richtung kann nicht in Impuls in y-Richtung umgewandelt werden.

Rezept: **10.4.4 (Scheinbare) Verletzung der Impulserhaltung**

Wenn Sie eine Bewegung sehen, die Ihnen seltsam vorkommt, dann schauen Sie zuerst, ob die Bewegung dem Impulserhaltungssatz genügt.

Wenn Sie ein Abweichen feststellen, dann suchen Sie nach weiteren Systemen, die die Bewegung beeinflussen. Es gibt sie, ziemlich sicher.

10

10.4.c   Einfache Anwendungen der Impulserhaltung

Für die Darstellung von Impulsüberträgen verwenden wir die in Rezept 9.3.3 formulierten Konventionen.

W 10.4.5 1. Newtonsches Axiom –
issen: Trägheitsprinzip

Ein Körper verharrt im Zustand der Ruhe oder der gleichförmigen Bewegung, sofern nicht Impuls auf ihn übertragen wird.

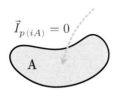

$$\vec{I}_{p(iA)} = 0$$

Abbildung 10.3: Körper ohne Impulsaustausch

Situation 1

Betrachten wir zuerst einen Körper (System A), der sich bewegt, aber mit nichts anderem wechselwirkt. Dann kann sich sein Impuls nicht ändern. Impuls kann ja weder vernichtet noch erzeugt werden. Abgeben kann der Körper seinen Impuls auch nicht. Ändert sich außerdem die Masse des Körpers nicht, so bleibt seine Geschwindigkeit konstant.

$$\vec{I}_{p(iA)} = 0 \quad \Rightarrow \quad \frac{\mathrm{d}\vec{p}_A}{\mathrm{d}t} = 0 \quad \Rightarrow \quad \vec{p}_A = \text{konst.}$$

Dabei handelt es sich um ein für Impuls isoliertes System, siehe Abschnitt 9.3.f. Das gleiche gilt auch für ein System, bei dem die Summe der Impulsströme null ist, siehe Abschnitt 9.3.f.

W 10.4.6 2. Newtonsches Axiom –
issen: Aktionsprinzip

Die Änderungsrate des Impulses (der Bewegung) entspricht genau der Rate des Impulsübertrags $I_{\vec{p}(iA)}$ von außen auf den Körper.

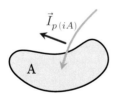

$$\vec{I}_{p(iA)}$$

Abbildung 10.4: Impulszufuhr ein Körper

Für konstante Massen gilt:

$$\vec{I}_p = m\,\vec{a}.$$

Situation 2

Wird auf einen Körper von außen Impuls übertragen, so ändert sich sein Impuls (außer die Summe der Impulsströme ist null; dann sind wir aber in Situation 1). Nennen wir die Rate des Impulsübertrags, also die Impulsstromstärke $\vec{I}_{p(iA)}$. Unter der Annahme, dass die Masse konstant bleibt, ergibt sich daraus:

$$\frac{\mathrm{d}\vec{p}_A}{\mathrm{d}t} = \frac{\mathrm{d}\,(m\,\vec{v})}{\mathrm{d}t} = m\frac{\mathrm{d}\vec{v}}{\mathrm{d}t} = m\,\vec{a} = \vec{I}_{p(iA)}.$$

Wir erkennen, dass ein Körper, dem von außen Impuls zugeführt wird, eine beschleunigte Bewegung ausführt und dass die Beschleunigung zur Impulsstromstärke proportional ist (wenn seine Masse konstant ist).

Situation 3

Wenn zwei Körper (System A und B) untereinander Impuls austauschen, dann ist der Übertrag, den der eine Körper erhält, genau so groß, wie der, den der andere hergibt. Was bei dem ersten Körper weggeht, kommt bei dem zweiten an. Es geht nichts an Impuls verloren:

$$\text{Körper A:} \quad \frac{\mathrm{d}\vec{p}_A}{\mathrm{d}t} = \vec{I}_{p(BA)},$$

$$\text{Körper B:} \quad \frac{\mathrm{d}\vec{p}_B}{\mathrm{d}t} = \vec{I}_{p(AB)} = -\vec{I}_{p(BA)}.$$

Wir haben nur die Bilanzrichtung umgedreht und so das Ergebnis erhalten (siehe Abschnitt 9.3.c „Umdrehen der Bilanzrichtung")

Impulsübertrag und Kraft

Die drei beschriebenen Situationen und die daraus resultierenden Erkenntnisse spiegeln die drei Newtonschen Axiome wider. Allerdings werden diese Axiome meist unter Verwendung des Begriffes „Kraft" formuliert und nicht mit Impulsströmen, beispielsweise so:

1. Ein Körper, auf den keine Kraft wirkt, ändert seine Geschwindigkeit nicht (Trägheitsprinzip).
2. Ein Körper, auf den eine Kraft wirkt, wird beschleunigt (Aktionsprinzip).
3. Übt ein Körper A eine Kraft auf den Körper B aus, dann übt der Körper B eine gleich große, entgegengesetzte Kraft auf den Körper A aus (Reaktionsprinzip: actio = reactio).

Die beiden Formulierungen widersprechen sich nicht. Das Bild von Impulsüberträgen und der Formalismus der Kräfte sind wesensverwandt. Sie beschreiben die gleiche Physik, nur mit unterschiedlichen Bildern. Aus Rezept 0.0.3 „Perspektivwechsel" wissen wir, dass es sehr hilfreich sein kann, ein Problem oder eine Aufgabe von verschiedenen Standpunkten aus zu betrachten. Die Impulsbeschreibung und der Kraftformalismus sind zwei Sichtweisen auf die gleiche Physik. Es bewährt sich, zwischen der Impulsbeschreibung und dem Kraftformalismus wechseln zu können.

Exemplarisch wird der Übergang von Impulsbild ins Kraftbild in Beispiel 10.4.iii vorgenommen.

W **10.4.7 3. Newtonsches Axiom –**
issen: Reaktionsprinzip

Impulsüberträge treten immer paarweise auf. Das, was bei einem System wegfließt, ist genau so groß, wie das, was dem anderen zufließt:

$$\vec{I}_{p(AB)} = -\vec{I}_{p(BA)}.$$

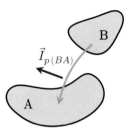

Abbildung 10.5: Impulsaustausch zweier Körper

W **10.4.8**
issen: Kraft als Impulsstromstärke

Die Kraft $\vec{F}_i^{(A)}$ auf ein System A ist gleich der auf das System hin bilanzierten Impulsstromstärke:

$$\vec{F}_i^{(A)} = \vec{I}_{p(iA)}.$$

Da meist klar ist, auf welches System die Kräfte wirken, verzichtet man in der Regel auf den oberen Index (A).

10

R10.4.9 Rezept: Vom Impulsbild zum Kraftbild

So gelingt der Umstieg von Impuls zu Kraft:

- Skizzieren Sie alle wichtigen, am Impulsaustausch beteiligten Systeme.
- Zeichnen Sie die Bilanzpfeile zwischen den Systemen. Dabei wählen Sie die Bilanzrichtung, die Ihnen am sinnvollsten erscheint. Sie sind hier bekanntermaßen frei.
- Benennen Sie zu jedem Bilanzpfeil die dazugehörige Stromgröße.

Nun ist Ihr Impulsaustausch beschrieben.

Wollen Sie die Kräfte auf ein Teilsystem A wissen, dann:

- Skizzieren Sie nur dieses Teilsystem A allein (dies nennt man freischneiden).
- Zeichnen Sie alle oben aufgeführten Bilanzpfeile, die mit A zusammenhängen. Dabei müssen aber alle Bilanzpfeile auf A hin zeigen.
- Falls Sie den Bilanzpfeil umdrehen müssen, drehen Sie auch den Strompfeil um.
- Die so erstellte Skizze ist die Kraftskizze des frei geschnittenen Systems. Die Impulsstromstärken sind die auf das System A wirkenden Kräfte.

B10.4.iii Beispiel: Kraft als Impulsstromstärke

Die Kraft sowohl auf das System A als auch auf B soll für Abbildung 10.5 bestimmt werden:

- Kraft auf A
  Das System A wird alleine gezeichnet. Man erkennt, dass es nur einen Bilanzpfeil gibt. Der ist zudem auf A gerichtet. Daher ist die Kraft auf A:

$$\vec{F}_B^{(A)} = \vec{I}_{p(BA)}.$$

- Kraft auf B
  Jetzt B alleine zeichnen. Die ursprüngliche Bilanzrichtung zeigt von B weg. Also müssen sowohl der Bilanzpfeil als auch der Stromstär-
  ...

Zur Bestimmung der Kräfte skizzieren wir den Körper allein. Wir sagen: „wir schneiden ihn frei". Wir zeichnen nun alle am Körper angreifenden Bilanzpfeile auf den Körper hin. Wie bei Bilanzen üblich, müssen wir den Stromstärkepfeil umdrehen, wenn wir den Bilanzpfeil umdrehen (Abschnitt 9.3.c). Im so entstandenen Bild sind die Stromstärkevektoren identisch mit den auf den Körper wirkenden Kräfte.

Fortsetzung Beispiel 10.4.iii:

kepfeil gedreht werden. Deshalb lautet die Kraft auf B:

$$\vec{F}_A^{(B)} = \vec{I}_{p(AB)} = -\vec{I}_{p(BA)} = -\vec{F}_B^{(A)}.$$

Wechsel zwischen Impuls- und Kraftbild

Alles was wir über Kräfte wissen, passt genau zu dem, was wir mit Impuls beschreiben. Diese Erkenntnis ist beruhigend. Wir können mit beiden Beschreibungen Bewegungen richtig vorhersagen. Mit dieser Erkenntnis, dass Kraft und Impulserhaltung zusammenpassen, könnte man zufrieden sein und weiter ausschließlich mit Kräften arbeiten und Aufgaben lösen. Daher endet dieses Kapitel an dieser Stelle.

Weil wir festgestellt haben, dass andere Standpunkte einzunehmen, zu neuen Erkenntnissen und einem besseren Verständnis von Vorgängen führen kann, wollen wir uns aber möglichst viele Optionen offen halten. Deshalb wird im Unterkapitel 12.2 das Thema erneut aufgegriffen und vertieft. Für alle, die mehr verstehen möchten.

R 10.4.10 Wechsel zwischen Impuls- und ezept: Kraft-Formalismus

Wechseln Sie zwischen dem Bild mit Impulsüberträgen und dem Kraft-Formalismus. Beide haben ihre Vorteile.

Nutzen Sie den Zusammenhang zwischen Impulsstromstärke und Kraft.

10.4.d Mathematische Notation des Impulsstroms — nur ein Ausblick

Die mathematische Beschreibung von Impulsströmen durch den Raum muss berücksichtigen, dass wir es mit zwei Vektoren zu tun haben: der Stromrichtung im Raum und der Impulsstromstärke. Das ist natürlich auch bei der Kraft so, denn die Kraft ist ein Vektor, aber auch die Fläche auf die die Kraft wirkt, wird durch einen Normalenvektor beschrieben.

In der Bra-Ket-Schreibweise (Abschnitt 3.4.f) kann man den Impulsstrom S_p so notieren:

$$S_p = |\tau\rangle\langle I_p|$$

Dabei beschreibt $|\tau\rangle$ die Stromrichtung im Raum und $|I_p\rangle$ die Impulsstromstärke.

Aus dieser Größe lassen sich allgemein bekanntere Größen, wir die Zug- oder Druckkraft, sowie die Querkräfte berechnen. Das sei hier nur erwähnt. Eine vollständige Ausarbeitung geht hier aber zu weit.

W 10.4.11 Mathematische Notation issen: des Impulsstroms

Wenn es möglich ist, den Impulsübertrag durch eine einzige Stromlinie ausreichend genau zu beschreiben, dann kann der gesamte Impulsstrom so geschrieben werden:

- Impulsstrom: $S_p = |\tau\rangle\langle I_p|$
- Impulsstromstärke: $|I_p\rangle$
- Stromrichtung: $|\tau\rangle$

Daraus lassen sich berechnen:

- Betrag der Zug-, Druckkraft: F_{zug}

$$F_{zug} = \langle I_p|\tau\rangle$$

- Betrag der Querkraft: F_{quer}

$$F_{quer}^2 = \langle I_p|I_p\rangle - \langle I_p|\tau\rangle\langle\tau|I_p\rangle$$

10

10.5   Drehimpuls

Im Abschnitt 6.1.b haben wir die drei wichtigen Raumsymmetrien und die daraus resultierenden Erhaltungsgrößen kennen gelernt. Das gesamte Kapitel 11 beschäftigt sich mit der Energieerhaltung. Impulserhaltung wird ebenfalls ausführlich besprochen, da sie sich sehr gut eignet, das „Betrachten von einem anderen Standpunkt" in einer Theorie zu üben.

Die Drehimpulserhaltung führt auch zu neuen Einsichten und hilft enorm bei der Lösung von vielen Problemen. Allerdings kommt man beim Drehimpuls nicht um eine vektorielle Betrachtung herum, wodurch er für den Einstieg in das Thema Erhaltungsgrößen nicht so geeignet ist, wenn man sich mit Vektorrechnung nicht so gut auskennt. Deshalb wollen wir uns nur ein paar grundsätzliche Fragen anschauen.

Der Drehimpuls $\vec{J}$ ist ein Maß dafür, wie viel Rotationsbewegung in einem System steckt.

Je schneller etwas rotiert, je mehr Masse es hat und je weiter die Masse von der Drehachse entfernt ist, umso mehr Eigendrehimpuls $\vec{S}$ steckt darin.

Außerdem hat ein bewegter Körper gegenüber jedem Punkt im Raum einen Bahndrehimpuls $\vec{L}$. Der Wert ist abhängig vom Translationsimpuls $\vec{p}$ und der Position des Körpers bezüglich des betrachteten Referenzpunktes.

Beide zusammen ergeben den Gesamtdrehimpuls $\vec{J}$.

Der Drehimpuls ist somit eine Größe, deren Wert davon abhängt, bezüglich welchem Punkt P im Raum man ihn angibt.

10.5.a   Was ist Drehimpuls

Was können wir uns unter Drehimpuls vorstellen? Wo kommen wir mit ihm in Berührung? Beeinflusst er irgendwie unser Leben?

Vielleicht hilft es für den Einstieg zu sagen, wo Drehimpuls vorkommt. Jedes drehende Teil hat Eigendrehimpuls. Je schneller es sich dreht, je mehr Masse es hat und je weitere die Masse von Drehpunkt entfernt ist, desto mehr Drehimpuls besitzt der Körper. Angenommen, Sie sind in einem drehenden Karussell. Sitzen Sie in der Mitte, dann hat das System aus Karussell und Ihnen weniger Drehimpuls, als wenn Sie außen sitzen. Dreht sich des Karussell schnell hat es noch mehr Drehimpuls.

Aber auch, wenn Sie sich in gerader Richtung bewegen, haben Sie gegenüber einem seitlich versetzten Punkt einen sogenannten Bahndrehimpuls. Durch ein Gedankenexperiment kommen wir dem Effekt näher. Wir stellen uns zwei nebeneinander verlaufende Brücken vor. Der Abstand sei 20 m. Nun nehmen wir ein Seil, binden es an einer Brücke fest und stellen uns auf die andere Brücke. Wir tragen einen Klettergurt, an dem das andere Ende des Seils auch gut befestigt ist. Zwischen uns und der anderen Brücke ist also nur eine tiefe Schlucht sowie das leicht durchhängende Seil.

Wenn wir jetzt einen Schritt vorwärts gehen, werden wir zunächst senkrecht nach unten fallen. Sobald das Seil sich aber spannt, wir also den Befestigungspunkt des Seils auf der anderen Brücke spüren, werden wir eine Rotation um diesem Befestigungspunkt ausführen. Unser Impuls hatte einen Drehimpuls bezüglich des versetzten Aufhängepunkts.

a)

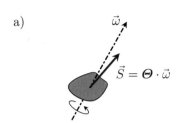

b)

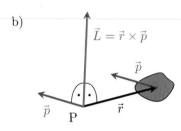

c)

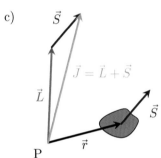

Abbildung 10.6: a) Eigendrehimpuls durch die Rotation eines Körpers. b) Bahndrehimpuls durch die Translation eins Körpers. c) Gesamtdrehimpuls aus der Kombination von Eigen- und Bahndrehimpuls.

R 10.5.1
ezept: Drehimpuls klassisch

Wenn Sie den Gesamtdrehimpuls eines bewegten, sich um seinen Schwerpunkt drehenden Körpers bestimmen sollen, führen folgende Schritte oft zum Ziel:

- Legen Sie den Punkt P fest, bezüglich dem der Drehimpuls berechnet werden soll.
- Den Eigendrehimpuls durch die Rotation um den Schwerpunkt erhalten Sie aus dem Trägheitsmoment Θ und der Winkelgeschwindigkeit $\vec{\omega}$ (Abbildung 10.6 a):

$$\vec{S} = \Theta \cdot \vec{\omega}.$$

- Für den Bahndrehimpuls $\vec{L}$ benötigen Sie den Impuls $\vec{p}$ des Körpers und die Bahn seines Schwerpunkts:

$$\vec{L} = \vec{r} \times \vec{p}.$$

Die Bahn des Schwerpunkts beschreiben Sie durch den Abstandsvektor $\vec{r}$ zwischen dem Bezugspunkt P und dem Schwerpunkt (Abbildung 10.6 b).

- Den Gesamtdrehimpuls erhalten Sie, wenn Sie beide Teildrehimpulse addieren (Abbildung 10.6 c):

$$\vec{J} = \vec{L} + \vec{S}$$
$$= \vec{r} \times \vec{p} + \Theta \cdot \vec{\omega}.$$

Bei relativistischen Teilchen können noch weitere Drehimpulsanteile, wie beispielsweise der Spin, dazu kommen.

Drehimpuls Steckbrief

In Wissen 6.1.7 haben wir erfahren, dass aus der Isotropie des Raums folgt, dass der Drehimpuls eine perfekte Erhaltungsgröße ist. Daher benötigen wir keine weiteren Einschränkungen.

Auch die andern Punkte können wir, ganz ähnlich zum Impuls-Steckbrief, einfach so aufschreiben. Hier scheint der Drehimpuls nicht komplizierter zu sein, als die anderen mengenartigen Größen. Das genau ist die Stärke des Konzeptes der Erhaltungsgrößen. Wenn wir erst einmal soweit gekommen sind, dass wir ein System definiert haben und wir die Drehimpulsströme kennen, können wir mit der Bilanzgleichung das Verhalten

Die Erstellung des Steckbriefs für den Drehimpuls $\vec{J}$ können Sie als Übung selbst durchführen (Rezept 9.5.1):

10

B 10.5.i
eispiel: Steckbrief Drehimpuls $\vec{J}$

1. Erhaltungsgröße:
   Drehimpuls $\vec{J}$ ist eine perfekte Erhaltungsgröße. Es gibt keine Ausnahme.

...

Fortsetzung Beispiel 10.5.i:

---

2. Dimension: $\dim \vec{J} = \mathsf{M}\,\mathsf{L}^2\,\mathsf{T}^{-1}$
   Einheit: $[J]_{\mathrm{SI}} = \mathrm{N\,m\,s}$
   (Newtonmeter-Sekunde)

3. Strom:
   Die Drehimpulsstromstärke $\vec{I}_J$ ist genau das Drehmoment $\vec{M}$.

4. Bilanzgleichung:

$$\frac{\mathrm{d}\vec{J}_A}{\mathrm{d}t} = \sum_{i=B}^{N} \vec{I}_{J(iA)}$$

   auch hier die bekannte Gleichung.

5. intensive Größe:
   $\vec{\xi}_J = \vec{\omega}$: Winkelgeschwindigkeit

6. Energieform: $\mathrm{d}E = \vec{\omega} \cdot \mathrm{d}\vec{J}$

7. Stromarten:

   Es gibt: konvektive Drehimpulsströme
   (Wasserwirbel)
   konduktive Drehimpulsströme
   (Welle eines Motors)
   induktive Drehimpulsströme
   (Licht)

---

beschreiben. Auf dieser Ebene, können wir sogar den Drehimpuls analog zu Rezept 10.4.3 in drei voneinander unabhängige Erhaltungssätze aufteilen.

Drehimpulsströme sind Drehmomente. Analog hatten wir das bereits beim Impuls kennengelernt: Impulsströme sind Kräfte.

Etwas komplizierter wird es erst, wenn wir die Drehmomente berechnen und deren Auswirkungen auf ein System beschreiben möchten. Das schauen wir uns im nächsten Abschnitt nochmal genauer an.

10.5.b   Drehimpulsströme und Drehimpulsänderung

In der Bilanzgleichung stehen auf der rechten Seite der Gleichung Drehimpulsstromstärken $\vec{I}_J$, die mit den Drehmomenten $\vec{M}$ zusammenhängen.

W issen: 10.5.2   Drehmoment und Drehimpuls

Das Drehmoment ist gleich der bilanzierten Drehimpulsstromstärke:

$$\vec{M}_i^{(A)} = \vec{I}_{J(iA)}.$$

Das i-te Drehmoment auf das System A entspricht der Drehimpulsstromstärke von System i in das System A.

Da bei einem freigeschnittenen System klar ist, auf welches System die Drehmomente wirken, verzichtet man in der Regel auf den oberen Index (A).

Auf der linken Seite der Bilanzgleichung steht die Änderung des Drehimpulses des Systems. Wie äußert es sich, wenn sich der Drehimpuls eines Systems ändert?

Wie bei allen Erhaltungsgrößen gilt auch für den Drehimpuls, dass sich die Menge an Drehimpuls nur ändern kann, wenn von außen Drehimpuls zugeführt, oder nach außen abgeführt wird. Dies wird in der Bilanzgleichung mathematisch beschrieben.

Die linke Seite der Bilanzgleichung, die Änderung des Drehimpulses, kann man sich noch vorstellen: Ein Karussell wird langsamer oder schneller.

Aber was sind die von außen zugeführten Drehimpulsströme? Ganz konkret gefragt, wie können wir ein stehendes Kinderkarussell in Bewegung versetzen? Wir laufen auf das Karussell zu (Geschwindigkeit $\vec{v}$) und springen außen drauf (Abstand $\vec{r}$ mit Drehpunkt) und schon dreht es sich. Damit haben wir unseren Bahndrehimpuls in Eigendrehimpuls des Karussells umgewandelt. Oder wir drehen an dem Rad in der Mitte. Auch so beginnt es sich zu bewegen.

Die pro Zeiteinheit fließende Drehimpulsmenge nennen wir Drehimpulsstrom. Durch Vergleich mit Abschnitt 10.4.c erkennen wir, dass das Drehmoment $\vec{M}$ und die bilanzierte Drehimpulsstromstärke $\vec{I}_J$ identisch sind.

Statik – Momentengleichgewicht

In der Statik dreht sich ein Körper A nicht. Das bedeutet, dass sich sein Drehimpuls nicht ändert[2]:

$$\frac{\mathrm{d}\vec{J}_A}{\mathrm{d}t} = 0.$$

Setzen wir das in die Drehimpuls-Bilanzgleichung ein, erhalten wir eine Grundgleichung der Statik, die für ein Dreh-Momentengleichgewicht:

$$\sum_{k=1}^{N} \vec{I}_{J(kA)} = \sum_{k=1}^{N} \vec{M}_k^{(A)} = 0.$$

Wie beim Impuls, lassen sich die zu den Newtonschen-Axiomen analogen Gleichungen für die Drehbewegung aus der Drehimpulserhaltung herleiten.

1. Ist $\boldsymbol{\Theta}$ konstant, so gilt für einen Körper:

$$\vec{I}_J = 0 \Rightarrow \frac{\mathrm{d}\vec{\omega}}{\mathrm{d}t} = 0.$$

2. Ist $\boldsymbol{\Theta}$ konstant, so erfährt ein Körper eine Kreisbeschleunigung, wenn auf ihn Drehimpuls fließt:

$$\vec{I}_J \neq 0 \Rightarrow \frac{\mathrm{d}\vec{\omega}}{\mathrm{d}t} \neq 0.$$

3. Tauschen zwei Körper Drehimpulsstrom $\vec{I}_J$ aus, so gilt (actio = reactio):

Körper A: $\dfrac{\mathrm{d}\vec{J}_A}{\mathrm{d}t} = \vec{I}_{J(BA)},$

Körper B: $\dfrac{\mathrm{d}\vec{J}_B}{\mathrm{d}t} = \vec{I}_{J(AB)} = -\vec{I}_{J(BA)}.$

Um dies zu klären wird die Definition des Drehimpulses (Rezept 10.5.1) nach der Zeit t abgeleitet:

$$\begin{aligned}
\frac{\mathrm{d}\vec{J}}{\mathrm{d}t} &= \frac{\mathrm{d}}{\mathrm{d}t}\left(\vec{p} \times \vec{r} + \boldsymbol{\Theta} \cdot \vec{\omega}\right) \\
&= \frac{\mathrm{d}\vec{p}}{\mathrm{d}t} \times \vec{r} + \underbrace{\vec{p} \times \frac{\mathrm{d}\vec{r}}{\mathrm{d}t}}_{= 0 \text{ da } \vec{p} \parallel \mathrm{d}\vec{r}} \\
&\quad + \frac{\mathrm{d}\boldsymbol{\Theta}}{\mathrm{d}t} \cdot \vec{\omega} + \underbrace{\boldsymbol{\Theta} \cdot \frac{\mathrm{d}\vec{\omega}}{\mathrm{d}t}}_{= \boldsymbol{\Theta} \cdot \frac{\mathrm{d}|\omega|}{\mathrm{d}t}\, \vec{e}_\omega + \boldsymbol{\Theta} \cdot |\omega| \frac{\mathrm{d}\vec{e}_\omega}{\mathrm{d}t}}\cdot
\end{aligned}$$

B **10.5.ii   Drehimpulsstrom auf einen**
eispiel: Körper

Wenn Sie eine der folgenden Aufgaben haben:

- Sie sollen über einen Hebelarm Kraft aufbringen, zum Beispiel mit einem Rad auf der Straße

$$\frac{\mathrm{d}\vec{p}}{\mathrm{d}t} \times \vec{r} = \vec{F} \times \vec{r}$$
$$= \text{Kraft mal Hebelarm},$$

- die Drehzahl eines Körpers, dessen Trägheitsmoment sich ändert, konstant halten

$$\frac{\mathrm{d}\boldsymbol{\Theta}}{\mathrm{d}t} \cdot \vec{\omega},$$

- die Winkelgeschwindigkeit eines Rades ändern

$$\boldsymbol{\Theta} \cdot \frac{\mathrm{d}|\omega|}{\mathrm{d}t} \cdot \vec{e}_\omega$$

- oder einen rotierenden Körper quer zur Drehachse kippen

$$\boldsymbol{\Theta} \cdot |\omega| \cdot \frac{\mathrm{d}\vec{e}_\omega}{\mathrm{d}t},$$

dann müssen Sie einen Drehimpulsstrom in ein System fließen lassen, also auf das System ein Drehmoment ausüben. Das wird in der Regel über eine Antriebswelle geschehen.

---

[2]Hierbei handelt es sich wieder um einen stationären Zustand, siehe Abschnitt 9.3.f.

10.6   Stoffmenge und Teilchenzahl

> **D**$^{10.6.1}$**efinition: Teilchen**
>
> Teilchen sind die kleinsten noch zusammenhängenden und lokalisierbaren Einheiten, aus denen etwas besteht. Teilchen einer Art haben die gleichen Eigenschaften. Durch diese Eigenschaften wird die Teilchenart oder -sorte definiert.

Häufig benutzt man den Teilchenbegriff im Zusammenhang von sehr kleinen Dingen. Dies muss aber nicht zwingend so sein.

> **B**$^{10.6.i}$**eispiel: Teilchen**
>
> Je nach dem, was man betrachtet, nennt man die Teilchen beispielsweise Atom, Molekül, Elektron oder Photon. Es kann auch sinnvoll sein, Tennisbälle als Teilchen anzuschauen, oder Staubkörner mit einem maximalen Durchmesser von 10 μm.

Als natürliche Einheit der Größe Teilchen kann man die Einheit „Teilchen" verwenden. Sie ist eine sinnvolle Pseudoeinheit, die bei der Fehlervermeidung helfen kann (siehe Wissen 2.2.7). Bei kleinen Teilchen wie Molekülen bietet es sich an, größere Mengen zur Stoffmenge n zusammenzufassen. Sowohl die Teilchenzahl N als auch die Stoffmenge n geben an, welche Menge eines Stoffes im System ist, aber in ganz unterschiedlichen Skalen. Sie sind aber eigentlich identisch. Der Zusammenhang zwischen den beiden Größen ist die Avogadrozahl N_A:

$$N = N_A\, n.$$

> **B**$^{10.6.ii}$ **Steckbrief Teilchenzahl N,**
> **eispiel: Stoffmenge n**
>
> 1. Erhaltungsgröße:
>   Teilchen, beispielsweise Moleküle, können erzeugt und vernichtet werden. Die Teilchenzahl ist daher keine allgemeingültige Erhaltungsgröße. In manchen Fällen, z.B. Atome
> ...

Was sind Teilchen? Wir wollen uns der Frage mit einigen Beispielen nähern: Staubkörner sind Teilchen, einverstanden? Elektronen und Photonen werden ebenfalls als Teilchen bezeichnet, ebenso wie Atome und Moleküle. Anscheinend gibt es verschiedene Arten von Teilchen. Sogar innerhalb der Kategorie der Moleküle gibt es verschiedene Teilchen wie beispielsweise Sauerstoffmoleküle O_2 und Kohlendioxidmoleküle CO_2.

Müssen Teilchen klein sein? Klein im Verhältnis zur Umgebung? Oft sind sie das. Zwingend ist das aber nicht. Ein Puzzle besteht aus Teilchen, die man sehen und anfassen kann. Man kann auch Bälle oder Weihnachtskugeln als Teilchen betrachten.

Vielleicht sind wir so dem Teilchencharakter etwas näher gekommen. Teilchen sind lokalisierbar, man kann prinzipiell jederzeit den Ort des Teilchens feststellen.[3] Außerdem kann man Teilchen zählen. Teilchen einer Art haben gleiche Eigenschaften, wie beispielsweise Tennisbälle. Diese sind gleichzeitig die kleinste Einheit der Größe. Wenn man die kleinste Einheit –eben das Teilchen– teilt, ist es nicht mehr das zuvor betrachtete Teilchen. Ein geteilter Tennisball ist kein Tennisball mehr. Ansonsten sind wir frei in der Definition der Teilchen. In der Regel erfolgt die Definition der Teilchen über gemeinsame Eigenschaften.

So wird beispielsweise Staub in verschiedene Klassen eingeteilt. Staubteilchen mit einem Durchmesser kleiner als 10 μm gelten als Feinstaub.

Nun können wir uns an die Erstellung des Steckbriefs wagen.

Ganz offensichtlich gibt es Teilchen, die zerstört oder erzeugt werden können. Benzinteilchen lassen sich verbrennen, Tennisbälle zerschneiden und Photonen erzeugen. Die meisten Teilchen genügen keinem allgemeingültigen Erhaltungssatz. Allerdings ist es schon sinnvoll, nach verlorenen Tennisbällen zu suchen. Beim Tennisspielen ist es eher unwahrscheinlich, dass ein Ball zerstört wird. In diesem Fall ist die Teilchenzahl Tennisbälle eine Erhaltungsgröße. Das gilt auch für Schlüssel (Kapitel 9).

---

[3]In der Quantenmechanik werden manche Eigenschaften von Teilchen mit nicht lokalisierbaren Wellen beschrieben. Eine weitere Vertiefung würde den Rahmen hier sprengen.

In der Chemie werden Moleküle erzeugt und vernichtet, aber die Atome selbst bleiben dabei unberührt. Die „Atomzahl" ist dabei eine Erhaltungsgröße.

Als natürliche Einheit verwenden wir die Pseudoeinheit „Teilchen". Dies hilft an vielen Stellen die Übersicht zu bewahren. Bei Molekülen werden größeren Mengen an Teilchen zusammengefasst. Die Basiseinheit mol entspricht genau der Avogadrozahl N_A an Teilchen. Ein paar zusätzliche Gedanken dazu finden sich in Abschnitt 12.5.b.

Teilchenströme und Stoffmengenströme werden bei Prozessen in der Chemie häufig verwendet. Sollen beispielsweise in einem chemischen Reaktor in einer Stunde 3 kmol Methanol (CH_3OH) mit Sauerstoff (O_2) verbrannt werden, dann werden folgende Ströme benötigt (siehe Beispiel 10.6.iii):

$$I_{CH_3OH} = 2 \text{ kmol/h, sowie } I_{O_2} = 3 \text{ kmol/h.}$$

Für den Sonderfall, dass Teilchen nicht erzeugt oder vernichtet werden, können wir die Bilanzgleichung wie gewohnt einfach abschreiben.

Bei der intensiven Größen suchen wir zunächst wieder die Einheit. Wir erkennen unschwer, dass diese J/mol ist. Die Größe ist das chemische Potenzial μ, das angibt, welche Energie ein Teilchen besitzt. So hat Benzin ein größeres chemisches Potenzial als Kohlendioxid. Die Energieform ergibt sich dann wieder wie gewohnt.

Teilchenbilanz

Es gibt Teilchen die erzeugt und vernichtet werden können. Zum Beispiel werden beim Verbrennen von Kohle Kohleteilchen und Sauerstoffmoleküle vernichtet. Dafür entstehen Kohlendioxid-Teilchen und Wasserteilchen.

Daher ist die Teilchenzahl im Allgemeinen keine Erhaltungsgröße, aber:

Es gibt dafür andere Teilchen, die beim Bilanzieren helfen, weil sie erhalten bleiben. Beispielsweise die Atomzahl-Erhaltung bei chemischen Reaktionen. Diese ist Basis der Stöchiometrie in der Chemie.

Fortsetzung Beispiel 10.6.ii:

in der Chemie, kann aber Teilchenzahl näherungsweise als Erhaltungsgröße betrachtet werden.

2. Dimension: $\dim n = \dim N = \mathbf{N}$
   Einheit: $[n]_{SI} = [N]_{SI} = \text{Mol}$
   $= 6{,}02214076 \cdot 10^{23}$ (Teilchen)

3. Strom:
   Die Teilchenstromstärke $I_{N(AB)}$ und Stoffmengenströme $I_{n(AB)}$ werden in der kontinuierlichen chemischen Reaktionstechnik verwendet,

4. ebenso wie die Bilanzgleichung des Systems B (für den Fall, dass N nicht erzeugt oder vernichtet wird):

$$\frac{dN_B}{dt} = \sum_{i=C}^{N} I_{N(iB)} \quad .$$

5. intensive Größe:
   $\xi_n = \mu$: chemisches Potenzial
   $[\mu]_{SI} = \dfrac{J}{mol}$

6. Energieform: $dE = \mu\, dN$

7. Stromarten:

   Es gibt: konvektive Teilchenströme
   (Benzin in der Leitung)
   feldartige Teilchenströme
   (Photonen, Lichtwelle)

Die Teilchenzahl N ist keine Erhaltungsgröße. Sauerstoff wird beispielsweise bei einer Verbrennung verschwinden. Aber in der Chemie ist die Atomzahl konstant. Es werden keine Atome erzeugt oder vernichtet.

Daraus lassen sich Bilanzgleichungen der Teilchenzahlen erstellen. Das ist aber meist komplizierter als eine Impuls- oder Ladungsbilanz.

10

B10.6.iii **Teilchenzahl bei der**
eispiel: Verbrennung

Für die Verbrennung von Methanol gilt:

$$2\,CH_3OH + 3\,O_2 \rightarrow 2\,CO_2 + 4\,H_2O$$

Rechts und links des Reaktionspfeils stehen jeweils die gleiche Anzahl an O-Atomen, an C- und H-Atomen. Die Zahl vor den chemischen Molekül-Bezeichnungen gibt an, welcher Anteil Stoffmenge von der entsprechenden Chemikalie im Prozess benötigt werden. Hier entsteht beispielsweise halb so viele Kohlendioxid-Moleküle wie Wasser-Moleküle.

Damit ergibt sich für die Bilanz der Teilchenzahlen, bzw. Stoffmengen:

$$n_{CH_3OH} = \frac{2}{3}\,n_{O_2} = n_{CO_2} = \frac{1}{2}\,n_{H_2O}.$$

10.7   Entropie

D10.7.1
efinition: Entropie

Entropie ist die mengenartige Größe, die Träger der Energieform Wärme ist. Es gilt:

$$dE = T\,dS.$$

Eine Energieänderung dE eines Systems kann durch die Entropieänderung dS erfolgen, wobei die absolute Temperatur T mit eingeht.

Das klingt zunächst einmal sehr abstrakt, ist es vielleicht auch. Aber wenn Sie außer dieser Definition noch Wissen 10.7.2 nutzen, können Sie mit Entropie schon viele Dinge richtig beschreiben.

Haben Sie schon einmal einen Film gesehen, der rückwärts läuft? Das kann sehr seltsam aussehen. Regelrecht spektakulär ist das bei Explosionen oder Sprengungen von Gebäuden. Aber warum erscheint uns das so unreal? Wieso erkennen wir sofort, dass der Film rückwärts läuft?

Ein Turm, der sich aus Schutt von selbst aufbaut, widerspricht all unserer Erfahrung.

Um diese Erkenntnis in der Physik beschreibbar zu machen, benötigen wie einen neuen Begriff, eine neue physikalische Größe. Keine der bisher genannten ist dazu geeignet. Der Turm, der sich aus Schutt selbst aufbaut, würde nicht der Energie- oder der Impulserhaltung widersprechen.

Man hat eine passende physikalische Größe erfunden, mit der dies gelingt.

Diese Größe heißt Entropie.

10

10.7.a Was ist Entropie?

Diese Frage wird oft als Anlass genommen, die Entropie als unverständlich abzutun und deshalb gar nicht erst den Versuch zu unternehmen, sie verständlich zu machen. Dabei sind die Fragen: Was ist Energie, was ist Masse, was ist Zeit, usw. genauso wenig beantwortbar. Man hat sich nur mehr an die Begriffe gewöhnt.

Viel sinnvoller ist die Frage: Was kann man damit beschreiben? Und die Frage nach experimentell gefundenen Eigenschaften von Entropie.

B **10.7.i**
eispiel: Steckbrief Entropie S

1. Erhaltungsgröße:
   Entropie S ist keine Erhaltungsgröße.
   Entropie kann erzeugt werden, aber Entropie kann nicht vernichtet werden (siehe nächsten Abschnitt).

2. Dimension: $\mathsf{M\,L}^2\,\mathsf{T}^{-2}\,\mathsf{\Theta}^{-1}$
   Einheit: $[S]_{\mathrm{SI}} = \dfrac{\mathrm{J}}{\mathrm{K}}$

3. Strom:
   Entropiestromstärke $I_{S(AB)}$

4. Bilanzgleichung komplizierter, da S keine Erhaltungsgröße (Abschnitt 10.7.f)

5. intensive Größe:
   $\xi_S = T$: absolute Temperatur
   $[T]_{\mathrm{SI}} = \mathrm{K}$: Kelvin

6. Energieform: $\mathrm{d}E = T\,\mathrm{d}S$

7. Stromarten:

   Es gibt: konvektive Entropieströme
   (heißer Dampf)
   leitungsartige Entropieströme
   (Wärmeleitung durch eine Wand)

10.7.b Entropie erzeugen

Eines der wichtigsten physikalischen Grundgesetze besagt, dass Entropie zwar erzeugt aber nicht vernichtet werden kann. Wie bei jedem Naturgesetz ist unser Wissen darüber aus vielen Beobachtungen entstanden. Unter anderem aus der Beobachtung, dass aus dem Schutt nach einer Sprengung ohne Zutun kein neuer Turm entstehen kann.

Diese Asymmetrie, Erzeugen geht, Vernichten aber nicht, hat viele weitreichende Konsequenzen.

10.7.c Entropie und Zeit

Entropie kann also nicht vernichtet werden. In einem isolierten System kann sie daher nie abnehmen, weil sie ja nirgendwo hin abgegeben werden kann. Das bedeutet aber, dass in einem isolierten System ein Zustand mit höherer Entropie zeitlich immer nach einem Zustand mit niedrigerer Entropie liegt. Oder anders ausgedrückt: Die Zeitrichtung wird von der Entropiezunahme definiert.

W **10.7.2**
issen: Entropie erzeugen

Entropie kann nicht vernichtet, aber sehr wohl erzeugt werden.

Diese wichtige Erkenntnis ist in der Thermodynamik als „Zweiter Hauptsatz" bekannt.

10

Da in (fast) allen Prozessen die Entropie zunimmt, kann Zeit nur vorwärts laufen. Eine Umkehrung der Zeitrichtung ist in alltäglichen Prozessen nicht möglich.

R 10.7.3
ezept: Entropieerzeugung erkennen

Wenn Sie feststellen wollen, ob in einem Prozess Entropie entstanden ist, lassen Sie die Zeit rückwärts laufen. Dazu können Sie den Prozess filmen und tatsächlich rückwärts abspulen, oder ein Gedankenexperiment durchführen.

Wenn das Ergebnis einen offensichtlich unnatürlichen Vorgang beschreibt, dann wurde im Prozess Entropie erzeugt.

Wenn viel Entropie erzeugt wird, sind solche umgekehrten Prozesse besonders unwirklich und meist irgendwie lustig.

D 10.7.4   **Reversible und irreversible**
efinition: Prozesse

Prozesse, bei denen keine Entropie erzeugt wird, nennt man reversibel, also umkehrbar. Bei ihnen kann man zum Ausgangspunkt zurückkehren, ohne in der Umwelt Spuren zu hinterlassen.

Prozesse, bei den Entropie erzeugt wird, nennt man irreversibel.

Reversible Prozesse erkennen Sie in Anlehnung an obiges Rezept daran, dass ein rückwärts laufender Film realistisch aussieht.

10.7.d Entropie und Wahrscheinlichkeit

W 10.7.5 **Entropie und**
issen: Wahrscheinlichkeit

Hohe Wahrscheinlichkeit = große Entropie

Im oben beschriebenen Beispiel entsteht bei der Sprengung Entropie. Beim Rückwärtslaufen des Films sieht es so aus, als würde die Entropie im System abnehmen. Wir wissen aus Erfahrung, dass dies nicht sein kann. Genau dies ist in Wissen 10.7.2 „Entropie erzeugen" festgehalten. Bei einer Zeitumkehr sind alle Erhaltungssätze (Impuls, Ladung, Drehimpuls, Energie, ...) weiterhin gültig. Einzig das Verbot der Entropievernichtung definiert die Zeitrichtung.

Reversible Prozesse
Nur bei ganz speziellen Vorgängen wird die Entropie in einem isolierten System nicht zunehmen. Sie bleibt dann eben konstant. Solche Prozesse werden „reversibel" genannt, da nun die Zeitumkehr möglich ist. Der Prozess kann „rückwärts ablaufen".

Irreversible Prozesse
Prozesse mit Entropiezunahme sind irreversibel, beispielsweise die oben genannte Sprengung. Irreversible Prozesse sind wichtig, damit man einfach zu stabilen Zuständen gelangt. Wenn Sie einen Nagel in die Wand schlagen, entsteht Entropie durch Reibung. Dadurch kommt der Nagel nicht mehr von alleine aus der Wand heraus. Es sei denn, die Reibung, und damit die Entropieerzeugung, ist sehr gering.

Unser Leben baut auf irreversible Prozesse. Ohne die gäbe es Leben, wie wir es kennen, nicht.

Eine andere Interpretation der Entropie hilft auch beim Verstehen des wesentlichen Inhalts dieser Größe. Die Entropie beschreibt, wie wahrscheinlich ein Zustand ist.

Es ist wahrscheinlicher, dass Atome in einem Kasten gleichmäßig verteilt sind, als dass alle in einer Ecke sitzen (Abbildung 10.7). Jeder einzelne Zustand ist zwar gleich wahrscheinlich, aber für die Gleichverteilung gibt es mehr Möglichkeiten als für alle Atome in einer Ecke.[4]

[4]Im Makroskopischen, bei Systemen mit vielen Teilchen, ist die Entropie eine Größe, die sehr gut das Verhalten des Systems beschreibt. Makroskopische Systeme erlauben keine Zeitumkehr (sind i.A. irreversibel), obwohl die beschreibenden mikroskopischen Gleichungen sehr wohl zeitumkehrbar sind. Das ist ein Unterschied zwischen der klassischen Mechanik und der Quantenmechanik.

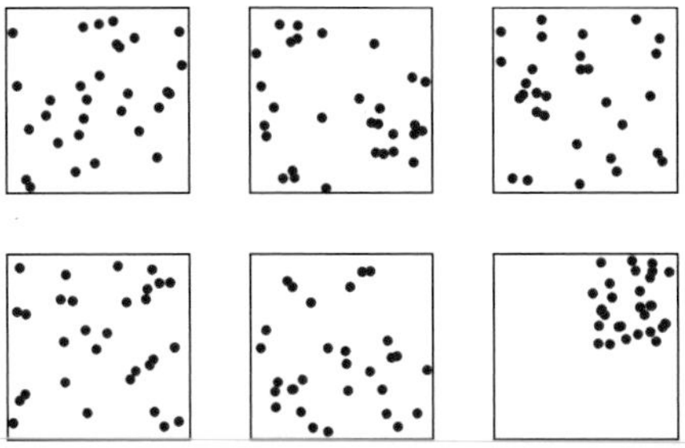

Abbildung 10.7: Verteilung von 30 Atomen im Raum, sechs Situationen. Die Wahrscheinlichkeit, dass die Atome im ganzen Raum verteilt sind ist größer, als die, dass sich alle in einer Ecke befinden.

W **10.7.6**
issen: Entropie und Möglichkeiten

Eine verwandte Sichtweise ist die, dass ein System mit wenig Entropie viel mehr Möglichkeiten offen hat. Man kann viel damit anfangen.

Ein System mit der maximal möglichen Entropie ist bereits im wahrscheinlichsten Zustand. Von alleine werden sich seine Zustandsgrößen praktisch nicht mehr ändern.

R **10.7.7**
ezept: Möglichkeiten offenhalten

Versuchen Sie, die Entstehung von Entropie zu verhindern. So halten Sie sich viele Möglichkeiten offen.

Siehe Wissen 11.3.10 „Energieverbrauch".

10.7.e   Prozesse mit Entropieerzeugung

Im Alltag sind fast alle Prozesse irreversibel und erzeugen folglich Entropie. Ganz offensichtlich ist das beispielsweise bei der Verbrennung von Holz, Gas oder Öl.

Aber auch bei Prozessen mit Reibung wie Abbremsen eines Autos, Luftwiderstand beim Fahrrad fahren oder dem elektrischen Widerstand entsteht Entropie.

Wenn wir Milch in den Kaffee schütten, können wir diese nicht einfach wieder vom Kaffee trennen. Offensichtlich ist das, wie die meisten Mischprozesse, irreversibel.

R **10.7.8**
ezept: Entropieerzeugung finden

Wenn Sie Stellen finden wollen, bei denen Entropie erzeugt wird, suchen Sie nach:

* Verbrennungen,
* Wärmedurchgang durch Wände,
* Reibungen,
* Vermischungen

und anderen Wärme erzeugenden Prozessen.

Wärmedurchgang

Im Winter müssen Räume geheizt werden, weil Wärme durch die Wand nach außen abströmt. Dabei ist die Temperatur im Haus (innen i) höher als außen (a). Was genau geschieht bei diesem Prozess? Innen strömt Entropie vom Innenraum in die Wand, also $I_{S(iW)}$. Zudem fließt Entropie $I_{S(Wa)}$ aus der Wand in den Außenraum (siehe Abbildung 10.8). Da keine zusätzliche Energie involviert ist und keine Energie auf Dauer in der Wand stecken bleibt, ist der Wärmestrom (= Energiestrom) $T\,I_S$ (Definition 10.7.1) innen und außen exakt gleich groß:

$$T_i\,I_{S(iW)} = T_a\,I_{S(Wa)}.$$

10

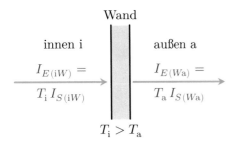

Abbildung 10.8: Entropieerzeugung beim Wärmedurchgang durch eine Wand.

B 10.7.ii Abkühlen des Kaffees in einer Beispiel: Kaffeetasse

Beim Abkühlen fließt durch die Tassenwand ein Entropiestrom $I_{S(iW)}$ von einer hohen Temperatur T_i (innen) zu einer tieferen T_a (außen). Dabei wird zusätzliche Entropie erzeugt.

Der erzeugte Entropiestrom ist:

$$\dot{S}_{erz} = \frac{T_i - T_a}{T_a} \cdot I_{S(iW)}.$$

Diese Gleichung gilt immer, wenn Wärme durch eine Wand von alleine fließt. Soll nun der erzeugte Entropiestrom aus energetischen Überlegungen heraus möglichst gering sein (siehe Wissen 11.3.10), so ergeben sich zwei grundsätzliche Szenarien:

1. Der Temperaturunterschied zwischen innen und außen soll groß sein. Anwendungen sind ein Ofen oder ein Haus im Winter. Dann muss der Entropiestrom möglichst gering gehalten werden. Die Wand muss also gedämmt werden.

2. Es soll ein möglichst großer Entropiestrom fließen können. Sogenannte Wärmetauscher sind dafür geschaffen, große Mengen an Entropie zu übertragen. Um möglichst wenig zusätzliche Entropie zu erzeugen, muss der Temperaturunterschied zwischen innen und außen gering gehalten werden.

Das System „Wand" befindet sich hier in einem stationären Zustand (vgl. Abbildung 9.7). Damit gilt:

$$I_{S(Wa)} = \frac{T_i}{T_a} I_{S(iW)}.$$

Da die Temperatur innen größer ist als außen, hat die Entropie beim Durchgang von innen nach außen zugenommen. Die Rate der Entropieerzeugung $\dot{S}_{erz}$ ist die Differenz zwischen $I_{S,a}$ und $I_{S,i}$:

$$\dot{S}_{erz} = \frac{T_i - T_a}{T_a} I_{S(iW)}.$$

Soll möglichst wenig Entropie erzeugt werden (siehe Rezept 11.3.11), so kann man entweder die Temperaturdifferenz klein machen, oder den Entropiestrom verringern, also gut dämmen. Ein Haus sollte man dämmen. Da wir keinen Einfluss auf die Außentemperatur haben, können wir den Temperaturunterschied nur reduzieren, indem wir die Zimmertemperatur ein wenig senken.

Bei einem Wärmetauscher soll hingegen viel Entropie fließen (I_S groß). Damit trotzdem möglichst wenig Entropie erzeugt wird, muss man den Temperaturunterschied zwischen den beiden Seiten klein halten. Dazu wählt man möglichst große Oberflächen, dünne Wandstärken und ein gut Wärme leitendes Material. Eine weitere Lösung sind sogenannte Gegenstrom-Wärmetauscher, bei denen kaltes und warmes Medium gegenläufige Strömungsrichtungen haben.

10

10.7.f Entropiebilanz

Weil Entropie erzeugt werden kann, sie also keine Erhaltungsgröße ist, kann die Entropiebilanz nicht so einfach aussehen wie beispielsweise die der elektrischen Ladung. Auf der anderen Seite kann Entropie nicht vernichtet werden. Wenn sie einmal im System ist und man die Entropie im System reduzieren möchte, dann muss man dafür sorgen, dass die Entropie aus dem System herausströmt.

Diese Entropieabnahme eines Systems muss über die Systemgrenzen erfolgen. Daher ist die Beschreibung durch den Entropiestrom sinnvoll.

Wir können also eine Strombilanz aufstellen, müssen aber die Bilanzgleichung um einen Quellterm erweitern. Auch die Skizze (Abbildung 10.9) hat dann im System A diesen Quellterm $\dot{S}_{A,\text{erzeugt}}$.

Der Quellterm muss beschreiben, wie viel Entropie pro Zeiteinheit erzeugt wurde. Also nennen wir ihn

$$\frac{\mathrm{d}S_{\text{erzeugt}}}{\mathrm{d}t}$$

oder in Kurzschreibweise $\dot{S}_{\text{erzeugt}}$.

W **10.7.9**
issen: Entropie-Bilanz

Die Entropie S ist keine Erhaltungsgröße. Sie kann erzeugt werden. Deshalb kann sich in einem System A die Entropie ändern, wenn ein Entropiestrom zu- oder abfließt, aber auch, wenn im System selbst Entropie mit der Rate $\dot{S}_{A,\text{erzeugt}}$ erzeugt wird:

$$\frac{\mathrm{d}S_A}{\mathrm{d}t} = \frac{\mathrm{d}S_{A,\text{erzeugt}}}{\mathrm{d}t} + \sum_{i=1}^{N} I_{S(iA)}.$$

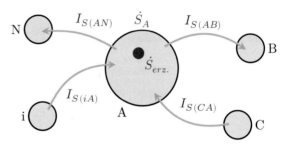

Abbildung 10.9: Entropiebilanz mit Entropieerzeugung

10.8 Energie

Wir haben uns bereits in Unterkapitel 9.4 mit der Energie beschäftigt. Dort haben wir gesehen, dass die Energie immer „huckepack" mit einer anderen mengenartigen Größe transportiert oder gespeichert wird. Dies erlaubt, unterschiedliche Energieformen und die zugehörigen Potenziale zu definieren (vgl. Definition 9.4.1). Es gibt keine „reine Energie". Somit bekommen die bis jetzt in diesem Kapitel besprochenen mengenartigen Größen eine besondere Bedeutung auch als Energieträger.

Wegen der fundamentalen Bedeutung der Energie werden wir uns mit ihr im Kapitel 11 ausführlich beschäftigen und uns hier nur auf den Steckbrief beschränken.

Die Inhalte des Steckbriefs der Energie ergeben sich fast von selbst. Natürlich gilt die Energiebilanzgleichung. Die Änderungsrate der Energie eines Systems ist die Summe der Energiezu- und Abflüsse. Die Energiestromstärke wird in den Ingenieurwissenschaften oft auch Leistung genannt.

B **10.8.i**
eispiel: Steckbrief Energie E

Energie ist eine mengenartige Größe. Mit Energie kann Arbeit verrichtet werden.

1. Erhaltungsgröße:
   Energie E ist eine *perfekte* Erhaltungsgröße. Es gibt keine Ausnahme.

2. Dimension: $\dim E = \mathsf{M\,L}^2\,\mathsf{T}^{-2}$
   Einheit: $[E]_{\text{SI}} = \text{J}$ (Joule)

3. Strom:
   Die Energiestromstärke $I_{E(AB)}$ entspricht der Leistung P.

4. Bilanzgleichung:

$$\frac{\mathrm{d}\vec{E}_A}{\mathrm{d}t} = \sum_{i=B}^{N} I_{E(iA)}$$

10

10.9 Übersicht der Erhaltungsgrößen: Energie, elektrische Ladung, Impuls, Drehimpuls

Abschließend wollen wir die allgemeinen Erkenntnisse über die wichtigsten physikalischen Erhaltungsgrößen zusammenfassen. In Abschnitt 6.1.b „Physikalische Symmetrien" haben wir gesehen, dass vier Erhaltungsgrößen deshalb perfekt sind, weil sie mit Eigenschaften unseres Raumes zusammenhängen. Daher können diese vier, die Energie E, die elektrische Ladung Q, der Impuls $\vec{p}$ und der Drehimpuls $\vec{J}$ weder erzeugt noch vernichtet werden. Erhaltungsgrößen sind immer mengenartige Größen. Daher lassen sich aus ihnen weitere Größen entwickeln, wie beispielsweise Dichten, Stromstärken und Stromdichten. Sie alle helfen dabei, die Welt zu beschreiben. Das wurde in Kapitel 9 „Erhaltungsgrößen und Bilanzen" ausführlich erläutert und im laufenden Kapitel mit Beispielen belegt. Hier ist eine gute Stelle, um die wichtigsten Erkenntnisse nebeneinander zu stellen.

In Tabelle 10.1 stehen die vier zentralen Symmetrien in der linken Spalte untereinander. Aus jeder Symmetrie folgt über das Noether-Theorem eine Erhaltungsgröße. Daneben stehen die dazugehörigen Bilanzgleichungen, die manchmal „Erhaltungssätze" genannt werden. Die Stromgrößen in den Bilanzgleichungen sind unter anderem Namen oft vertrauter. Aus der Bilanzgleichung mit den bekannteren Bezeichnungen der Stromgrößen, werden in der rechten Spalte die Gleichungen für einen stationären Zustand oder ein System ohne Speichermöglichkeit hergeleitet. Diese sind unter den Namen Kräftegleichgewicht, Momentengleichgewicht und Kirchhoffsche Knotenregel bekannt. Gut zu erkennen sind die identischen Wege von der Symmetrie zum stationären Zustand.

Tabelle 10.1: Wie man von der Symmetrie zur Gleichung für einen stationären Zustand kommt.

Symmetrie	Erhaltungs- größe	Bilanzgleichung	Stromgröße	Bilanzgleichung mit Stromgröße	stationärer Zustand
Verschiebung $\vec{r}$	Impuls $\vec{p}$	$\dfrac{\mathrm{d}\vec{p}_A}{\mathrm{d}t} = \sum\limits_{i=B}^{n} \vec{I}_{p(iA)}$	$\vec{I}_{p(iA)} = \vec{F}_i^{(A)}$ Kraft auf A	$\dfrac{\mathrm{d}\vec{p}_A}{\mathrm{d}t} = \sum\limits_{i=B}^{n} \vec{F}_i^{(A)}$	$0 = \sum\limits_{i=B}^{n} \vec{F}_i^{(A)}$
Zeit- verschiebung $\vec{\tau}$	Energie E	$\dfrac{\mathrm{d}E_A}{\mathrm{d}t} = \sum\limits_{i=B}^{n} I_{E(iA)}$	$I_{E(iA)} = P$ Leistung	$\dfrac{\mathrm{d}E_A}{\mathrm{d}t} = \sum\limits_{i=B}^{n} P_i^{(A)}$	$0 = \sum\limits_{i=B}^{n} P_i^{(A)}$
Drehung $\vec{\varphi}$	Dreh- impuls $\vec{J}$	$\dfrac{\mathrm{d}\vec{J}_A}{\mathrm{d}t} = \sum\limits_{i=B}^{n} \vec{I}_{J(iA)}$	$\vec{I}_{J(iA)} = \vec{M}_i^{(A)}$ Drehmoment auf A	$\dfrac{\mathrm{d}\vec{J}_A}{\mathrm{d}t} = \sum\limits_{i=B}^{n} \vec{M}_i^{(A)}$	$0 = \sum\limits_{i=B}^{n} \vec{M}_i^{(A)}$
lokale Eichtheorie	elektrische Ladung Q	$\dfrac{\mathrm{d}Q_A}{\mathrm{d}t} = \sum\limits_{i=B}^{n} I_{Q(iA)}$	$I_{Q(iA)} = I$ el. Stromstärke	$\dfrac{\mathrm{d}Q_A}{\mathrm{d}t} = \sum\limits_{i=B}^{n} I_i^{(A)}$	$0 = \sum\limits_{i=B}^{n} I_i^{(A)}$

Aus der Übersicht in Tabelle 10.2 ist sehr schön zu erkennen, wie die Systematik von Erhaltungsgrößen für alle Erhaltungsgrößen gleichermaßen genutzt werden kann. Dabei stehen die Herleitung von Stromgrößen, Dichten und Stromdichten im Vordergrund. Zusätzlich werden die Dimensionen und Einheiten dieser nutzvollen Größen gelistet. Hat man einmal verstanden, wie ein Erhaltungssatz funktioniert, kann die Systematik der Ströme, Dichten und Stromdichten auf andere Erhaltungssätze übertragen werden.

Tabelle 10.2: Übersicht über die physikalischen Erhaltungsgrößen.

	Name	Energie	elektr. Ladung	Impuls	Drehimpuls
Erhaltungsgröße	Symmetrie	Zeitinvarianz	lokale Eichsymmetrie[a]	Homogenität des Raums	Isotropie des Raums
	Symbol	E	Q	$\vec{p}$	$\vec{J}$
	Formel			$\vec{p} = m\,\vec{v}$	$\vec{J} = \boldsymbol{\Theta} \cdot \vec{\omega}$
	Bilanz	$\dot{E}_B = \sum_n I_{E\,(nB)}$	$\dot{Q}_B = \sum_n I_{Q\,(nB)}$	$\dot{\vec{p}}_B = \sum_n \vec{I}_{p\,(nB)}$	$\dot{\vec{J}}_B = \sum_n \vec{I}_{J(nB)}$
	Dimension	$\mathsf{M\,L^2\,T^{-2}}$	$\mathsf{I\,T}$	$\mathsf{M\,L\,T^{-1}}$	$\mathsf{M\,L^2\,T^{-1}}$
	SI-Einheit	J (Joule)	C (Coulomb)	N s (Newtonsekunde)	N m s
Dichte	Name	Energiedichte	Ladungsdichte	Impulsdichte	Drehimpulsdichte
	Symbol	ϱ_E	ϱ_Q	$\vec{\varrho}_p$	$\vec{\varrho}_J$
	Formel	$\mathrm{d}E = \varrho_E\,\mathrm{d}V$	$\mathrm{d}Q = \varrho_Q\,\mathrm{d}V$	$\mathrm{d}\vec{p} = \vec{\varrho}_p\,\mathrm{d}V$	$\mathrm{d}\vec{J} = \vec{\varrho}_J\,\mathrm{d}V$
	Dimension	$\mathsf{M\,L^{-1}\,T^{-2}}$	$\mathsf{I\,T\,L^{-3}}$	$\mathsf{M\,L^{-2}\,T^{-1}}$	$\mathsf{M\,L^{-1}\,T^{-1}}$
	SI-Einheit				
spez. Dichte	Name	spez. Energiedichte	spez. Ladungsdichte	spez. Impulsdichte, Geschwindigkeit	spez. Drehimpulsdichte
	Symbol	$\varrho_{spez,E}$	$\varrho_{spez,Q}$	$\vec{\varrho}_{spez,p}$	$\vec{\varrho}_{spez,J}$
	Formel	$\mathrm{d}E = \varrho_{spez,E}\,\mathrm{d}m$	$\mathrm{d}Q = \varrho_{spez,Q}\,\mathrm{d}m$	$\mathrm{d}\vec{p} = \vec{\varrho}_{spez,p}\,\mathrm{d}m$	$\mathrm{d}\vec{J} = \vec{\varrho}_{spez,J}\,\mathrm{d}m$
	Dimension	$\mathsf{L^2\,T^{-2}}$	$\mathsf{M^{-1}\,I\,T}$	$\mathsf{L\,T^{-1}}$	$\mathsf{L^2\,T^{-1}}$
	SI-Einheit				
Stromstärke	Name	Energiestromstärke, Leistung	elektr. Stromstärke	Impulsstromstärke, Kraft	Drehimpulsstromstärke, (Dreh-)Moment
	Symbol	$I_E,\ P$	$I_Q,\ I$	$\vec{I}_p,\ \vec{F}$	$\vec{I}_J,\ \vec{M}$
	Formel	$I_E = \dot{E}(t)$	$I_Q = \dot{Q}(t)$	$\vec{I}_p = \dot{\vec{p}}(t)$	$\vec{I}_J = \dot{\vec{J}}(t)$
	Dimension	$\mathsf{M\,L^2\,T^{-3}}$	I	$\mathsf{M\,L\,T^{-2}}$	$\mathsf{M\,L^2\,T^{-2}}$
	SI-Einheit	W (Watt)	A (Ampère)	N (Newton)	N m
Stromdichte	Name	Energiestromdichte, Leistungsdichte, Intensität	elektr. Stromdichte	Impulsstromdichte, Druck, Schub	Drehimpulsstromdichte
	Symbol	$\vec{j}_E$	$\vec{j}_Q$	$\boldsymbol{j}_p$	$\boldsymbol{j}_J$
	Formel	$\mathrm{d}I_E = \vec{j}_E \cdot \mathrm{d}\vec{A}$	$\mathrm{d}I_Q = \vec{j}_Q \cdot \mathrm{d}\vec{A}$	$\mathrm{d}\vec{I}_p = \boldsymbol{j}_p \cdot \mathrm{d}\vec{A}$	$\mathrm{d}\vec{I}_J = \boldsymbol{j}_J \cdot \mathrm{d}\vec{A}$
	Dimension	$\mathsf{M\,T^{-3}}$	$\mathsf{I\,L^{-2}}$	$\mathsf{M\,L^{-1}\,T^{-2}}$	$\mathsf{M\,T^{-2}}$
	SI-Einheit			Pa (Pascal)	

Dabei bezeichnet B ein System, m eine Masse, $\mathrm{d}m$ ein infinitesimales Massestück, Θ ein Trägheitsmoment, $\mathrm{d}\vec{A}$ einen Normalenvektor eines infinitesimalen Flächenelements und $\mathrm{d}V$ ein infinitesimales Volumenelement.

[a]Dieses Thema wird hier aber nicht weiter behandelt, da es über den Rahmen des Buchs hinausgehen würde.

10

Aufgaben und Zusatzmaterial zu diesem Kapitel

https://sn.pub/tdwQzo

10

11 Energie

In diesem Kapitel werden wir viele der erlernten Methoden einsetzen. Das wichtige Thema der Energieversorgung der Menschheit steht im Zentrum. Die bisherigen Kapitel helfen dabei, die Inhalte zu verstehen und den Schlüssen folgen zu können. Sie liefern hierfür gute Werkzeuge, auch bei schwierigen Diskussionen im Themenbereich Energie, Energienutzung und Energieversorgung.

Wir trainieren, wie man unterschiedliche Methoden gewinnbringend zusammen einsetzt. Die Fähigkeiten helfen auch bei anderen Aufgaben und Themen.

Man kann sagen, in diesem Kapitel laufen die methodischen und inhaltlichen Fäden des Buchs zusammen.

11.1 Energie Vokabeln

Wie viel Energie braucht eine 60 Watt Glühbirne? Keine, wenn sie nicht brennt.

Diese offensichtlich richtige Aussage soll ein Problem beleuchten, das in vielen Diskussionen zum Thema Energie auftritt. Die Angabe 60 Watt wird oft als Maß für den Energieverbrauch angesehen, ist sie aber nicht. Man erkennt das schon an der Einheit. Eine Einheit von Energie ist Wattstunde Wh. Offensichtlich fehlt bei der Angabe 60 Watt eine Zeitangabe für die Bestimmung des Energieverbrauchs.

Die Begriffe Energie und Energiestromstärke oder Leistung werden oft durcheinander geworfen. In vielen Texten zum Thema Energie, in Zeitungen, im Internet, ja selbst in technischen Berichten sind solche Fehler zu finden.

Mit einigen wenigen, richtig angewendeten Begriffen können viele Verwechslungen, Missverständnisse und Fehler vermieden werden. Diese Wörter sollte man lernen und im Umgang üben, wie man dies auch mit Vokabeln einer Fremdsprache macht.

Mit nur vier Begriffen aus dem Umfeld Energiedefinition und drei zur Beschreibung der Energienutzung kommt man schon weit. Diese werden wir uns nun der Reihe nach anschauen, auch wenn sie teilweise an anderen Stellen schon ausführlich beschrieben wurden.

Die Beschreibung der Größe „Energie" ist eine spezielle Anwendung von Kapitel 9 „Erhaltungsgrößen und Bilanzen". Danach und mit den folgenden Seiten sollte es leicht fallen, das folgende Rezept anzuwenden.

Rezept: 11.1.1 Energie-Begriffe — Vokabeln lernen

Machen Sie sich vertraut mit folgenden Begriffen:

- Energie
- Energiedichte
- Energiestromstärke
- Energiestromdichte
- Energiequelle
- Energiespeicher
- Energieträger

11

© Der/die Autor(en), exklusiv lizenziert an
Springer-Verlag GmbH, DE, ein Teil von Springer Nature 2023
C. Hettich et al., *Physik Methoden*,
https://doi.org/10.1007/978-3-662-67906-7_11

11.1.a   Energie eines Systems

B 11.1.i
eispiel: Energieinhalt

In einer 100 Gramm Tafel Schokolade sind etwa 2000 kJ Energie enthalten,
in einer Alkali-Mangan-AAA-Batterie etwa 5,5 kJ.

Wir alle benötigen Energie. Wir essen Lebensmittel, heizen unsere Häuser und fahren Auto. Künstliches Licht hilft uns durch die Nacht und viele elektrische Geräte erleichtern unser Leben. Abstrakter formuliert – und damit gehen wir den Weg, der in Kapitel 1 vorgezeichnet ist – setzen wir Energie ein, um Arbeit zu verrichten oder Wärme zu erzeugen. Über die vielen Jahre, in denen die Menschen den Begriff immer besser und klarer definierten, wurde klar, dass Energie eine perfekte Erhaltungsgröße ist. Bisher wurde keine Ausnahme gefunden. Wenn wir also mit jemandem reden, der angeblich eine Maschine erfunden hat, die weniger Energie benötigt, als sie produziert (also ein so genanntes perpetuum mobile erste Art), können wir uns getrost darauf verlassen, dass diese Maschine nicht funktionieren wird.

Es kann hilfreich sein, sich den Energieinhalt von ein paar ausgewählten Systemen zu merken. Diese können für Überschlagsrechnungen im Stile der Modellbildung (Kapitel 7) hilfreich sein (vergleiche auch Rezept 11.1.5).

11.1.b   Energie und Arbeit

Wir wollen hier den Zusammenhang zwischen Arbeit und Energie verstehen. Dafür eignet sich besonders die Verschiebearbeit. Das ist Arbeit, die wir verrichten, wenn wir einen Gegenstand von einem Ort an einen anderen verschieben.

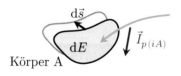

Abbildung 11.2: Verschiebe-Arbeit. Darstellung der Bilanzrichtung, des Vektors des Impulsstroms $\vec{I}_{p(iA)}$ und der Verschiebung $\mathrm{d}\vec{s}$.

W 11.1.2
issen: Verschiebearbeit

Fließt auf einen Körper A ein Impulsstrom $\vec{I}_p$, das heißt es wirkt auf den Körper eine Kraft $\vec{F}$, so wird beim Verschieben des Körpers Arbeit verrichtet:

$$\mathrm{d}E_A = \vec{I}_{p(iA)} \cdot \mathrm{d}\vec{s} = \vec{F}_i^{(A)} \cdot \mathrm{d}\vec{s}.$$

...

Angenommen, wir sollen eine Kiste auf einem rauen Untergrund verschieben. Die Kiste ist recht schwer und sie wird in 100 Meter Entfernung benötigt. Das wird anstrengend. Beim Schieben der Kiste verrichten wir Arbeit. Am Ende können wir die gesamte Arbeit entlang des Weges zusammenzählen, dann wissen wir, wie viel von der Energie aus unserem Energiespeicher (Glukose oder Körperfett) in die Kiste geströmt ist. Arbeit gibt es also, wenn etwas geschieht, hier, wenn die Kiste ihre Position verändert. Energie ist das, was ein System besitzt. Man spricht auch von der Arbeit als einer Prozessgröße (siehe Definition 9.3.1) und der Energie als einer Zustandsgröße (siehe Definition 9.1.2).

Die Arbeit, die beim Verschieben verrichtet wird, berechnet sich aus der auf den Körper übertragenen Impulsstromstärke $\vec{I}_{p(iA)}$ und dem kleinen Wegstück $\mathrm{d}\vec{s}$, um das der Körper verschoben wurde (Abbildung 11.2). Wenn wir noch berücksichtigen, wie Impulsübertrag und Kraft $\vec{F}^{(A)}$ auf den Körper zusammenhängen, ergibt sich:

$$\mathrm{d}E_A = \vec{I}_{p(iA)} \cdot \mathrm{d}\vec{s} = \vec{F}_i^{(A)} \cdot \mathrm{d}\vec{s}.$$

An dem Zählindex i erkennen wir: Jede Kraft, die während des Verschiebevorgangs auf den Körper wirkt, verrichtet Arbeit. Das Skalarprodukt kann positive und negative Werte haben. Dem System kann Energie zugeführt oder entnommen werden.

Wir wollen hier nun den Fall betrachten, dass ein Mensch den Körper im Schwerefeld um $\Delta z = z_2 - z_1$ hochhebt (siehe Abbildung 11.1).

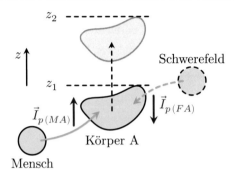

Abbildung 11.1: Arbeit beim Anheben eines Körpers im Feld

Wir erkennen, dass zwei Kräfte auf den Körper A wirken. Den Impulsübertrag des Felds F auf den Körper $\vec{I}_{p(FA)}$ und den des Menschen auf den Körper $\vec{I}_{p(MA)}$. Wenn wir den Körper nur bewegen, also nicht beschleunigen, sind die beiden Impulsstromstärken, also die Kräfte, betragsmäßig gleich groß und entgegengesetzt.

Betrachten wir zunächst die Energie des Körpers A. Durch den Menschen erhält er Energie, denn der zugeführte Impulsstrom und die Verschiebung zeigen in die gleiche Richtung. Die durch den Menschen zugeführte Energie berechnet sich zu (siehe dazu auch nebenstehendes Beispiel) $E_{12} = m\,g\,\Delta z$. Gleichzeitig verrichtet aber der zweite Impulsstrom auf den Körper, nämlich der vom Feld, auch Arbeit. Diese Arbeit ist gleich groß, aber entgegengesetzt, also $E_{12} = -m\,g\,\Delta z$.

Damit stellen wir fest: Wird ein Körper im Schwerefeld der Erde durch einen Menschen angehoben, dann

- leistet der Mensch Arbeit. Er hat danach weniger Energie.
- heben sich die Arbeitseinträge auf den Körper gerade auf. Der Körper hat genau soviel Energie wie zu Beginn.
- nimmt die Energie im Schwerefeld zu.

Die Arbeit steckt danach als potenzielle Energie im Feld. Wir können auch sagen, die Arbeit des Menschen steckt danach als Energie in dem System „Körper im Feld".

Fortsetzung Rezept 11.1.2:

> Die gesamte beim Prozess geleistete Arbeit erhält man durch integrieren:
>
> $$E_{12} = \int_{s_1}^{s_2} \vec{F}_i^{(A)} \cdot \mathrm{d}\vec{s}.$$
>
> Wenn die Kraft konstant und parallel zum Weg ist, ergibt sich die einfache Beziehung:
>
> Arbeit ist Kraft mal Weg
> $$W = F \cdot s.$$

Wenn Kraft und Weg senkrecht zueinander stehen, entsteht keine Arbeit.

Jede Kraft, die auf den Körper wirkt während er seine Lage ändert, führt prinzipiell zu einem Beitrag zur Arbeit.

B **11.1.ii**
Beispiel: Arbeit beim freien Fall

Ein Körper A fällt im Schwerefeld der Erde. Wie ändert sich seine Energie?

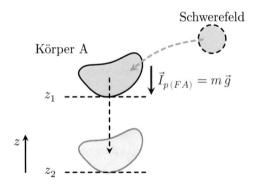

Abbildung 11.3: Verschiebearbeit beim Freien Fall

Es wirkt nur ein Impulsaustausch, nur eine Kraft. Diese ist konstant und zeigt nach unten. Deshalb muss nur die nach unten gerichtete Komponente des Wegs berücksichtigt werden.

Wählt man als Koordinatensystem die z-Achse nach oben gerichtet, wird $F = -m\,g$ und:

$$E_{12} = \int_{z_1}^{z_2} \vec{F} \cdot \mathrm{d}\vec{s}$$
$$= -m\,g\,(z_2 - z_1) = -m\,g\,\Delta z.$$

Die Energie des Körpers hat zugenommen.

11

Aus Gründen der Vereinfachung verzichtet man in praktischen Anwendungen häufig auf eine Betrachtung des Feldes und spricht einfach von der „potenziellen Energie des Körpers" (vgl. Unterkapitel 12.3 „Energie-erhaltungssatz in der Punktmechanik").

11.1.c   Energiedichte

Die Umsetzung von Abschnitt 9.2.c „Dichte einer mengenartigen Größe G" führt zu:

Wenn die Energie E auf die Masse m bezogen wird, spricht man von spezifischer Energiedichte:

D11.1.3 efinition: Spezifische Energiedichte $\varrho_{spez,E}$

Die spezifische Energiedichte $\varrho_{spez,E}$ gibt an, wie viel Energie dE sich pro infinitesimal kleinem Massenenelement dm befindet:

$$dE = \varrho_{spez,E}\, dm.$$

Dimension: $\dim \varrho_{spez,E} = \mathbf{L}^2\, \mathbf{T}^{-2}$

Einheit: $[\varrho_{spez,E}]_{SI} = \dfrac{J}{kg} = \dfrac{m^2}{s^2}$

Bezieht man die Energie auf das Volumen V, dann spricht man von volumenbezogener Energiedichte oder einfach von Energiedichte:

D11.1.4 efinition: Energiedichte ϱ_E

Die (volumenbezogene) Energiedichte ϱ_E gibt an, wie viel Energie dE sich pro infinitesimal kleinem Volumen dV befindet:

$$dE = \varrho_E\, dV.$$

Dimension: $\dim \varrho_E = \mathbf{M}\, \mathbf{T}^{-2}\, \mathbf{L}^{-1}$

Einheit: $[\varrho_E]_{SI} = \dfrac{J}{m^3} = \dfrac{kg}{s^2\, m}$

Wussten Sie, dass es Autos mit Elektroantrieb etwa genau so lange gibt wie Autos mit Verbrennungsmotor? Das erste Elektroauto in Deutschland fuhr um das Jahr 1888, der Benzin-Wagen von Carl Benz 1879. Warum gab es dann lange Zeit fast nur Autos mit Verbrennungsmotoren?

Am Motor kann es nicht liegen, denn Elektromotoren haben viele technische Vorteile gegenüber Verbrennern. Sie sind meist einfacher aufgebaut, preiswerter, haben einen besseren Wirkungsgrad und sind weniger reparaturanfällig.

Woran liegt es dann? Einen kleinen Hinweis gibt schon Beispiel 11.1.i. In chemischen Teilchen, die verbrannt oder oxidiert werden können, wie z.B. Zucker, steckt viel mehr Energie als in der gleichen Masse Batterie. Bei einer vorgegebenen Masse des Energiespeichers bzw. Energieträgers kann man damit viel mehr Arbeit verrichten, man kann beispielsweise weiter fahren.

Das Verhältnis von Energie zu Masse heißt spezifische Energiedichte. Sie hat im SI die Einheit J/kg. Manchmal ist es sinnvoller, die Energie auf ein Volumen zu beziehen, dann erhält man die volumenbezogene Energiedichte, oder einfach nur Energiedichte, in der SI-Einheit J/m³.

Falls die Energiedichte über ein Volumen V konstant ist, oder man von einer mittleren Energiedichte ausgeht, kann man die Gleichung auch vereinfachen[1]:

$$E = \varrho_E V.$$

R $^{11.1.5}$**ezept: Einige Energiedichten merken**

Merken Sie sich folgende grobe Richtwerte:

- Benzin, Erdöl: $\varrho_E \approx 10 \, \frac{\text{kW h}}{\text{Liter}}$,
- Erdgas: $\varrho_E \approx 10 \, \frac{\text{kW h}}{\text{m}^3}$ bei Normalbedingungen,
- LiPo Akku: $\varrho_{spez,E} \approx 0{,}15 \, \frac{\text{kW h}}{\text{kg}}$ und
- Braunkohle: $\varrho_{spez,E} \approx 4 \, \frac{\text{kW h}}{\text{kg}}$

Sie werden in vielen Anwendungen sehr hilfreich sein.

11.1.d Energiestromstärke

Vergleichen Sie zwei Personen, die auf einen Berg steigen möchten. Auf der einen Seite eine, die häufig vor dem Fernseher sitzt und Chips futtert. Die zweite Person sei eine durchtrainierte Sportlerin. Vermutlich verfügt die erste Person über mehr Energie. Speckringe am Bauch sind hervorragende Energiereserven. Dennoch wird die Sportlerin schneller am Gipfel sein. Das liegt nicht nur an ihrem geringeren Gewicht. Sie kann die Energie auch in kürzerer Zeit zur Verfügung stellen.

Eine wichtige Größe ist daher, wie schnell Energie bereit gestellt werden kann. Also die Menge Energie pro Zeiteinheit. Diese Größe wird Energiestromstärke oder Leistung genannt.

Die Energiestromstärke ist eine wichtige Kennzahl bei Motoren und Kraftwerken sowie bei elektrischen Verbrauchern wie einem Föhn, einer Lampe oder einem Kühlschrank. Der angegebene Wert ist meist ein Maximalwert. Die 75-kW-Angabe bei einem Automotor bedeutet daher, dass der Motor maximal 75 kW, also pro Sekunde 75 kJ zur Verfügung stellen kann.

D $^{11.1.6}$**efinition: Energiestromstärke**

Energiestromstärke beschreibt, welche Menge Energie pro Zeiteinheit in ein System hinein- oder herausfließt:

$$I_E = P = \dot{E} = \frac{\mathrm{d}E}{\mathrm{d}t}.$$

Dimension: $\dim I_E = \mathsf{M}\,\mathsf{L}^2\,\mathsf{T}^{-3}$

Einheit: $[I_E]_{\mathrm{SI}} = \dfrac{\mathrm{J}}{\mathrm{s}} = \mathrm{W}\ (\text{Watt})$

Die Bezeichnung Leistung P und Energiestromstärke I_E sind weitgehend synonym. Dagegen ist die Bezeichnung mit $\dot{E}$ oder $\frac{\mathrm{d}E}{\mathrm{d}t}$ nicht ganz optimal, weil es zu Verwechslungen kommen kann, ob ein $\dot{E}$ eine Energiestromstärke beschreibt, oder die Änderung der Gesamtenergie in einem System (siehe hierzu Rezept 9.4.2). Sie hat sich aber in vielen Beschreibung der Einfachheit halber durchgesetzt.

11

---

[1] Dabei werden beide Seiten der Gleichung über das Volumen aufintegriert: $\int\limits_V \mathrm{d}E = \int\limits_V \varrho_E \, \mathrm{d}V$. Vergleiche auch in Abschnitt 3.3.e „Keine Angst vor Integralen".

R11.1.7 Einige Energiestromstärken
Rezept: merken

Merken Sie sich einige grobe Richtwerte:

Tabelle 11.1: Grobe Richtwerte für häufig vorkommende Energiestromstärken I_E.

System	Art	I_E
PKW-Motor	mechanisch	100 kW
	im Leerlauf	5 kW
Kernkraftwerk	elektrisch	1 GW
Windkraftwerk	elektrisch	3 MW
Mensch	biologisch	100 W
	technisch, EU	5 kW

11.1.e Energiestromdichte

Die Anwendung von Abschnitt 9.3.i „Stromdichten" führt zu:

D11.1.8
Definition: Energiestromdichte

Die Energiestromdichte $\vec{j}_E$ gibt an, wie viel Energiestrom dI_E pro Fläche $d\vec{A}$ fließt:

$$dI_E = \vec{j}_E \cdot d\vec{A}.$$

Dimension: $\dim j_E = \mathbf{M}\,\mathbf{T}^{-3}$

Einheit: $[j_E]_{\mathrm{SI}} = \dfrac{\mathrm{kg}}{\mathrm{s}^3} = \dfrac{\mathrm{W}}{m^2}$

Wenn man von der Energiestromdichte einer Schallwelle oder einer elektromagnetischen Welle spricht, nennt man dies häufig auch „Intensität".

Wie lange benötigt man zum Tanken? Vergleichen wir ein Elektroauto mit einem Auto mit Verbrennungsmotor. Warum ist die Tankzeit so verschieden? Obwohl beide Leitungen etwa gleich dick sind, fließt durch das Stromkabel ein kleinerer Energiestrom als durch den Benzinschlauch.

Der in einer Leitung übertragene Energiestrom ist begrenzt. Steigt er über einen Wert an, dann wird die Leitung in der Regel zerstört. Die Größe, die beschreibt, wie stark eine Leitung mit einem Strom belastet wird, ist die Stromdichte (siehe Abschnitt 9.3.i). Entsprechend beschreibt die Energiestromdichte, welcher Energiestrom pro Flächeneinheit fließt.[2] Die mögliche Energiestromdichte ist bei chemischen Strömen meist viel größer als bei elektrischen. Daraus resultiert die kürzere Tankzeit bei Benzinautos.

11

---

[2]Um von der Energiestromdichte auf die Energiestromstärke durch eine Fläche A zu kommen, muss man nur beide Seiten der Definitionsgleichung über die Fläche aufintegrieren: $\int_A dI_E = \int_A \vec{j}_E \cdot d\vec{A}$ (siehe auch in Abschnitt 3.3.e „Keine Angst vor Integralen").

R$^{11.1.9}$**ezept: Solare Einstrahlung**

Merken Sie sich als Richtwert bei senkrechter Sonneneinstrahlung:

$$\vec{j}_{E,\text{ Sonne auf Erdoberfläche}} \approx 1\ \frac{\text{kW}}{\text{m}^2}.$$

Wenn Sie mit erneuerbarer Energie zu tun haben, werden Sie ihn an vielen Stellen benötigen. Man nennt diese Kennziffer auch „Solarkonstante".

11.1.f Energiespeicher

In einer Batterie ist Energie gespeichert. Die wird genutzt, in dem man ein elektrisch angetriebenes Gerät anschließt, das Arbeit verrichtet. Auch Schokolade ist ein Energiespeicher.

Es gibt sehr viele Arten, wie Energie gespeichert werden kann. Manche sind technisch leicht zugänglich, andere aufwändiger. Nicht jeder Energiespeicher kann jede Art von Energiestrom abgeben. Speicher, die elektrische Energie abgeben sind meist komplizierter als Speicher, die chemische Energie abgeben.

In den meisten Speichern wird die Energieform, die zugeführt wurde, auch wieder entnommen. Im Speicher selbst wird aber Energie gespeichert, nicht die Energieform. So wird eine Batterie elektrisch geladen. Sie speichert dann Energie (nicht elektrische Energie!) und kann bei Bedarf wieder elektrische Energie abgeben.

Es gibt aber auch die Möglichkeit, eine andere Energieform zu entnehmen als die, die zugeführt wurde. Beispielsweise kann einem gasgefüllten Zylinder Wärme zugeführt werden. Diese Energie wird zunächst gespeichert. Bei Bedarf kann das System Volumenarbeit verrichten.

D$^{11.1.10}$**efinition: Energiespeicher**

Ein Energiespeicher ist ein System, in dem Energie gespeichert werden kann.

Diese Definition ist fast trivial. Insofern kann jedes System als Energiespeicher dienen. Technisch wichtig sind Energiespeicher, die leicht mit Energie befüllt werden können und deren Energie man auch wieder fast vollständig entnehmen kann.

B$^{11.1.iii}$**eispiel: Energiespeicher**

Technische Energiespeicher:

- Batterie
- Benzintank
- Drucklufttank
- Warmwassertank

Natürliche Energiespeicher:

- Erdölfeld
- Kohleflöz
- Methanhydratfeld
- Wasserstoffvorrat der Sonne

Biologisch-chemische Energiespeicher:

- Tafel Schokolade
- Kornspeicher

11

11.1.g   Energieträger

D**11.1.11**
efinition: Energieträger

Um Energie von einem Ort A an einen anderen B zu transportieren, benötigt man Energieträger.

Als Energieträger kommen mengenartige Größen in Frage. Diese Größen müssen bei einem Transport der Energie von A nach B fließen.

B11.1.iv
eispiel: Energieträger

chemisch:

- Benzin
- Zucker
- ATP

elektrisch und magnetisch:

- elektrische Ladung
- Photon (Licht)

11.1.h   Energiequellen

D11.1.12
efinition: Energiequelle

Im üblichen Sprachgebrauch ist eine Energiequelle etwas, das die Energie für Anwendungen liefert.

Je nachdem, wie das betrachtete System definiert wird, übernehmen manche Energiespeicher die Rolle einer Energiequelle:

B11.1.v
eispiel: Energiequellen

technische Energiequellen:

- Benzintank
- Steckdose

natürliche Energiequellen:

- Erdölfeld
- Wind
- Sonnenlicht

Sie haben Hunger und müssen etwas essen? Was nützt Ihnen die Packung Chips, wenn sie im Nebenraum liegt? Irgendwie müssen die Chips zu Ihnen kommen. In diesem Fall werden Sie vermutlich ins Nebenzimmer gehen und die Packung holen. Eine Drehbank oder ein Staubsauger können aber nicht zu einem Energiespeicher gehen und dort ihre benötigte Energie holen.

Die Energie muss irgendwie zu dem Ort transportiert werden, an dem sie benötigt wird. Und genau diese Aufgabe übernehmen Energieträger. Energie, die transportiert wird, benötigt immer einen Energieträger. Das ist eine mengenartige Größe, die die Energie aufnimmt und von einem Ort an den nächsten trägt.

Solche mengenartigen Größen sind in Kapitel 10 beschrieben.

Einige dieser Energieträger eignen sich auch zur Speicherung. So kann man Zucker in Tüten an einen anderen Ort transportieren. Dann ist er Energieträger. Man kann ihn aber auch im Vorratsschrank lagern. Somit ist er Energiespeicher.

Wo kommt unsere Energie eigentlich her? Von der Sonne, aus dem Boden in Form von Kohle, Öl. Aus dem Wald können wir Holz entnehmen. Und nicht zuletzt natürlich auch aus der Steckdose.

Sind das unsere Energiequellen?

Der Begriff Energiequelle ist im physikalischen Sinne schwierig. Als Quelle bezeichnet man in der Physik Stellen, an denen eine Größe entsteht. Nun wissen wir, dass Energie eine Erhaltungsgröße ist. In diesem strengen Sinne kann es keine Energiequellen geben. Dennoch hat sich der Begriff so weit durchgesetzt, dass wir nicht darum herum kommen, ihn auch zu verwenden. Aber was bedeutet „Quelle" in diesem Zusammenhang? Betrachten wir zunächst eine Wasserquelle. Dort entsteht ja schließlich auch kein Wasser. Vielmehr tritt Wasser an einer Quelle an die Erdoberfläche. Es wird leicht nutzbar. In diesem Sinne werden wir den Begriff „Energiequelle" verwenden.

Das bedeutet auch, dass eine Batterie oder eine Steckdose gelegentlich als Energiequelle betrachtet werden kann.

11.2   Energieversorgung der Erde

In unseren Lebensraum an der Erdoberfläche fließen
verschiedene Energieströme. Diese werden innerhalb
der Erdoberfläche mehrfach umgeleitet und auch wieder abgegeben. Sie kommen von der Sonne, aus dem
Erdinnern und aus der Erdrotation.

Andere natürliche Energieströme spielen praktisch keine Rolle.

In den letzten Jahrhunderten hat der Mensch begonnen, fossile Lager von Energievorkommen verstärkt
auszubeuten. In der Zwischenzeit liegt der Anteil fossilen Energie in der gleichen Größenordnung wie die
gesamten Energieströme aus dem Erdinnern.

Wir wollen den Bedarf der Menschheit an Energie
für technische Anwendungen überschlagen: Bei einer
Bevölkerung von $8 \cdot 10^9$ Menschen und einem knapp
gerechneten Energiestrom von 2 kW pro Mensch ergibt
sich ein Gesamtenergiestrom $I_E \approx 1{,}6 \cdot 10^{10}$ kW. Bei
knapp 10000 Stunden im Jahr ist dies eine Energie-
menge von ca. $1{,}5 \cdot 10^{14}$ kWh oder $5 \cdot 10^{20}$ J in einem
Jahr. Derzeit kommt ein Großteil davon aus fossilen
Energiequellen.

11.2.a   Sonnenenergie

Der Hauptanteil des Energiestroms auf die Erdoberfläche kommt von der Sonne. Was geschieht mit dem
Energiestrom, sobald er die Erde erreicht? Er teilt sich
folgendermaßen auf [29, 30]:

- 30 % werden direkt in den Weltraum zurück reflek-
  tiert.
- 47 % erhitzen direkt die Erdoberfläche und strahlen
  dann als Wärmestrahlung zurück in den Weltraum.
- 23 % treiben den großen Stoffkreislauf der Erde an,
  die Verdunstung und Kondensation von Wasser.
  Dazu gehören neben Regen auch die Flüsse, Winde
  und Ozeanströmungen.
- 0,02 % gehen durch Photosynthese in bio-chemische
  Energie über. Davon wird wiederum ein kleiner
  Bruchteil als fossiler Brennstoff gespeichert.

Die ersten beiden Energieströme sind relativ trivial
und geschehen auch auf dem Mond. Verdunstung von
Wasser und Konvektion sind auf der Erde etwas Besonderes und Voraussetzung für Leben.

Die Energie, die in den Stoffkreislauf der Erde fließt,
wird früher oder später wieder als Wärmestrahlung in
den Weltraum abgestrahlt. Wird dies behindert, zum
Beispiel durch CO_2 in der Atmosphäre, nennt man
dies Treibhaus-Effekt. Dann heizt sich die Erde so lang

$\mathbf{W}^{11.2.1}_{\text{issen:}}$ **Energieströme der Erde**

Die wichtigsten natürlich vorkommenden Energieströme für den Lebensraum Erde sind:

$$I_{E\,(\text{Sonne,Erde})} = 1{,}7 \cdot 10^{14}\ \text{kW}$$
$$I_{E\,(\text{Erdinnern,Erdoberfläche})} = 3 \cdot 10^{10}\ \text{kW}$$
$$I_{E\,(\text{Erdrotation,Erdoberfläche})} = 3 \cdot 10^{9}\ \text{kW}$$

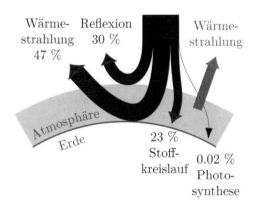

Abbildung 11.4: Verteilung der Sonnenenergie-Ströme

11

weiter auf, bis die Wärmestrahlung wieder so groß ist, dass der Energiehaushalt der Erde ausgeglichen ist.

11.2.b   Energie aus dem Erdinnern

Die Erde entstand durch das Zusammenballen vieler kleiner Materieklumpen. Im Anfangsstadium unseres Sonnensystems bewegten sich die vielen Klumpen einzeln um die Sonne. Dabei kam es immer wieder zu Kollisionen. Nach langer Zeit entstanden so die bekannten Planeten. Diese waren zunächst, durch die vielen Zusammenstöße, noch extrem heiß. Im Laufe der Zeit kühlten sie an der Oberfläche ab, im Innern blieben sie heiß und werden zusätzlich beheizt durch Zerfälle radioaktiver Elemente. Der Kern unserer Erde hat einen Durchmesser von 2500 km und eine Kerntemperatur von ca. 6700°C (900 K heißer als die Sonnenoberfläche).

Ein ganz kleiner Teil wird in geothermischen Kraftwerken genutzt. Dies geschieht an Stellen, an denen durch vulkanische Aktivität heißes Material an die Erdoberfläche gelangt. Oder man versucht, durch Tiefenbohrungen heiße Schichten zu erreichen.

In Oberflächennähe vermischen sich die Sonnenenergie (Energiestrom von außen in den Boden) mit der Geothermie (Energiestrom aus der Erde an die Oberfläche). Dennoch nennt man alles "Geothermie", was die in der Erde gespeicherte Energie nutzt.

11.2.c   Rotationsenergie Erde

Bei der Entstehung hat die Erde auch Drehimpuls erhalten. In dieser Drehung ist Energie gespeichert. Allerdings ist es sehr schwer, diesen Speicher zu nutzen. Wir müssten dazu die Erde abbremsen. Das aber geschieht durch die Gezeitenwirkung des Mondes auf die Erde. Gezeitenkraftwerke lenken einen Teil dieses Energiestroms um, in für Menschen nutzbare Energieströme. Der Anteil an der Energieversorgung der Menschheit ist aber marginal.

11

11.3 Energieaustausch zwischen 2 Systemen

In Unterkapitel 9.4 „Mengenartige Ströme und Energie" haben wir gesehen, wie jede Energieübertragung beschrieben werden kann, egal mit welchem Träger (Definition 11.1.11). Nun betrachten wir den einfachsten Fall der Übertragung von Energie zwischen zwei Systemen, mit nur einem Träger und nur einem Übertragungskanal.

11.3.a Energieformen

Zuerst wollen wir uns in Erinnerung rufen, was alles als Energieträger in Betracht kommt. Das sind die in Kapitel 10 beschriebenen mengenartigen Größen. Ein Massestrom kann Energie übertragen, beispielsweise zur Nutzung in einer Wasserturbine. Auf andere Art geeignet sind chemische Teilchen, elektrische Ladung, Entropie, eben alle dort genannten Größen.

Je nach Träger hat man der Energieform dann einen anderen Namen gegeben.

Auf die Tabelle 11.2 wird in Unterkapitel 11.4 „Gibbssche Fundamentalform" nochmals genauer eingegangen.

Die Energieform wurde in Unterkapitel 9.4 „Mengenartige Ströme und Energie" zunächst im Grundsatz beschrieben. Je nach Energieträger hat sich für die Energieform ein anderer Name etabliert.

Tabelle 11.2: Energieformen und die zugehörigen Energieträger.

Energieform	Träger	Gleichung
Translation	Impuls	$dE = \vec{v} \cdot d\vec{p}$
Rotation	Drehimpuls	$dE = \vec{\omega} \cdot d\vec{J}$
Kompression	Volumen	$dE = -p\,dV$
Wärme	Entropie	$dE = T\,dS$
Lage	Masse	$dE = g\,h\,dm$
Elektrisch	el-Ladung	$dE = \varphi\,dQ$
Chemisch	Teilchen	$dE = \mu\,dN$

11.3.b Übertragung durch ideale Leitungen

Was nützt uns hier Erdöl, das man im Oman fördert? Was haben die Bayern von der Windenergie, die in der Nordsee produziert wird?

Irgendwie muss die Energie von einem Ort A zu einem anderen Ort B gelangen. Dies geschieht durch Energieträger. Dazu ein Beispiel.

Angenommen Sie sind mit Ihrem Auto stehen geblieben, weil Sie kein Benzin mehr haben. Dann nehmen Sie einen Reservekanister, laufen zur nächsten Tankstelle, füllen den Kanister mit Benzin, gehen zurück zum Auto und geben das Benzin in den Tank. Sie haben Energie dahin transportiert, wo sie benötigt wird. Der Vorgang ist in Abbildung 11.5 grafisch dargestellt. Das System A ist die Tankstelle, System B das Auto. Der Energieträger G sind die Benzinteilchen. Die haben das chemische Potenzial ξ_G, das sich auf dem Weg von der Tankstelle zum Auto nicht ändert.

Im Prinzip geht so jeder Energieübertrag. Der Energieträger G kommt aus dem System A und fließt auf dem gleichen Potenzial in das System B. Der Ladungsstrom zuhause kommt auf dem gleichen Potenzial an der

Energie soll vom System A zum System B übertragen werden. Dazu wird ein Energieträger benötigt (vgl. Unterkapitel 9.4), das sei die Größe G. Der damit verbundene Energieübertrag wird durch die Energieform $dE = \xi_G\,dG$, beschrieben (Definition 9.4.1).

Oft sind die Verluste beim Transport sehr gering, so dass fast die gesamte Energiemenge beim System B ankommt, die aus dem System A herausfließt.

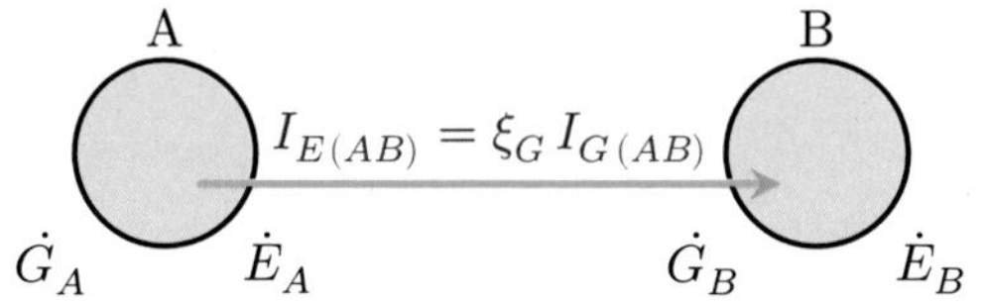

Abbildung 11.5: Ideale Leitung beim Energieaustausch zwischen zwei Systemen

R 11.3.1 Ideale Leitung – Übertrag auf Rezept: gleichem Potenzial

Wenn Sie den Energieaustausch zwischen zwei Systemen A und B durch den Energieträger G betrachten wollen, nehmen Sie ideale Leitungen an. Diese haben keine Verluste. Anfang und Ende des Pfeils für den Trägerstrom I_G sind auf gleichem Potenzial ξ_G.

Verluste können Sie später in anderer Form ergänzen.

Mit diesem Ansatz sind die Stromstärke I_G und die intensive Größe ξ_G auf beiden Seiten der Übertragungsstrecke gleich groß.

Man erkennt in der Bilanz, dass sich in beiden Systemen sowohl die Energie als auch die Trägergröße ändern:

$$\dot{G}_B = I_{G(AB)} = -\dot{G}_A \qquad \text{und}$$
$$\dot{E}_B = I_{E(AB)} = \xi_G\, I_{G(AB)} = -\dot{E}_A.$$

11.3.c   Energetisches Gleichgewicht

Für ein Gleichgewicht benötigt man mindestens zwei Systeme, die sich im Gleichgewicht miteinander befinden können.

D 11.3.2 Definition: Gleichgewicht

Zwei Systeme befinden sich im Gleichgewicht bezüglich einer mengenartige Größe G, wenn die Systeme zwar G austauschen könnten, dies aber nicht tun. In keinem der beiden Systeme ändert sich die Größe G.

Waschmaschine an, wie er aus der Steckdose herauskommt. In Deutschland sind das etwa 240 Volt.

Die letzte Aussage stimmt nicht so ganz. Bei einigen Übertragungen von Energie kann sich das Potenzial entlang der Leitung verändern. So eben beim elektrischen Strom und bei Wasserströmen. Das nennt man Leitungsverluste. Was nun? Wir gehen den schon oft verwendeten Weg. Wir machen uns zunächst das Leben einmal leicht und versuchen, so viel wie möglich mit dem einfachen Modell zu beschreiben und zu verstehen. Sollte das nicht mehr reichen, machen wir uns Gedanken, wie wir unsere Theorie weiterentwickeln.

Im Falle von Energieübertragung sind die Verluste, verglichen mit der übertragenen Energie, meist gering. Also verwenden wir in erster Näherung: Der Träger strömt zwischen den beiden Systemen auf konstantem Potenzial.

Wichtig ist noch die Feststellung, dass neben der Energie, die von A nach B fließt, auch der Träger G selbst fließt. Dabei wird er im System A weniger und im System B nimmt er zu. Wenn viele Autos betankt werden, wird mit der übertragenen Energie auch das Benzin in der Tankstelle immer weniger. Irgendwann ist die Tankstelle leer, wenn sie keinen Nachschub an Benzin erhält.

Nun wollen wir die Frage angehen, was man tut, wenn Systeme zum Beispiel verschiedene Geschwindigkeiten, Temperaturen oder Winkelgeschwindigkeiten, also unterschiedliche Potenziale haben. Diese können wir offensichtlich nicht einfach durch eine ideale Leitung verbinden.

Der Weg zur Antwort führt über den Begriff Gleichgewicht. Gleichgewichte finden sich in vielen Ingenieursdisziplinen. Kräftegleichgewicht und thermisches Gleichgewicht sind Beispiele dafür. Ein Gleichgewicht ist stabil und verändert sich nicht mehr ohne weiteres Zutun. Das ist ein sehr einfach zu beschreibender Zustand. Es ist sozusagen ein Anker, an dem wir uns festmachen können, wenn sich vieles um uns herum verändert.

Was ist ein Gleichgewicht? Zunächst einmal steht im Namen das Wort „gleich". Das bedeutet, man vergleicht etwas mit etwas anderem. In unserem Fall sind das zwei Systeme. Ein Gleichgewicht von einem System allein ist unsinnig. Ein Apfel der am Baum hängt ist im Gleichgewicht mit dem Baum. Wenn er herunter fällt, sind die beiden nicht mehr im Gleichgewicht.

Angenommen, der Apfel wurde von der Sonne erwärmt, fällt dann auf den schattigen Boden und bleibt dort liegen. Ist er dann mit dem Boden im Gleichgewicht? In Bezug auf die Bewegung ja, aber nicht in Bezug auf die Wärme. Wir müssen beim Gleichgewicht also immer dazu sagen, welche Größe zwischen den beiden Systemen ausgetauscht wird, um ein Gleichgewicht zu erreichen.

Unsinnig ist es auch, von einem Gleichgewicht zu sprechen, wenn die beiden Systeme die betrachtete Größe gar nicht austauschen können.

R11.3.3 Rezept: Gleichgewicht

Wenn Sie ein Gleichgewicht untersuchen sollen, machen Sie sich klar:

- Welches sind die zwei Systeme, die im Gleichgewicht sein könnten?

  In vielen Fällen ist eines der Systeme die Umgebung.
- Bezüglich welcher Größe sind die Systeme im Gleichgewicht?

  Kann diese Größe zwischen den beiden Systemen überhaupt ausgetauscht werden?

B11.3.i Beispiel: Wassergefäße im Gleichgewicht

Zwei beliebige Wassergefäße seien jeweils mit Wasser gefüllt. Werden diese nun mit einer Leitung zum Wasseraustausch verbunden und man sieht, dass sich die Füllmenge in den Gefäßen trotzdem nicht ändert, dann sind die beiden Gefäße bezüglich des Wasseraustauschs im Gleichgewicht.

Das Wasser könnte noch unterschiedliche Temperaturen haben, dann wären die Gefäße in Bezug auf die Wärme und den Entropieaustausch nicht im Gleichgewicht.

Energieminimum im Gleichgewicht

In Abbildung 11.6 sind zwei mögliche Zustände einer Kugel in einer Mulde skizziert. Die zwei Systeme sind also Kugel und Schwerefeld. Die Kugel kann verschoben werden und Impuls mit der Erde austauschen. Unschwer zu erkennen ist, dass die Kugel im Zustand 2 dann im Gleichgewicht ist, wenn sie ruht. Im Zustand 1 wird sie sich noch bewegen, ihre Lage und ihr Impuls werden sich ändern. Wir wissen aus Abschnitt 11.1.b, dass Kugel und Schwerefeld zusammen weniger Lageenergie haben, wenn die Kugel unten ist, als wenn sie sich weiter oben befindet. Und weniger Lageenergie als in Zustand 2 kann die Kugel unter diesen Randbedingungen überhaupt nicht haben. Im Gleichgewichtszustand hat die Energie des Systems bezüglich einer Verschiebung der Kugel ein Minimum.

Passt das zu unserem Verständnis der Welt? Wenn die Kugel in einem Energieminimum ist und von außen keine Energie zugeführt wird, dann ändert sich

W11.3.4 Wissen: Minimalprinzip der Energie im Gleichgewicht

Sind zwei Systeme miteinander im Gleichgewicht bezüglich dem Austausch der Größen $G_1, G_2, ...$, dann ist die Gesamtenergie $E(G_1, G_2, ...)$ bezüglich jeder Austauschgröße minimal. Somit gilt:

$$\frac{\partial E}{\partial G_1} = \frac{\partial E}{\partial G_2} = ... = 0.$$

Die Gesamtenergie hat ein lokales Minimum. Um aus dem Gleichgewicht zu kommen, muss dem Gesamtsystem Energie zugeführt werden.

11

B 11.3.ii Gleichgewicht
Beispiel: Kugel in einer Mulde

Werden zwei mögliche Zustände einer Kugel in einer Mulde betrachtet, so erkennt man, dass die Kugel im Zustand 1 nicht im Gleichgewicht ist. Im Zustand 2 ist sie zwar im tiefsten Punkt, also in einem Minimum gegenüber dem Ort, aber sie liegt nur ruhig, wenn sie dabei auch keinen Impuls mehr hat. Für den Gleichgewichtszustand muss die Energie auch ein Minimum gegenüber dem Impuls haben.

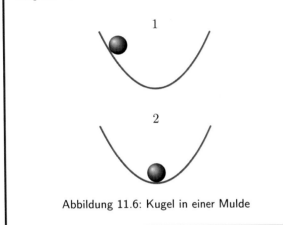

Abbildung 11.6: Kugel in einer Mulde

der Zustand nicht. Die Kugel ändert ihre Lage nicht, obwohl sie das im Prinzip könnte! Das ist genau die Beschreibung eines Gleichgewichts. Und für ein Minimum wissen wir, dass die erste Ableitung null wird.

Wenn wir das Beispiel nochmals anschauen, dann merken wir, dass neben einer Verschiebung auch eine Veränderung der Bewegung, also eine Änderung des Impulses, die Energie erhöhen würde. In Bezug auf beide Größen hat die Energie der Kugel im Schwerefeld $E_K(p,x)$ ein Minimum.

Wir können schreiben

$$\frac{\partial E_K}{\partial x} = 0 \quad \text{und} \quad \frac{\partial E_K}{\partial p} = 0.$$

Im Gleichgewicht ist also ein System in einem Energieminimum. In diesem Zustand kann das System stabil ruhen. Dann spricht man manchmal von der Ruhelage des Systems.

Potenziale zweier Systeme im Gleichgewicht

Wann sind zwei Systeme A und B, die eine mengenartige Erhaltungsgröße G frei austauschen können im Gleichgewicht? Was bedeutet das für die intensiven Größen ξ_A und ξ_B der beiden Systeme?

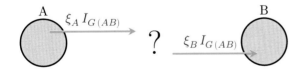

Abbildung 11.8: Zwei Systeme mit freiem Austausch von G

Es muss gelten

$$dE = dE_A + dE_B = \xi_{G,A}\, dG_A + \xi_{G,B}\, dG_B = 0.$$

Da die Größe G beim Übertrag nicht verloren geht gilt (siehe auch Abschnitt 9.3.c):

$$\frac{d}{dt}G_A = -I_{G(AB)} = -\frac{d}{dt}G_B$$

und damit

$$dE_{\text{ges}} = (\xi_{G,A} - \xi_{G,B})\, dG_A = 0.$$

Nun wissen wir, dass im betrachteten Gleichgewicht die Energie bezüglich der ausgetauschten Größe in einem Minimum ist. Was das für das Gleichgewicht eines Systems bedeutet, das aus zwei Teilsystemen besteht, wollen wir am Beispiel zweier mit Wasser gefüllter Behälter anschauen(siehe Abbildung 11.7).

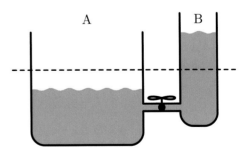

Abbildung 11.7: Zwei mit Wasser gefüllte Gefäße

Zunächst einmal seien die Behälter irgendwie mit Wasser gefüllt. Wir wollen verstehen, wann die zwei im Gleichgewicht sind. Dazu müssen sie Wasser austauschen können. Also verbinden wir sie mit einer Leitung.

11

Damit das Wasser nicht sofort fließt, verschließen wir die Leitung mit einem Ventil.

Woran erkennen wir nun das Gleichgewicht? Wenn Wasser fließt, sobald wir das Ventil öffnen, war das Gesamtsystem nicht im Gleichgewicht. Wollen wir also herausfinden, wann die beiden Gefäße im Gleichgewicht sind, entnehmen wir Wasser aus dem einen Gefäß und füllen es in das andere. Danach machen wir unseren Test und öffnen das Ventil. Das probieren wir solange, bis wir eine Verteilung des Wassers gefunden haben, bei der kein Wasser fließt, obwohl das Ventil offen ist. Jetzt haben wir den Gleichgewichtszustand gefunden. Die Wasseroberflächen in beiden Gefäßen sind dann auf exakt der gleichen Höhe.

Betrachten wir die Situation im Gleichgewicht energetisch, dann stellen wir fest, dass die Gesamtenergie minimal ist. Denn wären die Wasserspiegel unterschiedlich, könnte ein Wasserstrom fließen und daraus Energie gewonnen werden. Die beiden Teilsysteme sind in einem Energieminimum bezüglich dem Austausch von Wasser.

Etwas formaler und somit allgemeingültiger ausgedrückt: Selbst wenn wir ein kleines bisschen der Austauschgröße dG von einem Teilsystem in das andere verschieben, gilt im energetischen Minimum $dE_{ges} = 0$. Außerhalb des Gleichgewichts gilt das nicht. Als Ergebnis einer kleinen Rechnung (siehe nebenan) erhalten wir, dass im Gleichgewicht zweier Systeme die betrachteten intensiven Größen, also die Potenziale, gleich groß sind.

So ergeben sich Sätze, die teilweise als besondere Merksätze einzelner Teilgebiete der Physik formuliert sind. Manchmal erhalten diese Aussagen sogar eigene Namen.

- Die Oberflächen zweier mit Wasser befüllter Behälter, die mit einem Rohr verbunden sind, liegen auf gleicher Höhe (kommunizierende Röhren).
- Zwei Systeme im thermischen Gleichgewicht haben die gleiche Temperatur (Nullter Hauptsatz der Thermodynamik).
- Zwei mit einem elektrischen Leiter verbundene Systeme haben in der Elektrostatik das gleiche Potenzial (Äquipotenzialflächen).
- Ein Körper im Bewegungsgleichgewicht mit der Erde ruht.

Dahinter steckt aber immer das physikalische Prinzip, dass im Gleichgewicht die Energiefunktion ein Minimum hat.

Nun soll der Austausch der Größe G frei sein. Das war die Vorbedingung. Das bedeutet aber, dass der Austausch von G nicht blockiert sein darf, also dass $dG_A \neq 0$ möglich sein muss. Daher kann diese Gleichung nur unter folgender Bedingung erfüllt werden:

W $^{11.3.5}_{\text{issen:}}$ **Gleichgewichtsbedingung**

Können zwei Systeme A und B die mengenartige Größe G frei austauschen ($dG \neq 0$), dann ist im energetischen Gleichgewicht die zu G gehörende intensive Größe ξ_G in beiden Systemen gleich. Es gilt dann:

$$\xi_{G,A} = \xi_{G,B}.$$

Die beiden Systeme sind auf gleichem Potenzial.

11

11.3.d   Erreichen des Gleichgewichts – der Weg dahin

W 11.3.6 issen: Erreichen des Gleichgewichts

Zwei Systeme, die die Größe G frei austauschen, können nur in das Gleichgewicht kommen, wenn sie überschüssige Energie abgeben können.

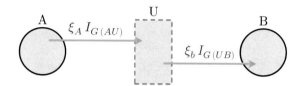

Abbildung 11.9: Energieaustausch mit Umsetzer

Wird Energie von A nach B transportiert, so ist es möglich, dass an beiden Stellen zwar der gleiche Träger strömt, aber jeweils auf einen anderen Potenzial. Es kann auch sein, dass ein anderer Energieträger nach B hineinströmt als der, der bei A weg fließt.

In beiden Fällen wird zwischen den beiden Systemen A und B ein weiteres System U benötigt, in dem Energieträger und Potenziale der Leitungen angepasst werden.

D 11.3.7 efinition: Umsetzer

Systeme in denen die Energie von einem Träger auf einen anderen gesetzt wird oder in denen die Potenziale geändert werden, nennt man „Umsetzer".

Zur einfachen Beschreibung der Umsetzer werden diese als speicherfrei angesehen. Umsetzer in diesem Sinne können weder die Trägergröße G noch Energie E speichern (siehe auch in Abschnitt 9.3.f „Sonderfall: Speicherfreie Systeme").

D 11.3.8 efinition: Maschine

Einen Umsetzer, den man gebaut hat, um einen Energiestrom von einem Trägerstrom auf einen anderen Trägerstrom umzusetzen, nennt man „Maschine".

Wie kommen aber zwei Systeme in das gemeinsame Gleichgewicht? Bei der Herleitung der Gleichgewichtsbedingung hatten wir das Gedankenexperiment erdacht, dass wir solange versuchen, die Größe G auf die Systeme zu verteilen, bis wir das Energieminimum gefunden hatten. Aber wie die Systeme von alleine dahin finden, ist immer noch unklar.

In Abbildung 11.8 ist skizziert, dass normalerweise die beiden Ströme auf unterschiedlichen Potenzialen ξ_G fließen. Damit sind die beiden Systeme A und B nicht im Gleichgewicht. Sie haben zusammen zu viel Energie für den Gleichgewichtszustand. Wenn sie diesen Überschuss nicht los werden, können sie nicht ins Gleichgewicht kommen. Da Energie nicht vernichtet werden kann, muss noch irgendetwas beteiligt sein, das den Energieüberschuss aufnimmt.

Dazu wurde in Abbildung 11.9 ein weiteres System U ergänzt. Dieses System soll nur beim Energieaustausch helfen, aber selbst keine Energie speichern können. Wir wollen es „Umsetzer" nennen, weil in ihm Energie von einem Trägerstrom auf einen anderen oder ein anderes Potenzial gesetzt wird. Dieser Umsetzer muss keine reale Komponente sein. Manchmal ist er „nur" ein Hilfskonstrukt, um komplexe Vorgänge in kleine, überschaubare Teile zerlegen zu können.

Manchmal ist er aber auch ganz real. In einer Wasserpumpe wird elektrische Energie in potenzielle Energie umgesetzt. In einer Windkraftanlage sind Impuls und elektrische Ladung als Energieträger beteiligt. Wir erkennen, dass das alles Maschinen sind.

Die Bezeichnung Energiewandler wäre an dieser Stelle eher missverständlich. Die Energie wird nur von unterschiedlichen Trägern transportiert. Ein Bild, das beim Verständnis des Begriffes Umsetzer helfen kann, ist, wenn wir an Milch denken. Niemand würde sagen, dass an den verschiedenen Stellen des Milchtransports Eutermilch in Kübelmilch, diese in Lastwagenmilch und zum Schluss in Tütenmilch gewandelt wird. Die Verben umsetzen, umfüllen oder umladen beschreiben die Vorgänge besser als das Verb wandeln.

Staunen über Gleichgewichte

Wir haben uns so sehr an Gleichgewichte gewöhnt, dass sie uns meist gar nicht mehr auffallen. Ein Ball der auf dem Boden liegt erstaunt uns ebenso wenig, wie ein Thermometer, das die Temperatur anzeigt. Dennoch kann die Beobachtung, dass ein Gleichgewicht vorliegt, kombiniert mit der Frage nach dem Warum, zu einem tieferen Verständnis der Welt führen.

Hier ein Beispiel:

Der Mond umkreist die Erde einmal in etwa 28 Tagen. Dabei zeigt er der Erde immer die gleiche Seite, und das seit Menschengedenken. Keine Abweichung über Jahrtausende! Damit das so stattfindet, muss sich der Mond mit genau der gleichen Rotationsperiode auch um die eigene Achse drehen, wie er die Erde umkreist.

Zufall?

Diese erstaunliche Beobachtung war es wert, genauer untersucht zu werden. Dabei hat man gefunden, dass der Mond früher schneller um die eigene Achse rotiert hat. Das hat aber auf dem Mond zu einer gewaltigen Gezeitenwirkung geführt, die die Eigenrotation des Mondes immer mehr abgebremst hat. Über die Gezeitenkräfte haben Erde und Mond Drehimpuls ausgetauscht.

Wohin ist der Energieüberschuss gegangen? Zum einen haben die Gezeitenkräfte innere Reibung im Mondgestein verursacht. So wurde unmittelbar Entropie und damit Wärme erzeugt (siehe Unterkapitel 10.7). Zum anderen wurde der Mond auf eine etwas höhere Umlaufbahn um die Erde gehoben. Denn der überschüssige Drehimpuls (auch eine Erhaltungsgröße, siehe Unterkapitel 10.5 „Drehimpuls") musste auch irgendwohin.

Entropieerzeuger als einfachster Umsetzer

Wir wollen uns diesen noch unbekannten Umsetzer genauer ansehen. Von einem System A fließt ein Strom auf dem Potenzial ξ_A in den Umsetzer U. Von hier fließt ein weiterer Strom auf dem Potenzial ξ_B in das System B (vergleiche Abbildung 11.10). Da wir davon ausgehen, dass sich die Erhaltungsgröße G im Umsetzer nicht anhäuft, gilt $I_{G(AU)} = I_{G(UB)}$. Wir nehmen zunächst an, dass $\xi_A > \xi_B$, dann strömt mehr Energie in den Umsetzer hinein, als aus ihm heraus. Da der Umsetzer keine Energie speichern kann, muss zwingend noch ein weiterer Energiestrom den Umsetzer verlassen.

Der zusätzliche Energiestrom benötigt auch einen Träger. Dieser muss im Umsetzer entstanden sein, weil

---

Wenn Sie zwei Systeme sehen, die überraschenderweise im Gleichgewicht sind, versuchen Sie zu verstehen, über welchen Prozess die beiden Systeme den Energieüberschuss abgeben konnten. Ist das „von alleine" passiert, oder hat jemand nachgeholfen?

Das Wissen um den Prozess führt zu tieferem Verständnis über das Zusammenwirken der Systeme.

B **11.3.iii**
eispiel: Erde - Mond

Erde und Mond können Impuls frei austauschen. Dennoch sind sie nicht im Gleichgewicht. Sie haben offensichtlich nicht die selbe Geschwindigkeit. Der benötigte Prozess der gegenseitigen Abbremsung hat nicht genügend Reibung.

Erde und Mond können auch Drehimpuls austauschen. Tatsächlich zeigt der Mond immer die gleiche Seite zur Erde. Es muss also einen Prozess gegeben haben, der zu diesem Gleichgewicht geführt hat. Das war die Gezeitenwirkung der Erde auf dem Mond.

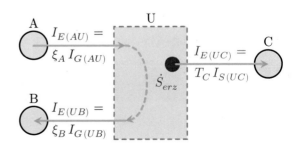

Abbildung 11.10: Einfachster Energieumsetzer

Bei einem sehr einfachen Prozess, mit dem ein Gleichgewichtszustand erreicht werden kann, wird Entropie erzeugt, mit der die überschüssige Energie in Form von Wärme abtransportiert wird. Die Produktionsrate, mit der die Entropie erzeugt wird, ist $\dot{S}_{erz}$.

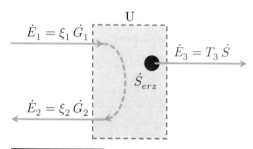

Trägerbilanz:
$$\dot{G}_1 = \dot{G}_2$$
Energiebilanz: $\dot{E}_1 - \dot{E}_2 - \dot{E}_3 = 0$

Abbildung 11.11: Einfachster Energieumsetzer – Kurzschreibweise

Da im Prozess Entropie erzeugt wird, kann er nie rückwärts ablaufen, denn sonst würde ja Entropie vernichtet werden. Der Prozess ist irreversibel (vgl. Definition 10.7.4).

Nichtideale Leiter

Es ist sinnvoll, reale Leiter durch einen idealen, verlustfreien Leiter und einen zusätzlichen, verlustbehafteten Verbraucher zu beschreiben.

B 11.3.iv Beispiel: Reale elektrische Leitung

Eine reale elektrische Leitung kann mit einem einfachen Umsetzer, der nur aus aus einem Widerstand R besteht, beschrieben werden.
...

der Träger weder im Umsetzer gespeichert war noch zugeflossen ist.

Von allen mengenartigen Größen kennen wir nur eine, die aus Nichts entstehen kann. Das ist die Entropie S (siehe Unterkapitel 10.7). Damit haben wir eine Möglichkeit gefunden, wie zwei Systeme in einen Gleichgewichtszustand kommen. Mit der überschüssigen Energie wird Entropie erzeugt. Diese wird vom Umsetzer an ein Reservoir C abgegeben, das die Entropie bei der Temperatur T_C aufnehmen kann.

Das Entstehen der Entropie haben wir durch einen dicken Punkt im System gezeichnet. Es soll andeuten, dass hier Entropie entsteht, die dann aus diesem Punkt herausfließt. Die Produktionsrate der Entropie bezeichnen wir mit $\dot{S}_{erz}$.

Der exakt gleiche Vorgang ist noch einmal in Abbildung 11.11 skizziert. Dabei wurden die Speichersysteme A, B und C weg gelassen. Nur noch der Umsetzer und seine Bilanzen sind zu sehen. Außerdem verwenden wir die in der Technik übliche Kurzschreibweise für die Ströme (siehe Rezept 9.4.2 „In Energiestromstärken denken"), wobei die Stromstärken durch die Änderungen der fließenden Größe bezeichnet und die Ströme durchnummeriert werden:

$$I_{E(AU)} = \dot{E}_1 \qquad \text{und} \qquad I_{G(AU)} = \dot{G}_1,$$
$$I_{E(UB)} = \dot{E}_2 \qquad \text{und} \qquad I_{G(UB)} = \dot{G}_2,$$
$$I_{E(UC)} = \dot{E}_3 \qquad \text{und} \qquad I_{S(UC)} = \dot{S}.$$

Beispielsweise ist das Verbrennen von Holz eine uralte menschliche Zivilisationstechnik, bei der vor allem Entropie erzeugt wird. Auch Erdöl verbrennen oder eine elektrische Heizung sind Beispiele für solche einfachen Energieumsetzer.

Nun können wir nichtideale Leiter elegant beschreiben. Wir verwenden einen idealen Leiter, wie wir ihn oben in Abschnitt 11.3.b kennengelernt haben. Für die Verluste nutzen wir einen Umsetzer, der Entropie erzeugt. Dadurch wird das Potenzial des Stroms reduziert.

So werden beispielsweise die Verluste eines elektrischen Leiters in einer Schaltung berücksichtigt. Die Leitung selbst wird ohne Verluste gezeichnet. Diese werden durch einen Ohmschen Widerstand R in der Schaltung berücksichtigt (Abbildung 11.13). Der entstehende Wärmestrom wird in elektrischen Schaltplänen nicht skizziert.

Sind wir dagegen mehr an den Energieströmen interessiert, skizzieren wir die Leitung so:

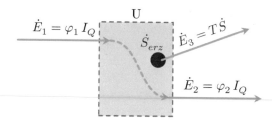

Abbildung 11.12: Energiediagramm eines Ohmschen Leiters

Fortsetzung Beispiel 11.3.iv:

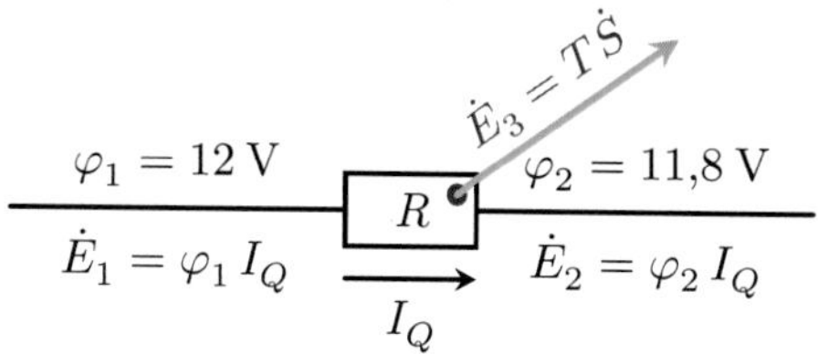

$$\varphi_1 = 12\,\text{V} \qquad \dot{E}_3 = T\dot{S} \qquad \varphi_2 = 11{,}8\,\text{V}$$

$$\dot{E}_1 = \varphi_1 I_Q \qquad R \qquad \dot{E}_2 = \varphi_2 I_Q$$

$$I_Q$$

Energiebilanz: $\dot{E}_1 - \dot{E}_2 - \dot{E}_3 = 0$

Abbildung 11.13: Reale elektrische Leitung – Ersatzschaltbild

Die einströmende Energie ergibt sich aus dem elektrischen Potenzial φ_1 am Eingang und der elektrischen Stromstärke I_Q. Die ausströmende Energie ergibt sich entsprechend. Mit Hilfe der Abbildung 11.11 und der Bilanz

$$\dot{E}_1 - \dot{E}_2 - \dot{E}_3 = 0$$

kann der Energiestrom, der durch Entropie in Form von Wärme abgeführt wird, berechnet werden: $\dot{E}_3 = \dot{E}_1 - \dot{E}_2 = (\varphi_1 - \varphi_2)\,I_Q$.

Für einen ohmschen Widerstand R ergibt sich $U = (\varphi_1 - \varphi_2) = R\,I_Q$ und damit ist:

$$\dot{E}_3 = R\,I_Q^2.$$

11.3.e Energieverbrauch

In der Umgangssprache wird oft vom Energieverbrauch einer Maschine oder gar von Energieverschwendung bei manchen Prozessen gesprochen. Selbstverständlich gilt auch im Alltag die Energieerhaltung. Insofern kann Energie nicht verbraucht werden. Wir können uns aber nicht mit aller Kraft gegen diesen eigentlich missverständlichen Begriff stemmen. Vielmehr ist es sinnvoll, zu definieren, was unter „Energieverbrauch" verstanden werden soll.

Wann also wird Energie verbraucht? Wann ist ein Prozess energetisch schlecht, oder besser gesagt ungünstig?

Wir fragen uns zunächst, was ist das ungünstigste, was wir mit der vorhandenen Energie anfangen können? Idee: Wenn man Entropie erzeugt hat, kommt man nicht mehr zurück, man hat die Möglichkeit reduziert, die Energie zu nutzen (siehe Rezept 10.7.7 „Möglichkeiten offenhalten").

W **11.3.10**
issen: **Energieverbrauch**

Je mehr Entropie erzeugt wurde, desto weniger Möglichkeiten bleiben offen, etwas weiteres mit der genutzten Energie zu tun. Oder anders gesagt: Je mehr Entropie erzeugt wurde, desto energetisch schlechter ist der Prozess.

Ein großer Energieverbrauch entspricht der Erzeugung von viel Entropie.

11

R 11.3.11
Rezept: Energieverbraucher finden

Wenn der Begriff „Energieverschwendung" verwendet wird, denken Sie besser an „Erzeugung von viel Entropie".

Suchen Sie die Stellen, an denen Entropie erzeugt wird. Dadurch fällt es leichter, die wirklichen „Verschwender" zu erkennen. Wenden Sie dazu das Rezept 10.7.8 „Entropieerzeugung finden" an.

11.3.f   Umsetzer, Maschinen, Lebewesen

Ein Energieumsetzer, bei dem Energie eingesetzt wird, um daraus einen Nutzen zu erhalten, nennt man Maschine (siehe Definition 11.3.8). Die Nutzenergie wird mit einem Träger aus der Maschine herauskommen. Dafür bringt ein anderer Träger Energie hinein. Diese Energie ist der Aufwand.

R 11.3.12 Energetische Analyse eines
Rezept: Umsetzers

Eine Maschine, die aus einem einzigen Umsetzer besteht, können Sie folgendermaßen gut energetisch analysieren (siehe Abbildung 11.14):

· Skizzieren Sie den Umsetzer als Rechteck.

· Tragen Sie auf der Aufwandseite je einen Bilanzpfeil für den Zu- und Abfluss des Trägers.

· An die jeweiligen Pfeile notieren Sie die Energieform, also den Trägerstrom und das Potenzial.

· Genauso verfahren Sie mit der Nutzenseite. Auch hier haben Sie zwei Bilanzpfeile.

· Hat die Maschine Verluste, zeichnen Sie einen Bilanzpfeil aus dem System heraus. Träger der Verluste ist der Entropiestrom $\dot{S}$, das Potenzial ist die Temperatur T.

· Geben Sie allen Bilanzgrößen frei wählbare, aber eindeutige Bezeichnungen, beispielsweise Zahlen als Index.

Statt mit Energie Entropie zu erzeugen, kann damit besser Arbeit verrichtet werden, zum Beispiel in einem Flusskraftwerk.

Der ungünstigste Prozess ist also der, bei dem die maximal mögliche Entropie erzeugt wurde. Schauen wir uns Abbildung 11.11, an. Wir erkennen, dass am meisten Entropie erzeugt wird, wenn die Temperatur niedrig ist. Die niedrigst mögliche Temperatur ist die des umgebenden Reservoirs, also die der Umgebung. Wir erkennen, das Schlechteste ist die Erzeugung von Entropie und damit Wärme auf der Umgebungstemperatur.

Statt etwas zu verbrennen, also damit nur Entropie zu erzeugen, fangen wir besser etwas anderes damit an. Beispielsweise können wir einen Gegenstand hochheben, ein Fahrrad in Bewegung versetzen oder einen Generator antreiben. Wenn wir solche Vorgänge genauer betrachten, erkennen wir, dass dazu Systeme nötig sind, um die einströmende Energie von einem Träger auf einen anderen zu übertragen. Solche Umsetzer haben wir Maschinen genannt (siehe Definition 11.3.8).

Meist wird auch in solchen Maschinen Entropie erzeugt, aber eben nicht so viel wie in den einfachsten Umsetzern.

Wir wollen nun die Energie- und Trägerbilanzen der Maschine anschauen. Da viele Träger Erhaltungsgrößen sind, benötigen wir für sie jeweils zwei Anschlüsse, damit sie sich nicht in der Maschine ansammeln. Gibt es einen Wasserzufluss, dann benötigen wir auch einen Wasserabfluss. Bei elektrischem Strom brauchen wir auch immer zwei Leiter, wie man an einer Steckdose erkennt.

Wegen dieser vier Anschlüsse, zwei auf der Eingangsseite und zwei der Nutzseite der Maschine, wollen wir Maschinen als Rechteck skizzieren. Die Anschlussleitungen führen zum Umsetzer. Sie erhalten sinnvollerweise frei wählbare Indizes zur Unterscheidung, beispielsweise Zahlen. Die im System zusätzlich erzeugte Entropie geht über einen weiteren Anschluss nach außen. In der Regel hat daher eine Maschine fünf Bilanzpfeile.

Kennen wir eine Maschine, in der die Energie eines Wasserfalls genutzt wird, ohne damit nur Entropie zu erzeugen? Ja, mit einem Wasserrad können wir einen Generator antreiben und damit elektrische Energie in eine Leitung einspeisen. Ein Teil der Energie wird weiterhin zur Entropieerzeugung führen, da beispielsweise die Welle der Anlage nicht reibungsfrei ist und

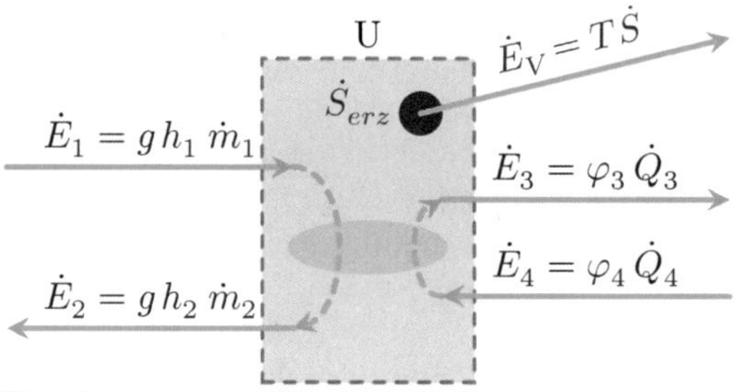

Bilanz Träger
$$\dot m_1 = \dot m_2 = \dot m \qquad \dot Q_3 = \dot Q_4 = \dot Q$$

Energiebilanz: $\dot E_1 - \dot E_2 - \dot E_V - \dot E_3 + \dot E_4 = 0$

Abbildung 11.14: Ein Wasserkraftwerk als Energie-Umsetzer

außerdem vielleicht auch Wasser aus dem Wasserrad ungenutzt herausrinnt. Damit die Anlage funktioniert, muss das Wasser über die Schaufeln laufen und so, in direktem Kontakt, die Drehbewegung antreiben.

Hier erkennen wir schon einige Grundmuster solcher realer Energie-Umsetzer:

- Der antreibende Strom und der, auf den die Energie umgesetzt werden soll, müssen innerhalb der Maschine gekoppelt sein.
- In realen Umsetzern wird immer Entropie erzeugt, im besten Fall relativ wenig.

In Abbildung 11.14 ist diese Situation für ein Wasserkraftwerk skizziert. Ein Massestrom fließt in die Turbine und fällt von dem Potenzial $g\,h_1$ auf $g\,h_2$ hinunter. Der mit der Turbine verknüpfte Generator hebt den Ladungsstrom vom Potenzial φ_4 auf das Potenzial φ_3. Zudem wird Entropie erzeugt und als Wärme weggetragen. Diese beschreibt die Verluste im Umsetzer.

Selbstverständlich passen die Ergebnisse auch zu denen, die vielleicht aus anderen Physik- oder Elektrotechnik Veranstaltungen bekannt sind. So ist die abgegebene elektrische Nutzleistung

$$P_{\mathrm{ab}} = \dot E_3 - \dot E_4 = \Delta\varphi\,\dot Q = U\,I.$$

Genauso einfach kann man die Eingangsleistung, den Aufwand, berechnen:

$$P_{\mathrm{zu}} = \dot E_1 - \dot E_2 = g\,(h_1 - h_2)\,\dot m.$$

Auch die zweite Gleichung ist leicht zu interpretieren: Mehr Wasserstrom und eine größere Fallhöhe Δh erhöhen die Leistung. Aber natürlich nur in einem Gravitationsfeld.

B 11.3.v Beispiel: Flusskraftwerk

In Abbildung 11.14 ist ein Flusskraftwerk skizziert. Die elektrische Leistung soll abgeschätzt werden. Sie sehen vor Ort: eine Stauhöhe von ca. $\Delta h = 10\,\mathrm{m}$, Flussbreite ca. $b = 50\,\mathrm{m}$, die Flusstiefe wissen Sie nicht und nehmen $t = 3\,\mathrm{m}$ an, die Fließgeschwindigkeit sei im Mittel $v = 1\,\mathrm{m/s}$, gleichermaßen vor und hinter dem Kraftwerk. Angenommen wird zudem, dass gesamthaft $\eta = 75\,\%$ der mechanischen Wasserenergie in elektrische Energie umgesetzt wird.

Wie groß ist die elektrische Leistungsabgabe P_{el}? Wie groß ist die elektrische Stromstärke an ein $U = 60\,\mathrm{kV}$-Netz? Welche Entropiestromstärke wurde erzeugt?

Lösung:

Als erstes wird der Massestrom aus der Dichte und dem Volumenstrom berechnet. Den Volumenstrom erhält man aus Querschnittsfläche und Fließgeschwindigkeit. Damit ergibt sich:

$$\dot m = \rho_{\mathrm{Wasser}}\,b\,t\,v.$$

Die elektrische Energieabgabe $P_{el} = \dot E_3 - \dot E_4$ beträgt 75 % des Wasserenergiestroms:

$$
\begin{aligned}
P_{el} &= \eta\,(\dot E_1 - \dot E_2) = \eta\,g\,\Delta h\,\rho_{\mathrm{Wasser}}\,b\,t\,v \\
&= 0{,}75 \cdot 10\,\frac{\mathrm{m}}{\mathrm{s}^2} \cdot 10\,\mathrm{m} \cdot 10^3\,\frac{\mathrm{kg}}{\mathrm{m}^3} \\
&\quad \cdot 50\,\mathrm{m} \cdot 3\,\mathrm{m} \cdot 1\,\frac{\mathrm{m}}{\mathrm{s}} \\
&= 11\,\mathrm{MW}.
\end{aligned}
$$

Für die elektrische Stromstärke ergibt sich:

$$
\begin{aligned}
I_{el} = \dot Q &= \frac{P_{el}}{\varphi_3 - \varphi_4} = \frac{P_{el}}{U} = \frac{11\,\mathrm{MW}}{60\,\mathrm{kV}} \\
&= 180\,\mathrm{A}.
\end{aligned}
$$

Der Verlustenergiestrom ist Differenz zwischen zufließendem Energiestrom und dem Nutzenergiestrom. Division durch die Umgebungstemperatur ergibt die erzeugte Entropie:

$$
\begin{aligned}
\dot S_{erz} &= \frac{1-\eta}{\eta}\,\frac{P_{el}}{T_{\mathrm{Umgebung}}} = \frac{11\,\mathrm{MW}}{3\cdot 300\,\mathrm{K}} \\
&= 12\,\frac{\mathrm{kW}}{\mathrm{K}}.
\end{aligned}
$$

11

Das hier beschriebene Vorgehen erleichtert die Erstellung der mathematischen Beschreibung des Energieflusses in Maschinen. Das grafisch angelegte Verfahren unterteilt die scheinbar schwierige Aufgabe in viele einfache Basisgleichungen. Wir erhalten fünf Gleichungen für die Energieströme der fünf Bilanzpfeile. Dazu kommen die Bilanzgleichungen der Trägerströme, sowie die Energiebilanz des gesamten Umsetzers. Alle zusammen bilden die energetische Beschreibung der Maschine.

Möchte man das Kraftwerk genauer analysieren, so kann man die Umsetzer in mehrere Blöcke unterteilen. Beispielsweise hier in die Wasserturbine und den Generator.

11.3.g Qualitätsmaß für Energieumsetzer

Wie kann man bewerten, ob eine Maschine oder ein Verfahren effizient mit Energie umgeht? Gibt es eine Kennzahl, mit der man die Qualität der Energieumsetzung eines Geräts bewerten kann?

Wirkungsgrad

Der Wirkungsgrad ist eine viel genutzte Kennzahl zur Beschreibung der Energieeffizienz von Anlagen.

> **D****11.3.13**
> **efinition: Wirkungsgrad**
>
> Der Wirkungsgrad beschreibt das Verhältnis zwischen Nutzenergiestrom und dem aufgewendeten, in das System fließenden Energiestrom:
>
> $$\eta = \frac{\dot{E}_{\text{Nutzen}}}{\dot{E}_{\text{Aufwand}}}.$$

Diese Kennzahl ist innerhalb eines Fachgebiets sehr nützlich. Meist ist offensichtlich, was als Nutzenergie und was als zugeführte Energie zu verstehen ist. Schwierigkeiten mit der Definition können dagegen auftreten, wenn ganz unterschiedliche Maschinen und Prozesse miteinander verglichen werden.

> **W****11.3.14**
> **issen: Gesamtwirkungsgrad**
>
> Der Gesamtwirkungsgrad einer Prozesskette ist das Produkt der Teilwirkungsgrade:
>
> $$\eta_{\text{gesamt}} = \eta_1 \, \eta_2 \, \eta_3 \, \eta_4 \, \cdots$$
>
> Es ist darauf zu achten, dass der Nutzenergie-
> ...

Gehen wir die Frage systematisch an. Wir bauen eine Maschine, um von ihr einen Nutzen zu haben (siehe Definition 11.3.8). Dazu müssen wir einen Aufwand, in Form von Energie, in die Maschine hineinbringen. Je mehr Nutzen wir für den Aufwand gewinnen, desto besser ist die Maschine für uns.

So sind wir beim energetischen Wirkungsgrad η angekommen. Wir dividieren den nutzbaren Energiestrom $\dot{E}_{\text{Nutzen}}$ durch den aufgewendeten $\dot{E}_{\text{Aufwand}}$. Je größer das Verhältnis ist, desto besser.

Jetzt müssen wir nur noch definieren, was Aufwand und Nutzen sind. Bei einer elektrisch betriebenen Wasserpumpe beispielsweise ist der Nutzen der Energiestrom des nach oben gepumpten Wassers, also wie viel Wasser wir in der Sekunde auf eine bestimmte Höhe pumpen können. Der Aufwand entspricht dem elektrischen Energiestrom, der elektrischen Leistung des Motors. Der so definierte Wirkungsgrad erlaubt es uns, unterschiedliche Pumpen zu vergleichen.

Ähnlich können wir Nutzen und Aufwand bei Windkraftanlagen definieren und diese untereinander vergleichen. Das funktioniert auch mit Heizöfen und Gasturbinen. Der Wirkungsgrad ist ein sehr gut eingeführter Begriff.

11

Fortsetzung Rezept 11.3.14:

> strom des ersten Elements hier vollständig als Aufwandsenergiestrom in das zweite Element fließt. Dieses Prinzip setzt sich durch die ganze Kette fort. Der Gesamtwirkungsgrad ist also das Verhältnis von Nutzenergiestrom des letzten zum Aufwandsenergiestrom des ersten Kettenglieds.

Probleme beim Wirkungsgrad

Allerdings gibt es ein Problem. Die Definition von Nutzen und Aufwand erfolgt unterschiedlich, je nach Typ und Aufgabe einer Maschine. Daher dürfen wir den Wirkungsgrad nicht verwenden, um ohne weiteres die Effizienz unterschiedlicher Maschinentypen miteinander zu vergleichen. Beispielsweise hat eine sehr gute Windkraftanlage nur einen Wirkungsgrad von etwa 50 %. Dagegen liegt eine Elektroheizung bei praktisch 100 %, obwohl sie energetisch schlecht ist.

Um das beschriebene Problem zu verstehen, betrachten wir die Energieströme in einem allgemeinen Energieumsetzer (Abbildung 11.15). Wir erkennen, dass der Träger A etwas mit dem Aufwand zu tun hat. Der Träger B beschreibt den Nutzenergiestrom. Die erzeugte Entropie wird vom Wärmestrom $\dot{E}_V = T\dot{S}$ weggetragen. Wie in Tabelle Tabelle 11.1 zu sehen ist, werden diese fünf Energieströme unterschiedlich für die Definition von Nutzen und Aufwand herangezogen, je nach Maschine und Anwendung.

Tabelle 11.1: Aufwand und Nutzen für die Berechnung des Wirkungsgrads. Erkennbar ist, dass die Definition des Wirkungsgrads vom Maschinentyp abhängt.

Maschine	$\dot{E}_{\text{Aufwand}}$	$\dot{E}_{\text{Nutzen}}$
Wasser-Turbine	$\dot{E}_1 - \dot{E}_2$	$\dot{E}_3 - \dot{E}_4$
Gas-Turbine	$\dot{E}_1$	$\dot{E}_3 - \dot{E}_4$
Elektroheizung	$\dot{E}_1 - \dot{E}_2$	$\dot{E}_V$
Pumpe	$\dot{E}_1 - \dot{E}_2$	$\dot{E}_3 - \dot{E}_4$
Blockheizkraftwerk	$\dot{E}_1 - \dot{E}_2$	$\dot{E}_3 - \dot{E}_4 + \dot{E}_V$
Wärmepumpe	$\dot{E}_1 - \dot{E}_2$	$\dot{E}_3(+\dot{E}_V)$
Windkraft	$\dot{E}_1$	$\dot{E}_3 - \dot{E}_4$

Diese Tabelle dient nicht dazu, die verschiedenen Definitionen der Wirkungsgrade zu erläutern. Man muss sie schon gar nicht auswendig lernen. Vielmehr soll sie il-

Ein allgemeiner Energieumsetzer hat meist zwei unterschiedliche Energieträger A und B. Beide haben im Allgemeinen jeweils einen Zu- und einen Abfluss. Zudem kann im Umsetzer Entropie erzeugt werden, mit der dann ein Teil der Energie an die Umgebung abfließt.

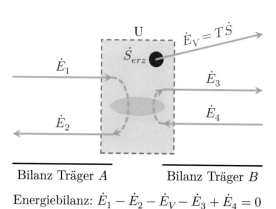

Abbildung 11.15: Energiebilanz eines allgemeinen Energieumsetzers mit zwei Trägern A und B. Der Umsetzer ist nicht perfekt, was durch Erzeugung von Entropie skizziert wird.

Bilanz Träger A Bilanz Träger B

Energiebilanz: $\dot{E}_1 - \dot{E}_2 - \dot{E}_V - \dot{E}_3 + \dot{E}_4 = 0$

Welche dieser Energieströme zur Bestimmung von Nutzen und Aufwand herangezogen werden, hängt von der speziellen Maschine und der Anwendung ab.

B 11.3.vi **Elektroheizung und**
eispiel: Windkraftanlage

- Bei einer Elektroheizung ist der Nutzen die abgegebene Wärme, also der Verlustenergiestrom $\dot{E}_V$. Als Aufwand werden die beiden elektrischen Leistungen mit $\dot{E}_1$ und $\dot{E}_2$ berücksichtigt. Weil es keine weiteren Energieströme gibt, sind Aufwand und Nutzen gleich groß. Der Wirkungsgrad der Elektroheizung beträgt: $\eta = \frac{\dot{E}_V}{\dot{E}_1 - \dot{E}_2} = 100\,\%$.

...

11

Fortsetzung Beispiel 11.3.vi:

- Eine Windkraftanlage hat als Nutzen den elektrischen Energiestrom $\dot{E}_3 - \dot{E}_4$. Als Aufwand wird der Energiestrom $\dot{E}_1$ angesehen. Das ist die strömende Luft, also der Wind. Der Wirkungsgrad berechnet sich zu:

$$\eta = \frac{\dot{E}_3 - \dot{E}_4}{\dot{E}_1}.$$

Nicht in der Bilanz berücksichtigt wird $\dot{E}_2$, der Energiestrom der Luft, die von der Anlage wegströmen muss. Würde sie nämlich bleiben und sich stauen, könnte keine weitere Luft zu den Windflügeln gelangen. Daher ist der so definierte Wirkungsgrad immer kleiner als 60 %. Dieser Zusammenhang wurde schon 1919 von Albert Betz gefunden und ist in der Literatur auch als Betzsches Gesetz bekannt. [31–33]

Nutzungsgrad

Die folgende Definition kann helfen, die Energieausnutzung von Geräten vergleichbar zu gestalten.

D 11.3.15
efinition: Nutzungsgrad ν

Der Nutzungsgrad ν setzt den in einer Maschine durch Reibung oder andere Prozesse erzeugten Entropiestrom ins Verhältnis zum maximal erzeugbaren Entropiestrom:

$$\nu = 1 - \frac{\dot{S}_{\text{erz}}}{\dot{S}_{\text{erz, max}}}$$

$$= 1 - \frac{T_{\text{Umgebung}} \, \dot{S}_{\text{erz}}}{\dot{E}_1 - \dot{E}_2}.$$

Der Term $T_{\text{Umgebung}} \dot{S}_{\text{erz}}$ ist genau der Anteil der Energie, der durch die Erzeugung der Entropie vollständig entwertet wird.

Als eingehender Energiestrom $\dot{E}_1 - \dot{E}_2$, also als Aufwand, wird die tatsächlich im System umgesetzte Energie verwendet (siehe Abbildung 11.15).

lustrieren, weshalb beim fachübergreifenden Gebrauch Vorsicht geboten ist.

Das Problem ist in den Fachdisziplinen sehr wohl bekannt. Deshalb wird, je nach Nutzung, unterschieden zwischen einer ganzen Anzahl an Wirkungsgraden. Es gibt thermische, exergetische, elektrische, mechanische und weitere Wirkungsgrade. Manchmal kommen auch andere Begriffe wie Leistungszahl zum Einsatz. Gerade einem Einsteiger wird es zunächst schwerfallen, die vielen Sonderfälle zu unterscheiden.

Wie könnte eine Kennzahl aussehen, mit der wir disziplinübergreifend die Effizienz von Maschinen vergleichen können? Auf dem Weg zu dieser Kennzahl wollen wir uns daran erinnern, was es bedeutet, wenn eine Maschine ineffizient ist. Uns ist bereits bekannt, dass energetisch ungünstige Prozesse viel Entropie erzeugen (Wissen 11.3.10). Je mehr Entropie erzeugt wurde, desto weniger kann man hinterher mit der Energie anfangen. Das gilt für alle Prozesse, unabhängig ob in der Thermodynamik, der Chemie, der Mechanik oder sonstwo.

Dieses Wissen hilft auf dem Weg zu einer allgemeineren Kennzahl. Wir betrachten zunächst den schlechtest möglichen Prozess. Das ist der, bei dem mit der nutzbaren Energie möglichst viel Entropie erzeugt wird. Das ist unser einfachster Umsetzer aus Abschnitt 11.3.d. Der größtmögliche Entropiestrom, der in solch einem Umsetzer erzeugt werden kann, ist

$$\dot{S}_{\text{erz, max}} = \frac{\dot{E}_1 - \dot{E}_2}{T_{\text{Umgebung}}}.$$

Denn die niedrigste Temperatur, auf der Entropie abgegeben werden kann, ist die Umgebungstemperatur. Wir müssen jetzt nur noch den tatsächlich in einem Prozess erzeugten Entropiestrom $\dot{S}_{erz}$ in Relation zu diesem maximalen Entropiestrom setzen. Das Verhältnis ist ein Maß für die Güte des Prozesses. Für den bestmöglichen, den reversiblen Prozess (Definition 10.7.4), ist das Verhältnis null, da hier bekanntlich keine Entropie erzeugt wird. Wir definieren daher eine neue, dimensionslose Größe folgendermaßen und nennen sie Nutzungsgrad ν:

$$\nu = 1 - \frac{\dot{S}_{\text{erz}}}{\dot{S}_{\text{erz, max}}}$$
$$= 1 - \frac{T_{\text{Umgebung}} \dot{S}_{\text{erz}}}{\dot{E}_1 - \dot{E}_2}.$$

Der Nutzungsgrad hat einige bemerkenswerte Eigenschaften:

- Der Nutzungsgrad eines bestmöglichen Prozesses hat den Wert 1. Alle anderen Prozesse haben einen kleineren Nutzungsgrad.
- Er beschreibt, wie groß der Anteil an erzeugter Entropie ist.
- Man kann aus ihm sofort ablesen, welcher Anteil der Energie in der Anlage entwertet wird.
- Er ist für alle Maschinen gleich definiert und erlaubt so einen Vergleich.
- Der Nutzungsgrad einer Gesamtanlage ist das Produkt der Nutzungsgrade der Teilanlagen.

Daher kann dieser Nutzungsgrad immer dann sehr hilfreich sein, wenn verschiedene Maschinen miteinander verglichen werden müssen. Die Beispiele von Tabelle 11.1 sind in Tabelle 11.3 aufgegriffen.

Man erkennt beispielsweise an der Elektroheizung, dass der Nutzungsgrad eine sinnvolle Kennzahl für die energetische Beschreibung von Prozessen ist. Eine Elektroheizung ist, trotz 100 % Wirkungsgrad, energetisch schlecht, weil ausschließlich Entropie erzeugt wird.

11.3.h Energetische Analyse von Anlagen

Mit den beschriebenen Methoden können wir nicht nur einzelne Maschinen sondern auch Kombinationen von Maschinen, also Anlagen, energetisch analysieren. Dazu betrachten wir jede Maschine als ein System, in das Energieströme hinein- und aus ihm herausfließen. Welchen Detaillierungsgrad wir dabei wählen, also in wie viele Teilsysteme wir unsere Anlage gedanklich zerlegen, hängt von der Aufgabenstellung ab.

Für jedes Teilsystem notieren wir die beteiligten Energieträger mit den Strömen und den dazugehörigen gehörenden Potenzialen (vgl. Rezept 11.3.12). Die einzelnen Systeme werden mit Bilanzpfeilen untereinander und mit der Umgebung verbunden. So entsteht schritt-

W 11.3.16 Wissen: Gesamtnutzungsgrad

Der Gesamtnutzungsgrad eines Prozesses ist das Produkt der Teilnutzungsgrade:

$$\nu_{\text{gesamt}} = \nu_1 \, \nu_2 \, \nu_3 \, \nu_4 \, \ldots$$

Der Gesamtnutzungsgrad hängt also ab von dem Verhältnis der in der gesamten Prozesskette erzeugten Entropie zum Aufwandsenergiestrom des ersten Kettenglieds.

Tabelle 11.3: Vergleich des jeweiligen ungefähren Wirkungs- und Nutzungsgrades der Beispiele aus Tabelle 11.1.

Maschine	Wirkungsgrad η	Nutzungsgrad ν
Wasser-Turbine	0,9	0,9
Gas-Turbine	0,4	0,9
E-Heizung 50°C	1	0,1
Pumpe	0,8 - 0,9	0,8 - 0,9
Blockheizkraftwerk	0,8 - 0,95	0,3 - 0,4
Wärmepumpe	> 2	0,5
Windkraft	< 0,6	0,8

R 11.3.17 Rezept: Maschinen und Anlagen energetisch analysieren

Wenn Sie eine Anlage energetisch analysieren möchten, die aus mehreren Teilsystemen besteht, dann:

- Überlegen Sie, in welche Teilsysteme Sie die Anlage sinnvollerweise zerlegen.
- Für jedes Teilsystem tragen Sie alle Trägerströme ein (Rezept 11.3.12).

...

11

Fortsetzung Rezept 11.3.17:

- Verbinden Sie die verschiedenen Teilsysteme miteinander durch die zusammengehörenden Bilanzpfeile. Denken Sie an die Bilanzrichtung.
- Schreiben Sie für jedes Teilsystem die Energiebilanzen und die Bilanzen der Trägerströme auf.

So erhalten Sie einen Satz von Gleichungen, der wesentliche Prozesse in Ihrer Anlage beschreibt. Wollen Sie dazu noch die Energieeffizienz betrachten, dann:

- Berechnen Sie den Wirkungsgrad jedes Teilsystems. Vergleichen Sie diese gegebenenfalls mit Referenzwerten vergleichbarer Maschinen.
- Berechnen Sie die Nutzungsgrade der Teilsysteme. Deren Vergleich hilft beim Erkennen energetischer Schwachstellen Ihrer Gesamtanlage.

weise ein Bild des Energiestromnetzes der gesamten Anordnung. Diese Grafik können wir bei Bedarf durch weitere Komponenten oder der erwähnten Verfeinerung des Detaillierungsgrades neuen Fragestellungen anpassen.

Aus der erstellten Grafik können wir Bilanzgleichungen ablesen. Das sind sowohl die Energiebilanzen, als auch die Bilanzgleichungen der Trägergrößen. Zusammen erstellen wir so einen Satz an Gleichungen, die ein mathematisches Abbild unserer Anlage sind. Wir sind somit in der Lage, die Anlage in weiten Teilen zu berechnen.

11.4 Gibbssche Fundamentalform

Zum Ende des Kapitels Energie wollen wir uns anschauen, wie weitreichend die Methode der Energieformen ist. Wir werden sehen, dass ganz viele verschiedene technische Gebiete mit ein und derselben mathematischen und physikalischen Methode beschrieben werden können. Eigentlich ist das sehr erstaunlich, denn die Elektrotechnik, die Thermodynamik, Chemie und Kinetik scheinen stark unterschiedliche Gebiete zu sein. Aber alle verwenden die gleichen Ansätze. Nur dass eben die Energieformen von anderen mengenartigen Größen transportiert werden. Die Formulierung dieses universellen Energieträgerkonzeptes geht auf Josiah Willard Gibbs zurück.

Definition: 11.4.1   Gibbssche Fundamentalform

Es sei die Energiefunktion eines Systems

$$E(p_x, p_y, p_z, J_x, J_y, J_z, N_1, N_2, ..., Q, V, S, ...)$$

bekannt. Dann berechnet sich die Änderung dE durch die Bilanz der Energieformen:

$$dE(p_x, p_y, p_z, J_x, J_y, J_z, N_1, N_2, ..., Q, V, S, ...)$$
$$= v_x \, dp_x + v_y \, dp_y + v_z \, dp_z$$
$$+ \omega_x \, dJ_x + \omega_y \, dJ_y + \omega_z \, dJ_z$$
$$+ \sum_i \mu_i \, dN_i + \varphi \, dQ - p \, dV + T \, dS + ...$$

Bisher haben wir immer nur geschaut, wie Systeme zwei, maximal drei verschiedene Energieformen austauschen. Beispielsweise Lage- und Bewegungsenergie, oder Rotationsenergie, Wärme und elektrische Energie.

Wie sieht aber die Gleichung aus, die jeglichen beliebigen Energieaustausch beschreibt? Also die Gleichung, die alle Energieformen (siehe Tabelle 11.2) gleichzeitig zulässt?

Wir suchen die Energiefunktion E, die durch alle möglichen Austauschgrößen bestimmt ist. Die möglichen Austauschgrößen sind die in Kapitel 10 beschriebenen mengenartigen Größen Impuls $\vec{p}$, Drehimpuls $\vec{J}$, verschiedenen Teilchen $N_1, N_2, ...$, elektrische Ladung Q, Volumen V, Entropie S, und ggf. weitere. Das bedeutet, wir suchen eine Energiefunktion der Form:

$$E(p_x, p_y, p_z, J_x, J_y, J_z, N_1, N_2, ..., Q, V, S, ...).$$

Wenn wir die wissen, kennen wir unser System energetisch vollständig. Diese Funktion ist aber meistens nicht bekannt. Nur in wenigen Sonderfällen kann sie hingeschrieben werden.

Wir müssen daher mit etwas weniger zufrieden sein. Wir können nämlich etwas über die Änderung der Energie sagen. Diese hängt mit der Änderung der mengenartigen Größen zusammen. Wir müssen einfach die Energieströme bilanzieren, so wie wir es die ganze Zeit getan haben, nur eben für alle möglichen.

Dadurch erhalten wir die vollständige Beschreibung der Änderung der Systemenergie (Definition 11.4.1). Schauen wir die resultierende Gleichung an, so erkennen wir, dass sie nach dem gleichen Muster aufgebaut ist wie das totale Differenzial aus Abschnitt 3.3.j.

Durch Vergleich der Koeffizienten erhalten wir neue Gleichungen, die sehr nützlich sind. Wir werden nicht alle auswerten, aber wie bereits zu Beginn dieses Unterkapitels erwähnt, ist der Nutzen beispielsweise in der Thermodynamik enorm.

Für die Bewegungslehre von besonderem Interesse sind die dynamischen Geschwindigkeiten, die den Zusammenhang zwischen der Energie und dem Impuls eines Systems beschreiben:

$$v_x = \frac{\partial E}{\partial p_x}.$$

Wir erkennen, dass diese Geschwindigkeit immer verbunden sein muss mit einem Energie-Impuls-Transport. Ohne Energie oder Impuls gibt es keine dynamische Geschwindigkeit. Diese Geschwindigkeit kann maximal den Wert der Lichtgeschwindigkeit annehmen.
Für Körper gilt das Gesetz, dass die dynamische Geschwindigkeit und die kinematische (Abschnitt 12.1.b) gleich sind. So erhält man die Bewegungsgleichung für einen Körper in eine Richtung:

$$\frac{\mathrm{d}x}{\mathrm{d}t} = \frac{\partial E}{\partial p_x}.$$

Hier wollen wir mit diesen Betrachtungen enden. Dem interessierten Leser sei weiterführende Literatur, insbesondere die Thermodynamik empfohlen.

Bei Verwendung des totalen Differenzials (siehe Abschnitt 3.3.j) ist bekannt:

Sei $F(a, b, c)$ eine Funktion, dann gilt für die Ableitung von F:

$$\mathrm{d}F(a,b,c) = \frac{\partial F(a,b,c)}{\partial a}\,\mathrm{d}a + \frac{\partial F(a,b,c)}{\partial b}\,\mathrm{d}b$$
$$+ \frac{\partial F(a,b,c)}{\partial c}\,\mathrm{d}c.$$

Durch Vergleich mit Definition 11.4.1 erkennt man einige wichtige Zusammenhänge:

Wissen: **11.4.2 Potenziale aus der Energiefunktion**

Wenn die Energiefunktion bekannt ist, können die Potenziale der Energieträger durch partielle Ableitungen ermittelt werden:

- dynamische Geschwindigkeiten

$$v_x = \frac{\partial E(p_x, p_y, p_z, ..., Q, V, S, ...)}{\partial p_x}$$
$$v_y = \frac{\partial E(p_x, p_y, p_z, ..., Q, V, S, ...)}{\partial p_y}$$
...

- dynamische Winkelgeschwindigkeiten

$$\omega_x = \frac{\partial E(..., J_x, J_y, J_z, ..., Q, V, S, ...)}{\partial J_x}$$
...

- elektrisches Potenzial

$$\varphi = \frac{\partial E(p_x, p_y, p_z, ..., Q, V, S, ...)}{\partial Q}$$

- Druck

$$p = -\frac{\partial E(p_x, p_y, p_z, ..., Q, V, S, ...)}{\partial V}$$

- Temperatur

$$T = \frac{\partial E(p_x, p_y, p_z, ..., Q, V, S, ...)}{\partial S}$$

- ...

11

Teilgebiete der Physik und Technik

W̶issen: 11.4.3 Ordnung in die Teilgebiete der Physik

Die Energieformen grenzen Teilgebiete der Physik voneinander ab. Sie bleiben aber formal ähnlich:

- Punktkinetik (Hamiltongleichung)

$$dE = \vec{v} \cdot d\vec{p} - \vec{F} \cdot d\vec{s}$$

- Kinetik ausgedehnter Körper

$$dE = \vec{v} \cdot d\vec{p} + \vec{\omega} \cdot d\vec{J} - \vec{F} \cdot d\vec{s}$$

- Thermodynamik

$$dE = T\,dS - p\,dV$$

- Chemie, chemische Thermodynamik

$$dE = T\,dS - p\,dV - \sum \mu_i dN_i$$

- Elektrizitätslehre (Ladung und Feld)

$$dE = \varphi\,dQ - \vec{F} \cdot d\vec{s}$$

- Elektrochemie

$$dE = \varphi\,dQ + \sum \mu_i\,dN_i\,(+T\,dS)$$

Falls wir die gesamte Energiefunktion mit allen Energieformen hätten, wäre ein System energetisch vollständig erfasst. In vielen Fällen benötigt man das aber gar nicht. Das betrachtete System lässt sich häufig mit wenigen Energieformen ausreichend genau beschreiben. Dadurch werden die Zusammenhänge weniger komplex und die Berechnung wesentlich einfacher.

Wenn wir eine solche Vereinfachung vornehmen wollen, dann müssen wir nur schauen, welche Energieformen im System wichtig sind. Welche tragen essenziell zur Energiebilanz bei?

Das Spannende ist, dass die beteiligten Energieformen Teilgebiete der Physik voneinander abgrenzen.

Damit wird deutlich, dass scheinbar weit voneinander entfernte Gebiete, wie Thermodynamik, Mechanik, Chemie und Elektrotechnik, doch einen verwandten Grundaufbau besitzen.

11 Aufgaben und Zusatzmaterial zu diesem Kapitel

https://sn.pub/v3I1BU

12 Besserwissen

Was ist Besserwissen?

Es gibt eine ganze Menge an Beispielen aus Naturwissenschaft, Technik und dem Alltagsleben, die mit den Methoden des Buchs besonders (und auffallend) leichte Erklärungen finden. Solche einfachen Erklärungen können zu einem tieferen Verständnis, zu einem besseren Wissen führen.

Hier ist also nicht das Besserwissen gemeint, das niemand mag. Besserwisser sind bekanntlich nicht sonderlich beliebt. Vielmehr soll dieses Kapitel helfen, einen anderen Blick auf vielleicht schon Bekanntes zu erhalten (vgl. Rezept 0.0.3 „Perspektivwechsel"). In diesem Sinne führen die folgenden Seiten zu vertieftem und daher hoffentlich „besserem Wissen".

Einige Teilgebiete der Physik, die mit den beschriebenen Methoden aus anderen Blickwinkeln betrachtet werden können, sind hier aufbereitet. Wenn Sie die Themen schon kennen, mag einiges ungewohnt erscheinen, aber lassen Sie sich darauf ein.

12.1 Kinematik - Bewegung des Massepunktes und warum sie in Physikbüchern am Anfang steht

Eines der ersten Themen, die man üblicherweise in Physik lernt, ist die Beschreibung der Bewegung eines Punktes durch den Raum. Warum eigentlich? Die Bewegung von Punkten im Raum ist vermutlich nicht wichtiger als Themen im Umfeld von Energienutzung oder Elektrizität.

Es gibt gute Gründe dafür. Die Bewegungslehre eignet sich bestens, um einige der physikalischen Methoden zu üben. Insbesondere seien hier genannt:

- Übersetzung von Beobachtungen in die Sprache der Physik und anschließend in die der Mathematik,
- Wahl geeigneter Koordinatensysteme,
- Anwendung mathematischer Methoden,
  - Gleichungen,
  - Funktionen, Ableiten, Integrieren,
  - Vektoren,
- Interpretation der mathematischen Ergebnisse durch Rückübersetzung in Beobachtungen oder Vorhersagen.

Zwar gibt es auch andere physikalische Themen, die diese Methoden anwenden. Das Besondere an der Bewegungslehre ist, dass die benötigten mathematischen Werkzeuge (siehe Kapitel 3) verhältnismäßig einfach sind. Wir können daher den Übergang vom Beobachten zur Physik und weiter zur Mathematik gut üben. Wenn wir das hier beherrschen, fällt der Schritt zu komplizierteren mathematischen Berechnungen in andere Gebieten wesentlich leichter.

© Der/die Autor(en), exklusiv lizenziert an
Springer-Verlag GmbH, DE, ein Teil von Springer Nature 2023
C. Hettich et al., *Physik Methoden*,
https://doi.org/10.1007/978-3-662-67906-7_12

12

12.1.a   Beschreibung von Punkten im Raum

> # W 12.1.1
> **issen: Ortsvektor**
>
> Jeder Punkt im Raum befindet sich an einem definierten Ort. Dieser kann durch einen Ortsvektor bezeichnet werden.
>
> Ort: $\vec{r}$

> # R 12.1.2
> **ezept: Punktmechanik verwenden**
>
> Wenn Sie die Bewegung eines Körpers im Raum beschreiben möchten, dann überlegen Sie sich, ob es für Ihre Problemstellung ausreicht, nur die Translation des Körpers zu betrachten. Falls Ihnen das genügt, können Sie das Problem deutlich vereinfachen. Sie müssen nur noch einen beliebigen Punkt des Körpers betrachten, und dessen Bewegung im Raum anschauen. In der Regel wählt man den Schwerpunkt des Körpers.

Wir betrachten einen bestimmten Punkt, beispielsweise die Spitze eines Bleistiftes. Der Ort dieses Punktes im Raum kann durch einen Ortsvektor $\vec{r}$ beschrieben werden. Durch Definition eines Koordinatensystems erhält dieser Vektor konkrete, eindeutige Werte.

Wenn wir die Position der Bleistiftspitze auf einem Blatt Papier beschreiben wollen, reicht ein zweidimensionaler Vektor. Dagegen erfordert die Angabe des Ortes im Raum drei Dimensionen (siehe auch Abschnitt 3.4.a „Vektoren").

12.1.b   Bewegung von Punkten im Raum

> # W 12.1.3
> **issen: Kinematik**
>
> Die Bewegung von Punkten im Raum kann durch Funktionen beschrieben werden, weil kein Punkt eines Körpers gleichzeitig an zwei Orten sein kann. Die Bewegungslehre lässt sich daher mit Hilfe der Ableitung von Funktionen leicht zusammenfassen.
>
> Ort, Bahnkurve: $\vec{r}(t)$
>
> Geschwindigkeit: $\vec{v}(t) = \dfrac{\mathrm{d}\vec{r}(t)}{\mathrm{d}t} = \dot{\vec{r}}(t)$
>
> Beschleunigung: $\vec{a}(t) = \dfrac{\mathrm{d}\vec{v}(t)}{\mathrm{d}t} = \dfrac{\mathrm{d}^2\,\vec{r}(t)}{\mathrm{d}t^2}$
>
> $\qquad\qquad\qquad = \dot{\vec{v}}(t) = \ddot{\vec{r}}(t)$
>
> Die Kurzschreibweise mit den Punkten bedeutet Ableitung nach der Zeit.
>
> Das ist alles, woraus die Kinematik besteht. Alles andere kann daraus hergeleitet werden.

Wenn wir mit dem Bleistift auf einem Blatt Papier schreiben, dann ändert sich der Ort der Spitze während des Schreibens.

Weil die Bleistiftspitze nicht gleichzeitig an zwei Stellen sein kann, kann jedem Zeitpunkt t genau ein Ort zugeordnet werden. Diese Zuordnung erfüllt damit die Definition einer Funktion (Definition 3.3.1).

Wenn wir also daran interessiert sind, wie sich die Position der Bleistiftspitze im Laufe der Zeit ändert, können wir den Ort des betrachteten Punktes als eine Funktion der Zeit $\vec{r}(t)$ darstellen. So erhalten wir eine Kurve im Raum, die sogenannte Bahnkurve.

Diese Art der Bewegung, bei der ein Körper seinen Ort im Raum verändert, nennt man auch Translation oder Verschiebung.

Mit den in Unterkapitel 3.3 vorgestellten mathematischen Werkzeugen werden wir im Folgenden arbeiten. Dazu zählen insbesondere das Ableiten und Integrieren.

Geschwindigkeit

Die Geschwindigkeit gibt an, wie schnell wir den Stift über das Blatt bewegen. Das ist genau die Definition der Ableitung nach der Zeit. Die Geschwindigkeit ist daher die Änderungsrate des Ortes $\mathrm{d}\vec{r}$ bei Veränderung der Zeit $\mathrm{d}t$:

$$\vec{v}(t) = \frac{\mathrm{d}\vec{r}(t)}{\mathrm{d}t} \equiv \dot{\vec{r}}(t).$$

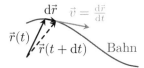

Abbildung 12.1: Geschwindigkeit als Änderung des Ortes und Tangente an die Bahnkurve

In Abbildung 12.1 und in Wissen 12.1.3 erkennen wir, dass die Richtung der Bahn und die Richtung der Geschwindigkeit immer übereinstimmen, da $\vec{v}$ sich nur um eine skalare Größe $\mathrm{d}t$ von dem Bahnabschnitt $\mathrm{d}\vec{r}$ unterscheidet. Wir können sagen, dass die Geschwindigkeit immer eine Tangente an die Bahn ist und schreiben:

$$\vec{v} = |\vec{v}|\,\vec{\mathcal{T}}, \quad \text{mit} \quad \vec{\mathcal{T}} = \frac{\mathrm{d}\vec{r}}{\mathrm{d}r} = \frac{\vec{v}}{|v|} = \hat{e}_v.$$

Dabei ist $\vec{\mathcal{T}}$ ein dimensionsloser Einheitsvektorvektor (Länge 1), der nur die Richtung angibt.

Beschleunigung

Die Beschleunigung ist die Änderungsrate der Geschwindigkeit. Wollen wir aus der Geschwindigkeit die Beschleunigung der Stiftspitze bestimmen, so müssen wir erneut ableiten:

$$\vec{a}(t) = \frac{\mathrm{d}\vec{v}(t)}{\mathrm{d}t} \equiv \dot{\vec{v}}(t).$$

Die Definitionen von Geschwindigkeit und Beschleunigung bilden zusammen die Basis für die Gesetze der Bewegungslehre, der Kinematik.

Komponenten der Beschleunigung

Wenn wir wissen wollen, in welche Richtung die Beschleunigung unseres Stiftes zeigt, dann fällt die Antwort nicht so leicht wie bei der Richtung der Geschwindigkeit. Denn über die Richtung der Geschwindigkeitsänderung wissen wir zunächst nichts. Aber wir können unser Wissen über die Richtung der Geschwindigkeit

Um Werte für Ort $r(t)$, Geschwindigkeit $v(t)$ und Beschleunigung $a(t)$ anzugeben, verwendet man das SI:

W 12.1.4 Dimensionen und Einheiten issen: der Translation

Die Dimension und die SI-Basiseinheit von Orte r, Geschwindigkeiten v und Beschleunigungen a ergeben sich aus den Definitionsgleichungen in Wissen 12.1.3.

Größe	r	v	a
Dimension	L	$\mathsf{L}\,\mathsf{T}^{-1}$	$\mathsf{L}\,\mathsf{T}^{-2}$
SI-Basiseinheit	m	$\dfrac{\mathrm{m}}{\mathrm{s}}$	$\dfrac{\mathrm{m}}{\mathrm{s}^2}$

W 12.1.5 issen: Beschleunigungskomponenten

Wenn Sie Beschleunigung an einer Stelle der Bahn beschreiben, ist es meist sinnvoll, sie an dieser Stelle in zwei Komponenten aufteilen:

- Eine Komponente parallel zur Bahn

$$\vec{a}_{\parallel} = \frac{\mathrm{d}|\vec{v}|}{\mathrm{d}t}\,\vec{\mathcal{T}}.$$

Diese Komponente zeigt parallel zur Bahn, hat also die Richtung einer Tangente an die Bahn. Sie ändert nur den Betrag der Geschwindigkeit, nicht die Richtung. Sie heißt Tangentialbeschleunigung.

- Eine Komponente senkrecht zur Bahn

$$\vec{a}_{\perp} = |\vec{v}|\,\frac{\mathrm{d}\vec{\mathcal{T}}}{\mathrm{d}t}.$$

Diese Komponente steht senkrecht auf der momentanen Bewegungsrichtung. Sie ändert nicht den Betrag der Geschwindigkeit, wohl aber die Bewegungsrichtung. Sie heißt Radialbeschleunigung.

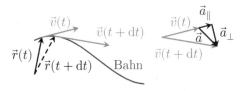

Abbildung 12.2: Ermittlung der Komponenten der Beschleunigung aus der Änderung der Geschwindigkeit.

12

nutzen und dies in die Definition der Beschleunigung einsetzen. Dadurch erhalten wir unter Verwendung der Produktregel:

$$\vec{a} = \frac{\mathrm{d}\vec{v}}{\mathrm{d}t} = \frac{\mathrm{d}}{\mathrm{d}t}\left(|\vec{v}|\,\vec{\mathcal{T}}\right)$$
$$= \frac{\mathrm{d}|\vec{v}|}{\mathrm{d}t}\,\vec{\mathcal{T}} + |\vec{v}|\,\frac{\mathrm{d}\vec{\mathcal{T}}}{\mathrm{d}t}.$$

Der erste Summand ist parallel zur Bahn, wie wir am Vektor $\vec{\mathcal{T}}$ erkennen. Die Änderung der Einheitsvektor $\mathrm{d}\vec{\mathcal{T}}$ steht dagegen senkrecht zur Bahn, denn $\vec{\mathcal{T}} \cdot \vec{\mathcal{T}} = 1$ und damit $\mathrm{d}\left(\vec{\mathcal{T}} \cdot \vec{\mathcal{T}}\right) = 2\,\mathrm{d}\vec{\mathcal{T}}\cdot\vec{\mathcal{T}} = 0$ (siehe Wissen 3.4.5). Die Aufteilung der Beschleunigung in diese beiden Komponenten ist in Abbildung 12.2 dargestellt.

12.1.c Geradlinige Bewegung

Bei der geradlinigen Bewegung bewegt sich ein Körper ohne Richtungsänderung fort. Der Richtungsvektor ist daher konstant, also $\vec{\mathcal{T}} = $ konstant.

R12.1.6 ezept: Geradlinige Bewegung

Wenn Sie eine geradlinige Bewegung beobachten, wählen Sie zur Beschreibung ein eindimensionales Koordinatensystem in Bewegungsrichtung. Dann wird die Bewertung der physikalischen Größen Ort, Geschwindigkeit und Beschleunigung sehr einfach. Alle diese Größen sind nun skalar.

Ort: $r(t)$

Geschwindigkeit: $v(t) = \dot{r}(t)$

Beschleunigung: $a(t) = \dot{v}(t) = \ddot{r}(t)$

Betrachten wir eine geradlinige Bewegung, also eine Translation ohne Richtungsänderung. Dann können wir die Beschreibung dieser Bewegung durch den Raum stark vereinfachen, indem wir das Koordinatensystem so legen, dass eine Achse in Bewegungsrichtung zeigt (vgl. Unterkapitel 6.3). Da die beiden anderen Komponenten des Bewegungsvektors jetzt konstant bleiben, brauchen wir nur noch die Komponente zu betrachten, die in Bewegungsrichtung zeigt. Die Bewegung wird eindimensional! Die Beschreibung der Bewegung kann auf skalare Größen reduziert werden.

Das ist typisch für die Vorgehensweise in der Physik. Man versucht, Probleme soweit es geht zu vereinfachen. Wenn man sie so verstanden hat, kann man immer noch weitere Aspekte hinzunehmen. In diesem Fall erarbeiten wir zunächst ein Verständnis der eindimensionalen Bewegung. Eine beliebige Bewegung durch den Raum kann dann als Überlagerung („Superposition") von drei eindimensionalen Bewegungen betrachtet werden.

Bewegungsdiagramme $v(t)$

R12.1.7 ezept: $v(t)$-Diagramm auswerten

Aus einem $v(t)$-Diagramm (Abbildung 12.3) lassen sich wichtige Eigenschaften einer geradlinigen Bewegung leicht bestimmen.

Ortsänderung Δs: Fläche unter der Kurve

Geschwindigkeit v: Ablesen

Beschleunigung a: Steigung der Kurve

Ein wichtiges Hilfsmittel bei der Beschreibung der geradlinigen Bewegung ist das $v(t)$-Diagramm (siehe Abbildung 12.3). Es zeigt die Geschwindigkeit eines Punktes als Funktion der Zeit auf. Durch Integrieren können wir daraus die Ortsänderung und durch Ableiten die Beschleunigung bestimmen. Mit unserem Vorgehen, das Ableiten näherungsweise durch Steigungsdreiecke zu lösen (Rezept 3.3.10) und zur Integration ähnlich große Flächen auszurechnen (Rezept 3.3.12), haben wir ein einfaches Handwerkszeug, mit dem viele Fragen gelöst werden können.

Manchmal wird man um aufwändigere Mathematik nicht herumkommen. Oft genügen aber geringere Genauigkeiten. Dann helfen die genannten grafischen Möglichkeiten.

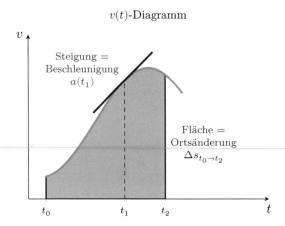

Abbildung 12.3: Auswertung $v(t)$-Diagrammen

12.1.d Kreisbewegung

Die oben beschriebene geradlinige Bewegung ist ein hilfreicher Sonderfall. Meistens ändert sich bei einer Bewegung aber auch die Richtung. Dann funktioniert die Vereinfachung nicht mehr, das Koordinatensystem so zu legen, dass man auf Vektoren verzichten kann. Wir müssten dann doch wieder mit Vektoren sowie deren Ableitungen und Integration arbeiten.

Gelingt es uns eventuell auch hier, ohne Vektorrechnung auszukommen? Wir suchen eine Bewegung, bei der sich die Richtung zwar ändert, die aber dennoch leicht zu beschreiben ist. Wenn ein Körper seine Bewegungsrichtung ändert, kann die Bewegung zumindest lokal durch einen Kreisabschnitt mit einem bestimmten Krümmungsradius beschrieben werden. So wird die Kreisbewegung zum Grundbaustein für beliebige Kurvenbewegungen. Die reine Kreisbewegung ist dann wieder ein Sonderfall, ähnlich der rein geradlinigen Bewegung. In der Kreisbewegung finden wir somit die gesuchte leicht zu beschreibende Bewegung.

Nun nutzen wir die Symmetrie eines Kreises, um unsere Beschreibung der Bewegung zu vereinfachen (vgl. Unterkapitel 6.1). Wir verwenden die Polarkoordinaten R und φ. Da bei einer Kreisbewegung R konstant bleibt, reicht es, den Winkel φ zu kennen, um den Ort eines Punktes angeben zu können.

Der Weg, den der Punkt zurücklegt, wenn seine Winkelkoordinate den Winkel $\Delta\varphi$ überstreicht, ist die Bogenlänge $\Delta s = R\,\Delta\varphi$.

Die Winkeländerung pro Zeit heißt Winkelgeschwindigkeit $\omega = \frac{\mathrm{d}\varphi}{\mathrm{d}t}$. Wenn wir uns einmal pro Sekunde

Bei der Kreisbewegung wird die Kreis-Symmetrie

$$R = \text{konstant}$$

genutzt, um die Beschreibung zu vereinfachen.

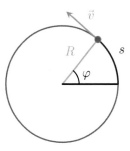

Abbildung 12.4: Parameter einer Kreisbewegung.

Zur Bestimmung an welchem Ort sich der Punkt befindet, genügt es den Winkel φ anzugeben.

> ### D 12.1.8 efinition: Winkel
>
> $$\text{Winkel } \varphi := \frac{s}{R} \qquad \text{mit } s: \text{Bogenlänge}$$

Da sowohl s also auch R die Dimension einer Länge haben, ist der Winkel dimensionslos: $\dim(\varphi) = 1$. Der Winkel hat somit eigentlich auch keine Einheit. Es gibt aber die Möglichkeit, für den Winkel die Pseudoeinheit[1] rad (Radiant) zu verwenden.

---

[1]Bei Rechnungen wird diese Pseudoeinheit einfach ignoriert (siehe auch Wissen 2.2.7).

Für einen vollen Kreisumfang ergibt sich:

$$\varphi = 2\pi = 2\pi \text{ rad}.$$

Führt man zwei neue Bezeichnungen ein, dann wird die Beschreibung der Bewegung noch einfacher. Sie ähnelt dann mathematisch formal der geradlinigen Bewegung.

R **12.1.9**
ezept: Kreisbewegung

Verwenden Sie Polarkoordinaten und die daraus abgeleiteten Größen zur Beschreibung von Kreisbewegungen:

Winkel: $\quad\quad\quad\quad \varphi(t)$

Winkel-
geschwindigkeit: $\quad \omega(t) = \dot{\varphi}(t)$

Winkel-
beschleunigung: $\quad \alpha(t) = \dot{\omega}(t) = \ddot{\varphi}(t)$

Um Werte für Winkel $\varphi(t)$, Winkelgeschwindigkeit $\omega(t)$ und Winkelbeschleunigung $\alpha(t)$ anzugeben, verwendet man das SI:

W **12.1.10   Dimensionen und Einheiten**
issen: der Rotation

Die Dimension und die SI-Basiseinheit von Winkel φ, Winkelgeschwindigkeiten ω und Winkelbeschleunigungen α ergeben sich aus den Definitionsgleichungen in Rezept 12.1.9.

Größe	φ	ω	α
Dimension	1	$1\,\mathsf{T}^{-1}$	$1\,\mathsf{T}^{-2}$
SI-Basiseinheit	$1\,(\text{rad})$	$\dfrac{1\,(\text{rad})}{\text{s}}$	$\dfrac{1\,(\text{rad})}{\text{s}^2}$

Man erkennt, dass Winkel, Winkelgeschwindigkeit und Winkelbeschleunigung den selben mathematischen Zusammenhang haben wie Ort, Geschwindigkeit und Beschleunigung bei der geradlinigen Bewegung. Gemäß Rezept 3.1.1 haben die selben mathematischen Probleme die gleichen mathematischen Lösungen. Allerdings mit einer anderen physikalischen Bedeutung.

Aus den Größen der Kreisbewegung und der Definition des Winkels lassen sich auch Weg, Geschwindigkeit und Beschleunigung der Bewegung des Punktes bestimmen.

um die eigene Achse drehen, legen wir einen Winkel von 2π in einer Sekunde zurück und haben damit eine Winkelgeschwindigkeit von $\omega = 2\pi\,\frac{\text{rad}}{\text{s}} \approx 6\,\frac{\text{rad}}{\text{s}}$.

Auch die Winkelgeschwindigkeit kann sich ändern. Wir können uns ja schneller im Kreis drehen. Dies wird durch die Winkelbeschleunigung $\alpha = \frac{\mathrm{d}\omega}{\mathrm{d}t}$ beschrieben. Angenommen wir stoppen unsere obige Drehung innerhalb von 2 Sekunden, dann geschieht die Änderung der Winkelgeschwindigkeit $\Delta\omega \approx -6\,\frac{\text{rad}}{\text{s}}$ in dem Zeitintervall $\Delta t = 2\,\text{s}$. Somit ist unsere mittlere Winkelbeschleunigung $\alpha \approx \frac{\Delta\omega}{\Delta t} \approx -3\,\frac{\text{rad}}{\text{s}^2}$.

Möchten wir die Geschwindigkeit berechnen, mit der sich der Punkt auf der Kreisbahn bewegt, so leiten wir wieder den Ort nach der Zeit ab. Da die Richtung durch den Kreis vorgegeben ist, interessiert uns nur der Betrag der Geschwindigkeit (siehe Rezept 12.1.6). Somit ergibt sich:

$$|\vec{v}| \equiv v = \frac{\mathrm{d}s}{\mathrm{d}t} = \frac{\mathrm{d}}{\mathrm{d}t}(R\,\varphi) = R\,\frac{\mathrm{d}\varphi}{\mathrm{d}t} = R\,\omega.$$

Diese Geschwindigkeit nennt man „Bahngeschwindigkeit", in Abgrenzung zur Winkelgeschwindigkeit.

Und die Beschleunigung in Bewegungsrichtung $a_\parallel$ lässt sich mit Wissen 12.1.5 berechnen:

$$|\vec{a}_\parallel| \equiv a_\parallel = \frac{\mathrm{d}v}{\mathrm{d}t} = R\,\frac{\mathrm{d}^2\varphi}{\mathrm{d}t^2} = R\,\alpha.$$

Ähnlich können wir die Beschleunigung senkrecht zur Bewegungsrichtung bestimmen, die sogenannte Radialbeschleunigung:

$$a_\perp = v\left|\frac{\mathrm{d}\vec{\mathcal{T}}}{\mathrm{d}t}\right|.$$

Bei einer Kreisbewegung ist die Änderung des Richtungsvektors $\vec{\mathcal{T}}$ immer gleich groß wie die Änderung des Winkels φ, da Richtungsvektor $\vec{R}$ und Bahntangente $\vec{\mathcal{T}}$ immer senkrecht aufeinander stehen. Somit ergibt sich:

$$a_\perp = v\,\frac{\mathrm{d}\varphi}{\mathrm{d}t} = v\,\omega = R\,\omega^2.$$

$$\mathbf{R}^{\text{12.1.11 Translationsgrößen der}}_{\text{ezept: Kreisbewegung}}$$

Verwenden Sie zur Beschreibung von Kreisbewegungen Polarkoordinaten. Dann können Sie auch den zurückgelegten Weg, die Geschwindigkeit und die Beschleunigung des bewegten Punktes aus den Größen der Kreisbewegung leicht berechnen.

Weg:	$s(t) = R\,\varphi(t)$
Geschwindigkeit:	$v(t) = R\,\omega(t)$
Tangential-Beschleunigung:	$a_{\parallel}(t) = R\,\alpha(t)$
Radial-Beschleunigung:	$a_{\perp}(t) = R\,\omega^2(t)$

Bewegungsdiagramme $\omega(t)$

Was bei der Beschreibung der geradlinigen Bewegung das $v(t)$-Diagramm ist, ist bei der Kreisbewegung das $\omega(t)$-Diagramm (siehe Abbildung 12.5). Durch Integrieren und Ableiten können daraus Winkelbeschleunigung und Winkeländerung bestimmt werden. Auch hier können Ableitungen näherungsweise durch Steigungsdreiecke (Rezept 3.3.10) berechnet werden. Integrale schätzen wir durch Flächen ähnlicher Größe ab (siehe Rezept 3.3.12).

Wenn wir hier erkennen, dass eine ganz andere Fragestellung durch die exakt identische Mathematik bearbeitet werden kann, dann haben wir den Kern der folgenden Methode verstanden:

- Physikalische Beobachtung in Mathematik übersetzen.
- Mathematik anwenden (ohne an die Physik zu denken).
- Rückübersetzen der mathematischen Ergebnisse in physikalische Beobachtungen oder Vorhersagen.

(Vgl. Wissen 3.1.4).

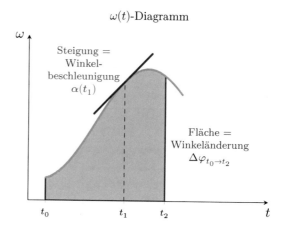

Abbildung 12.5: Auswertung $\omega(t)$-Diagramm

$$\mathbf{R}^{\text{12.1.12}}_{\text{ezept: } \omega(t)\text{-Diagramm auswerten}}$$

Aus einem $\omega(t)$-Diagramm (Abbildung 12.5) lassen sich wichtige Eigenschaften einer Kreisbewegung leicht bestimmen.

Winkeländerung $\Delta\varphi$:	Fläche unter der Kurve
Winkelgeschwindigkeit ω:	Ablesen
Winkelbeschleunigung α:	Steigung der Kurve

12.1.e   Harmonische Schwingung

R**12.1.13 Harmonische Schwingung**
ezept: erkennen

Wenn Sie eine Differenzialgleichung folgender Art sehen:

$$\ddot{y} = -k\,y \quad \text{mit} \quad k = \text{konstant},$$

dann handelt es sich um eine harmonische Schwingung

$$y(t) = R\,\sin(\omega_0\,t + \varphi_0) \quad \text{mit} \quad \omega_0^2 = k.$$

Aus den Anfangswerten Ihres Systems erhalten Sie die Konstanten R und φ_0.

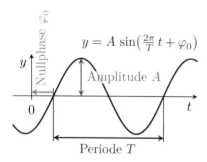

Abbildung 12.7: Veranschaulichung der Parameter einer sinusförmigen Schwingung.

W**12.1.14**
issen: Vokabeln einer Schwingung

Die Parameter einer harmonischen, sinusförmigen Schwingung werden wie folgt benannt:

$$y = \overbrace{A}^{\text{Amplitude}}\ \sin(\ \underbrace{2\pi f}_{\text{Kreisfrequenz}}\ t\ +\ \underbrace{\varphi_0}_{\text{Nullphase}}\ ).$$

mit der Phase φ

Siehe auch Abbildung 12.7.

Beachten Sie folgende Zusammenhänge:

- $\dfrac{\mathrm{d}}{\mathrm{d}t}\varphi = \omega = 2\pi f = 2\pi\frac{1}{T}$
  mit der Phase φ, der Kreisfrequenz oder Winkelgeschwindigkeit ω, der Frequenz f und der Periode T.

- Bei der Nullphase φ_0 muss man auf das Vorzeichen achten. In Abbildung 12.7 ist $\varphi_0 < 0$.

Wird eine Kreisbewegung auf eine Achse projiziert (Abbildung 12.6), so berechnen wir die Auslenkung y über den Sinus des Winkels φ:

$$y(t) = R\,\sin(\varphi(t)).$$

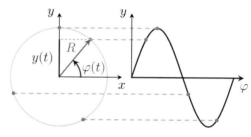

Abbildung 12.6: Die Projektion eines Kreises auf eine Achse wird über die Winkelfunktionen beschrieben.

Dreht sich der Punkt mit konstanter Winkelgeschwindigkeit ω_0 so ergibt sich $\varphi(t) = \omega_0\,t + \varphi_0$, und damit für die Auslenkung, die Geschwindigkeit und die Beschleunigung:

$$y(t) = R\ \sin(\omega_0\,t + \varphi_0),$$
$$\frac{\mathrm{d}}{\mathrm{d}t}y(t) = v_y(t) = R\,\omega_0\,\cos(\omega_0\,t + \varphi_0) \quad \text{und}$$
$$\frac{\mathrm{d}}{\mathrm{d}t}v_y(t) = a_y(t) = -R\,\omega_0^2\,\sin(\omega_0\,t + \varphi_0).$$

Vergleicht man die Auslenkung und die Beschleunigung, so erkennt man, dass sie den identischen Zeitverlauf haben, bis auf einen konstanten Faktor. Es ergibt sich:

$$a_y(t) = \frac{\mathrm{d}^2}{\mathrm{d}t^2}y(t) = -\omega_0^2\,y(t).$$

Die obige Gleichung ist eine Differenzialgleichung (siehe auch Abschnitt 3.3.g). Wir finden sie in der Physik an vielen Stellen. Wenn wir eine solche Gleichung sehen, wissen wir jetzt, dass das System schwingen kann und die Lösung kennen wir auch sofort, nämlich die harmonische Schwingung $y(t) = R\,\sin(\omega_0\,t + \varphi_0)$.

12.1.f Kinematik auf einen Blick

Wenn wir einen bewegten Punk im Raum verfolgen, dann interessiert uns meist die Position, seine Bewegung und die Änderung der Bewegung. Wir haben jetzt gesehen, dass diese Informationen sehr eng miteinander zusammenhängen. Kennt man eine dieser Größen als Funktion der Zeit, so lassen sich die anderen daraus durch Ableiten oder Integrieren herausfinden. Dabei haben wir festgestellt, dass die mathematischen Zusammenhänge zur Beschreibung der Translation und der Rotation genau die gleichen sind. Alles dies ist in der folgenden Grafik zusammenfassend dargestellt.

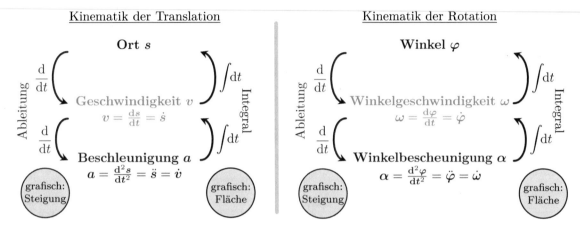

Abbildung 12.8: Die wichtigsten Zusammenhänge der Kinematik auf einen Blick. Gut erkennbar sind die identischen funktionalen Zusammenhänge bei der Translation und der Rotation.

12

12.2   Wie man mit Impuls die Welt beschreibt. Eine besondere Sicht auf Bewegungen.

Der Begriff Impuls ist uns schon an vielen Stellen begegnet. In Unterkapitel 6.1 sahen wir, dass man die Impulserhaltung auf die Homogenität des Raumes zurückführen kann. Die Grundlagen zum Aufstellen von Bilanzen und zum Umgang mit Strömen erarbeiteten wir uns in Kapitel 9. In Unterkapitel 10.4 erkannten wir die Nähe zum Kraftbegriff. Den Zusammenhang zwischen Impuls und Energie vertieften wir in Kapitel 11. Wir werden diese erworbenen Fähigkeiten aus den genannten Kapiteln nun nutzen, um eine besondere, für manche Menschen ungewohnte, Sichtweise auf Bewegungen zu erhalten. Denn wie wir gelernt haben, ist eine andere Perspektive auf den gleichen Vorgang oft mit neuen Erkenntnissen und einem besseren Verständnis verbunden.

12.2.a   Was ist bereits über Impuls bekannt?

> **W**issen: **12.2.1 Zusammenfassung: Wissen über Impuls**
>
> Die zentralen Erkenntnisse zum Impuls aus davor liegenden Kapiteln sind:
>
> - Impuls $\vec{p}$ ist eine Erhaltungsgröße.
>   Er kann weder erzeugt noch vernichtet werden.
>
> - Impuls $\vec{p}$ ist ein Vektor.
>   Damit ist auch die Impulsstromstärke $\vec{I}_p$ ein Vektor.
>
> - Die Impulsbilanz für ein System A lautet
>
> $$\frac{\mathrm{d}\vec{p}_A}{\mathrm{d}t} = \sum_{k=1}^{N} \vec{I}_{p\,(kA)}.$$
>
> Die bilanzierte Impulsstromstärke nennt man Kraft.
>
> - Impuls und Bewegung gehören zusammen. Es gilt: $\vec{p} = m\,\vec{v}$.
>
> - Impuls ist Träger der kinetischen Energie der Translation. Die intensive Größe dazu ist die Geschwindigkeit: $\mathrm{d}E = \vec{v} \cdot \mathrm{d}\vec{p}$.
>
> - Manchmal ist es möglich anzugeben, auf welchem Weg Impuls übertragen wird. In solchen Fällen ist es hilfreich, die Bilanzlinie in diesen Weg zu legen. Die Bilanzlinie kann dann als Stromlinie interpretiert werden.

Wir wollen uns kurz in Erinnerung rufen, was wir über Impuls schon wissen.

Impuls kann weder erzeugt noch vernichtet werden. Er ist eine Erhaltungsgröße.

Impuls beschreibt die „Menge an Bewegung". Je größer die Geschwindigkeit eines Körpers und je größer die Masse, desto mehr Impuls hat der Körper. Wir wissen auch: Impuls kann transportiert und übertragen werden.

12.2.b   Was geschieht, wenn einem System Impuls übertragen wird?

Führen wir dazu ein Gedankenexperiment (siehe Unterkapitel 1.8) durch: Was passiert, wenn wir etwas mit der Hand berühren und dann versuchen, die Hand vorwärts zu bewegen?

Das hängt davon ab, was wir da berühren. Wollen wir einen Ball bewegen, dann wird er fortfliegen oder wegrollen. Etwas ganz anderes passiert, wenn wir die Hand in Wasser tauchen. Dann entstehen Strömungen im Wasser. In beiden Fällen kommt Masse in Bewegung, es wurde also Impuls zugeführt.

Das, was geschieht, wenn wir Impuls übertragen, hängt davon ab, was wir bewegen wollen. Feste Körper ändern ihre Form nur wenig, Flüssigkeiten und Gase, so genannte Fluide, können sich dagegen beliebig verformen.

Auftrennung in Teilsysteme

Um das Gedankenexperiment zu analysieren, betrachten wir das, was wir bewegen wollen als System und versuchen zu verstehen, wie sich der Impuls darin verteilt. Dazu unterteilen wir das Gesamtsystem in kleinere Einheiten, in Teilsysteme.[2] Zunächst sind wir ganz frei bei der Wahl der Größe der Teilsysteme. Wir wählen sie so einfach wie möglich.

In Abbildung 12.9 erkennen wir ein System, das in neun Teilsysteme zerlegt wurde. In das rechte, graue Teilsystem fließt nun für eine gewisse Zeit ein Impulsstrom, so dass sich dieses Kästchen bewegen möchte.

Egal, ob dieses Teilsystem den Impuls behält oder an andere Teilsysteme weitergibt, bleibt der zugeströmte Impuls im Gesamtsystem. Die Änderung des Gesamtimpulses ist die Summe der Änderungen in den Teilsystemen:

$$\Delta \vec{p}_{ges} = \sum_i \Delta \vec{p}_i \, .$$

Fluide

Wird von außen Impuls auf ein Fluid übertragen, so wird sich der Teil des Fluids, der den Impuls erhält, bewegen und dabei die anderen verschieben. In Abbildung 12.10 ist das so dargestellt, dass das graue Teilsystem den Impuls erhält und sich daher zwischen die anderen (weißen) Teilsysteme schiebt.

Das ist möglich, weil die Wechselwirkung zwischen den Teilsystemen in Fluiden gering ist. Die Teilsysteme müssen nicht beieinander bleiben.

Wird in eine System Impuls eingebracht, dann ist dieser Impuls danach im System, wenn er nicht an einer anderen Stelle ausgetreten ist. Was genau mit dem Impuls geschieht, entzieht sich solange dem Wissen, bis man in das System hineinschaut. Dazu wird das System in kleinere Teile zerlegt, die einzeln betrachtet werden können.

Fluide und feste Stoffe unterscheiden sich unter anderem darin, wie sie sich im Innern bei Impulseintrag verhalten.

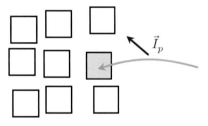

Abbildung 12.9: Impulseintrag in ein System geschieht meist an einer Stelle. Es stellt sich die Frage, wie sich dann die verschiedenen Teilsysteme verhalten.

Bei Fluiden gibt es keinen festen Verbund der Teilsysteme. Daher führt ein Impulseintrag zur Änderung der relativen Lage, also der Form.

---

[2]FEM, die Finite Elemente Methode, basiert auf diesem Konzept: Ein komplexes System wird in einfache Teilsysteme zerlegt.

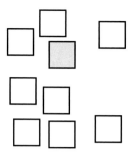

Abbildung 12.10: Impulseintrag in ein Fluid. Die Teilsysteme sind nicht aneinander gebunden. Sie können umeinander herum fließen.

Feste Körper, nur Translation

W 12.2.2 issen: Impuls in festen Körpern

Fließt auf einen festen Körper Impuls, so verteilt sich dieser Impuls so im Körper, dass sowohl Gesamtimpuls als auch die Form des Körpers erhalten bleiben. Jedes Teilsystem trägt danach einen Teilimpuls.

Dazu müssen im Innern des Festkörpers Impulsströme fließen.

Die translatorische Bewegung des Körpers lässt sich so beschreiben, als wäre der gesamte Impuls und die gesamte Masse im Schwerpunkt des Körpers.

Diese Impulsströme können Sie spüren und auch messen. Eine detailliertere Beschreibung erfolgt in Abschnitt 12.2.1.

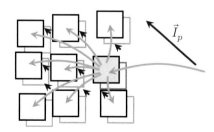

Abbildung 12.11: Impulseintrag in einen festen Körper. Die neun Teilsysteme bewegen sich und behalten ihre relative Lage zueinander. Daher fließen im Körper Impulsströme, von der Eintrittsstelle zu jedem Teilsystem.

Diese Formkonstanz gegenüber einem Impulseintrag ist eine Symmetrie (siehe Definition 6.1.1). Wenn man Impuls auf einen festen Körper überträgt (Operation),

Die Theorie von der Verteilung von Impuls in Flüssigkeiten und Gasen nennt man Fluiddynamik. Sie geht weit über das hinaus, was wir hier betrachten wollen.

Was geschieht mit einem ruhenden, festen Körper, wenn in ihn über die Oberfläche Impuls eingebracht wird?

Um uns der Antwort zu nähern, modifizieren wir das Gedankenexperiment ein wenig. Stellen wir uns vor, wir sind auf der ISS. Dort wollen wir einen schwebenden Stift mit dem Finger so anschieben, dass er dabei nicht in Rotation gerät. Wenn das gelingt, wird sich der gesamte Stift danach geradlinig durch die ISS bewegen. Zur Beschreibung der Bewegung des Körpers durch den Raum genügt es dann, einen beliebigen, frei wählbaren Punkt des Körpers zu betrachten. Die anderen bewegen sich parallel dazu. Der Punkt bewegt sich dann so, als hätte er die gesamte Masse und den gesamten Impuls des Systems.

Weil sich der Stift als Ganzes bewegt, besitzen alle Teilsysteme des Stifts nun Impuls, obwohl nur eine Stelle berührt wurde. Der an dieser einen Stelle eingebrachte Impuls hat sich im ganzen Stift verteilt. Also müssen innen im Stift Impulsströme geflossen sein.

Der Impulsaustausch innerhalb eines festen Körpers führt in die Festigkeitslehre. Treffen beispielsweise große innere Impulsstromstärken auf kleine Materialquerschnitte, so wird die Stromdichte sehr groß, was zum Versagen eines Bauteils führen kann.

so ändert er seine Form (Etwas) nicht. Diese Symmetrie führt zu Vereinfachungen bei der Beschreibung der Dynamik fester Körper.

Feste Körper, nur Rotation

Nun wollen wir auf der ISS versuchen, den zunächst ruhenden Stift in Rotation zu versetzen, ohne Translation. Mit etwas Geschick wird das gelingen, wenn wir den Stift an zwei unterschiedlichen Stellen in jeweils entgegengesetzte Richtung anstoßen. Danach lassen wir ihn frei weiter rotieren.

Bekommt der Stift beispielsweise auf der rechten Seite exakt gleich viel Impuls nach oben, wie auf der linken Seite nach unten, so wird er nur rotieren. Der gesamte zugeführte Impuls ist dann nämlich null. Es gibt keine Translationsbewegung. Überraschend ist hier vielleicht, dass es egal ist, an welchen beiden Stellen wir den Impuls in den Stift leiten. Solange die beiden Impulsüberträge gleich groß und entgegengesetzt sind, wird sich der Stift nicht weg bewegen, sondern nur rotieren.

Zur Analyse der Rotation betrachten wir nun ein Teilsystem allein. Dieses bewegt sich auf einer Kreisbahn, denn wir sehen ja nur eine reine Rotation. Da sich das Teilsystem bewegt, hat es Impuls. Aufgrund der Kreisbahn ändert es aber ständig die Richtung seiner Bewegung. Damit ändert sich auch ständig der Impulsvektor. Wegen der Impulserhaltung, muss diese Impulsänderung zum Austausch mit benachbarten Teilsystemen und damit zu Impulsströmen führen. Die Winkelgeschwindigkeit ω bleibt nach dem Anschieben konstant. Wir können die Geschwindigkeit $\vec{v}_i$ des i-ten Teilsystems, das sich in Bezug auf den Schwerpunkt am Ort $\vec{r}_i$ befindet, berechnen mit: $\vec{v}_i = \vec{\omega} \times \vec{r}_i$. Die Impulsänderung dieses Teilsystems ergibt sich damit folgendermaßen:

$$\frac{\mathrm{d}\vec{p}_i}{\mathrm{d}t} = \frac{\mathrm{d}}{\mathrm{d}t}(m_i\,\vec{v}_i) = \frac{\mathrm{d}}{\mathrm{d}t}\left(m_i(\vec{\omega} \times \vec{r}_i)\right)$$
$$= m_i(\vec{\omega} \times \frac{\mathrm{d}\vec{r}_i}{\mathrm{d}t}) = m_i(\vec{\omega} \times \vec{v}_i)$$
$$= m_i\left(\vec{\omega} \times (\vec{\omega} \times \vec{r}_i)\right).$$

Die daraus resultierenden internen Impulsströme können sehr groß werden. Die dazugehörige Kraft heißt Zentripetalkraft.

Ungeklärt ist im Moment noch, wie der Körper rotiert. Ein Körper, der um einen anderen Punkt als den Schwerpunkt dreht, ändert ständig seinen Gesamtimpuls. Daher können wir sagen: ein frei drehender, fester Körper rotiert immer um seinen Schwerpunkt. Für eine weitergehende Analyse hilft die Drehimpulserhaltung.

Wissen: **12.2.3 Impulsströme im Innern rotierender Körper**

Rotiert ein fester Körper mit der Winkelgeschwindigkeit $\vec{\omega}$, ändert jedes Teilsystem i wegen der Richtungsänderung der Bewegung ständig seinen Impuls:

$$\frac{\mathrm{d}\vec{p}_i}{\mathrm{d}t} = m_i\left(\vec{\omega} \times (\vec{\omega} \times \vec{r}_i)\right).$$

Daher fließen im Innern eines rotierenden Körpers selbst dann Impulsströme, wenn von außen kein Impuls zugeführt wird.

Wissen: **12.2.4 Ein Körper rotiert um seinen Schwerpunkt**

Ein Körper auf den keine äußeren Kräfte wirken, auf den also kein weiterer Impuls fließt, rotiert um seinen Schwerpunkt. Die Koordinate des Schwerpunkts $\vec{r}_S$ berechnet sich aus den Massen m_i und den Orten $\vec{r}_i$ der Teilsysteme:

$$\vec{r}_S = \frac{\sum_i m_i \vec{r}_i}{\sum_i m_i}.$$

Feste Körper, beliebige Bewegung

Wird einem zunächst ruhenden, festen Körper Impuls zugeführt, egal an welcher Stelle des Körpers und auf welche Art, so bewegt sich der Körper danach in Richtung seines Impulses. Zusätzlich kann er sich noch drehen.

R 12.2.5
ezept: Bewegung fester Körper

Sollen Sie die Bewegung fester Körper beschreiben, dann zerlegen Sie diese Bewegung in zwei Teile:

1. Die Translation
   Der Schwerpunkt des Körpers bewegt sich so, als wäre alle Masse und aller Impuls in ihm.

2. Die Rotation
   Der Körper dreht sich um seinen Schwerpunkt.

Impulsaustausch mit festen Körpern skizzieren

R 12.2.6 Impulsstrom in einen Körper
ezept: skizzieren

Wenn in einen Körper A von außen Impuls zugeführt wird, dann:

- Zeichnen Sie den Bilanzpfeil als Stromlinie von außen über die Oberfläche in den Schwerpunkt SP (hier grüner Pfeil).

- Achten Sie in der Darstellung darauf, an welcher Stelle die Stromlinie in den Körper geht. Dies ist später wichtig für die Drehimpulserhaltung.

- Skizzieren Sie die zufließende Impulsstromstärke durch einen Vektorpfeil.

Siehe Abbildung 12.13.

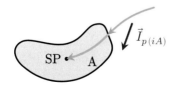

Abbildung 12.13: Impulsübertrag in einen festen Körper skizzieren. Wichtig sind die Eintrittstelle des Stromlinienpfeils, die Bilanzrichtung und das Einzeichnen des Stromstärkevektors.

Zum Schluss führen wir das einfachste und allgemeinste Experiment auf der ISS mit dem Stift durch. Wir berühren ihn an irgendeiner Stelle und versuchen, ihn in Bewegung zu versetzen. Nach einiger Zeit lassen wir ihn wieder frei. Das Ergebnis wird sein, dass der Stift danach rotiert und sich auch durch die ISS bewegt. Nach unseren Vorarbeiten wissen wir, dass die Rotation um den Schwerpunkt geschieht. Für die Translation ist der Gesamtimpuls verantwortlich. Mit ihm können wir bestimmen, in welche Richtung und mit welcher Geschwindigkeit sich der Schwerpunkt des Stiftes bewegt.

Zudem wissen wir, dass der Körper zusätzlich um seinen Schwerpunkt rotieren kann. Zur genaueren Beschreibung der Rotation hilft die Drehimpulserhaltung, was im Kapitel hier zu weit führt.

Wir haben die Formkonstanz des Körpers gegenüber einem Impulseintrag (die Symmetrie) verwendet und so eine vereinfachte Beschreibung der Dynamik fester Körper erhalten.

Wir wollen uns die Auswirkung des Gedankenexperiments auf die Fortbewegung eines festen Körpers A anschauen. Dazu skizzieren wir den Vorgang im Impulsbild.

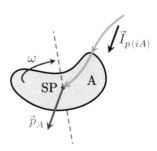

Abbildung 12.12: Impulsübertrag in einen festen Körper. Der Impulsstrom führt zu einer Änderung des Impulses $\vec{p}_A$. Der Körper bewegt sich in Richtung es Impulses und rotiert möglicherweise.

In Abbildung 12.12 sieht man, wie entlang der grünen Stromlinie Impuls mit der Stromstärke $\vec{I}_p$ in den Körper A fließt. Für die Beschreibung der translatorischen Bewegung zeichnen wir den ganzen Strom in den Schwerpunkt. So können wir den neuen resultierende Gesamtimpuls $\vec{p}_A$ berechnen. Er bestimmt Richtung und Geschwindigkeit der translatorischen Bewegung des Körpers.

12.2.c Muss ich warten, bis mich jemand anschiebt? Impulstrennung

Wir haben den Impuls als eine Erhaltungsgröße kennen gelernt, also als eine physikalische Größe, die man nicht erzeugen oder vernichten kann. Nimmt man dieses Konzept ernst, dann stellt sich schnell die Frage, warum ein Auto, das zunächst steht, überhaupt losfahren kann? Stehend hat es keinen Impuls, fahrend aber sehr wohl. Die Lösung dieses Rätsels lautet:

Impuls kann getrennt werden.

Ein anschauliches Beispiel für die Impulstrennung bietet folgendes Gedankenexperiment: Stellen wir uns eine Silvesterrakete vor, die senkrecht hochsteigt und im höchsten Punkt ihrer Bahn explodiert. Im höchsten Punkt war sie eben zum Stillstand gekommen, hatte also keinen Impuls. Genau dort entfaltet sie ihren Funkenregen, der kugelförmig in alle Richtungen davonschießt. Aus **kein Impuls** entsteht **Impuls in alle Richtungen**. Wir können uns gut vorstellen, dass es zu jedem Funken, der in eine Richtung davonfliegt, auch einen Funken in die Gegenrichtung gibt. Die Summe dieser beiden Teilimpulse ist somit immer noch null.

Tatsächlich hat unsere Silvesterrakete dieses Prinzip der Impulstrennung auch genutzt, um hochzusteigen: Am Boden stehend hatte sie noch keinen Impuls. Dann zündet die Treibladung und brennt gewissermaßen in einer langgezogenen Explosion ab. Eigentlich sprüht der Abbrand auch hier in alle Richtungen gleichermaßen davon. Die Rakete behält aber alle Teile, die nach oben davonfliegen in ihrem Inneren. Damit behält sie auch deren Impulsanteile. Die Teile, die nach unten davonfliegen, entlässt die Rakete aber nach draußen. Dieses Prinzip nennt man **Rückstoß**.

Zurück zu unserem Auto vom Kapitelanfang. Dass hier eigentlich das Gleiche passiert, können wir uns in einem weiteren Gedankenexperiment klarmachen: Wir stellen uns vor, das Auto steht nicht auf einer festen Straße, sondern auf einem mit kleinen Kieselsteinen geschotterten Platz. Was passiert, wenn wir versuchen, schnell loszufahren? Es werden viele Kieselsteine mit hoher Geschwindigkeit nach hinten weg geschleudert, während das Auto kaum nach vorne beschleunigt. Da die Kieselsteine wenig Masse haben, nehmen sie auch nur wenig Impuls „nach hinten" auf. So bleibt auch wenig Impuls „nach vorne" für das Auto. Je größer die Steine werden, auf denen das Auto steht, umso besser gelingt die Impulstrennung. Und am besten klappt es auf einer festen Straße. Die ganze Erdkugel nimmt dann den Impuls nach hinten auf.

Bei diesem Gedankenexperiment können wir auch gut erkennen, wo die Impulstrennung beim beschleunigen-

W **12.2.7 issen: Impuls kann getrennt werden**

Weil der Impuls eine Vektorgröße ist, können zwei entgegengesetzt gerichtete Impulsströme zusammen null ergeben. Oder der Impuls null kann in zwei entgegengesetzt gerichtete Impulse gleichen Betrags getrennt werden. Selbstverständlich wird auch dann die Impulserhaltung nicht verletzt.

Zum Trennen des Impulses benötigt man Energie. Diese ist umso größer, je größer der Potenzialunterschied (Geschwindigkeitsunterschied) der beiden Impulsströme ist

Abbildung 12.14: Impulstrennung: Die beiden blauen Pfeile der Impulsstromstärke sind gleich groß und entgegengesetzt. Die grünen Bilanzpfeile zeigen von der Trennlinie weg. Sie können im System enden oder aus dem System herausführen, je nachdem, was mit dem Impuls geschieht.

Zum Trennen des Impulses wird Energie benötigt. Wenn man den Ort der Impulstrennung in Abbildung 12.14 als System betrachtet, dann fließen die beiden Impulsströme $\vec{I}_{p1}$ und $\vec{I}_{p2}$ aus dem System heraus. Diese nehmen dabei auch Energie mit. Die entsprechenden Energiestromstärken sind $I_{E1} = \vec{v}_1 \cdot \vec{I}_{p1}$ bzw. $I_{E2} = \vec{v}_2 \cdot \vec{I}_{p2}$. Die Energieänderung in dem System auf Grund der Impulstrennung ist somit:

$$\frac{\mathrm{d}E_{\text{Impulstrennung}}}{\mathrm{d}t} = -I_{E1} - I_{E2}$$
$$= -\vec{v}_1 \cdot \vec{I}_{p1} - \vec{v}_2 \cdot \vec{I}_{p2}.$$

Mit $\vec{I}_{p1} = -\vec{I}_{p2} = \vec{I}_p = \vec{F}$ und $\Delta \vec{v} = \vec{v}_1 - \vec{v}_2$ ergibt sich:

$$\frac{\mathrm{d}E_{\text{Impulstrennung}}}{\mathrm{d}t} = -\Delta \vec{v} \cdot \vec{I}_p = -\Delta \vec{v} \cdot \vec{F}.$$

Ist $\dfrac{\mathrm{d}E_{\text{Impulstrennung}}}{\mathrm{d}t}$ negativ, so nimmt in dem System die Energie ab. Wenn man dieses System als Umsetzer (Definition 11.3.7) auffasst, der selbst keine Energie speichern kann, dann muss dieser Energiestrom zugeführt, also aufgewendet werden, um die Impulstrennung vorzunehmen.

12

R 12.2.8 Rezept: Impuls trennen

Wenn Sie ein System in Bewegung versetzen wollen, legen Sie im System zwei für Impuls getrennte Bereiche an. An der Grenzfläche der beiden Bereiche trennen Sie Impuls und lassen in den einen Bereich den Strom $\vec{I}_{p1}$ fließen, in den anderen $\vec{I}_{p2} = -\vec{I}_{p1}$. Das, was Sie im System brauchen, behalten Sie, das andere geben Sie an die Umgebung ab.

Wenn Sie den zur Trennung benötigten Energiestrom angeben wollen, berücksichtigen Sie noch die Geschwindigkeiten, also die Potenziale, auf denen die beiden Impulsströme fließen:

$$I_E = \Delta \vec{v} \cdot \vec{I}_p = \Delta \vec{v} \cdot \vec{F}.$$

B 12.2.i Beispiel: Impulstrennung beim Schwimmen

Ein Schwimmer trennt Impuls in Vorwärts- und Rückwärtsrichtung. Den Vorwärtsimpuls behält er, den Rückwärtsimpuls übergibt er an das Wasser und pumpt es dadurch nach hinten.

Je schneller er schwimmen will, um so größer wird die Geschwindigkeitsdifferenz zwischen Schwimmer und nach hinten gepumptem Wasser. Entsprechend erfordert die Impulstrennung einen größeren Energiestrom.

Leistungsschwimmer und Leistungsschwimmerinnen brauchen eine entsprechend ausgebildete Muskulatur.

den Auto passiert: An der Kontaktstelle zwischen Reifen und Straße. Dazu treibt man das Rad zu einer Drehbewegung an. Durch die Impulstrennung bleibt dann Impuls „vorwärts" in der Achse und damit im Auto, während Impuls „rückwärts" in die Straße geleitet wird.

Diese Impulstrennung bekommen wir aber nicht umsonst: Wir müssen für diesen Vorgang Energie investieren. Je mehr Impuls pro Sekunde getrennt wird (je mehr Impulsstrom fließt, oder je größer die Kraft) und je größer der Geschwindigkeitsunterschied zwischen Straße und Achse, desto mehr Energiestrom wird benötigt (siehe auch Unterkapitel 11.3).

12.2.d Impulspumpe

Wird ein Bilanzpfeil von Abbildung 12.14 gedreht, erhält man Abbildung 12.15 „Impulspumpe: Gegenüber Abbildung 12.14 wurde ein Bilanzpfeil gedreht. Die beiden gleich großen, blauen Pfeile der Impulsstromstärke zeigen daher in die gleiche Richtung. Beide Skizzen beschreiben exakt den gleichen Vorgang.".

Diese Grafik kann als Impulspumpe interpretiert werden. Auf der einen Seite fließt ein Impulsstrom in das System, auf einem Niveau $\vec{v}_1$. Die gleiche Stromstärke fließt auf der anderen Seite auf einem anderen Niveau $\vec{v}_2$ wieder ab.

Wir wollen die Impulstrennung nun aus einem anderen Blickwinkel betrachten. Vielleicht hilft das, den Vorgang noch besser zu verstehen.

Wir drehen in Abbildung 12.14 einfach die Bilanzrichtung auf einer Seite und erhalten so Abbildung 12.15. Da der Bilanzpfeil umgedreht wurde, zeigt jetzt auch die Stromstärke $\vec{I}_{p1}$ in die entgegengesetzte Richtung. Nun erkennen wir, dass ein Strom in das System hineinfließt. Auf der anderen Seite fließt der Strom mit der identischen Stromstärke wieder ab. Auch in dieser Darstellung wird kein Impuls erzeugt oder vernichtet, wie es ja sein muss. Zudem sehen wir, dass der Strom auf einem anderen Niveau oder Potenzial herein als herausfließt.

Das können wir nun so interpretieren, dass in diesem System Impuls vom Potenzial $\vec{v}_1$ auf das Potenzial $\vec{v}_2$ gepumpt wurde.

Wenn wir für diese Grafik die Energie und Impulsbilanz durchrechnen, kommen wir auf exakt die gleichen Ergebnisse wie bei der Auswertung von Abbildung 12.14. Es ist also egal, ob wir dieses System „Impulspumpe" oder „Impulstrennung" nennen. Es handelt sich nur um eine andere Sichtweise auf das gleiche Phänomen.

Abbildung 12.15: Impulspumpe: Gegenüber Abbildung 12.14 wurde ein Bilanzpfeil gedreht. Die beiden gleich großen, blauen Pfeile der Impulsstromstärke zeigen daher in die gleiche Richtung. Beide Skizzen beschreiben exakt den gleichen Vorgang.

Impulstrennung und Impulspumpe sind daher synonyme Beschreibungen eines Vorgangs, eben nur aus einer anderen Sichtweise heraus betrachtet.

12.2.e Wo kommt der Impuls her und wo geht er hin?

Bisher haben wir ein System allein betrachtet. Es ändert seine Bewegung, wenn es von irgendwoher Impuls erhält. Oder es trennt Impuls und gibt den Teil her, den es nicht haben möchte. Nur, wo geht der Impuls hin? Er kann ja nicht vernichtet werden.

Der einzige Ausweg ist, dass ein weiteres System an diesem Impulsaustausch beteiligt ist. Von ihm kommt der Impuls, der in das betrachtete System hineinfließt. Oder es nimmt den Impuls auf, der abgegeben wird. Die Grundlagen zur Beschreibung solcher Austausche haben wir uns in Abschnitt 10.4.c „Einfache Anwendungen der Impulserhaltung" erarbeitet.

Wir wissen, dass die beiden Systeme A und B Impuls nur austauschen können. Was System A an Impuls hergibt, muss System B aufnehmen:

$$\frac{\mathrm{d}\vec{p}_A}{\mathrm{d}t} = -\frac{\mathrm{d}\vec{p}_B}{\mathrm{d}t}.$$

> # W12.2.9
> **issen: Impulsaustausch**
>
> Für die vollständige Beschreibung von Impulsaustausch benötigt man mindestens zwei Systeme.
>
> Von einem System fließt der Impulsstrom weg. Das andere System nimmt den Impulsstrom auf.

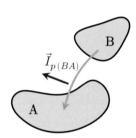

Abbildung 12.16: Impulsaustausch zwischen zwei Körpern. Körper B gibt Impuls ab und Körper A nimmt diesen auf. Die Impulsstromstärke $\vec{I}_{p(BA)}$ gibt an, welche Richtung der ausgetauschte Impuls hat, und wie viel Impuls pro Zeit fließt.

Wie tauschen zwei Systeme Impuls aus?

Betrachten wir einen Vorgang, bei dem sich die Bewegung eines Systems ändert:

Ein Auto bremst und wird langsamer. Bremsen bedeutet also eine Impulsänderung des Autos. Ganz wichtig und deshalb hier noch einmal betont: Der Impuls wird dabei nicht vernichtet! Was ist der zweite Körper, der den Impuls des Autos aufnimmt? Die Antwort kennen wir: Das ist die Erde. Die Reibung zwischen den Rädern und der Straße sorgt dafür, dass Impuls aus dem Auto in die Erde fließen kann.

Überlegen Sie, wie die Bewegung von Körpern beeinflusst werden kann. Das sind auch die Möglichkeiten, durch die sich der Impuls eines Körpers ändern kann.

$\text{B}^{12.2.\text{ii}}_{\text{eispiel: Bewegung beeinflussen}}$

Sie können die Bewegung eines Körpers beeinflussen und damit dessen Impuls ändern, wenn Sie beispielsweise den Körper

- anstoßen,
- mit einem Seil ziehen,
- mit einer Stange schieben,
- mit einem weiteren Gegenstand bewerfen,
- mit einem Luftstrahl anpusten,
- fallen lassen.

Statt zu fragen, wie zwei Systeme Impuls austauschen, können wir uns auch überlegen, wie ein System oder ein Körper seine Bewegung ändern kann. Das wollen wir uns in den folgenden Abschnitten genauer anschauen.

12.2.f Impulsübertrag durch Felder / Gravitation

$\text{W}^{12.2.10}_{\text{issen:}\quad\text{Gravitation}}$

Zwei Körper mit den Massen m_A und m_B, deren Schwerpunkte sich bei $\vec{r}_A$ und $\vec{r}_B$ befinden, tauschen Impuls aus. Die Impulsstromstärke beträgt:

$$\vec{I}_{p(AB)} = -\Gamma \frac{m_A\, m_B}{r_{AB}^2}\, \hat{e}_{r_{AB}},$$

mit der Gravitationskonstanten

$$\Gamma = 6{,}67430(15) \cdot 10^{-11}\ \frac{\text{m}^3}{\text{kg}\,\text{s}^2}$$

und dem Vektor, der von A nach B zeigt:

$$\vec{r}_{AB} = \vec{r}_B - \vec{r}_A = r_{AB}\, \hat{e}_{r_{AB}}.$$

Stromrichtung und Stromstärke sind entgegengesetzt.

$\text{R}^{12.2.11}_{\text{ezept:}\quad\text{Gravitation im Impulsbild}}$

Wenn Sie Impulsaustausch durch Gravitation skizzieren wollen, orientieren Sie sich an Abbildung 12.17.

1. Zeichnen Sie eine Bilanzlinie (grün gestrichelt) zwischen den beiden Körpern. Kennzeichnen Sie, dass der Impulsaustausch über ein Feld geschieht, in dem Sie die Linie zum Beispiel stricheln.

...

Hält man einen Ball in der Hand und lässt ihn los, so fällt er herunter. Das überrascht niemanden. Wenn wir aber darüber im Zusammenhang mit der Impulserhaltung nachdenken, so erkennen wir ein Problem: Der Ball hatte zunächst keinen Impuls, vor den Aufprall auf dem Boden dagegen schon. Wo kommt der Impuls her? Im Alltag erklärt man den Prozess mit der „Erdanziehung". Das wollen wir uns etwas genauer anschauen.

Man beobachtet, dass sich zwei massereiche Körper anziehen. Sie beeinflussen gegenseitig ihre Bewegung, sie tauschen also ständig Impuls aus. Für diesen Austausch müssen die Körper keine direkte Verbindung haben. Er findet auch durch Vakuum hindurch statt. Daher hat man für die Beschreibung dieser Wechselwirkung den Begriff Feld erfunden. Dieses Gravitationsfeld wurde von Newton erfolgreich eingeführt. Mit ihm konnte er auf überraschend einfache Weise sowohl die Bewegung der Planeten am Himmel beschreiben, als auch erklären, wie ein Apfel vom Baum fällt. Es hat sich also bewährt.

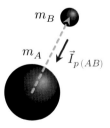

Abbildung 12.17: Impulsstrom durch Gravitation.

Wir wollen uns nun überlegen, wie wir den Impulsaustausch zwischen den beiden Körpern skizzieren können. Da Felder ausgedehnt sind, werden wir hier sicher keine Stromlinie finden. Wir können aber beispielsweise durch eine gestrichelte Stromlinie zeigen, dass der Austausch durch ein Feld geschieht.

Bei der Wahl der Bilanzrichtung sind wir bekanntermaßen frei. Es ist oft intuitiver, wenn wir die Bilanzlinie vom schwereren Körper m_A zum leichteren m_B zeichnen, als umgekehrt. Wenn wir das so machen, zeigt die Stromstärke zum Schwerpunkt des schwereren Körpers, also in die entgegengesetzte Richtung (siehe Abbildung 12.17).

Beschreiben wir damit die Beobachtung richtig? In den Körper B strömt ein Impulsstrom hinein, mit einer Impulsstromstärke die zum Körper A zeigt. Körper B wird somit eine Bewegungsänderung in diese Richtung erfahren. Der Körper A gibt diesen Impuls ab. Er erfährt daher eine Impulsänderung in die entgegengesetzte Richtung. Die Körper ziehen sich also gegenseitig an. Das passt.

Jetzt wollen wir das ganze mathematisch beschreiben: Befinden sich die Schwerpunkte der Körper an den Orten $\vec{r}_A$ und $\vec{r}_B$, dann ist der Vektor, der vom Körper A zum Körper B zeigt:[3]

$$\vec{r}_{AB} = \vec{r}_B - \vec{r}_A$$
$$= r_{AB}\, \hat{e}_{r_{AB}}.$$

Dabei ist $r_{AB} = |\vec{r}_{AB}|$ der Betrag des Abstands zwischen den beiden Schwerpunkten und $\hat{e}_{r_{AB}}$ der dimensionslose Richtungsvektor mit der Länge eins. Damit können wir das Newtonsche Gravitationsgesetz für die Impulsstromstärke aufschreiben:

$$\vec{I}_{p(AB)} = -\Gamma \frac{m_A\, m_B}{r_{AB}^2}\, \hat{e}_{r_{AB}}.$$

Γ steht hier für die Gravitationskonstante.

Das würde auch so aussehen, wenn wir die Bilanzlinie vom Körper mit geringerer Masse zum massereicheren gezeichnet hätten. Wichtig ist, dass die Stromstärke in die entgegengesetzte Richtung von der Bilanzrichtung zeigt: Die Gravitation ist anziehend.

Fortsetzung Rezept 12.2.11:

> Die Wahl der Richtung ist zunächst noch frei. Es bewährt sich, die Linie beim massereicheren Körper beginnen zu lassen.
>
> 2. Tragen Sie die Stromstärke als Vektor ein (blau).
>
> Die Stromstärke zeigt entgegen der Bilanzrichtung und ist parallel zum Abstandsvektor zwischen den beiden Körpern.

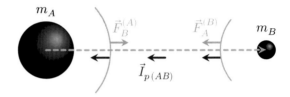

Abbildung 12.18: Gravitationskräfte: Stromlinie (grün gestrichelt) und Impulsstromstärke (blau) sind antiparallel, da sich Massen durch die Gravitation gegenseitig anziehen. Zeigt der Bilanzpfeil in den Körper B, dann ist die Impulsstromstärke genau die Kraft, die auf den Körper B wirkt: $\vec{F}_A^{(B)} = \vec{I}_{p(AB)}$.

B$^{12.2.iii}$**eispiel: Gravitationskraft**

In Abbildung 12.18 ist der Impulsstrom durch die Gravitation zwischen den beiden Massen m_A und m_B eingezeichnet.

Um die Kräfte auf die Körper zu bestimmen, wurden die Körper freigeschnitten (gelb) und Wissen 10.4.8 „Kraft als Impulsstromstärke" angewendet: Zeigt der Bilanzpfeil in den Körper, wie bei Körper B, dann ist die Impulsstromstärke genau die Kraft auf den Körper, denn $\vec{F}_A^{(B)} = \vec{I}_{p(AB)}$. Wenn nicht, wie bei Körper A, dreht man die Impulsstromstärke um (siehe auch Rezept 9.3.4).

Man erkennt, dass genau die Kräfte entstehen, wie man sie kennt. Die Kraft $\vec{F}_B^{(A)}$ auf den Körper A, die von Körper B ausgeht, zeigt in die richtige Richtung und ist gleich groß aber entgegengesetzt zu $\vec{F}_A^{(B)}$. Das ist genau die Aussage von *actio = reactio* (siehe auch Abschnitt 10.4.c).

---

[3]Achten Sie bei dieser Formel auf das Vorzeichen. Aus dem Index AB wird ein $\vec{r}_B - \vec{r}_A$.

Gravitationsfeldstärke

In der Physik werden Felder meist so definiert, dass eine Feldstärke mal einer passenden „Ladung" die Impulsstromstärke ergibt, die in diese Ladung fließt. Die „Ladung", die mit der Gravitation wechselwirkt, ist die Masse[4]. Damit kann man die Gravitationsfeldstärke definieren:

D **12.2.12**
efinition: Gravitationsfeldstärke

Befindet sich ein Körper A mit der Masse m_A am Ort $\vec{r}_A$, dann ist die Gravitationsfeldstärke $\vec{g}_A$ dieses Körpers am Ort $\vec{r}_B$ nur vom Abstandsvektor $\vec{r}_{AB} = \vec{r}_B - \vec{r}_A = r_{AB}\, \hat{e}_{r_{AB}}$ abhängig:

$$\vec{g}_A(m_A, \vec{r}_{AB}) = -\Gamma \frac{m_A}{r_{BA}^2} \hat{e}_{r_{BA}}.$$

Für den Impulsstrom in eine Masse m_B am Ort $\vec{r}_B$ ergibt sich damit:

$$\vec{I}_{p(AB)} = m_B\, \vec{g}_A(m_A, \vec{r}_{AB}).$$

Die Gravitationsfeldstärke hat die Dimension einer Beschleunigung:

$$\dim(\vec{g}) = \mathsf{L}\,\mathsf{T}^{-2}.$$

Natürlich hat ein realer Körper eine Ausdehnung. Wenn man davon spricht, dass sich der Körper am Ort $\vec{r}_A$ befindet meint man, dass der Schwerpunkt des Körpers dort ist. Die Gravitationsfeldstärke hängt also vom Abstand zum Schwerpunkt ab.

R **12.2.13**
ezept: Erdanziehung im Impulsbild

Wenn Sie Bewegungen eines Körpers der Masse m im Schwerefeld der Erde in der Nähe der Erdoberfläche im Impulsbild zeichnen möchten, orientieren Sie sich an Abbildung 12.17.

1. Zeichnen Sie das Feld als gestrichelte Bilanzpfeile ein (hier grün). Der Bilanzpfeil beginnt bei der Erde und endet beim Körper im Feld (Konvention).

2. Tragen Sie die Stromstärke als Vektor ein (hier blau). Die Stromstärke zeigt in Richtung Erdmittelpunkt und hat den Wert $\vec{I}_{p(EK)} = m\,\vec{g}$.

Jetzt haben wir uns angeschaut, wie groß die Impulsstromstärke durch die Gravitationswechselwirkung ist. Aber was versteht man unter dem dazugehörendem „Feld"? Wie bei vielen physikalischen Konzepten geht es darum, sich eine Vorstellung zu erarbeiten, mit der man die Beobachtungen gut beschreiben kann. Ob es in unserem Fall etwas wie das Feld wirklich gibt oder nicht, ist dabei irrelevant.

Stellen wir uns also wieder eine Masse m_A vor. Wenn wir jetzt eine Probemasse m_B in die Nähe der ersten bringen, dann fließt in diese Impuls. Wir haben gerade gesehen, dass dieser Impuls immer zur Masse m_A zeigt und die Stromstärke mit $1/\text{Abstand}^2$ skaliert. Das heißt, egal wo wir die Probemasse positionieren, erfährt sie einen Impulsstrom beziehungsweise eine Kraft, die nur vom Ort abhängt. Da liegt es nahe, sich vorzustellen, dass es an diesem Ort etwas geben muss, das für diese Kraft verantwortlich ist. Dieses etwas nennt man „Feld".

Wenn wir uns nochmal das Gravitationsgesetz anschauen, ist der Impulsfluss auch noch proportional zur Probemasse m_B. Wenn diese doppelt so groß ist, ist der Impulsfluss auch doppelt so groß. Wenn man also m_B ausklammert, ist das was übrig bleibt unabhängig von der Probemasse, und nur noch von der Masse m_A selbst und der relativen Position zu dieser abhängig:

$$\vec{I}_{p(AB)} = \underbrace{-\Gamma \frac{m_A}{r_{AB}^2} \hat{e}_{r_{AB}}}_{\text{Gravitationsfeldstärke}} m_B.$$

Das, was übrig bleibt, bezeichnet man als die Gravitationsfeldstärke $\vec{g}_A$, die die Masse m_A am Ort $\vec{r}_B$ erzeugt:

$$\vec{g}_A(m_A, \vec{r}_{AB}) = -\Gamma \frac{m_A}{r_{AB}^2} \hat{e}_{r_{AB}}.$$

Betrachten wir nun die Gravitation in der Nähe der Erdoberfläche: Der Abstand zwischen Körper und Erde $|\vec{r}_{\text{Körper}} - \vec{r}_{\text{Erdmittelpunkt}}| \approx r_E$ ist praktisch immer der Erdradius. Da sich sowohl r_E und die Erdmasse m_E nicht ändern, ist die Feldstärke eine Konstante $\vec{g}$. Ihre Richtung zeigt zum Erdmittelpunkt, der Betrag der Gravitationsfeldstärke an der Erdoberfläche ist:

$$g = \Gamma \frac{m_E}{r_E^2} \approx 9{,}81 \frac{\text{N}}{\text{kg}}.$$

---

[4]Man verallgemeinert hier den Ladungsbegriff über die elektrische Ladung hinaus.

Damit der Impulsaustausch Erde-Körper nicht mit anderen Teilen der Skizze kollidiert, kann es manchmal sinnvoll sein, den Bilanzpfeil gekrümmt zu zeichnen. Da man den Weg des feldartigen Stromes sowieso nicht kennt, ist das auch in Ordnung.

12.2.g Freier Fall und Schwerelosigkeit

Freier Fall

Betrachten wir Abbildung 12.19 und versuchen herauszulesen, was mit dem Körper, der die Masse m hat, geschieht. Es fließt ein konstanter Impulsstrom der Stärke $\vec{I}_p = m\,\vec{g}$ in den Körper. Wenn der Körper anfangs ruhte, wird er sich nach unten in Bewegung setzen. Da immer mehr Impuls auf ihn fließt, wird die Bewegung nach unten immer schneller, sie ist beschleunigt.

Beim Auftreffen auf den Boden wird der gesamte Impuls in kurzer Zeit auf die Erde übertragen. Viel Impulsübertrag in kurzer Zeit bedeutet eine hohe Impulsstromstärke und damit auch eine große Kraft auf den Körper.

In Abbildung 12.19 wird genau die Situation dargestellt, die wir als freien Fall kennen. Auch der Aufprall mit der möglichen Beschädigung des Körpers durch große Kräfte ist richtig beschrieben.

Wir können auch die Bewegung selbst berechnen. Dazu schreiben wir, wie gewohnt, die Impuls-Bilanzgleichung auf:

$$\frac{\mathrm{d}\vec{p}}{\mathrm{d}t} = \sum_{i=1}^{N} \vec{I}_{p\,(iK)}.$$

Außer mit dem Feld tauscht der Körper keinen Impuls aus. Mit Definition 10.4.1 $\vec{p} = m\,\vec{v}$ erhalten wir:

$$\frac{\mathrm{d}(m\,\vec{v})}{\mathrm{d}t} = m\,\vec{g}.$$

Unter der Annahme einer konstanten Masse ergibt sich eine konstante Beschleunigung in Richtung Erdmittelpunkt: $\vec{a} = \vec{g}$.

Wann sind wir schwerelos?

Eine häufige Antwort lautet, dass wir genau dann schwerelos sind, wenn keine Kraft wirkt. Schwerelosigkeit wird gleichgesetzt mit dem Fehlen sämtlicher Kräfte. Ist das wirklich richtig? Oder in unserer Sprechweise gefragt: Sind wir nur dann schwerelos, wenn wir keinen Impulsaustausch mit einem anderen System haben?

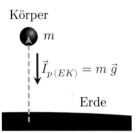

Abbildung 12.19: Gravitation in der Nähe der Erdoberfläche.

> **D**$^{12.2.14}$**efinition: Freier Fall**
>
> Die Bewegung eines Körpers, bei der es nur Impulsaustausch mit einem Gravitationsfeld gibt, nennt man „freier Fall".

W 12.2.15 issen: Schwerelosigkeit

Ein Körper, der Impuls nur mit einem Schwerefeld (Gravitationsfeld) austauscht, befindet sich im Zustand der Schwerelosigkeit.

Oder anders ausgedrückt: Im freien Fall ist man schwerelos.

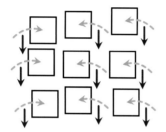

Abbildung 12.20: Impulszufluss im freien Fall

Da jedes Massenelement einen zur Masse proportionalen Impulsstrom erhält, gilt:

$$m\,\vec{a} = \vec{I}_p = m\,\vec{g}.$$

Damit erfahren alle Massenelemente bei konstanter Masse und homogenem Gravitationsfeld die gleiche Beschleunigung. Wenn sie anfangs zueinander ruhen, dann verändern sie ihre Lage zueinander nicht.[5]

Die vielleicht überraschende Antwort ist, dass wir schwerelos sein können, selbst wenn Kräfte auf uns wirken.

Fragen wir uns zunächst, wie wir Schwerelosigkeit feststellen? Wir merken, dass Gegenstände um uns herum schweben. Auch wir selbst schweben im Raum und wenn wir uns auf eine Waage stellen, so zeigt sie das Gewicht null an.

Um unsere Ausgangsfrage beantworten zu können, wollen wir eine Eigenschaft der Gravitation genauer anschauen. Wir haben gerade berechnet, dass jeder Körper im Gravitationsfeld die gleiche Beschleunigung erfährt. Das lag daran, dass der Impulsstrom aus dem Feld auf einen Körper proportional zu dessen Masse ist. Wenn also alle Körper sich zunächst nebeneinander her bewegen (also zueinander in Ruhe sind) und wenn nur Austausch mit dem Gravitationsfeld erfolgt, dann erfahren alle Körper immer exakt die gleiche Beschleunigung. Das bedeutet, sie fliegen weiterhin exakt wie zuvor nebeneinander her. Ihre Geschwindigkeit ändert sich zwar, aber nicht ihr Abstand voneinander. Wenn wir also einer dieser miteinander fliegenden Körper sind, so sehen wir die anderen Gegenstände neben uns schweben.

Wir sind in der Schwerelosigkeit. Und das, obwohl wir uns beschleunigt bewegen und ein Gravitationsfeld eine Kraft auf uns ausübt.

12.2.h   Impulsübertrag durch direkten Kontakt

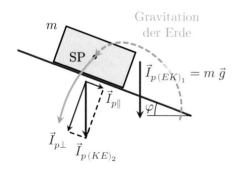

Abbildung 12.21: Klotz ruht auf einer schiefen Ebene. Dabei wird der Teil des Impulses, der senkrecht zur Grenzfläche steht an die Unterlage abgegeben $\vec{I}_{p\perp}$, weil sie fest ist. $\vec{I}_{p\parallel}$ geht durch Reibung in die Unterlage.

Wenn zwei Körper sich berühren, sehen wir schnell ein, dass sie sich gegenseitig in ihrer Bewegung beeinflussen können. Durch den Kontakt kann Impuls von einem auf den anderen Körper fließen. Genauso, wie wir es von der elektrischen Ladung und der Wärme her vielleicht schon kennen.

Am Beispiel der „Schiefen Ebene" werden wir uns einige wichtige Eigenschaften dieses Impulsaustausches genauer anschauen. Was geschieht, wenn wir etwas auf eine schräg gestellte Platte legen? Manche Dinge bleiben liegen, manche beginnen zu rutschen. Da es sich hier prinzipiell um Bewegung geht, sollten wir das mit Impulsaustausch beschreiben können.

12

Aufteilung in senkrechten und parallelen Anteil

---

[5]In einem inhomogenen Feld erfahren nicht alle Teilsysteme die gleiche Beschleunigung. Dadurch entstehen innere Impulsströme, die beispielsweise für die Gezeiten verantwortlich sind.

Wir haben bereits gesehen, dass durch die Gravitation in jede Masse Impuls strömt. Wir können also, wie in Abbildung 12.21 gezeigt, eine Bilanzlinie von der Erde zum Klotz zeichnen (siehe Rezept 12.2.13). Die Stromstärke in den Körper ist: $\vec{I}_{p(EK)} = m\,\vec{g}$.

Wenn das alles wäre, dann würde sich im Gegenstand Impuls $\vec{p}$ ansammeln, denn $\vec{p} = \int \vec{I}_p\,\mathrm{d}t$. Der Körper würde sich beschleunigt senkrecht nach unten bewegen, also auf den Erdmittelpunkt zu. Das passiert tatsächlich, wenn der Gegenstand z.B. ein Auto ist und die schräge Ebene aus einer 1 mm dicken Sperrholzplatte besteht.

Wir wollen daher annehmen, die Platte sei stabil genug, also im obigen Sinne fest (siehe Wissen 12.2.2). Sie wird unter einer Last ihre Form nicht verändern. Was geschieht nun mit dem Impuls, der von der Erde in den Körper hineinströmt? Der Impuls muss offensichtlich aus dem Körper wieder hinausströmen, da wir ja beobachten, dass der Gegenstand in Ruhe bleibt.[6] Um das zu verstehen, zeichnen wir zuerst die Bilanzlinie (grün) aus dem Körper heraus.

Da die Platte fest ist, kann sich der Körper nicht in die Platte hineinbewegen. Das bedeutet, dass die Platte Impuls, der senkrecht zur Grenzfläche steht, aufnehmen und weiterleiten muss. Impuls in diese Richtung würde sonst ja zu einer Bewegung in die Platte hinein führen.

An der Grenze zwischen Körper und Ebene teilen wir daher die Impulsstromstärke in eine Komponente senkrecht (normal) zur Platte und eine parallel (tangential) dazu auf. Die senkrechte Komponente kann, wie wir uns eben überlegt haben, problemlos abfließen.

Bliebe die Stromstärkekomponente parallel zur Ebene im Körper gespeichert, so würde er beschleunigt abwärts rutschen, was ja in manchen Fällen beobachtet wird. Aber manchmal bleibt der Körper auch liegen. Dann muss die parallel zur Ebene zeigende Impulsstromkomponente auch abfließen. Die Leitung von Strömen von Impuls, der parallel zur Grenzfläche steht, kann mit Reibung oder Haftung beschrieben werden.

Definition: **Normalkraft** 12.2.16

Zwei feste Körper können sich nicht ineinander hinein bewegen. Deshalb kann in festen Körpern die Komponente der Impulsstromstärke, die dazu führen würde, dass sie sich durchdringen, per Definition immer übertragen werden (siehe Abbildung 12.21).

Diese Impulsstromstärke steht immer senkrecht auf der Kontaktfläche der beiden Körper: $\vec{I}_{p\perp}$.

Die dazu äquivalente Kraft nennt man Normalkraft $\vec{F}_N$.

Definition: **Reibung** 12.2.17

Durch Reibung kann Impuls zwischen Körpern ausgetauscht werden. Dazu gilt:

1. Der Impulsstrom wirkt geschwindigkeitsangleichend. Somit ist bei Reibung die Impulsstromstärke parallel zur (möglichen) Bewegungsrichtung.

2. Frei werdende Energie wird in Wärme umgesetzt (Entropieerzeugung).

Beispiel: **Reibung** 12.2.iv

Ein Auto bremst.

1. Gewählte Bilanzierungsrichtung: Impuls fließt vom bewegten Auto in die Erde.

2. Das Auto wird langsamer. Die vom Auto weg bilanzierte Impulsstromstärke $\vec{I}_{p(AE)}$ zeigt in die Bewegungsrichtung.

3. Bewegungsenergie geht in der Bremse in Form von Wärme verloren.

Ein Blatt wird vom Wind weggeblasen.

1. Gewählte Bilanzierungsrichtung: Impuls fließt vom Wind in das ruhende Blatt.

2. Das Blatt wird in Windrichtung beschleunigt. Die in das Blatt bilanzierte Impulsstromstärke $\vec{I}_{p(WB)}$ zeigt in Bewegungsrichtung.

3. Dass Entropie erzeugt wurde ist richtig, aber nicht sofort ersichtlich.

---

[6]Das ist ein typischer Fall eines stationären Zustands (siehe auch in Abschnitt 9.3.f „Sonderfall: Stationärer Zustand")

Haftreibung

D$^{12.2.18}$
efinition: Haftreibungsgrenze

Berühren sich zwei feste Körper und ist die Grenzfläche trocken, dann ist die durch Haftreibung übertragbare, zur Kontaktfläche parallele Impulsstromstärke $I_{p\parallel}$ begrenzt. Es gilt:

$$I_{p\parallel} \leq I_{p\parallel,\mathrm{max}} = \mu_H\, I_{p\perp}.$$

Erhöhen der Haftreibungszahl μ_H und der Impulsstromstärke senkrecht zur Kontaktfläche (Normalkraft) $I_{p\perp}$ führt zu einer höheren Haftreibungsgrenze.

Beachten Sie, dass hier die Beträge miteinander verglichen werden. Die Impulsstromstärken zeigen in unterschiedliche Richtungen.

Wir wollen einen Schrank verschieben. Obwohl wir uns sehr anstrengen, schaffen wir es aber nicht, ihn von der Stelle zu bewegen. Entweder er steht vor einer Wand und wir versuchen ihn durch die Wand zu schieben, dann ist es wieder die Normalkraft, die uns daran hindert. Wenn der Weg aber frei ist, hält uns die Haftreibung auf.

Wir wollen uns auf die Fälle beschränken, bei denen sich die Körper berühren, und die Grenzfläche trocken ist. Durch viele Experimente hat man versucht herauszufinden, wie viel Impuls über die Haftreibung ausgetauscht werden kann. Offensichtlich haben die Materialien und die Oberflächenbeschaffenheit der beteiligten Gegenstände einen Einfluss. Aber auch der Betrag der Stromstärke des Impulses der senkrecht zur Grenzfläche steht, der Betrag der Normalkraft $I_{p\perp} = F_N$, spielt eine Rolle.

Dagegen hat sich gezeigt, dass die Größe der Kontaktfläche nur einen relativ kleinen Einfluss hat. Deshalb wird sie bei dieser Art der Reibung vernachlässigt.

Man hat herausgefunden, dass es für den möglichen Impulsübertrag mittels Haftreibung eine Obergrenze gibt. Wenn diese Grenze überschritten wird, kann nicht mehr aller Impuls aus dem Körper abfließen und der Gegenstand beginnt sich zu bewegen.

Gleitreibung

D$^{12.2.19}$
efinition: Gleitreibung

Bewegen sich zwei Körper, die in trockenem Kontakt sind, gegeneinander, dann gibt der mit der höheren Geschwindigkeit Impuls in Bewegungsrichtung an den anderen ab. Die durch Reibung übertragene zur Kontaktfläche parallele Impulsstromstärke $I_{p\parallel}$ beträgt:

$$I_{p\parallel} = \mu_G\, I_{p\perp}.$$

Das Erhöhen der Gleitreibungszahl μ_G und der senkrechten Impulsstromstärke (Normalkraft) $I_{p\perp}$ führt zu größerer Gleitreibung.

Beachten Sie, dass hier ein Gleichheitszeichen steht im Gegensatz zu Definition 12.2.18.

Rutscht ein Körper, so bewegt er sich gegenüber der Fläche, mit der er in Kontakt ist. Durch die Reibung wird dann Impuls vom Körper auf die Kontaktfläche übertragen. Dies wird solange geschehen, bis der Gegenstand und die Kontaktfläche die gleiche Geschwindigkeit haben.

Für diesen Impulsstrom findet man für trockene Grenzflächen einen ähnlichen Zusammenhang wie bei der Gleitreibung: Er ist im Wesentlichen von den Materialeigenschaften und der Normalkraft abhängig. Die durch Gleitreibung übertragbare Impulsstromstärke ist kleiner als die mit maximal möglicher Haftreibung.

Reibungskoeffizienten

Die Reibungskoeffizienten werden durch Versuche empirisch gewonnen. Das Modell von Haft- und Gleitreibung
ist nur eine ganz grobe Beschreibung der Beobachtungen von Reibungsprozessen. Dennoch wird es, wegen
seiner Einfachheit, in vielen Anwendungen der Technik
eingesetzt.

Je nach Einsatzgebiet werden große oder kleine Reibungskoeffizienten gewünscht. Soll ein Auto gut auf der
Straße haften, so soll der Impulsübertrag und damit μ
groß sein. Dagegen werden Skier gewachst, damit möglichst wenig Bewegung abgegeben wird. Dadurch wird
der Reibungskoeffizient μ zwischen der Skioberfläche
und dem Schnee klein.

Man kann bei kleinen μ-Werten von Isolatoren und bei
großen μ-Werten von Leitern für den parallelen Impuls
sprechen.

Tabelle 12.1: Liste einiger ausgewählter Haft- und Gleitrei-
bungskoeffizienten. Quelle: [34]

	μ_H	μ_G
Messing – Stahl	0,62	0,60
Autoreifen – Asphalt	0,55	0,5
Eiche – Eiche	0,54	0,34
Stahl – Stahl	0,15	0,12
Stahl – Eis	0,027	0,014

> **W**12.2.20 **Vergleich Haft- zu**
> **issen: Gleitreibungskoeffizienten**
>
> Bei allen Materialkombinationen hat sich gezeigt,
> dass die Haftreibung größer ist als die Gleitrei-
> bung:
>
> $$\mu_H > \mu_G.$$
>
> Siehe Tabelle 12.1.

> **B**12.2.v
> **eispiel: Antiblockiersystem ABS**
>
> Solange bei einem fahrenden Auto die Räder auf
> der Straße abrollen, ist die Relativgeschwindigkeit
> zwischen Reifen und Straße an der Kontaktstelle
> null. Das Rad kann dann über Haftreibung Impuls
> mit der Straße austauschen. Blockiert das Rad,
> dann rutscht der Reifen über die Straße und der
> Impulsaustausch erfolgt über Gleitreibung.
>
> In Tabelle 12.1 erkennt man, dass der Haftrei-
> bungskoeffizient immer größer als der Gleitrei-
> bungskoeffizient ist. Somit kann ein Auto bei
> rollenden Reifen einen größeren Impulsstrom in
> die Straße leiten und schneller zum Stillstand
> kommen. Diese Erkenntnis nutzt man beim ABS,
> das ein Blockieren der Räder verhindert.

12.2.i Impulsleitung (konduktiver Impulsübertrag)

Impulsübertrag durch Seile und Stäbe

Wir haben oben gelernt, dass feste Körper ihre Form
beibehalten, wenn an einer Stelle Impuls auf sie fließt.
Eine Flüssigkeit wie beispielsweise Wasser dagegen
nicht. Wie ist das aber mit einem Seil? Wenn man an
ihm zieht und das Seil schon gestreckt ist, verändert
es seine Form kaum. Versucht man dagegen das Seil
quer zu belasten oder es gar zu schieben, verformt es
sich. Was nun? Hier helfen wir uns aus, in dem wir ein
Seil als einen festen Körper anschauen, so lange wir an
ihm ziehen. Für alle anderen Belastungen verwenden
wir ganz pragmatisch kein Seil.

Abbildung 12.22: Impulsstrom im Seil

12

R12.2.21 ezept: Seile und dünne Stäbe

Verwenden Sie Seile und Stäbe in einfach zu beschreibenden Sonderfällen wie feste Körper mit folgenden Eigenschaften:

- Seile verhalten sich wie feste Körper, wenn an ihnen in Seilrichtung gezogen wird.
  Die Bilanzlinie (grün) und der Stromstärkevektor (blau) sind immer antiparallel (Zug).

- Stäbe sind feste Körper, wenn Impuls nur in Richtung des Stabes übertragen wird.
  Die Bilanzlinie (grün) und der Stromstärkevektor (blau) sind entweder parallel (Druck) oder antiparallel (Zug).

Impulsübertrag durch ausgedehnte feste Körper

W12.2.22   Impulsstrom in festen issen: ausgedehnten Körpern

Wird Impuls durch ausgedehnte feste Körper geleitet, dann verändern sie ihre Form nicht oder nur wenig.

In diesen Körpern müssen Impulsstromlinie und Stromstärke nicht unbedingt parallel sein.

Wenn Stromlinie und Stromstärke nicht parallel sind, liegt zumindest teilweise eine Querbelastung vor.

Zur Beschreibung von Querbelastungen auf Körper hilft die Drehimpulserhaltung. Dieses Thema wird hier aber nicht weiter behandelt.

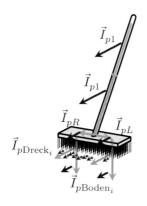

Abbildung 12.24: Bewegen von Schmutz mit einem Besen

Ebenso verfahren wir mit dünnen Stäben. Wir verwenden sie nur, wenn wir etwas ziehen oder schieben möchten. Querbelastungen vermeiden wir wieder, weil dünne Stäbe sonst brechen.

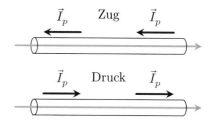

Abbildung 12.23: Impulsstrom im Stab; oben: Zug, unten: Druck

Seile und Stäbe sind einfach zu beschreibende Bauteile, mit denen man gut rechnen kann. Aus ihnen lassen sich auch kompliziertere Objekte zusammensetzen, wie beispielsweise Hängebrücken. Aber nicht alle Gegenstände, die Impuls übertragen, sind so einfach darstellbar.

Betrachten wir ein Beispiel einer Tätigkeit, die vielleicht nicht so beliebt ist, aber dafür hoffentlich leicht verständlich.

Wir sollen den Hof kehren, weil sich ordentlich Schmutz vor unserem Haus angesammelt hat. Wir holen einen Besen und kehren alles zusammen, damit wir es auflesen und in die Mülltonne werfen können. Ganz offensichtlich bewegen wir mit dem Besen den Schmutz, also ist dieser Vorgang mit Impulsübertrag beschreibbar.

In Abbildung 12.24 zeigt der grüne Pfeil die Bilanz- und Stromlinie des Impulsstromes an. Sie führt aus der (nicht gezeichneten Hand) durch den Stiel in den Besen. Dort teilt sie sich auf in zwei Teile, der eine in die rechte Hälfte des Besens, der andere in die linke. Von dort verzweigen sich die Stromlinien weiter bis in die Borsten und von dort in den Schmutz und in den Boden.

Die blauen Pfeile zeigen die Stromstärken an jeder Stelle der Stromlinien. Im Stiel ist dies $\vec{I}_{p1}$, in den beiden Besenhälften $\vec{I}_{pL}$ und $\vec{I}_{pR}$ und jedes i-te Schmutzkrümel erhält auch Impuls $\vec{I}_{p\text{Dreck}_i}$. Der Rest fließt über die Borsten in den Boden $\vec{I}_{p\text{Boden}_i}$. Unterwegs geht nichts verloren, daher gilt:

$$\vec{I}_{p1} = \vec{I}_{pL} + \vec{I}_{pR} = \sum_i \vec{I}_{p\text{Drecki}} + \sum_i \vec{I}_{p\text{Boden}_i}.$$

Was bei dem Bild aber besonders auffallen sollte, ist die Tatsache, dass die Stromlinie und die Stromstärke nicht immer parallel sind. Im Stab wird Querbewegung weitergeleitet. Das gibt es nur in festen Körpern. Nur sie verändern ihre Form unter Belastung nicht, weil sie eben fest sind. Solche Querbelastungen sind auch im Besen selbst erkennbar. Erst in den Schmutzkrümeln sind Stromlinie und Impulseintrag wieder parallel.

12.2.j   Impulstransport durch Konvektion

Wir können schnell verstehen, dass eine bewegte Masse, ein bewegter Körper Impuls von einem Ort zu einem anderen transportiert. Mit einem Wasserstrahl können wir entfernte Dinge umwerfen. Die Wasserteilchen tragen Impuls und bilden daher, weil sie fließen, einen Impulsstrom. Stromlinie und Stromstärke sind immer parallel. Auch andere Flüssigkeiten und Gase können so per Konvektion Impuls übertragen. Selbst feste Gegenstände können als konvektive Ströme angesehen werden. Hagelkörner bei einem Gewitter, Sand beim Sandsturm, es gibt viele weitere Beispiele.

Die Impulsstromstärke können wir leicht bestimmen. Wenn sich ein Massestrom I_m mit der Geschwindigkeit $\vec{v}$ bewegt, dann ist die konvektive Impulsstromstärke

$$\vec{I}_p = I_m\,\vec{v}.$$

Wenn wir den Massestrom I_m mit einer Masseänderung $\dot{m}$ gleichsetzen können, ergibt sich:

$$\vec{I}_p = \dot{m}\,\vec{v}.$$

12.2.k   Ziehen einer Kiste

Wie sieht die Impulsbilanz aus, wenn wir eine Kiste zu uns herziehen (Abbildung 12.25). Wir stehen fest auf dem Boden, nehmen das Seil in die Hand und ziehen so fest, dass die Kiste ins Rutschen kommt. Offensichtlich kommt die Bewegung der Kiste durch das Seil zustande. Der Impuls wird von uns über das Seil in die Kiste geleitet. Das Seil ist daher der Impulsstromleiter. Es kann nur auf Zug belastet werden. Deshalb ist die Impulsstromstärke im Seil immer entgegen der Stromlinie ausgerichtet. Wenn wir das Seil als masselos betrachten, kann es selbst keinen Impuls aufnehmen. Wegen der Impulserhaltung ist daher der blaue Pfeil,

B **12.2.vi**
eispiel: Hof fegen

Wenn Sie mit einem Besen Schmutz zusammenkehren (Abbildung 12.24), dann wird Bewegung von Ihnen auf die Schmutzteilchen übertragen. Im Besenstiel und im Besen selbst, sind die Stromlinie (grün) und die Stromstärke (blau) nicht parallel.

W **12.2.23**
issen: Konvektiver Impulsstrom

Wird Impuls durch einen Massestrom von einem Ort zu einem anderen transportiert, so nennt man diesen Impulstransport konvektiv.

Beim konvektiven Impulsstrom gilt:

- Stromlinie und Stromstärke sind parallel. Sie zeigen in Richtung der Bewegung der Teilchen.
- Die konvektive Impulsstromstärke $\vec{I}_p$ ist

$$\vec{I}_p = I_m\,\vec{v} = \dot{m}\,\vec{v},$$

mit dem Massestrom I_m, dem Geschwindigkeitsbetrag $\vec{v}$ und der Masseänderung $\dot{m}$.

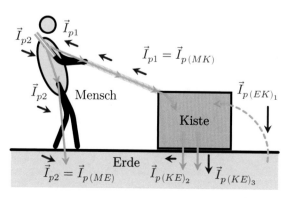

Abbildung 12.25: Mensch zieht mit einem Seil an einer Kiste.

B 12.2.vii Beispiel: Ziehen einer Kiste

Ein Mensch zieht an einem Seil eine Kiste zu sich her. Diese rutscht mit Reibung auf dem Boden entlang. Wie zeichnet man das?

Zuerst werden die Systeme skizziert: Mensch, Kiste, Seil und Boden. Danach überlegt man sich, dass die Bewegung der Kiste durch den Menschen kommt. Daher zeichnet man die Bilanzlinie von dem Menschen, durch das Seil, in die Kiste hinein. Das ist der Weg des Impulsübertrags als Stromlinie (grün). Die Impulsstromstärke (blauer Vektorpfeil $\vec{I}_{p_1}$) zeigt nach links, weil sich die Kiste nach links bewegen soll.

Reibung bremst die Kiste, was mit einem Impulsstrom $\vec{I}_{p(KE)_2}$ von der Kiste in die Erde beschrieben wird.

die Impulsstromstärke, an jeder Stelle des Seils gleich lang.

Und wie machen wir den Impuls? Erzeugen können wir ihn ja nicht? Aber trennen, das geht (vgl. Abschnitt 12.2.c). Also trennen wir Impuls in zwei entgegengesetzte Ströme $\vec{I}_{p1} = -\vec{I}_{p2}$ (Rezept 12.2.8). Den Anteil $\vec{I}_{p1}$ leiten wir durch das Seil zur Kiste. Wenn mehr horizontaler Impuls zufließt als durch Reibung in den Boden abgegeben wird $\vec{I}_{p(KE)}$, dann sammelt sich immer mehr Impuls in der Kiste an. Sie wird sich immer schneller auf uns zubewegen.

Der andere Teil $\vec{I}_{p2}$ ist erst einmal in uns. Das bedeutet aber, dass wir uns zur Kiste hin bewegen würden. Es sei denn, wir können auch diesen Impuls abgeben. Mit guter Reibung auf dem Boden gelingt uns das. Wir bleiben stehen.

Natürlich kann man diese Situation auch mit Kräften beschreiben. Dies führt zum gleichen Ergebnis. Wir blicken damit aus zwei Richtungen auf das gleiche Problem, was für das Verständnis nur hilfreich sein kann (vgl. Rezept 0.0.3).

12.2.l   Wie misst man eine Impulsstromstärke?

Fließt Impulsstrom durch einen Körper, so wird der Körper in der Regel ein wenig verformt. Bei elastischen Körpern ist diese Verformung in erster Näherung proportional zur Impulsstromstärke I_p.

W 12.2.24 Wissen: Hooksches Gesetz

Wenn sich die Impulsstromstärke I_p, die durch eine Feder fließt, verändert, dann ändert sich auch die Länge s der Feder. Es gilt in guter Näherung das Hooksches Gesetz:

$$\underbrace{I_{p_k} - I_{p_i}}_{=\Delta I_p} \propto \underbrace{s_k - s_i}_{=\Delta s}$$

oder

$$\Delta I_p = D\,\Delta s.$$

Die Indizes i und k bezeichnen zwei Zustände der Feder, D ist die Federkonstante (vgl. Abbildung 12.26).

Mit dem Konzept der Impulsströme haben wir in den vorangegangenen Abschnitten schon sehr viel gearbeitet. Es gibt da aber noch einen offenen Punkt: Eine physikalische Größe sollte auch eindeutig messbar sein. Daher wollen wir uns jetzt eine Methode zur Messung von Impulsströmen überlegen.

Betrachten wir nochmals das Beispiel, bei dem wir eine Kiste zu uns herziehen (Abbildung 12.25). Zur Beschreibung des Impulsübertrags benötigen wir bekanntlich einen Bilanzpfeil und eine dazu gehörende Stromstärke. Ein Bilanzpfeil zwischen dem Menschen und der Kiste ist schnell gezeichnet. Dann fehlt aber noch die Information über die Stromstärke (Definition 9.3.2). Wir wissen zwar, in welche Richtung sie zeigt, aber wir kennen den Wert nicht. Wie finden wir diesen?

Schauen wir genau hin, so stellen wir fest, dass sich das Seil etwas verlängert und zwar umso mehr, je stärker wir ziehen. Diesen Effekte der größeren Dehnung bei größerer Impulsstromstärke können wir zur Messung nutzen, solange wir nicht drücken.

Wenn wir auch drücken wollen, können wir statt des Seils eine Feder verwenden. Diese verlängert sich bei Zugbelastung und verkürzt sich bei Druck. In erster Näherung ist die Dehnung proportional zur Impulsstromstärke, die durch die Feder fließt. Diese Proportionalität wird Hooksches Gesetz genannt.

In Abbildung 12.26 ist die gleiche Feder in unterschiedlichen Situationen dargestellt. Die Bilanzrichtung (grün) haben wir frei gewählt, in diesem Fall von unten nach oben. Die Impulsstromstärke (blau) ist ein Vektor. Er ist parallel zur Bilanz- und Stromlinie. Zeigt die Stromstärke in Bilanzrichtung, so steht die Feder unter Druck. Die Feder wird kürzer. Sind Stromstärke und Bilanzpfeil antiparallel, wird die Feder durch den Zug verlängert.

Ändern wir die Bilanzrichtung, so ändert sich auch die Richtung der Stromstärke (Abschnitt 9.3.c). Daher bleiben die Vorhersagen aus diesem Bild gleich. Wir können die Richtung, wie gesagt, zunächst frei wählen.[7]

Wir haben also etwas gefunden, das sich verformt, wenn Impulsstrom hindurchfließt. Über den Verformungsweg können wir dann eine Impulsstromstärke messen, wenn wir die Kennlinie bestimmt haben. Wenn wir uns in Erinnerung rufen, dass Impulsstromstärke und Kraft wesensverwandt sind, dann erkennen wir in der obigen Beschreibung einen Kraftmesser oder eine Waage. Waagen sind Impulsstromstärke-Messgeräte.

W 12.2.25 Feder als issen: Impulsstrom-Messgerät

Eine Feder kann als Messgerät für die Impulsstromstärke verwendet werden.

Ein solches „Impulsstrommessgerät" heißt Federwaage oder Kraftmesser. Auch andere Waagen messen Impulsströme, die durch sie hindurch fließen und nicht unbedingt die Kräfte, die auf sie wirken (vgl. Abbildung 12.20).

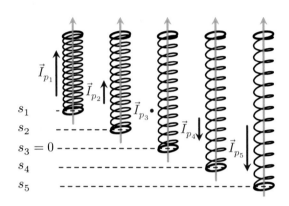

Abbildung 12.26: Impulsstrom in Federn

R 12.2.26 Federn in ezept: Impulsstromdiagrammen

Wenn Sie die Impulsströme einer Feder zeichnen wollen, dann orientieren Sie sich an Abbildung 12.26:

1. Zeichnen Sie die Bilanz- oder Stromlinie (hier grün) ein. Die Wahl der Richtung ist zunächst noch frei.
2. Tragen Sie die Stromstärke als Vektor (hier in blau) ein.

   - Ist die Feder unter Druck und verkürzt, zeigt die Stromstärke in Bilanzrichtung.
   - Ist die Feder unter Zug und verlängert, zeigt die Stromstärke entgegen der Bilanzrichtung.

---

[7]Das ist wie beim elektrischen Strom. Durch Festlegen des Vorzeichens von Ladung und der Definition, dass positive Ladung von + nach − fließt, wird die Stromrichtung definiert. Man könnte das auch anders machen, die Physik bliebe dieselbe.

12.3 Energieerhaltungssatz in der Punktmechanik

Wir haben in Kapitel 11 „Energie" viel über Energie gelernt. Wir wissen, dass sie eine Erhaltungsgröße ist (Kapitel 9 „Erhaltungsgrößen und Bilanzen"). Wir können die Energiebilanz für ein System hinschreiben (Abschnitt 9.3.e „Bilanzgleichung eines Systems") und wir kennen die Trägerströme der Energie (Kapitel 10 „Spezielle mengenartige Größen und Ströme"). Das Ganze ist ein mächtiges Werkzeug, das wir auf Vieles anwenden können, wie chemische Prozesse oder elektrische und mechanische Systeme. Allerdings kann die Beschreibung manchmal etwas schwerfällig werden, denn wir benötigen die Information über alle Ströme zu jedem Zeitpunkt.

Ganz im Sinne des „besser Verstehens und besser Wissens" wollen wir hier nun eine Anwendung kennen lernen, die zu einer sehr leicht nutzbaren Form der Energieerhaltung führt. Wir werden auf dem Weg dahin die Vereinfachungen anschauen und zum Schluss in Beispielen die gefundene Systematik anwenden.

12.3.a Energiebilanz zwischen Zuständen

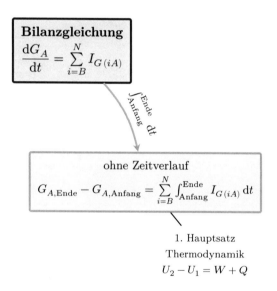

Abbildung 12.27: In diesem Abschnitte wird der „ohne Zeitverlauf"-Zweig aus Abbildung 9.7 behandelt.

Definition: **12.3.1 Innere Energie eines Systems**

Die Gesamtenergie in einem System nennt man „Innere Energie" U.

Zur Beschreibung von physikalischen Vorgängen ist nur die Änderung der Inneren Energie von Bedeutung. Man legt daher den Nullpunkt durch eine Definition fest.

Der Wert der Inneren Energie selbst ist irrelevant.

Wir wollen zunächst anschauen, wie sich die Energie eines Systems von einem Zustand 1 zu einem Zustand 2 ändert. Wir haben beispielsweise einen Körper, der sich irgendwo im Raum bewegt und zu einem späteren Zeitpunkt irgendwo anders ist. Wie sind die Energien zu diesen beiden Zeitpunkten? Dazu beginnen wir mit der allgemeinen Energiebilanzgleichung (vgl. Abschnitt 9.3.e):

$$\frac{dE_A}{dt} = \sum_{i=B}^{N} I_{E(iA)}.$$

Da wir wissen wollen, wie sich die Energie zwischen Zustand 1 und 2 ändert, integrieren wir beide Seiten (siehe Abbildung 12.27). Dabei nutzen wir, dass das Integral der Summe auf der rechten Seite der Gleichung gleich der Summe der einzelnen integrierten Summanden ist. Die komplette Energieänderung ergibt sich also, indem man die Wirkung der einzelnen Energieströme addiert:

$$E_2 - E_1 = \underbrace{\sum_{i=B}^{N} \int_{1}^{2} I_{E(iA)}\, dt}_{\text{Arbeit } W + \text{Wärme } Q}.$$

Die Änderung der im System enthaltenen Energie $(E_2 - E_1)$ ergibt sich aus der Arbeit W und der Wärme Q. Dabei nennen wir alles, was im Integral mit Entropie zu tun hat Wärme, alles andere Arbeit. Meistens ist das Lösen der Integrale schwer, weil die einzelnen Variablen und die Energieströme voneinander abhängen. Oft muss man für eine energetische Betrachtung eines Systems aber gar nicht alle Energieformen (siehe Tabelle 11.2) berücksichtigen. Solange in dem System beispielsweise keine chemischen Reaktionen stattfinden können, kann man die chemische Energie ignorieren. Oder, fast immer: falls keine Kernreaktionen wie Kernspaltungen vorkommen, braucht man die Kernenergie nicht anzuschauen.

Besonders einfach wird alles, wenn wir nur die Translation von Körpern im Gravitationsfeld $\vec{g}$ der Erde betrachten. Weder Rotationen noch Chemie oder Elektrizität spielen dann eine Rolle. Wir benötigen daher nur die beiden Energieformen $\vec{v} \cdot \mathrm{d}\vec{p}$ und $m\,\vec{g} \cdot \mathrm{d}\vec{s}$. Mit diesem Schritt wählen wir ein Teilgebiet der Physik aus, die Punktmechanik (vgl. Wissen 11.4.3). Die beiden Terme haben den Vorteil, dass die Geschwindigkeit nur vom Impuls und nicht vom Ort abhängt und $m\,\vec{g}$ nur vom Ort, aber nicht vom Impuls. Wir können die Integrale getrennt voneinander lösen.

Wir können sagen, die Energie des Gesamtsystems „besteht" aus der Bewegungsenergie und der Lageenergie. Das ist eine enorme Vereinfachung. Geben wir dieser Energie des Systems noch den Namen „Innere Energie U", so erhalten wir

$$U = E_{kin} + E_{pot} = \frac{1}{2}\,m\,v^2 + m\,g\,z.$$

Die Gleichung für die potenzielle Energie haben wir in Abschnitt 11.1.b „Energie und Arbeit" kennen gelernt.

W 12.3.2 Wissen: Energiebilanz eines Systems

Die Änderung der Inneren Energie U kann bestimmt werden:

$$U_2 - U_1 = W_{12} + Q_{12}.$$

Die Energiedifferenz zwischen den beiden Zuständen entspricht genau der zu- beziehungsweise abgeführten Arbeit und Wärme. Zugeführte Werte werden addiert, abgeführte subtrahiert.

Wenn das System nur durch das Schwerefeld der Erde und die Translationsbewegung beschrieben wird, dann ergibt sich eine wesentliche, weitreichende Vereinfachung. Dann ist die Innere Energie die Summe aus der potenziellen oder Lageenergie und der kinetischen oder Bewegungsenergie.

W 12.3.3 Wissen: Energie punktförmiger Körper im Schwerefeld

Die Innere Energie eines punktförmigen Körpers im Schwerefeld der Erde besteht aus zwei Anteilen

$$U = E_{kin} + E_{pot} = \frac{1}{2}\,m\,v^2 + m\,g\,z.$$

Man sagt, der Körper hat potenzielle und kinetische Energie.

12.3.b Energiebilanz eines energetisch isolierten Systems

Die Situation wird recht einfach, wenn das betrachtete System von der Umwelt isoliert ist, also auch keine Arbeit oder Wärme mit der Umwelt austauscht. Dann sind die Arbeit W_{12} und die Wärme Q_{12} beide null. Die innere Energie bleibt konstant:

$$\Delta U = U_2 - U_1 = 0.$$

Bezogen auf die Bilanzgleichung befinden wir uns in dem Zweig für isolierte Systeme (siehe Abbildung 12.28).

Wir schauen uns ein Beispiel an.

Ein Ball der Masse $m = 100\,\mathrm{g}$ wird unter dem Winkel $\alpha = 30°$ schräg nach oben geworfen. Der Ball verlässt die Hand mit einer Geschwindigkeit von $v = 10\,\frac{\mathrm{m}}{\mathrm{s}}$ in 2 Meter Höhe über dem Fußboden. Wir wollen wissen, mit welcher Geschwindigkeit der Ball am Boden aufschlägt. Die Luftreibung sei vernachlässigbar.

Tauscht ein System zwischen den Zuständen 1 und 2 mit der Umgebung keine Arbeit oder Wärme aus, so bleibt die innere Energie des Systems konstant.

W 12.3.4 Wissen: Energiebilanz eines isolierten Systems

Ein isoliertes System kann mit der Umgebung keine Arbeit W_{12} oder Wärme Q_{12} austauschen.

Somit gilt für isolierte Systeme:

$$U_2 - U_1 = 0.$$

12

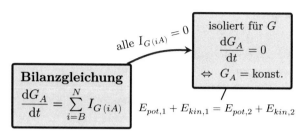

Abbildung 12.28: Hier befinden wir uns auf dem Zweig für isolierte Systems aus Abbildung 9.7 .

R 12.3.5 Energieerhaltung im System
ezept: ohne Wechselwirkung

Wenn Sie ein System bestehend aus einem Körper im Gravitationsfeld der Erde haben, dann prüfen Sie, ob die anderen Wechselwirkungen mit der Umgebung so gering ist, dass Sie diese vernachlässigen können.

1. Definieren Sie mit Hilfe einer Skizze oder in Worten genau die beiden Zustände Z_1 und Z_2, die Sie betrachten wollen.
2. Definieren Sie für das System ein Koordinatensystem, damit Sie die potenzielle Energie benennen können.
3. Schreiben Sie nun für die beiden Zustände jeweils die Energieformen im System auf. Wie lauten die Gleichungen für die jeweilige gesamte innere Energie U_1 und U_2?
4. Setzen Sie die beiden Energiesummen in $U_2 - U_1 = 0$ ein und lösen Sie Ihr Problem.

In einer Skizze (wie in Abbildung 12.29) definieren wir die beiden Zustände: der Anfangszustand Z_1 ist der Moment, in dem der Ball die Hand verlässt. Der Endzustand Z_2 ist der Moment, in dem der Ball eben den Boden erreicht. In der Skizze legen wir auch ein vertikales Koordinatensystem fest, um die potenzielle Energie benennen zu können. Wie in Abschnitt 11.1.b gesagt, weisen wir die potenzielle Energie einfach dem Ball zu und sprechen nicht ausdrücklich über das Gravitationsfeld.

Nun tragen wir die beteiligten Energieformen zusammen: Im Zustand 1 hat der Ball kinetische Energie und potenzielle Energie. Somit ist

$$U_1 = E_{kin,1} + E_{pot,1} = \frac{1}{2}\,m\,v_1^2 + m\,g\,z_1.$$

Im Zustand 2 hat der Ball - in unserem Koordinatensystem - nur noch kinetische Energie:

$$U_2 = E_{kin,2} = \frac{1}{2}\,m\,v_2^2.$$

Da wir die Luftreibung hier vernachlässigen, findet zwischen den beiden Zuständen keine Reibungsarbeit statt, es gibt keine Verluste in Form von Wärme. Wir können also in die obere Gleichung einsetzen und finden:

$$\frac{1}{2}\,m\,v_2^2 - (\frac{1}{2}\,m\,v_1^2 + m\,g\,z_1) = 0.$$

Da wir die Auftreffgeschwindigkeit am Boden suchen, lösen wir diese Gleichung nach v_2 auf:

$$v_2 = \sqrt{v_1^2 + 2\,g\,z_1}.$$

Jetzt bleibt nur noch die Rechnung mit den gegebenen Werten:

$$v_2 = \sqrt{\left(10\,\frac{m}{s}\right)^2 + 2 \cdot 10\,\frac{m}{s^2} \cdot 2\,m} \approx 11{,}9\,\frac{m}{s}.$$

Die oben gefundene Lösungsformel für v_2 ist überraschend einfach: weder die Masse m noch der Startwinkel α tauchen hier auf! Offensichtlich ist die Auftreffgeschwindigkeit von diesen beiden Variablen unabhängig.

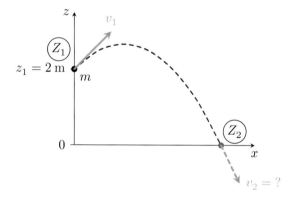

Abbildung 12.29: Wurf ohne Luftreibung

R 12.3.6
ezept: Abhängigkeiten dokumentieren

Wenn in der Lösungsformel für eine Aufgabe eine Variable nicht erscheint, dann ist das Ergebnis von dieser Variablen unabhängig.
Nehmen Sie diese Tatsache bewusst zu Kenntnis. Eventuell dokumentieren Sie diese Erkenntnis sogar ausdrücklich.

Vorsicht: Es könnte sein, dass die fehlende Variable aber Auswirkungen auf eine der sichtbaren Variablen hat. In diesem Fall hat sie doch Einfluss auf das Ergebnis.

In einem konkreten System könnte dieser Eindruck aber auch täuschen: möglicherweise hängt die Abwurfgeschwindigkeit v_1 von der Masse ab und kann bei steigender Masse nicht konstant gehalten werden. Dann hätten wir doch eine versteckte, eine „implizite" Abhängigkeit von der Masse.

12.3.c Energiebilanz eines energetisch offenen Systems

In rein mechanischen Systemen gibt es fast immer Reibung. Wenn also zwischen den Zuständen 1 und 2 Reibung stattfindet, wird Reibungsarbeit $W_{R,12}$ verrichtet. Diese Energie wird dabei in Wärme Q_{12} umgesetzt. Da sie dem mechanischen System verloren geht, verringert sich die innere Energie. In der Bilanzgleichung besitzt Q_{12} also einen negativen Wert:

$$Q_{12} = -W_{R,12}.$$

Auch könnte zwischen den Zuständen 1 und 2 Arbeit W_{12} an dem System verrichtet werden ($W_{12} > 0$) oder das System verrichtet Arbeit an der Umgebung ($W_{12} < 0$). Dies würde ebenfalls die innere Energie verändern und muss entsprechend in die Rechnung aufgenommen werden. Wir verwenden dann

$$U_2 - U_1 = W_{12} + Q_{12}$$

und setzen rechts die Arbeit und die Wärme ein, die das System zwischen den Zuständen 1 und 2 mit der Umgebung ausgetauscht hat.

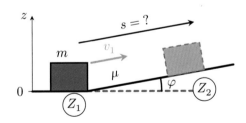

Abbildung 12.30: Klotz rutscht auf einer Rampe

B **12.3.i Energiebetrachtung eines** **eispiel: rutschenden Klotzes**

Ein Klotz mit der Masse $m = 5$ kg kommt unten an einer um $\varphi = 20°$ schräg gestellten Rampe mit einer Geschwindigkeit von $v_1 = 5$ m/s an (siehe Abbildung 12.30). Der Gleitreibungskoeffizient zwischen Rampe und Klotz beträgt $\mu_G = 0{,}3$. Wie weit rutscht der Klotz auf der schiefen Ebene weiter?

Lösung:

Zustand 1: Klotz erreicht mit v_1 den Fußpunkt der Rampe

Zustand 2: Klotz kommt oben zum Stillstand

Arbeit W_{12}: keine

Wärme Q_{12}: Reibung auf Strecke s

$$U_1 = \frac{1}{2} m\, v_1^2$$
$$U_2 = m\, g\, z_2 = m\, g\, s \sin \varphi$$
$$W_{12} = 0$$
$$Q_{12} = -\mu_G\, F_N\, s = -\mu_G\, m\, g\, s \cos \varphi$$

Einsetzen:

$$U_2 - U_1 = W_{12} + Q_{12}$$
$$\Rightarrow \quad m\, g\, s \sin \varphi - \frac{1}{2} m\, v^2 = -\mu_G\, m\, g \cos \varphi\, s$$
$$\Rightarrow \quad s = \frac{v^2}{2\, g\, (\sin \varphi + \mu_G \cos \varphi)}$$
$$\approx \frac{5^2\, \mathrm{m}^2\, \mathrm{s}^2}{\mathrm{s}^2\, 20\, \mathrm{m}\ (0{,}34 + 0{,}3 \cdot 0{,}9)}$$
$$\approx \frac{25}{20 \cdot 0{,}6}\, \mathrm{m} \approx 2\, \mathrm{m}$$

Der Klotz rutscht 2 Meter weit und kommt dort zum Stillstand.

12

12.4   Warum fliegt ein Flugzeug?

Wir haben uns viele Methoden erarbeitet, die im Arbeitsleben sehr nützlich sein können. Mit diesem Werkzeugkasten wollen nun die Frage „Warum fliegt ein Flugzeug?" untersuchen. Dabei werden wir anhand der in Kapitel 1 beschriebenen Schritte vorgehen. Insbesondere werden wir das Unterkapitel 1.5 nutzen.

12.4.a   Beobachtung: Ein Flugzeug fliegt.

Sie haben beobachtet, dass ein Flugzeug fliegt, obwohl andere schwere Gegenstände herunterfallen. Wenn Ihnen das aufgefallen ist, als Abweichung vom Normalen, so haben Sie Rezept 1.2.1 angewendet.

Bevor man eine Antwort auf eine Frage sucht, ist es oft hilfreich nachzudenken, wieso die Frage überhaupt gestellt wird. Weshalb ist es auffallend, dass ein Flugzeug fliegt?

Aus Erfahrung wissen wir, dass alle schweren Gegenstände, die wir hochheben und loslassen, herunterfallen, es sei denn, sie werden von etwas festgehalten. Da offensichtlich ein Flugzeug nicht an einem Seil hängt, müsste es doch herunterfallen.

Also suchen wir nach einer Erklärung.

12.4.b   Recherche: Warum fliegt ein Flugzeug?

Die häufigste Erklärung (Theorie) verwendet die Form des Flügels. Überprüfen Sie das selbst durch eine Recherche (Abschnitt 1.5.b).

Meistens wird dabei folgende Argumentationskette angeführt:

- Der Flügel ist nach oben gewölbt.
- Deshalb ergibt sich oben ein längerer Weg, was zu einer höheren Luftgeschwindigkeit v führt.
- Ist v groß, entsteht ein kleinerer Druck p (Bernoulli-Gleichung).
- Daher wird der Flügel nach oben gesaugt.
- Dazu zeigt man eine ähnliche Abbildung wie Abbildung 12.31.

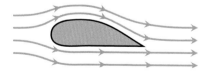

Abbildung 12.31: Qualitative Skizze des Profils eines Flugzeugflügels mit Luftströmungen wie man es öfters sieht, die aber nicht korrekt ist.

Wir überspringen in diesem Beispiel die Schritte aus Unterkapitel 1.3 und Unterkapitel 1.4, da sie hier wenig weiterhelfen.

Eine Recherche in Büchern oder im Internet führt uns aber sehr schnell zu einer Antwort auf unsere Frage. Mit Hilfe einer Grafik, die den Querschnitt eines Flugzeugflügels zeigt (wie beispielsweise Abbildung 12.31), wird erläutert:

> *Ein Flugzeug fliegt, **weil** der Flugzeugflügel gewölbt ist. Der obere Weg ist länger, dadurch bewegt sich die Luft oben herum schneller. Höhere Geschwindigkeit erzeugt einen niedrigeren Druck (Hinweis auf die Bernoulli-Gleichung). Und dadurch wird der Flügel nach oben gesaugt.*

Oft findet man dann noch den Hinweis auf ein Experiment, das die genannte Theorie unterstützt:

> *Blasen Sie von oben über ein nach unten hängendes Blatt Papier. Es wird sich heben, in Übereinstimmung mit der Theorie.*

Weitere Hinweise darauf, dass die Theorie stimmt, sind die ähnlichen Profile von Vogelflügeln.

12.4.c Nachhaken: Stimmt das?

Prüfen Sie dann nach, ob die Theorie Sie überzeugt. Manchmal sind die Erklärungen so angelegt, dass man als Nichtspezialist überfordert ist. Es werden Spezialbegriffe benutzt, die aber meist nicht wirklich hilfreich sind, sondern eher verwirren (in diesem Beispiel wäre das möglicherweise der Hinweis auf die Bernoulli-Gleichung). Wenn Sie nicht zufrieden sind mit der Erklärung, fragen Sie weiter.

Oder noch besser, suchen Sie Beobachtungen, die der Theorie widersprechen. Denken Sie daran, Sie benötigen nur ein Gegenbeispiel um eine Theorie zu Fall zu bringen! (Wissen 1.5.8)

Gegenbeispiele sind schnell gefunden. In einschlägigen Medien finden Sie Filme von Flugzeugen, die auf dem Rücken fliegen. Und zwar nicht nur für eine kurze Dauer, sondern teilweise recht lange. Würde die Theorie stimmen, dass nämlich die Flügelform nötig ist fürs Fliegen, so müssten die Flugzeuge nach unten gezogen werden. Zusätzlich zur Erdanziehung. Und das geschieht ganz offensichtlich nicht. Irgendetwas stimmt also nicht an der Erklärung.

Eine einzige gegenteilige Beobachtung stürzt die Theorie:

- Es gibt Filme auf denen ist klar erkennbar, dass einige Flugzeuge auf dem Rücken fliegen können. Ganz erstaunlich ist, dass es manchmal sogar Segelflugzeuge sind.

12.4.d Andere Erklärung, Verbesserung der Theorie

Die jetzt entstandene Situation ist zunächst einmal unbefriedigend. Statt einer Erklärung, die man an vielen Stellen findet, steht man nun ohne Erklärung da. Und so falsch kann doch die Theorie auch nicht sein. Immerhin sind fast alle Flugzeugflügel gewölbt.

In solchen Fällen hilft es häufig, noch einmal zum Ursprung der Frage zurückzukommen.

Warum fliegt ein Flugzeug? Wir stellen aber gleich eine Folgefrage: Weshalb stellen wir denn diese Frage? Warum ist das so besonders? Für diese beiden Fragen kennen wir die Antwort: Weil normalerweise alle Dinge, die frei in der Luft sind, herunterfallen.

Also klären wir zunächst die Frage: Warum fällt ein Flugzeug (eigentlich) herunter?

Die Antwort darauf finden wir durch Anwendung von Abschnitt 12.2.f. Erde und Flugzeug tauschen Impuls aus. Das Flugzeug erhält von der Erde einen Impulsstrom der Stärke $\vec{I}_{p(EF)}$

$$\vec{I}_{p(EF)} = m_F \, \vec{g},$$

dabei ist $\vec{g}$ die Gravitationsfeldstärke am Ort des Flugzeugs und m_F die Flugzeugmasse.

Kommt man bei einer Frage nicht weiter, so hilft es oft, einen Schritt zurückzugehen und die noch tiefer liegende Frage anzuschauen,

Warum fällt ein Flugzeug (eigentlich) herunter?

um dann erneut die eigentliche, ursprüngliche Frage zu stellen.

Hat man erkannt, dass für das Herunterfallen der Impulsstrom von der Erde verantwortlich ist, so ist die Antwort nicht weit. *Das Flugzeug muss den Impuls irgendwie los werden.* Und das geht über die Flügel an die Luft.

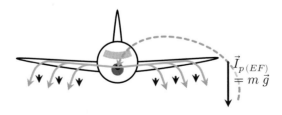

Abbildung 12.32: Flugzeug von vorne: Impulsaustausch mit Erde und Abgabe von Impuls über die Flügel an die Luft

In Abbildung 12.32 erkennt man wie der Impuls $I_{p(EF)}$ von der Erde in das Flugzeug fließt. Dieser wird in die Flügel geleitet und von dort an die Luft abgegeben (siehe Abbildung 12.33). Wenn genauso viel Impuls von der Erde in das Flugzeug hinein fließt wie über die Flügel an die Luft abgegeben wird, ändert das Flugzeug seine horizontale Geschwindigkeit nicht. Es fliegt.

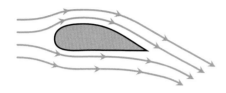

Abbildung 12.33: Qualitative Skizze des Profils eines Flugzeugflügels mit Luftströmungen, die den Impulsstrom vom Flugzeug aufnehmen.

W 12.4.1
issen: **Warum fliegt ein Flugzeug?**

Antwort: Weil es im Flug ständig Luft nach unten pumpt.

12.4.e Warum sind Flugzeugflügel gewölbt?

Es gibt unterschiedliche effiziente Flügelformen. Die werden ständig verbessert.

Falls das Flugzeug den Impuls nicht abgeben kann, wird sich immer mehr Impuls anhäufen und das Flugzeug immer schneller nach unten fallen.

Soll das Flugzeug also nicht fallen, muss es den gesamten Impulsstrom von der Erde gleich wieder abgeben. Da es nicht an einem Seil hängt oder auf dem Boden steht, hat es praktisch nur die Luft als möglichen Austauschpartner. Genau dazu dienen die Flugzeugflügel, nämlich den Impuls an die Luft abzugeben. Das Flugzeug fliegt, weil es Luft nach unten pumpt.

Dabei ist es egal, wie es gelingt, Luft nach unten zu pumpen. Es kann beispielsweise genügen, ein einfaches Brett leicht schräg nach oben geneigt in den Wind zu stellen. Es wird die Luft nach unten lenken und wenn das Brett leicht genug ist und der Wind schnell genug, wird das Brett fliegen.

Damit ist auch die Frage geklärt, weshalb ein Flugzeug auf dem Rücken fliegen kann. Es muss nur seine Flügel so in den Wind stellen, dass genügend Luft nach unten umgelenkt wird.

Wie so häufig in der Wissenschaft, kaum ist eine Frage geklärt, taucht eine weitere auf. Diese neue Frage ähnelt der ursprünglichen, weist aber meist mehr in die Tiefe. Mit der neuen Fragestellung ist man einen kleinen Weg in Richtung tieferer Erkenntnis gegangen.

Wenn man mit einem Brett fliegen kann, warum baut man dann so komplizierte Flügel? Die Antwort darauf ist relativ einfach. Luft muss durch die Flügel nach unten gepumpt werden. Das kann mit einfachen Flügeln geschehen. Allerdings verwirbeln solche Flügel die Luft sehr stark. Die Energie der Wirbel kommt aus der Bewegungsenergie des Flugzeugs, das daher stark abgebremst wird.

Ein optimaler Flügel ist so geformt, dass er möglichst wenig Verwirbelungen erzeugt. Solche Optimierungen kann man anhand von Strömungsberechnungen durchführen. Dabei kommt man auf Flügelformen die gewölbt sind.

Im besten Fall wird die Luft vom Flügel nur umgelenkt.

Der gesamte Impulsaustausch ist schematisch in Abbildung 12.34 skizziert. Alle Impulsströme sind in dem Bezugssystem des Flugzeugs beschrieben. In diesem System hat das Flugzeug keinen Impuls. Das Flugzeug erhält einen z-Impulsstrom von der Erde $I_{p(EF)}$. Luft strömt von vorne mit I_{p1} auf das Flugzeug zu und mit $I_{p\,2}$ weg. Im besten Fall ändert sich der Betrag der Geschwindigkeit und damit der beiden Impulsstromstärken dabei nicht. Es geht keine Energie verloren:

$$|I_{p\,1}| = |I_{p\,2}|.$$

Ist die z-Komponente von $\Delta\vec{I}_{p\,1-2} = \vec{I}_{p\,2} - \vec{I}_{p\,1}$ gleich groß wie $I_{p\,(EF)}$, dann ändert das Flugzeug seine vertikale Geschwindigkeit nicht. Man erkennt aber sofort, dass dadurch die x-Komponente der Luft verringert wird. Das führt dazu, dass das Flugzeug abgebremst wird. Und das obwohl wir keine Reibungseffekte berücksichtigt haben. Allein schon das (fürs Fliegen nötige) Umlenken der Luft bremst das Flugzeug. Und je schwerer das Flugzeug ist, desto stärker muss die Luft nach unten umgelenkt werden und desto mehr Vorwärtsbewegung verliert das Flugzeug.

Diese Impulsabgabe in Flugrichtung $\Delta\vec{I}_{p_x\,1-2}$ muss kompensiert werden. Dies geschieht im Triebwerk. Dort wird genau diese fehlende Menge an Impuls getrennt in einen Impulsstrom auf dem Niveau v_{Flugzeug}, dem des Flugzeugs und einen auf dem Niveau v_{Abgas}. Dazu wird Energie benötigt (siehe Beispiel 10.4.ii).

Der benötigte Energiestrom ist daher:

$$I_E = \dot{E} = (\vec{v}_{\text{Abgas}} - \vec{v}_{\text{Flugzeug}}) \cdot \Delta\vec{I}_{p_x\,1-2}.$$

Nach diesen Überlegungen fällt es leichter, die folgenden Aussagen zu verstehen: Ein Flugzeug benötigt wenig Energie zum Fliegen, wenn

- es wenig Masse hat (Kohlefaser statt Metall, ...),
- die Flügelform effizient Luft pumpt (wenig Verwirbelungen, Luftführung, Winglets, ...) oder
- die Abgasgeschwindigkeit der Turbine gering ist (das führt wiederum zu größeren Turbinenquerschnitten).

12.4.f Fazit Flugzeugbetrachtung

Durch Nachhaken bei scheinbar plausiblen Antworten sind wir auf Fragen getroffen, die (hoffentlich) zu tieferen Einsichten geführt haben. Versuchen Sie dieses Vorgehen bei anderen Themen in ähnlicher Weise.

Wissen: **12.4.2 Warum sind Flugzeugflügel gewölbt?**

Gewölbte Flügelformen sind besonders energieeffiziente Pumpenflügel.

Ein Flugzeugflügel ist gewölbt, damit ein Flugzeug mit möglichst wenig Energie fliegt.

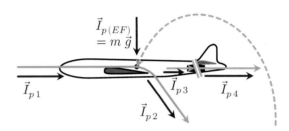

Abbildung 12.34: Flugzeug im Querschnitt mit Gesamtimpulsbilanz: Zu erkennen sind die Impulsaufnahme aus dem Gravitationsfeld $\vec{I}_{p\,(EF)}$, die Umlenkung des anströmenden Luftstrahls von $\vec{I}_{p1}$ durch die Flügel nach $\vec{I}_{p2}$, sowie die Beschleunigung von Luft durch die Turbine ($\vec{I}_{p3}$ und $\vec{I}_{p4}$)

Aus Abbildung 12.34 kann die Impulsbilanz für das Flugzeug abgelesen werden. Man muss nur auf die Bilanzrichtungen achten:

$$\frac{d\vec{p}_F}{dt} = \vec{I}_{p\,(EF)} + \vec{I}_{p1} - \vec{I}_{p2} + \vec{I}_{p3} - \vec{I}_{p4}.$$

Damit kann die Dynamik des Flugzeugs in vielen Flugphasen verstanden werden. Beispielsweise wird im Landeanflug $\vec{I}_{p1}$ kleiner und damit auch der Betrag von $\vec{I}_{p2}$. Damit dennoch gleichviel Impuls nach unten abgegeben werden kann, müssen die Landeklappen ausgefahren werden und die langsamere Luft wird steiler nach unten gepumpt. Das Flugzeug fällt somit auch bei niedriger Geschwindigkeit nicht herunter.

12.5   Gedanken zu Einheiten und Dimensionen

In Abschnitt 2.1.b und Unterkapitel 2.2 haben wir „Einheiten" und „Dimensionen" kennengelernt. Ein geübter Umgang damit hat uns dann an vielen Stellen geholfen, Fragestellungen zu lösen. Einheiten haben sich als ein sehr gutes Werkzeug herausgestellt. Man könnte auf die Idee kommen, dass diese buchhalterische Methode zwar sinnvoll, aber langweilig ist. Auf den folgenden Seiten wollen wir zwei Beispiel anschauen, wo scheinbar einfache Fragen selbst bei Einheiten und Dimensionen zu tieferen Einsichten führen können.

12.5.a   Sind Größen mit eigenen Einheiten wichtiger als andere?

> **R 12.5.1 Wichtige Größen und ihre Rezept: Einheiten**
>
> Schließen Sie nicht aus dem Vorhandensein einer eigenen SI-konformen Einheit auf die Wichtigkeit der Größe.
>
> Die Geschwindigkeit hat keine eigene Einheit, die magnetische Flussdichte dagegen schon. Versuchen Sie das gar nicht erst zu verstehen. Es gibt keine so richtig vernünftige Erklärung, außer, dass die Einheiten historisch gewachsen sind.

Dennoch kann es hilfreich sein, zu untersuchen, welche Größen eigene Einheiten haben.

Tabelle 12.1: Mengenartige Größen sowie dazugehörige Ströme und intensive Größen mit eigenen Einheiten.

Größe	Einheit	Einheit Strom-Größe	Einheit intensive Größe
Masse m	kg	-	-
Volumen V	-	-	Pa
el. Ladung Q	C	A	V
Impuls $\vec{p}$	-	N	-
Drehimpuls $\vec{J}$	-	-	(Hz)
Stoffmenge n	mol	(kat)	-
Entropie S	-	-	T

Die Leichtigkeit beim Umgang mit Stromgrößen ist korreliert mit dem Vorhandensein von eigenen Einheiten für die mengenartige Größen. Selbstverständlich darf aus einer Korrelation nicht auf eine Kausalität geschlossen werden.

Zum Hintergrund der Frage wollen wir uns zunächst noch einmal klar machen, welche Einheiten es gibt. Da sind zunächst die Grundeinheiten, wie Meter, Kilogramm und Sekunde. Diese sind direkt mit den Basisdimensionen verknüpft. Alle anderen Einheiten können in diesen Basiseinheiten geschrieben werden. So ist die Einheit einer Beschleunigung $[a]_{SI} = \frac{m}{s^2}$.

Dieses Vorgehen kann dazu führen, dass die Einheit einer Größe sehr viele Grundeinheiten enthält und daher unpraktisch wird, wie beispielsweise bei der elektrischen Spannung $[U]_{SI} = \frac{kg\,m^2}{A\,s^3}$. Deshalb wurden teilweise Abkürzungen eingeführt, also neue, SI-kohärente Einheiten. Im Falle der Spannung ist das $[U]_{SI} = V$ das Volt.

Nun gibt es Größen mit solchen neu definierten Einheiten, wie eben die elektrische Spannung, die Kraft, die elektrische Kapazität und viele andere mehr. Für andere dagegen wie Geschwindigkeit, Beschleunigung und Impuls existieren solche Abkürzungen nicht.

So stellt sich nochmals die Frage: Sind Größen mit eigenen Einheiten wichtiger als solche ohne?

Die Antwort lässt sich an einem Beispiel festmachen.

Es gibt die SI-Einheit Katal (Einheitenzeichen: kat) für die Enzymaktivität. Geschwindigkeit und auch Impuls haben dagegen, wie bereits gesagt, keine eigene Einheit. Damit können wir die Frage verneinen und das Gegenteil behaupten: Aus der Existenz einer eigenen SI-Einheit für eine Größe kann nicht auf die Wichtigkeit einer Größe geschlossen werden.

Nun kann man sich gleich die Anschlussfrage stellen. Wie wurde festgelegt, welche Größen eigene Einheiten bekommen haben und welche nicht? Vielleicht können wir so einige Unklarheiten bei dem Gebrauch von Größen besser verstehen.

12.5.b   Ist ein Mol eine gewisse Anzahl an Teilchen?

Oder noch konkreter:

Ist ein Mol gleich $6{,}02214076 \cdot 10^{23}$ Teilchen?

Diese Frage trifft gleich im Kern den Unterschied zwischen den Größen Teilchenzahl und Stoffmenge, die wir beide in Unterkapitel 10.6 kennengelernt haben. Die Antwort ist: Ja und Nein.

Um ein tieferes Verständnis zu erhalten, wollen wir uns die nebenstehende Original Definition des Mols anschauen. Dann erkennen wir: Nein, Mol und Teilchen haben unterschiedliche Dimensionen. Sie sind aber ganz starr miteinander verknüpft. Ein Mol besteht immer aus dieser festen Anzahl an Teilchen. Das bedeutet, es gibt keinen wirklichen Unterschied, nur, dass man dem Teilchen eine andere Dimension zuordnet als dem Mol.

Das führt unter anderem dazu, dass es zwei Gleichungen gibt für das Ideale Gas. Eine in der die Stoffmenge n mit der Einheit Mol steht und eine, mit der dimensionslosen Teilchenzahl N. Die hier beteiligten Naturkonstanten heißen Gaskonstante R und Boltzmann-Konstante k:

$$pV = nRT \quad \text{und}$$
$$pV = NkT.$$

Weitere Größen in den Gleichungen sind Druck p, Volumen V und Temperatur T. Wir müssen also zwei Gleichungen mit zwei unterschiedlichen Konstanten kennen. Da aber Teilchenzahl und Stoffmenge immer über die dimensionsbehaftete Avogadrokonstante miteinander verknüpft sind, gibt es im Prinzip keinen wirklichen Unterschied mehr zwischen den beiden Gleichungen und Konstanten.

Zudem haben wir in Kapitel 7 „Modellbildung" gesehen, wie hilfreich es ist, der Teilchenzahl N die Einheit „Teilchen" und die Dimension $\mathbf{N}$ zuzuschreiben.

Nun wollen wir in Gedanken die in der Ausgangsfrage steckende Idee in eine Gleichung schreiben. Was passiert, wenn wir schreiben:

$$1 \, \text{mol} = 6{,}02214076 \cdot 10^{23} \, \text{Teilchen} \, ?$$

Listen wir einfach ein paar Dinge auf:

- Zuerst einmal ist die Teilchenzahl jetzt mit einer Dimension versehen:
  $\dim N = \dim n = \mathbf{N}$.
- Die Einheiten Teilchen und mol können gleichwertig für die Stoffmenge verwendet werden, so wie bar und Pa beim Druck.

$\mathbf{D}^{12.5.2}_{\text{efinition: Mol}}$

Das Mol ist die SI-Einheit der Stoffmenge, sein Einheitenzeichen ist mol. Ein Mol enthält genau $6{,}02214076 \cdot 10^{23}$ Einzelteilchen. Diese Zahl entspricht dem für die Avogadro-Konstante N_A geltenden festen Zahlenwert, ausgedrückt in der Einheit mol^{-1}, und wird als Avogadro-Zahl bezeichnet.

Die Stoffmenge, Zeichen n, eines Systems ist ein Maß für eine Zahl spezifizierter Einzelteilchen. Bei einem Einzelteilchen kann es sich um ein Atom, ein Molekül, ein Ion, ein Elektron, ein anderes Teilchen oder eine Gruppe solcher Teilchen mit genau angegebener Zusammensetzung handeln. [35]

12

- Es gibt nur noch ein Ideale Gasgleichung. Die Konstanten k und R sind identisch.
- Die Masseneinheiten von Teilchen, wie Elektron und Molekülen haben die Dimension $\frac{M}{N}$. Damit wird die atomare Masseneinheit $u = 1{,}66 \cdot 10^{-27}\,\mathrm{kg}\,(\mathrm{Teilchen}^{-1}) = 1\,\mathrm{kg}\,\mathrm{kmol}^{-1}$.

Die Vorteile sind so vielfältig und einfach umzusetzen, dass es sich lohnt die Idee weiter zu verfolgen. Sie wurde schon in [29] beschrieben.

Aufgaben und Zusatzmaterial zu diesem Kapitel

https://sn.pub/d5MmSc

A Tabellen

Tabelle A.1: Einige Näherungswerte der technischen Allgemeinbildung.
Diese können bei Überschlagsrechnungen im Ingenieuralltag hilfreich sein.

Anzahl Menschen	auf der Erde	N	$8 \cdot 10^9$ Personen
	in Deutschland	N	$8 \cdot 10^7$ Personen
Dichte	Luft (auf der Erde)	ϱ	$1\,\mathrm{kg/m^3}$
	Wasser	ϱ	$1 \cdot 10^3\,\mathrm{kg/m^3}$
	Eisen	ϱ	$8 \cdot 10^3\,\mathrm{kg/m^3}$
Umfang Äquator			$40\,000\,\mathrm{km}$ $= 4 \cdot 10^7\,\mathrm{m}$
Entfernung	Erde Monde		$400\,000\,\mathrm{km}$ $= 4 \cdot 10^8\,\mathrm{m}$
	Erde Sonne		8 Lichtminuten $= 1{,}5 \cdot 10^{11}\,\mathrm{m}$
Geschwindigkeit	Licht (Vakuum)	c	$3 \cdot 10^8\,\mathrm{m/s}$
	Schall (Luft)	c	$340\,\mathrm{m/s}$
Energiedichte	Erdöl & Co		$10\,\mathrm{kWh/kg}$
	Erdgas		$10\,\mathrm{kWh/m^3}$
	Braunkohle		$4\,\mathrm{kWh/kg}$
	LiPo-Akku		$0{,}2\,\mathrm{kWh/kg}$
Solare Einstrahlung	Erde		$1\,\mathrm{kW/m^2}$
Wasser	spez. Wärmekapazität (flüssig)	c_W	$4{,}2\,\mathrm{kJ/(kg\,K)}$
	spez. Wärmekapazität (Eis)	c_W	$2{,}1\,\mathrm{kJ/(kg\,K)}$
	Verdampfungsenthalpie (100°C)	h_v	$2\,250\,\mathrm{kJ/kg}$
	Schmelzenthalpie (0°C)	h_s	$333\,\mathrm{kJ/kg}$
Energiestromstärke	Kernkraftwerk	P	$1\,\mathrm{GW}$
	Windkraftanlage	P	$3\,\mathrm{MW}$
	Mensch/Europa gesamt	P	$6\,\mathrm{kW}$

© Der/die Herausgeber bzw. der/die Autor(en), exklusiv lizenziert an
Springer-Verlag GmbH, DE, ein Teil von Springer Nature 2023
C. Hettich et al., *Physik Methoden*,
https://doi.org/10.1007/978-3-662-67906-7

Tabelle A.2: Einige physikalische Größen, ihre Dimensionen, Symbole und SI-Einheiten:

Größe	Dimension	Symbol (z.B.)	Einheit (SI)
Länge, Weg, Ort	L	$l, s, x, \ldots$	m
Masse	M	m	kg
Zeit	T	t	s
elektr. Stromstärke	I	I	A
thermodyn. Temperatur	Θ	T	K
Stoffmenge	N	n	mol
Lichtstärke	J	I_V	cd
Energie, Arbeit, Wärme	$\mathsf{ML^2T^{-2}}$	W, E, Q	$\mathrm{J = N\,m = W\,s = V\,C}$
Beleuchtungsstärke (*)	$\mathsf{J \cdot 1 \cdot L^{-2}}$	E_v	$\mathrm{lx = lm \cdot m^{-2}}$
Beschleunigung	$\mathsf{LT^{-2}}$	a	$\mathrm{m \cdot s^{-2}}$
(Massen-) Dichte	$\mathsf{ML^{-3}}$	ρ	$\mathrm{kg \cdot m^{-3}}$
Drehimpuls	$\mathsf{ML^2T^{-1}}$	J, L	$\mathrm{N\,m \cdot s}$
Druck	$\mathsf{ML^{-1}T^{-2}}$	p	$\mathrm{Pa = N\,m^{-2}}$
dynamische Viskosität	$\mathsf{ML^{-1}T^{-1}}$	η	$\mathrm{Pa \cdot s}$
elektr. Feldstärke	$\mathsf{MLT^{-3}I^{-1}}$	E	$\mathrm{V \cdot m^{-1}}$
elektr. Kapazität	$\mathsf{I^2T^4M^{-1}L^{-2}}$	C	$\mathrm{F = C\,V^{-1}}$
elektr. Ladung	IT	Q, q	$\mathrm{C = A\,s}$
elektr. Potenzial / Spannung	$\mathsf{ML^2T^{-3}I^{-1}}$	φ, U	$\mathrm{V = W \cdot A^{-1} = J \cdot C^{-1}}$
elektr. Widerstand	$\mathsf{ML^2T^{-3}I^{-2}}$	R	$\mathrm{\Omega = V \cdot A^{-1}}$
Entropie	$\mathsf{ML^2T^{-2}\Theta^{-1}}$	S	$\mathrm{J \cdot K^{-1}}$
Entropiestrom	$\mathsf{ML^2T^{-3}\Theta^{-1}}$	I_S	$\mathrm{W \cdot K^{-1}}$
Frequenz	$\mathsf{T^{-1}}$	f	Hz
Geschwindigkeit	$\mathsf{LT^{-1}}$	v	$\mathrm{m \cdot s^{-1}}$
Impuls	$\mathsf{MLT^{-1}}$	p	$\mathrm{N\,s}$
Induktivität	$\mathsf{ML^2T^{-2}I^{-2}}$	L	$\mathrm{H = Wb \cdot A^{-1}}$
Kraft / Impulsstrom	$\mathsf{MLT^{-2}}$	F, I_p	N
Leistung / Energiestrom	$\mathsf{ML^2T^{-3}}$	P, I_W	$\mathrm{W = J \cdot s^{-1}}$
Leuchtdichte	$\mathsf{JL^{-2}}$	L_V	$\mathrm{cd \cdot m^{-2}}$
Lichtstrom (*)	$\mathsf{J \cdot 1}$	Φ_V	$\mathrm{lm = cd \cdot sr}$
magn. Feldstärke	$\mathsf{IL^{-1}}$	H	$\mathrm{A \cdot m^{-1}}$
magn. Fluss	$\mathsf{ML^2T^{-2}I^{-1}}$	Φ	$\mathrm{Wb = V \cdot s}$
magn. Induktion	$\mathsf{MT^{-2}I^{-1}}$	B	$\mathrm{T = Wb \cdot m^{-2}}$
Trägheitsmoment	$\mathsf{ML^2}$	Θ	$\mathrm{kg \cdot m^2}$
Drehmoment / Drehimpulsstrom	$\mathsf{ML^2T^{-2}}$	M, I_L	Nm
Raumwinkel (*)	$\mathsf{1 = L^2L^{-2}}$	Ω	sr
Winkel (*)	$\mathsf{1 = LL^{-1}}$	α, φ	rad

(*) Winkel sind dimensionslos. Dennoch hat es sich bewährt, ihnen eine dimensionslose Einheit zuzuordnen. Daher stehen in den Dimensionen der Wert 1 und bei den Einheiten die entsprechenden Bezeichnungen rad und sr.

Kursiv gedruckte Größen sind mengenartige Größen (siehe Definition 9.2.1).

Tabelle A.3: Einige Präfixe:

Vielfaches	Präfix	Abkürzung	Vielfaches	Präfix	Abkürzung
10^{18}	Exa	E	10^{-1}	Dezi	d
10^{15}	Peta	P	10^{-2}	Zenti	c
10^{12}	Tera	T	10^{-3}	Milli	m
10^{9}	Giga	G	10^{-6}	Mikro	μ
10^{6}	Mega	M	10^{-9}	Nano	n
10^{3}	kilo	k	10^{-12}	Piko	p
10^{2}	hekto	h	10^{-15}	Femto	f
10^{1}	deka	da	10^{-18}	Atto	a

Tabelle A.4: Einige Naturkonstanten:

Name	Zeichen	Wert	
Lichtgeschwindigkeit	c	$2{,}99792458 \cdot 10^{8}\,\mathrm{m\,s^{-1}}$	exakt
Elektr. Feldkonstante	ϵ_0	$8{,}8541878128(13) \cdot 10^{-12}\,\mathrm{A\,s\,V^{-1}\,m^{-1}}$	
Gravitationskonstante	$\Gamma,\ G$	$6{,}67430(15) \cdot 10^{-11}\,\mathrm{m^3\,kg^{-1}\,s^{-2}}$	
Stefan-Boltzmann Konstante	σ	$5.670374419\ldots \cdot 10^{-8}\,\mathrm{W\,m^{-2}\,K^{-4}}$	exakt(*)
Plancksche Konstante	h	$6{,}62607015 \cdot 10^{-34}\,\mathrm{J\,s}\ (\text{Teilchen}^{-1})$	exakt
		$= 4{,}13566769692\ldots \cdot 10^{-15}\,\mathrm{eV\,s}$	
Elementarladung	e	$1{,}602176634 \cdot 10^{-19}\,\mathrm{C}\ (\text{Teilchen}^{-1})$	exakt
Faradaykonstante	F	$96485{,}33212\ldots\ \mathrm{C\,mol^{-1}}$	
Boltzmann Konstante	k	$1{,}380649 \cdot 10^{-23}\,\mathrm{J\,K^{-1}}\ (\text{Teilchen}^{-1})$	exakt
Gaskonstante	R	$8{,}31446261815324\,\mathrm{J\,K^{-1}\,mol^{-1}}$	
Atomare Masseneinheit	$u,\ m_u$	$1{,}66053906660(50) \cdot 10^{-27}\,\mathrm{kg}\ (\text{Teilchen}^{-1})$	
		$= 0{,}99999999965(30)\,\mathrm{kg\ kmol^{-1}}$	
	$m_u c^2$	$931{,}49410242(28)\,\mathrm{MeV}$	
Ruhemasse Elektron	m_e	$9{,}1093837015(28) \cdot 10^{-31}\,\mathrm{kg}\ (\text{Teilchen}^{-1})$	
	$m_e c^2$	$510{,}99895000(15)\,\mathrm{keV}$	
Avogadrokonstante	N_A	$6{,}02214076 \cdot 10^{23}\ (\text{Teilchen})\,\mathrm{mol^{-1}}$	exakt
Cäsiumfrequenz (**)	$\Delta\nu_{\mathrm{Cs}}$	$9{,}192631770 \cdot 10^{9}\,\mathrm{Hz}$	exakt

(*) Wert kann beliebig genau berechnet werden, ist aber irrational (Werte nach NIST Reference).

(**) Frequenz des ungestörten Hyperfeinübergangs des Grundzustands des Cäsium-Isotops ^{133}Cs.

Kursiv gedruckte Größen sind die definierenden Konstanten des Internationalen Einheitensystems (SI).

In dieser Tabelle taucht an mehreren Stellen die Einheit Teilchen auf. Diese wurde in Klammern hinzugefügt, weil die Verwendung oft hilfreich ist. Details dazu in Unterkapitel 10.6.

Tabelle A.5: Das griechische Alphabet:

Großbuchstaben	Kleinbuchstaben	Name
A	α	Alpha
B	β	Beta
Γ	γ	Gamma
Δ	δ	Delta
E	ϵ, ε	Epsilon
Z	ζ	Zeta
H	η	Eta
Θ	θ, ϑ	Theta
I	ι	Iota
K	$\kappa, \varkappa$	Kappa
Λ	λ	Lambda
M	μ	My
N	ν	Ny
Ξ	ξ	Xi
O	o	Omikron
Π	π	Pi
P	ρ, ϱ	Rho
Σ	σ	Sigma
T	τ	Tau
Y	υ	Ypsilon
Φ	ϕ, φ	Phi
X	χ	Chi
Ψ	ψ	Psi
Ω	ω	Omega

B Literatur

[1] K. R. Popper, **Logik der Forschung**, 8. weiter verb. und verm. Aufl., Bd. 4, Die Einheit der Gesellschafts-wissenschaften, Tübingen: Mohr, 1984, ISBN: 3-16-944778-5.

[2] K. Simonyi und K. Christoph, **Kulturgeschichte der Physik**, Gemeinschaftsausg, Thun [u.a.]: Deutsch, 1990, ISBN: 3-87144-689-0.

[3] A. Einstein, „Zur Elektrodynamik bewegter Körper", in: **Annalen der Physik** 322.10 (1905), S. 891–921, ISSN: 00033804, DOI: 10.1002/andp.19053221004.

[4] A. Einstein, **Über die spezielle und die allgemeine Relativitätstheorie**, 24. Aufl., Berlin, Heidelberg: Springer Berlin Heidelberg, 2009, ISBN: 978-3-540-87776-9, DOI: 10.1007/978-3-540-87777-6.

[5] S. Lewandowsky und J. Cook, **The Conspiracy Theory Handbook: Das Handbuch über Verschwö-rungsmythen**, 2020, URL: http://sks.to/conspiracy.

[6] **Mars Climate Orbiter Team Finds Likely Cause of Loss**, 1999, URL: https://solarsystem.nasa.gov/news/156/mars-climate-orbiter-team-finds-likely-cause-of-loss/ (besucht am 14.04.2021).

[7] **Größen und Einheiten: Teil 1: Allgemeines**, DIN EN ISO 80000-1:2013-08, Berlin, 2013.

[8] Physikalisch-Technische Bundesanstalt, „Das Internationale Einheitensystem (SI)", in: **PTB-Mitteil-ungen** 117.2 (2007), S. 145–180.

[9] **Formelschreibweise und Formelsatz**, DIN 1338:2011-03, Berlin, 2011.

[10] E. Buckingham, „On Physically Similar Systems; Illustrations of the Use of Dimensional Equations", in: **Physical Review** 4.4 (1914), S. 345–376, ISSN: 0031-899X, DOI: 10.1103/PhysRev.4.345.

[11] Robert Koch-Institut, **Gesamtübersicht der pro Tag ans RKI übermittelten Fälle und Todesfälle**, 2023, URL: https://www.rki.de/DE/Content/InfAZ/N/Neuartiges_Coronavirus/Daten/Fallzahlen_Gesamtuebersicht.html;jsessionid=2BE13B1228A31FFCA5544AAA36AFFA7E.internet102?nn=2386228 (besucht am 05.05.2023).

[12] E. C. Hirsch, **Der berühmte Herr Leibniz: Eine Biographie**, 1. Aufl., München: C.H. Beck, 2016, ISBN: 978-3-406-70137-5.

[13] **Monats- und Jahreswerte für Konstanz - Temperatur, Niederschlag und Sonnenschein - Wetter-Kontor**, 2023, URL: https://www.wetterkontor.de/de/wetter/deutschland/monatswerte-station.asp (besucht am 03.05.2023).

[14] Statistisches Landesamt Baden-Württemberg, **Rinderbestand und -haltungen (HIT-Auswertung)**, 2020, URL: https://www.statistik-bw.de/Landwirtschaft/Viehwirtschaft/05035050.tab?R=LA (besucht am 12.11.2021).

[15] Statistisches Landesamt Baden-Württemberg, **Beherbergung im Reiseverkehr seit 1984**, 2020, URL: https://www.statistik-bw.de/TourismGastgew/Tourismus/08065012.tab?R=KR335 (besucht am 12.11.2021).

[16] E. Noether, „Invarianten beliebiger Differentialausdrücke", in: **Nachrichten von der Gesellschaft der Wissenschaften zu Göttingen, Mathematisch-Physikalische Klasse** 1918 (1918), S. 37–44, URL: http://eudml.org/doc/59011.

[17] E. Noether, „Invariante Variationsprobleme", in: **Nachrichten von der Gesellschaft der Wissenschaften zu Göttingen, Mathematisch-Physikalische Klasse** 1918 (1918), S. 235–257, URL: http://eudml.org/doc/59024.

[18] C. Aegerter, **Introductory physics for biological scientists**, First published., Cambridge: Cambridge University Press, 2018, ISBN: 978-1108466509.

[19] V. Simon, B. Weigand und H. Gomaa, **Dimensional Analysis for Engineers**, Mathematical Engineering, Cham: Springer International Publishing, 2017, ISBN: 978-3-319-52026-1, DOI: 10.1007/978-3-319-52028-5.

[20] H. C. von Baeyer, **Fermis Lösung**, hrsg. von H. Spektrum Akademischer Verlag, 1998, URL: `https://www.spektrum.de/lexikon/physik/fermis-loesung/4899` (besucht am 02.05.2023).

[21] S. Mahajan, **The art of insight in science and engineering: Mastering complexity**, Cambridge, Massachusetts: The MIT Press, 2014, ISBN: 978-0-262-52654-8.

[22] S. Dehaene, **Der Zahlensinn oder warum wir rechnen können**, Basel: Birkhäuser, 1999, ISBN: 978-3-0348-7826-5.

[23] **Grundlagen der Meßtechnik - Teil 1: Grundbegriffe**, DIN 1319-1:1995-01, Berlin, 1995.

[24] **Grundlagen der Messtechnik - Teil 2: Begriffe für Messmittel**, DIN 1319-2:2005-10, Berlin, 2005.

[25] **Grundlagen der Meßtechnik - Teil 3: Auswertung von Messungen einer einzelnen Meßgröße Meßunsicherheit**, DIN 1319-3:1996-05, Berlin, 1996.

[26] **Grundlagen der Meßtechnik - Teil 4: Auswertung von Messungen Meßunsicherheit**, DIN 1319-4:1999-02, Berlin, 1999.

[27] **Auswertung von Messdaten: Eine Einführung zum „Leitfaden zur Angabe der Unsicherheit beim Messen" und zu den dazugehörigen Dokumenten**, JCGM 104:2009, 2009.

[28] **Genauigkeit (Richtigkeit und Präzision) von Meßverfahren und Meßergebnissen: Teil 1: Allgemeine Grundlagen und Begriffe**, DIN ISO 5725-1:1997-11, Berlin, 1997.

[29] G. Falk und W. Ruppel, **Energie und Entropie: Eine Einführung in die Thermodynamik**, Die Physik des Naturwissenschaftlers, Berlin und Heidelberg: Springer, 1976, ISBN: 3540078142.

[30] S. Linow, **Energie – Klima – Ressourcen: Quantitative Methoden zur Lösungsbewertung von Energiesystemen**, München: Carl Hanser Verlag GmbH & Co. KG, 2020, ISBN: 978-3-446-46270-0, DOI: `10.3139/9783446462786`.

[31] D. Oeding und B. R. Oswald, **Elektrische Kraftwerke und Netze**, 8. Aufl., Berlin, Heidelberg: Springer Berlin Heidelberg, 2016, ISBN: 9783662527030, DOI: `10.1007/978-3-662-52703-0`.

[32] A. Betz, „Beiträge zur Tragflügeltheorie mit besonderer Berücksichtigung des einfachen rechteckigen Flügels", Göttingen, Phil. Diss., 1919, München.

[33] A. Betz, „Die Windmühlen im Lichte neuerer Forschung", in: **Naturwissenschaften** 15.46 (1927), S. 905–914, ISSN: 1432-1904, DOI: `10.1007/BF01506119`, URL: `https://link.springer.com/article/10.1007/BF01506119`.

[34] H. Kuchling, **Taschenbuch der Physik**, 22., aktualisierte Auflage, Hanser eLibrary, München: Hanser, 2022, ISBN: 978-3-446-47364-5, DOI: `10.3139/9783446473645`.

[35] Physikalisch-Technische Bundesanstalt, Hrsg., **Das neue Internationale Einheitensystem (SI)**, Braunschweig, 2020.

Printed in the United States
by Baker & Taylor Publisher Services